中国北方干旱及其陆气相互作用

观测、试验、模式发展和应用

李耀辉　等　著

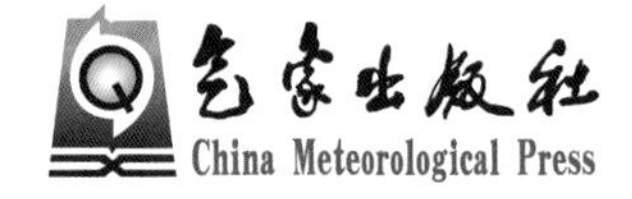

内 容 简 介

干旱是世界上危害最严重、影响最广泛的自然灾害之一，中国也不例外，特别是北方地区。干旱是陆气相互作用失衡的结果。目前，在全球气候变化背景下，气候系统各个圈层之间的相互作用也发生了显著变化，这使干旱成因更趋复杂、风险进一步加大。本书在我国干旱最为频发的北方地区（主要指华北和西北）干旱基本特征分析基础上，从陆气相互作用的观测试验开始，分析了北方陆气耦合的最新事实及其与干旱形成的关联，以及陆面过程特征对干旱可预报性的影响；描述了北方干旱半干旱区数值模式系统的发展及应用；最后探讨了气候变化对北方干旱气候影响的未来预估特征、应对及展望。本书为干旱形成机理及其预测研究提供了一种新视角，为系统认识和理解陆气相互作用之于干旱的重要性提供了科学依据，可供大气科学工作者及相关院校师生参考。

图书在版编目（CIP）数据

中国北方干旱及其陆气相互作用 ： 观测、试验、模式发展和应用 / 李耀辉等著. -- 北京 ： 气象出版社, 2022.9
ISBN 978-7-5029-7827-3

Ⅰ. ①中… Ⅱ. ①李… Ⅲ. ①干旱区－陆地－大气－相互作用－研究－中国 Ⅳ. ①P468.2②P941.71

中国版本图书馆CIP数据核字(2022)第186324号

审图号：GS 京(2022)0315 号

中国北方干旱及其陆气相互作用：观测、试验、模式发展和应用

Zhongguo Beifang Ganhan jiqi Lu Qi Xianghu Zuoyong：Guance、Shiyan、Moshi Fazhan he Yingyong

---

出版发行：气象出版社
地　　址：北京市海淀区中关村南大街 46 号　**邮政编码**：100081
电　　话：010-68407112(总编室)　010-68408042(发行部)
网　　址：http://www.qxcbs.com　**E-mail**：qxcbs@cma.gov.cn
责任编辑：黄红丽　隋珂珂　**终　　审**：吴晓鹏
责任校对：张硕杰　**责任技编**：赵相宁
封面设计：博雅锦
印　　刷：北京地大彩印有限公司
开　　本：787 mm×1092 mm　1/16　**印　　张**：15
字　　数：390 千字
版　　次：2022 年 9 月第 1 版　**印　　次**：2022 年 9 月第 1 次印刷
定　　价：150.00 元

本书撰写组

主笔人：李耀辉

撰稿人（按拼音排序）：

董安祥　何　清　侯　琼　李柔珂　李忆平

马　林　孟宪红　王澄海　王　玮　徐　影

袁　星　张宏升　张　宇

序

刚刚过去的2022年夏季，全球经历了多种极端气候事件叠加的严重影响，特别是极端高温干旱令人印象深刻：美国西部七成以上面积处于干旱状态，部分地区出现严重干旱和极度干旱；欧洲多国高温突破历史极值，最高达到47 ℃，粮食产量减产。中国自7月21日首发高温预警以来，相继从橙色到持续红色预警，有的地方突破近几十年极值，导致大部分地区出现中度至重度干旱，近年来罕见。可以说，干旱是世界上危害最严重、影响最广泛的气象灾害之一，会引起一系列严重的社会问题。从世界范围来讲，中国也是干旱的重灾区，每年必有发生，由此带来巨大损失。

中国有一半左右土地属于干旱半干旱地区，主要位于华北与西北内陆，也就是我国北方。在同纬度的其他国家中，我国北方的干旱土地面积最大，年际降水差异显著，生态系统十分脆弱，这样的基本特征使得北方地区发生干旱事件的破坏性更大，造成的影响更为显著。在全球气候变化背景下，北方地区的干旱事件和干旱化趋势又面临更为明显的不确定性，严重制约着当地社会经济的可持续发展。所以，从大气科学角度来讲，深入研究北方干旱形成机制，探索干旱规律，发展干旱检测预测预警技术，对干旱的发生发展“未雨绸缪”，是有效应对干旱灾害的题中之义，也是气象科技工作者不懈的努力方向。

干旱的发生发展是气候系统各圈层相互作用的结果，厄尔尼诺/拉尼娜现象、极圈和北印度洋海水温度异常、青藏高原冰雪异常等等外源强迫造成大气环流异常，导致陆气之间的能量和物质交换失衡而逐渐发展成干旱，可见，陆气相互作用是干旱形成的内因。

目前，气候变化导致气候系统各个圈层正在发生令人关注的变化，其相互作用机理也呈现新的特征，这使干旱成因更趋复杂、风险进一步加大。但抓住陆气间相互作用这个关键落脚点，是进一步认识干旱形成机制、构建干旱监测预测预警技术的重要抓手。《中国北方干旱及其陆气相互作用：观测、试验、模式发展和应用》一书以我国干旱频发的华北和西北等地区为重点研究区域，以陆气相互作用的观测试验为开端，获取北方陆气耦合的最新事实及其与干旱形成的关联，探讨了陆面过程特征对干旱可预报性的影响。作者团队在我国干旱半干旱区数值模式系统的发展及应用等方面做了大量工作，富有特色和创新，数值模式也是预测干旱、深入研究干旱机理和过程特征的重要手段，本书整理总结了这方面主要成果。最后，本书还探讨了气候变化对北方干旱气候影响的未来预估特征、应对及展望。这些内容具有创新性、实用性，为干旱形成机理及其预测研究提供了一种新视角，为系统认识和理解陆气耦合效应之于干旱的内在联系提供了重要科学依据。

《中国北方干旱及其陆气相互作用：观测、试验、模式发展和应用》的出版意义重要，将进一步加深对我国区域性干旱事件形成发展的科学认识，拓展陆气耦合研究的学术领域，有助于探索和发展干旱基础理论。同时，本书还具有显著的现实意义和应用价值，对于提升我国干旱灾害的早期预警能力、风险评估和应对水平有重要指导作用。

（中国工程院院士　徐祥德）

2022 年 5 月

前言

干旱是一个永恒话题，也是世界上危害最广泛、最严重的自然灾害之一。中国是世界上干旱灾害发生频率高且影响最为严重的国家之一，全球在气候变化背景下，气候系统各个圈层（大气、陆面、水、冰雪、生物等五个圈层）之间的相互作用将发生显著变化，势必使干旱风险进一步加大。干旱成因复杂，始终是国内外相关领域研究的难点和重要科学问题。从大气科学角度来看，干旱是一种由降水异常偏少的累积效应而造成的灾害性气候事件，其受大气异常环流的影响，而陆面—大气间水热交换过程在异常环流的形成、维持和演变过程中起着重要作用。陆气耦合（即陆气相互作用）反映了地球表面动量、能量和物质交换及输送和反馈过程，是气候系统响应外强迫的主要原动力。显然，陆气耦合与干旱之间密切关联，是干旱成因研究的重要切入点。

本书在研究我国干旱最为频发的北方（主要指华北和西北）地区气象干旱基本特征分析基础上，从陆气相互作用的观测开始，探究了北方陆气耦合的最新事实及其与干旱形成的关联，特别是陆面过程特征对干旱可预报性的影响；阐述了北方干旱半干旱地区数值模式系统的发展及应用，最后探讨了气候变化对北方干旱气候影响的未来特征预估、应对及展望。

本书是国家自然科学基金项目“青藏高原与北部沙漠地区陆—气耦合系统关联性及其对北方干旱的影响”（91837209）、科技部社会公益性行业（气象）科研专项重大项目“干旱气象科学试验——我国北方干旱致灾过程和机理研究”（GYHY201506001）的部分成果内容及其第四课题“干旱半干旱区域模式系统发展及应用”、国家自然基金项目“中国旱涝骤变事件的变化特征及其影响因子研究”（41775093）等项目主要研究成果的摘编、归纳和整理。同时，也受到中国民用航空飞行学院创新启动项目（09005001）、第二次青藏高原综合科学考察任务一：西风—季风协同作用及其影响（2019QZKK0105）的大力资助。

本书的主要贡献者有南京信息工程大学袁星教授、兰州大学王澄海教授、北京大学张宏升教授、中国科学院西北生态环境资源研究院孟宪红研究员、新疆维吾尔自治区气象局何清研究员、国家气候中心徐影研究员等专家以及他们的团队，还有内蒙古自治区气象局气象科学研究所侯琼研究员、青海省气象局李林正高级工程师和中国气象局兰州干旱气象研究所、中国民用航空飞行学院等单位的相关科研业务人员也共同参与编著并做了大量工作。

本书的出版，将进一步加深对我国区域性干旱事件形成机理的科学认识，拓展陆气相互作用研究的学术领域，对于探索和发展干旱形成的基础理论，提升我国对于干旱灾害的早期预警能力、风险评估和应对水平具有重要指导意义和学术价值。

作者

2022 年 3 月

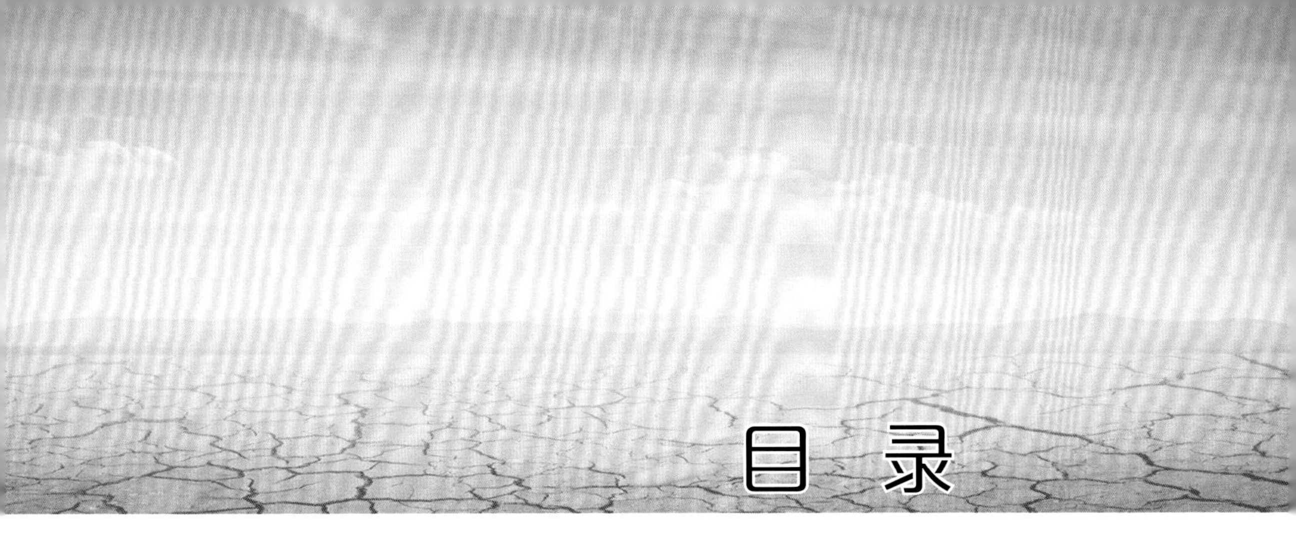
目 录

绪 论

干旱是全球常见且危害极为严重的自然灾害，备受重视并引起广泛关注。中国是全球干旱发生最为频繁的国家之一，自然灾害造成的经济损失中有三成是由干旱造成的，居各种气象灾害损失首位；随着气候变化，中国干旱也呈多发、加重的趋势。不断深入研究干旱，特别是强干旱事件的规律和机理，发展干旱早期预警的基础理论和技术方法，提升防旱减灾科技水平，事关我国粮食安全、生态安全、水安全等重大战略，现实意义十分明显。

为了提升北方干旱频发区域的防灾减灾能力，我国于 2015 年启动了“干旱气象科学研究(DroughtEX_China)”重大项目(Li et al.，2018)，即科技部社会公益行业(气象)科研专项重大项目“干旱气象科学研究——我国北方干旱致灾过程及机理”研究(GYHY201506001)。该项目由中国气象局牵头，联合国内 20 多家高校、科研院所和相关业务部门共同开展实施，重点在中国北方干旱半干旱地区，通过常规、加密与特种观测以及野外干旱与降雨人工控制模拟试验，开展跨学科、综合性、系统性的干旱气象科学研究和综合观测试验，以期在干旱灾害形成和发展中的复杂动力过程、多尺度大气—土壤—植被水分和能量循环机理和过程特征以及大气、农业、水文等领域干旱之间相互关系等方面取得进展，在干旱的准确监测、风险评估以及干旱早期预警等技术发展方面取得重要进步。项目以干旱形成机制、致灾及旱灾解除的过程特征为研究重点，以大气干旱形成—干旱致灾—旱灾解除这一干旱发生发展完整链条设置观测试验为支撑，发展干旱监测预测预警技术和旱灾风险评估技术，提高对干旱成因机理的科学认识，提高干旱防灾减灾救灾能力。

本书是国家自然科学基金项目“青藏高原与北部沙漠地区陆—气耦合系统关联性及其对北方干旱的影响”(91837209)、科技部社会公益性行业(气象)科研专项重大项目“干旱气象科学试验——我国北方干旱致灾过程和机理研究”(GYHY201506001)等项目相关成果的凝练总结，涉及干旱观测试验、干旱的陆气相互作用机理研究以及干旱半干旱区域数值模式发展及其应用等内容。

本书所指的我国北方主要指华北地区和西北地区。

(1)干旱的形成与陆气相互作用

干旱定义为“降水的长期亏缺或显著短缺”“长期异常的大气降水短缺造成的严重水分失衡状况”等(AMS，1997；WMO，1992)。干旱一般分气象、农业、水文和社会经济 4 种类型，其中气象干旱(大气干旱)指由气象因子(如降水、气温等)的年际或季节变化形成的异常水分短缺现象(张强 等，2009)。农业干旱、水文干旱和社会经济干旱始于气象干旱，又随着气象干旱的解除而缓解，直至结束，这四种类型干旱相互关联、互相影响(图 0.1)。本书仅将气象干旱(以下简称“干旱”)作为研究对象，重点从陆气相互作用的视角来探讨气象干旱的形成机理，观测和数值模式是其中的重要手段。

干旱成因复杂，始终是国内外相关领域研究的难点和重要科学问题。从大气科学角度来

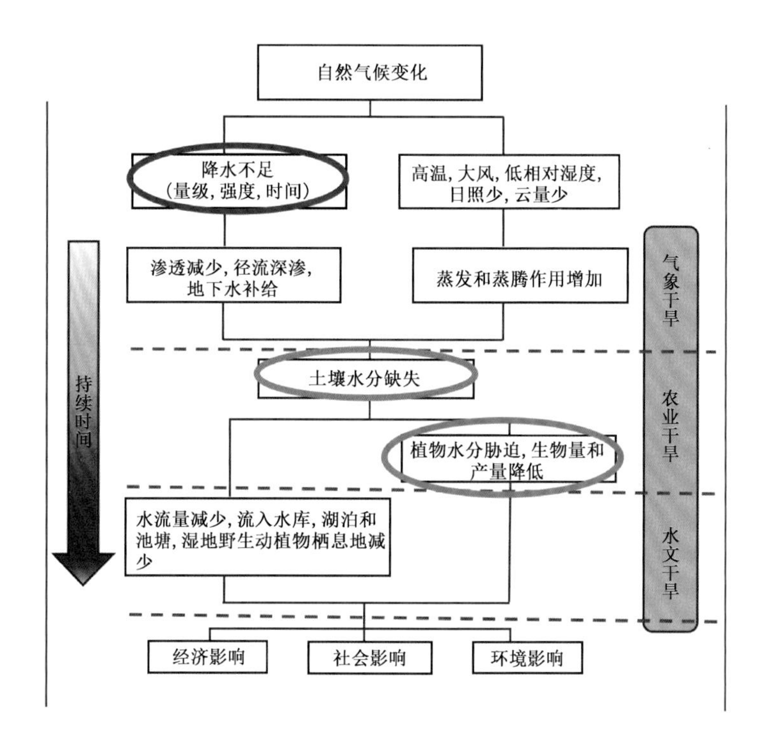

图 0.1　气象干旱到农业干旱、水文干旱和社会经济干旱的演变简图
（来自：美国干旱减灾中心）

看，干旱是一种由降水异常偏少的累积效应而造成的灾害性气候事件，首先受大气异常环流的影响，形成不利于降水发生的环流系统，降水异常偏少而出现干旱，此时陆面过程将发生变化，特别是一些较强的持续干旱事件，降水少而蒸发加强、植被萎蔫甚至干枯等，破坏地表植被导致地表反照率增大，改变了地表能量平衡而成为一个辐射热汇，使大气冷却造成下沉气流加强维持，进一步又加剧了干旱。这种陆面—大气间水热交换、能量输送的改变，在干旱异常环流的维持、发展和演变中起着重要作用。所以，陆气相互作用（或曰“陆气耦合”）与干旱之间密切关联。

陆气相互作用是气候系统异常的主要驱动因子之一，国外关注较早。Charney(1975)的研究是陆气耦合的经典成果，他从理论上研究非洲 Sahel 干旱问题时开创性地提出了陆面生物—地球之间物理反馈机制，认为 Sahel 地区由于人类活动（过度放牧）破坏地表植被导致地表反照率增大，改变了地表能量平衡而成为一个辐射热汇，使大气冷却造成下沉气流加强维持，加剧了干旱；反过来又促使植被进一步退化、沙漠扩展的恶性互反馈过程。自此，更多研究关注地表反照率、土壤湿度、地表粗糙度以及植被气孔阻抗等陆地下垫面特征，证明干旱和气候系统异常对这些陆面要素特征变化的反应十分敏感（Trenberth et al.，1988；Siegfried et al.，2004；Gregory et al.，2004；Meng et al.，2014）。关于陆面过程和干旱的相互作用，最新研究表明，一种可能的快物理机制在土壤湿度—降水反馈过程中发挥了正向作用，即短期内土壤湿度减小会使得对流减少而造成降水减少，最终进一步导致土壤湿度减小；而在较长时间尺度内，一种慢的生物机制起到了负反馈作用（Meng et al.，2014）。这些研究从最初的陆面状态变化与气候变化或者变异之间的相关关系，逐步触及并深入到考虑生物过程的陆面—大气相互作用的机制探索，并取得了许多新认识。

陆气相互作用反映了地球表面(陆表)动量、能量和物质交换及输送和反馈过程，是气候系统响应外强迫的主要原动力。国内外陆气相互作用的研究，多选择对于大气具有明显反馈效应的特殊陆表、比较均一下垫面的大范围地理板块等，如青藏高原、沙漠、极冰等陆地单元，它们对大气运动具有显著影响，常常是灾害性天气气候事件的原始驱动，甚至造成局地或者区域气候系统的变化。这里简要介绍一下青藏高原和我国沙漠地区这两种特殊地理板块的陆气相互作用研究现状及其对干旱的影响。

青藏高原作为地球上面积最大的高耸于大气对流层中层的巨大台地，号称地球"第三极"，其陆气相互作用十分重要。它通过地表及边界层辐射、感热和潜热的输送形成了一个高耸入自由大气的大范围"台地"热力强迫，使高原成为北半球大气运动的重要外源强迫，其异常变化影响局地、亚洲乃至北半球大气环流异常，直接影响我国旱涝分布气候格局和生态环境演变(张人禾 等，2008)。无疑，青藏高原对干旱形成演变的影响是显见的。

沙漠是地球上面积最大的陆地系统(Pee et al.，2007)，我国北方分布着大范围沙漠，其中西北地区沙漠面积占其土地面积近 1/5，占我国沙漠总面积的 3/4，是我国最大的沙漠群地带；沙漠地表反照率大，土壤热容量小，含水量低，是地球系统中重要的感热源，对全球和区域能量平衡及气候变化和变异具有重要作用(Yang et al.，2011)。如此大范围、下垫面均一的特殊地表，其陆气耦合作用十分显著，对局地和区域干旱形成的影响同样突出，不可忽视。沙漠的陆气相互作用必定通过某种机制作用于干旱的形成和演变。

(2)我国干旱的区域性分布明显，北方地区是持续性干旱频发区

我国的干旱呈典型的区域性特征(图 0.2)，主要分布在北方干旱半干旱区，即西北地区和华北地区，是我国干旱影响最严重的区域；其次是西南地区。利用区域性极端事件客观识别法(OITREE)分析表明(王咏梅 等，2015)，我国干旱事件在华北及西北地区东部出现的频次最

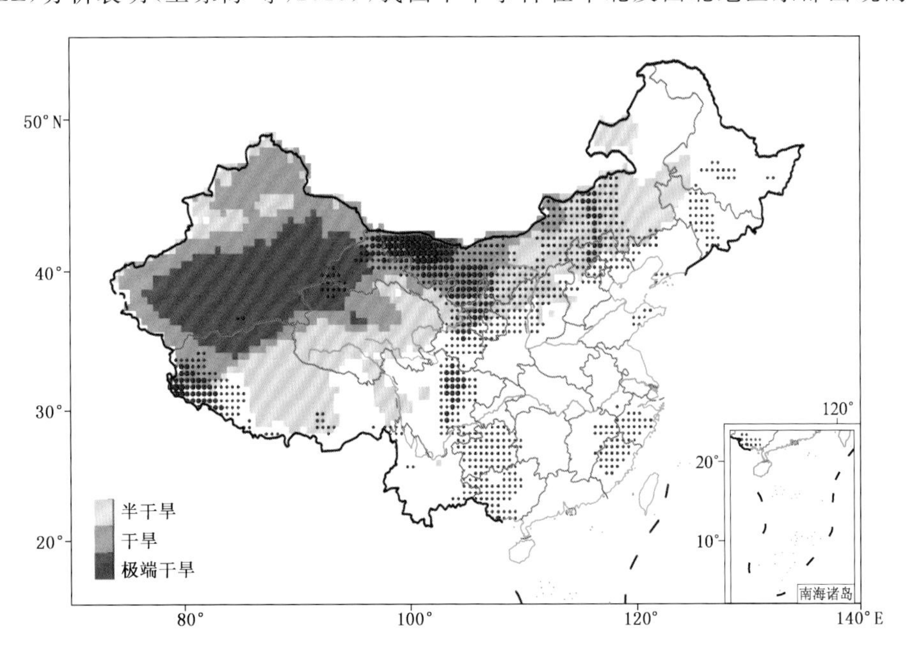

图 0.2 基于 SPEI 指数划分的我国干旱半干旱地区和干旱频发区
(图中圆点表示 1981—2010 年 30 a 气候平均的小于－0.1 的 12 个月尺度的标准化降水蒸发指数 SPEI(12)，即 SPEI(12)＜－0.1 说明在一定程度上反映了该地在气候上易发生干旱)

高，近50年有80次以上干旱发生，远高于其他地区；1961—2012年间发生的17次持续100天以上的极端干旱事件中，最易发生在华北地区，其次为西北地区和内蒙古西部。

从地理环境和主要气候系统来看，西北和华北地区干旱的形成具有明显差别，特点各异。就西北地区（鉴于类似的气候特征，也包括内蒙古西部）而言，其西部深居内陆，多沙漠戈壁，属于非季风区而受西风带影响，是典型的极端干旱气候态。西北地区东部多为荒漠/沙漠和黄土沉积区，是我国乃至世界上水土流失最严重、生态环境最脆弱的地区之一；由于地处东亚季风边缘，季风北推南撤、西进东退，导致降水变率大，所以其既是干旱最敏感区又是干旱灾害频发区。这是西北地区干旱气候态和干旱灾害频发的大背景，具体须考虑两个要素：整个西北地区紧邻青藏高原这一北半球大气运动的重要外强迫源，其气候状况直接受高原影响。很多研究指出高原热力和动力作用使高原北侧存在平均下沉运动和次级闭合经圈环流，形成了西北干旱气候态基本特征（叶笃正 等，1979；徐国昌 等，1983；钱正安 等，2001），西北地区分布着我国最大沙漠群——塔克拉玛干沙漠、库木塔格沙漠、巴丹吉林沙漠、腾格里沙漠和乌兰布和沙漠等，还有戈壁、荒漠，自西向东分布在青藏高原北侧及周边并构成了该地区主导性的地表类型（图0.3），沙漠地表最主要的陆面特点是强地表反照率和地表感热，因此西北干旱和半干旱区也是欧亚大陆上最高的感热中心之一（周连童，2009，2010；Zhou et al.，2010），以感热输送为主要方式的陆气相互作用特征反过来又对当地乃至下游区域的干旱变化产生明显影响（Charney，1975）。可见，西北地区干旱的形成复杂而独特，东亚季风边缘和西风带环流是主要的气候影响系统，青藏高原的存在既决定了西北干旱气候态背景，其陆气耦合过程更是干旱事件形成发展的重要因素，加之以高原北侧广阔沙漠地区陆面—大气相互反馈的叠加作用。

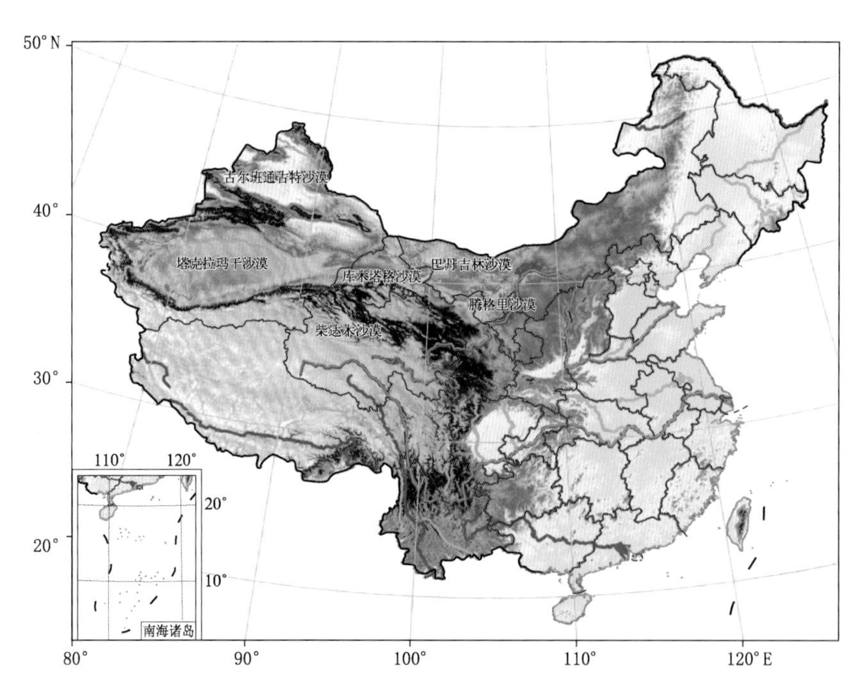

图0.3　我国西北地区主要沙漠分布图

对于华北地区来说，其西部（内蒙古西部）与西北地区气候特征相似，东部则处于东亚季风影响范围内，干旱的发生发展主要受季风环流系统的变化控制。大量研究已经证实，青藏高原对东亚季风系统变化具有重要作用(黄荣辉 等,2003,2006;Borgaonkar et al.,2010),进而显著影响华北干旱的形成发展;同时青藏高原陆面加热作用形成的经圈次级环流,有下沉支在华北和蒙古南部,加剧了该区域的干旱(柏晶瑜 等,2003;Wu et al.,2015)。但华北干旱与高原北部沙漠地区的陆气耦合过程之间的关系研究目前少有见文,沙漠地表的热力作用变化如何影响华北的干旱形成等,尚有待研究揭示。

(3)干旱形成的陆气相互作用机理的研究思路及本书的基本结构

具有科学意义的观测试验是研究陆气相互作用特征的前提条件。围绕某一科学目的设计观测试验内容,布局观测设备和观测项目,分析观测数据、研究陆气相互作用特征,发展数值模式来研究目标问题。简言之,陆气相互作用及其影响研究多开始于观测,观测试验→陆面特征及其参数化→模式改进和模拟+动力诊断→影响机理。

所以,就本书的内容,其基本结构是:首先简要介绍了中国北方干旱的基本特征、干旱环流背景和几次重大的干旱事件,这是后续章节的背景知识;其次,概述了依托行业专项重大项目"干旱气象科学研究——我国北方干旱致灾过程及机理"研究项目在中国北方建立的陆气相互作用观测试验系统,这是我国第一个围绕北方干旱致灾过程和机理而构建的观测试验,本书介绍了其布局、观测站点、主要设备和观测内容、观测数据管理等,以及利用观测系统研究中国北方典型区域陆气相互作用特征;第三,以黄土高原和华北半干旱区为代表区域,阐述了北方干旱的形成与陆面过程相互作用的研究成果;第四,陆气相互作用研究的一个主要方面是改进陆面参数、发展区域数值模式,这部分内容重点是干旱半干旱区陆面过程和边界层参数化研究方面的最新成果,以及在此基础上发展的区域数值模式系统及其应用;最后,阐述了在气候变化背景下未来北方干旱的趋势预估,如何应对及科学展望。

第1章　中国北方干旱的基本特征

广义上，中国北方地区指昆仑山—白龙江—秦岭—淮河一线以北的广大地区。就本书而言，从行政区划看，介于31.6°～53.4°N，73.4°～122.7°E之间，具体包括内蒙古、北京、天津、河北、山西、山东、河南、陕西、甘肃、宁夏、青海、新疆等省（区、市），也即我国的华北和西北地区。总面积近500万 km^2，约占全国的52%。

中国北方地区降水少，河流径流小，降水季节不均衡，降水年际变化大。华北平原工农业发达，人口稠密，需水量大，同时水污染和浪费也比较严重；西北地区更是我国降水最为稀少的区域之一，域内多以沙漠、戈壁/荒漠、稀疏植被和旱作农田等下垫面覆盖，生态环境极为脆弱。所以，因水资源短缺而导致的干旱是北方最主要的气候特征，干旱事件也是这里最频繁发生的气象灾害，干旱气候背景下再叠加频繁发生的干旱事件，严重制约着我国北方地区社会经济的可持续发展。

所以，北方干旱问题，始终是牵动全局的重大战略问题，如何准确掌握北方干旱特征和发生发展规律、如何发展有效的早期预警技术、如何研判风险并做好应对？其中既有深刻的科学内涵又具有重要的现实意义。

1.1　地理和自然环境

地理环境为大气的运动和状态变化提供了下垫面，而下垫面在大气的能量收支中具有重要作用。下垫面不仅将大量热量供给大气，更重要的是下垫面分布极为错综复杂，因而使供给大气的热量分布极不均匀，这就形成了大气产生运动的主要热力条件。同时，下垫面的起伏不均又能给大气运动以动力影响。所以，太阳辐射是大气现象产生的主要来源，而复杂的下垫面则是产生复杂气候分布的主要原因。

1.1.1　地理环境

中国北方地区地域辽阔、地形多样，是气候错综复杂的主要原因。概括起来有以下特征（张家诚 等，1985）：

（1）东西海陆差别大。中国北方地区，东西长约5500 km，东面紧靠世界最大的水面——太平洋，又位于世界最大的大陆——欧亚大陆的东南部分，西北地区深居内陆，距海遥远。因此，西北地区为干燥的大陆性气候区，华北平原沿海也存在着海洋性气候，许多地方为海陆交相影响的季风气候区。例如，新疆托克逊气象站(88.63°E，42.8°N)，多年平均降水量仅为8.8 mm，是绝对干旱区；而山东青岛气象站(120.33°E，36.07°N)，多年降水量为662.4 mm，是半湿润区，两者相差75倍。

(2)地势高差明显。总体而言，地势西高东低，形成三级阶梯。位于我国西南的青藏高原，平均海拔在4 km以上，被誉为“世界屋脊”，冠于阶梯的最高层，东亚、南亚及中亚的大江大河大多发源于此。而新疆的吐鲁番盆地，海拔在－44.7 m，是我国海拔最低的地方。青藏高原以东和以北，在大兴安岭、燕山、太行山、伏牛山以西大多地区为海拔千米以上的高原和山区，组成我国地势中的第二级阶梯。其海拔高度约1000～2000 m，以若干大中型高原和盆地等构造地貌为特征，主要有内蒙古高原、黄土高原及塔里木盆地、准噶尔盆地等。这个线以东是阶梯的最低层，以平原、丘陵、低山等河流地貌为特征，比较大面积的平原有华北平原。

由于地势的高低不同，造成北方地区气候的悬殊。例如，青海托托河气象站海拔4533 m，多年平均温度为－4.2 ℃；而山东青岛气象站海拔76 m，多年平均温度为12.6 ℃，可超出16.8 ℃之多。

(3)地形地貌差异大。地形有各种不同的尺度，对局地和区域气候有显著的影响，特别是大地形。从我国北方大尺度山脉的走向分布来说，可以分为东西向、东北至西南向、南北向三大类，它们对气候的影响各不相同。

东西走向的山脉往往是气候上的重要分界线。位于新疆中部的天山山脉平均海拔3000 m以上，是南疆和北疆，也是中温带和暖温带的气候分界线。阴山山脉海拔高度近3000 m，是畜牧地区和农业地区之间的分界线。昆仑山脉和秦岭山脉是我国气候上的重要分界线，特别是秦岭山脉一直被当作我国南北两种气候的分界线，也是暖温带和亚热带气候的分界线。

东北到西南走向的山脉可分为两带，西带包括大兴安岭、太行山以及伏牛山以南的山地，是我国地势的第二级阶地的边缘。这些山脉是东南季风深入大陆的障碍，由于其地形作用，迎风坡往往有利于产生大暴雨天气。南北向山脉是贺兰山和六盘山，这一南北向山脉带构成中国西部和东部的天然分界线。

我国北方的大尺度地形还有高原、丘陵、盆地、平原等类型。

北方的高原，除青藏高原外，还有两个高原：内蒙古高原和黄土高原。内蒙古高原位于内蒙古中部到祁连山一带，东到大兴安岭，南到阴山、燕山一带，海拔1000 m左右，起伏平稳、地势开阔，其东部是我国的主要牧场。黄土高原西到祁连山，东到太行山，南以秦岭为界，海拔高度约1000～2000 m，地面为深厚的疏松黄土覆盖。

塔里木盆地、准噶尔盆地和柴达木盆地都位于我国西北内陆干旱地区。这些盆地周围多有高山环绕，盆地中心大多为沙漠、戈壁地貌，由于高山雨水及雪水的灌溉，盆地内有肥沃的绿洲。

华北平原西起太行山，东到海滨，北到燕山山脉，南到淮河附近。这个平原大部分地区海拔不到50 m，地势平坦，是我国第二大平原。

(4)沙漠广布，气候极端干旱。

沙漠是指地面完全被沙地所覆盖、植物非常稀少、雨水稀少、空气干燥的荒芜地区。中国的四大沙漠均位于北方地区。①塔克拉玛干沙漠：位于塔里木盆地中心，南北宽约400 km，东西长约1000 km，面积33.76万 km^2，仅次于撒哈拉沙漠，是世界第二大沙漠，中国第一大沙漠，塔克拉玛干，维吾尔语意“进去出不来”，又称“死亡之海”。②古尔班通古特沙漠：面积4.8万km^2，为中国第二大沙漠，垦区农牧场呈带状分布在沙漠南缘。③巴丹吉林沙漠：位于内蒙古自治区西部，是中国第三大沙漠，面积约为4.43万km^2，海拔1400～1600 m，最高峰2040 m。④腾格里沙漠：横跨甘肃、宁夏、内蒙古三省（区），南北长240 km，东西宽180 km，总面积约4.3万km^2，是中国第四大沙漠。此外还有我国第七大沙漠——库木塔格沙漠，位于甘肃西部、新疆东部两省（区）交集地带。

沙漠气候是大陆性气候的极端情况。夜间地面冷却极强，甚至可以降到0 ℃以下。由此，气温日变化非常大，日最高最低温差可以高达50 ℃以上，“早穿棉午穿纱，抱着火炉吃西瓜”就是这一特点的真实写照。

1.1.2 三大自然区

根据自然区划，中国北方地区分属青藏高寒区、西北干旱区与东部季风区（雍万里，1985）。

1.1.2.1 青藏高寒区

青藏高寒区围绕青藏高原及其周边区域分布，位于横断山脉以西、喜马拉雅山以北，昆仑山、阿尔金山和祁连山以南，在我国北方省（区）包括了青海全省、甘肃西南部的甘南高原和西北部的祁连山、新疆南部边缘地区。青藏高原海拔大多在4000 m以上，号称“世界屋脊”，是世界上海拔最高、面积最大的高原湖区，其中青海湖面积4340 km^2。这里也是黄河、长江、澜沧江（湄公河）等亚洲重要河流的发源地。

青藏高寒区显著的自然特征是“寒”，许多山峰终年积雪，冰川广布，雪山连绵。由于海拔高，高原大部分地区空气稀薄、干燥少云，一天当中的最高气温和最低气温之差很大，有时一日之内，历尽寒暑，白天烈日当空，有时气温高达20～30 ℃，而晚上及清晨气温有时可降至0 ℃以下，这亦是高原气候一大特点。另外，高原日照时间长，太阳辐射强。

1.1.2.2 西北干旱区

在自然区划概念中，广义的“西北地区”即指西北干旱区，大致包括内蒙古中西部、新疆大部、宁夏北部、甘肃西部等地及其接壤的陕西边缘地带。

西北地区地形以高原、盆地和山地为主。有天山山脉、阿尔金山脉、祁连山脉、昆仑山脉、阿尔泰山脉，有内蒙古高原、准格尔盆地、塔里木盆地、吐鲁番盆地。河流多为内流河，塔里木河为我国最大内流河，河西走廊的黑河是我国第二大内陆河。北疆的额尔齐斯河注入北冰洋。

西北地区地面植被由东向西为森林草原、荒漠草原、荒漠以及高寒草地。

西北地区年降水量从东部的500 mm左右，往西减少到200 mm，甚至50 mm以下。干旱是本区的主要自然特征（半干旱、干旱气候）。由于气候干旱，气温的日较差和年较差都很大。吐鲁番盆地为夏季全国最热的地区，托克逊为全国降水最少的地区。

1.1.2.3 东部季风区

中国北方地区的东部季风区，是指中国东部季风区的北部，主要是秦岭一淮河以北，乌鞘岭以东的地区，东临渤海和黄海。包括北京、天津、河北、山西、山东、河南全部，以及甘肃河东地区、内蒙古东部、陕西大部。

该区地形以平原为主，兼有高原和山地，其中的黄土高原位于太行山以西、乌鞘岭以东、长城以南、秦岭以北之间的地区。这里的黄土是地质历史时期风力沉积作用堆积而成的。华北平原是我国第二大平原，地势低平，大部分海拔 50 m 以下，东部沿海平原海拔 10 m 以下，自西向东微斜。平原多低洼地、湖沼，集中分布在黄河冲积扇北面保定与天津大沽之间。华北平原土层深厚，土质肥沃，是中国的重要粮棉油生产基地。华北平原大部在淮河以北属于暖温带湿润或半湿润气候，降水量多在 400～700 mm，冬季干燥寒冷，夏季高温多雨，春季干旱少雨，蒸发强烈。本区灾害以旱涝为主，其中旱灾最为突出，又以春旱、初夏旱、秋旱频率最高，夏季常有洪涝。

1.2 北方干旱的分布特征和规律

选取北方 12 个省(区、市)870 个站点资料研究干旱时空分布特征(图 1.1)，使用资料为国家气候中心制作的 MCI 指数。为区分不同强度干旱的时空变化特征并研究不同强度干旱之间的转换，采用表 1.1 的干旱强度划分方法，MCI 指数越小，意味着干旱越显著。研究中，分别统计不同站点满足不同强度干旱的日数，主要分析轻旱、中旱、重旱和特旱四类干旱，其中轻旱及其以上干旱的总日数为总干旱日数。

表 1.1 依据 MCI 指数划分的不同干旱强度

干旱强度	MCI 指数范围
无旱	(−0.5,+∞)
轻旱	(−1.0,−0.5]
中旱	(−1.5,−1.0]
重旱	(−2.0,−1.5]
特旱	(−∞,−2.0]

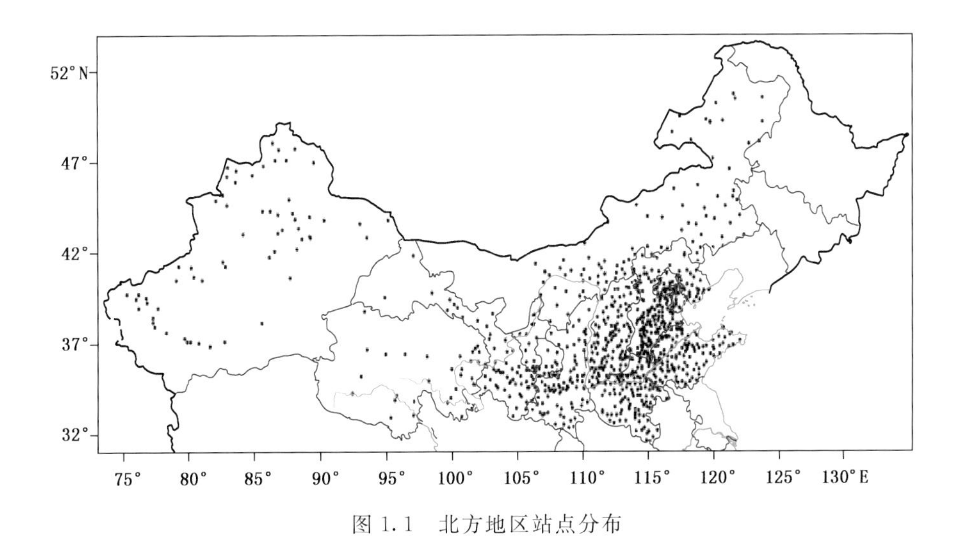

图 1.1 北方地区站点分布

1.2.1 不同强度干旱的时空分布特征

1.2.1.1 总干旱日数空间分布和时间序列

北方干旱的基本特征，图 1.2 是轻旱及其以上的总干旱日数的空间分布情况和随时间变化情况，可见年平均干旱日数东部地区显著大于西部地区，其中年平均干旱日数最多的区域主要位于河北（达到 160 d），其次是内蒙古东部地区、甘肃东部、宁夏中部等地区，平均干旱日数达到 130 d。从时间变化上来看，北方总的平均干旱日数在 1961—1990 年期间变化幅度较小，1990—1999 年期间呈现增加的趋势（达到 9.46 d·a^{-1}，通过 0.01 的显著性检验），2000—2019 年前后出现减小的趋势（−1.94 d·a^{-1}），功率谱分析（图略）表明北方干旱呈现2～3 a 和 20 a 的准周期振荡。

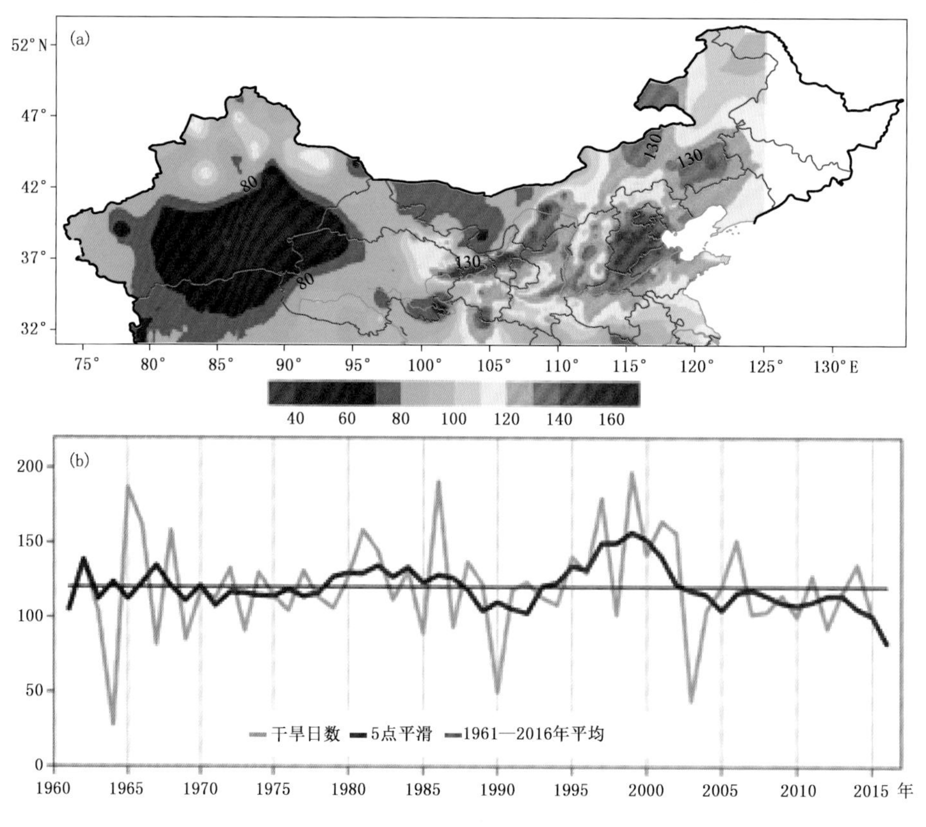

图 1.2 北方总干旱日数时空分布（单位：d）

（a）空间分布；（b）随时间变化特征

1.2.1.2 不同强度干旱日数空间分布和时间序列

不同强度的北方干旱的时空分布特征，按照 MCI 指数的强度分布分别统计不同强度干旱的空间分布和随时间变化情况，如图 1.3～图 1.6 所示。图 1.3 是轻旱日数空间分布和随时间变化情况，其中轻旱年平均干旱日数空间分布和总干旱日数空间分布较为一致，干旱日数较多的区域主要位于河北、内蒙古东部地区（年平均干旱日数达到 80 d）。从干旱日数随时间变化来看，轻旱日数的波动较小(平均干旱日数为 65.50 d)，但在 1964 年(平均干旱日数 22.01 d)、1990 年(平均干旱日数 36.99 d)和 2003 年(平均干旱日数 30.58 d)的平均干旱日数较少，而 1965 年(平均干旱日数 85.12 d)、1966 年(平均干旱日数 85.18 d)和 1986 年(平均干旱日数 92.01 d)的平均干旱日数较多。

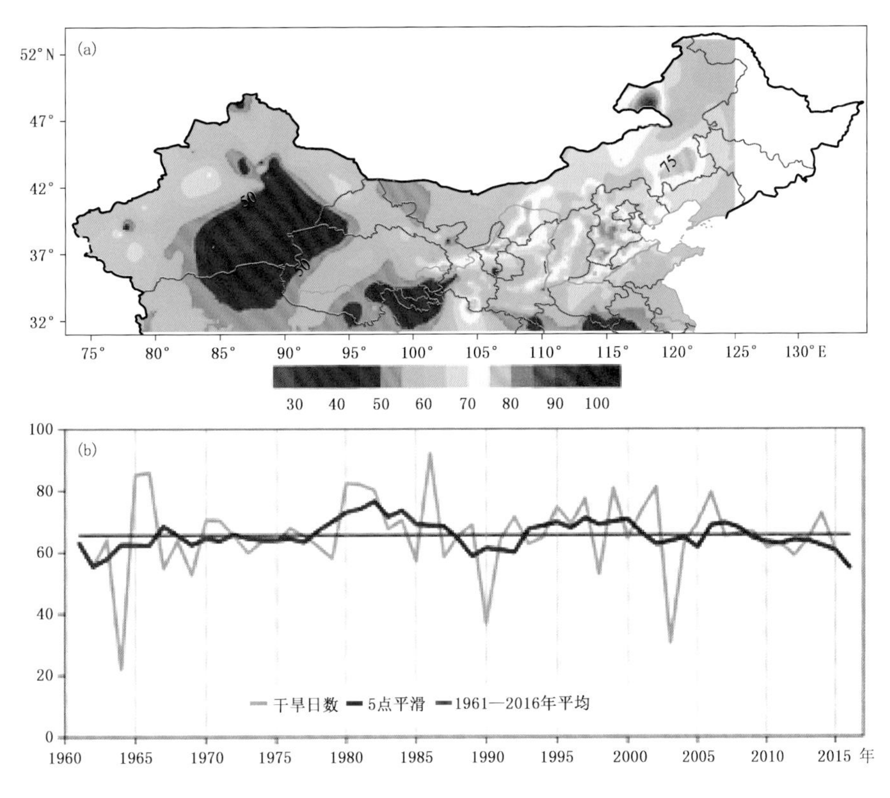

图 1.3 轻旱日数时空分布(单位：d)
(a)空间分布；(b)随时间变化特征

对于华北地区中旱来说(图 1.4)，与轻旱空间分布相类似的是，中旱同样呈现东部多、西部少的分布特征，但是中旱平均干旱日数较多区域仅有 50 d，主要分布在河北南部、内蒙古中东部、宁夏中部和甘肃河东部分地区。从干旱日数随时间的变化来看，在 1990 年以前，中旱的整体变化幅度较小，而 1990 年以后则呈现先增加再减小的趋势，变化的趋势要略大于轻旱的情况。

重旱和特旱日数的空间分布和随时间变化如图 1.5 和图 1.6 所示，二者的空间分布较为一致，其中重旱平均日数较多的区域位于山东西部、河北南部、甘肃东部等地区，最长平均干旱日数超过 22 d，特旱平均日数较多的区域也分布于此，最长平均干旱日数超过 10 d。从平均干旱日数随时间变化情况来看，在 20 世纪 60 年代，均出现显著减少的迹象，而在 1996—2005 年期间呈现干旱日数先增加再减少的特征，其中峰值出现在 1998 年前后。

综上所述，轻旱和中旱占总干旱日数中的绝大部分，并且总干旱日数中的年代际变化也主要由这两种干旱引起的；重旱和特旱则主要在 1996—2005 年期间的总干旱日数的幅度增加中起主要作用。

下文进一步分析不同强度干旱在总干旱日数中占比的空间分布和随时间变化，分析不同强度干旱对总干旱日数的贡献情况。

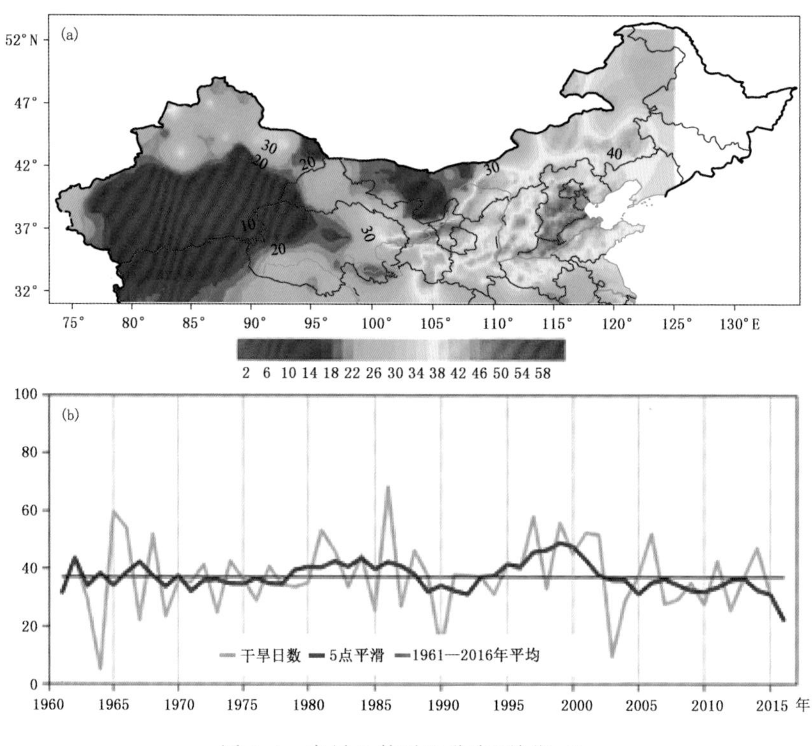

图 1.4 中旱日数时空分布(单位:d)
(a)空间分布;(b)随时间变化特征

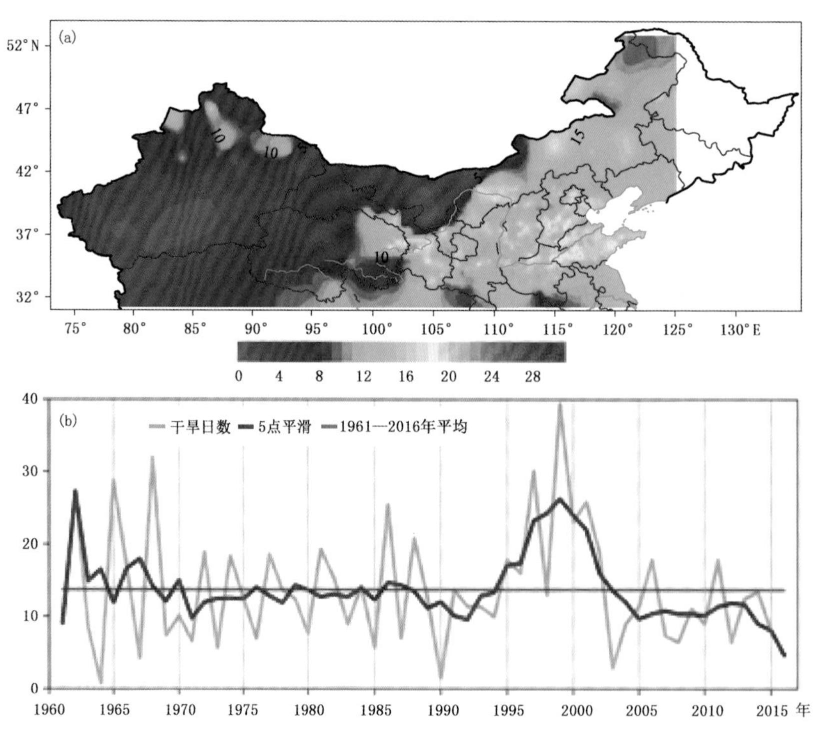

图 1.5 重旱日数时空分布(单位:d)
(a)空间分布;(b)随时间变化特征

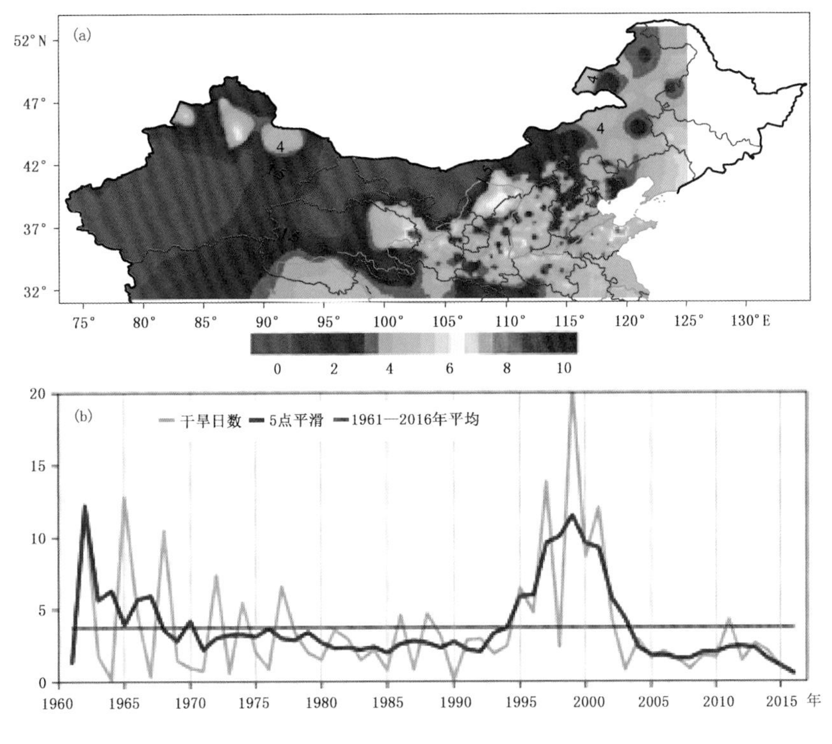

图 1.6 特旱日数时空分布(单位:d)
(a)空间分布;(b)随时间变化特征

1.2.1.3 不同强度干旱百分比空间分布、时间序列

图 1.7 是不同强度干旱在总干旱日数中的百分比的空间分布。轻旱呈现“西高东低”分布特征,其中西部轻旱所占比例较大区域主要分布在新疆中南部、青海西北部、甘肃西部、内蒙古西部,轻旱比例超过 70%;而东部地区轻旱比例约占 50%。中旱在总干旱日数中的比例呈现“东高西低”的分布特征,北方东部地区(包括甘肃东部、宁夏中南部、陕西、山西、河南、山东、河北、北京、天津等)中旱比例约占 30%左右;西部地区中旱比例较少,主要在新疆南部地区和青海西部地区,中旱比例少于 20%。重旱的比例分布也呈现“东高西低”的分布特征,其中山东、河南等地重旱比例超过 12%,而西部地区重旱低于 6%,其中新疆西南部甚至重旱比例接近 0%。特旱所占比例总体来说偏少,其中东部零星地区特旱所占比例超过 4%,而新疆西部、内蒙古西部重旱均接近于 0%。由此可见,北方干旱的空间分布在西部主要以轻旱为主,在东部则以中旱及以上强度干旱为主。

从不同强度干旱在总干旱日数中的百分比随时间变化来看(图 1.8),轻旱所占比例最高,达到 56.48%,其次是中旱(30.26%),再次是重旱(10.55%),最后是特旱(2.71%),其中 1970 年以前,在中旱所占比例变化幅度不大的基础上,轻旱、重旱和特旱所占比例的变化幅度较大,之后一直到 1990 年以前都较为稳定;1990 年以后到 2000 年前后,中旱所占比例变化趋势仍然较小,而轻旱所占比例呈现显著负趋势,重旱和特旱所占比例增加趋势显著;2000—2005 年期间,轻旱所占比例增加,重旱和特旱所占比例减少。2005 年以后,不同强度干旱所占比例几乎不变。

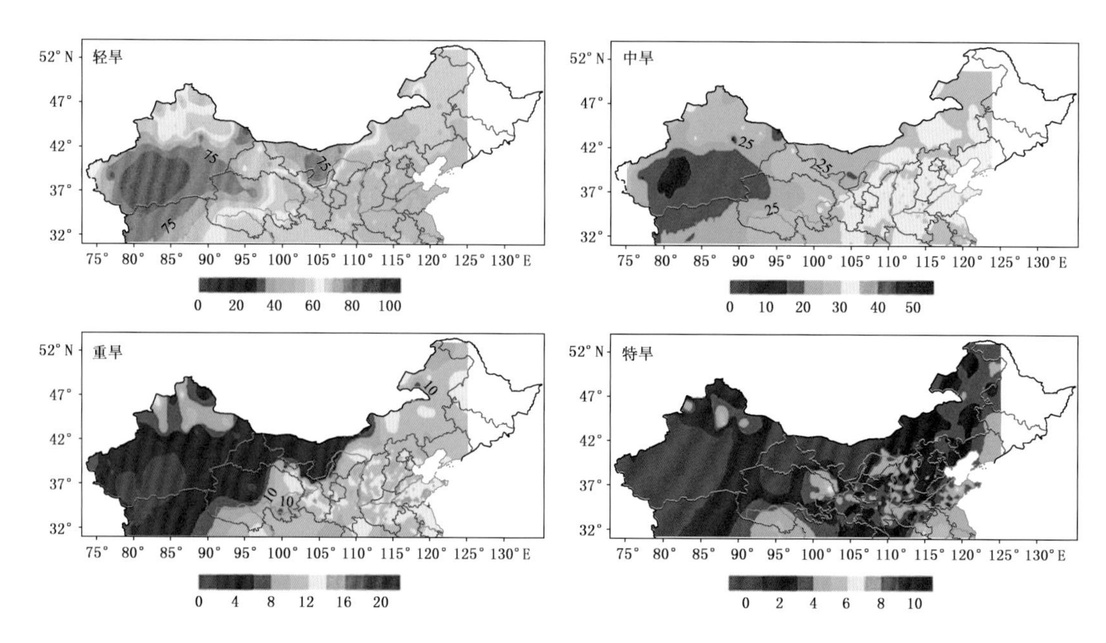

图 1.7　不同强度干旱所占百分比空间分布(单位:d)

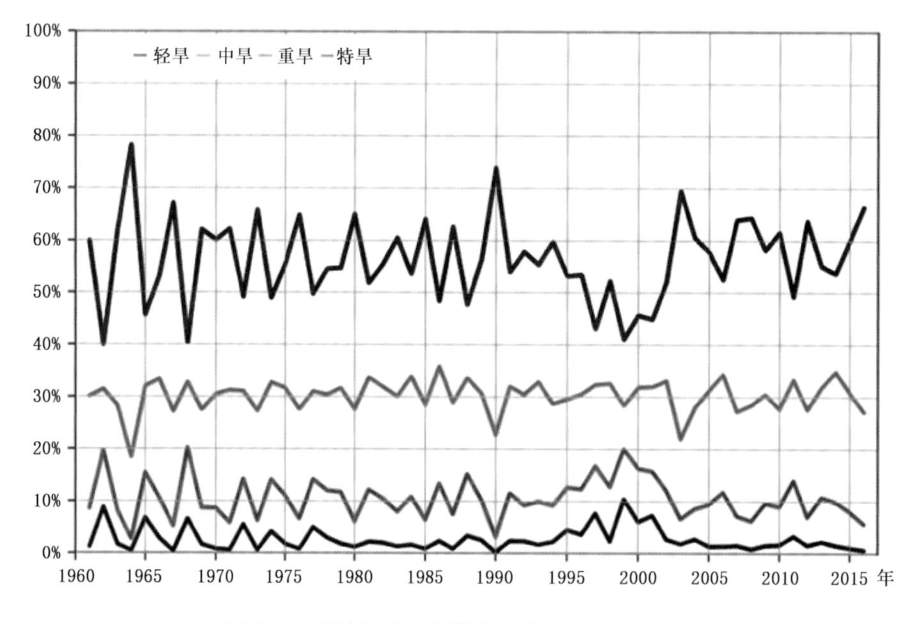

图 1.8　不同强度干旱所占百分比随时间变化

1.2.2　不同区域干旱的时空变化特征

1.2.2.1　不同区域总干旱日数时间序列变化趋势

上述研究发现,北方干旱东西部差异较大,因此以 105°E 作为分界线,分别考察分界线东西两侧干旱日数随时间的变化情况。如图 1.9 所示,东部地区的北方干旱日数随时间变化较为一致，表明北方干旱主要发生在东部地区，西部地区干旱日数较东部地区偏少，并且1976年以后西部地区干旱日数减少趋势显著，这意味着北方干旱不同区域的干旱日数的变化存在区域性差异。因此，进一步分析北方干旱日数趋势的空间分布情况，如图1.10所示。包括新疆、青海、甘肃河西地区、内蒙古在内的区域均呈现干旱日数减少的趋势，负趋势最显著的区域位于新疆北部、青海东部，达到 $-2\ d \cdot a^{-1}$；而东部地区的干旱日数则呈现上升趋势，其中上升趋势显著的区域位于甘肃东部、宁夏、陕西南部，达到 $1.5\ d \cdot a^{-1}$。

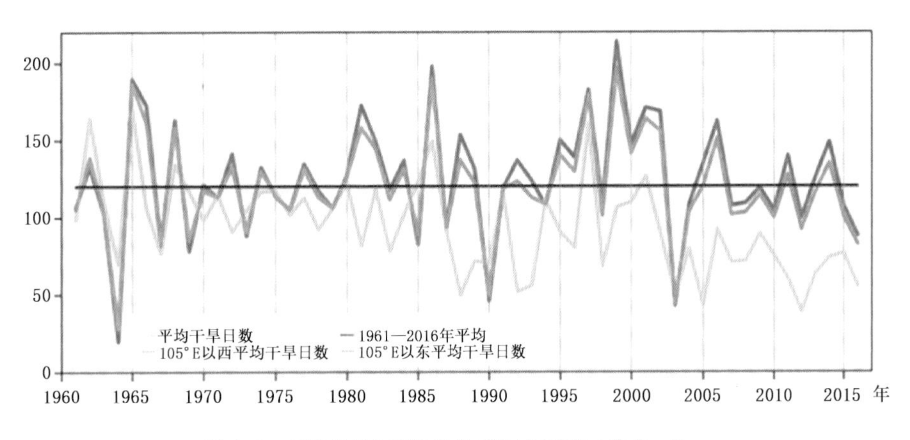

图1.9　不同区域干旱日数随时间变化(单位:d)

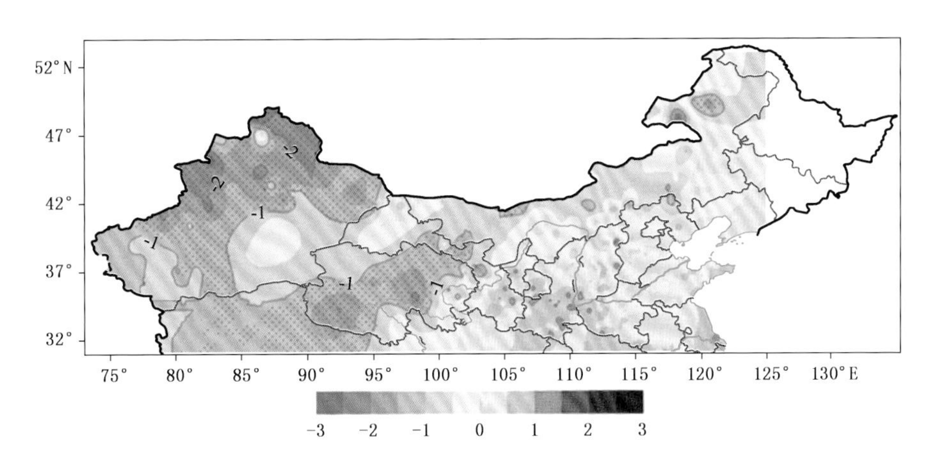

图1.10　总干旱日数变化趋势空间分布，黑点通过0.01显著性检验(单位:$d \cdot a^{-1}$)

1.2.2.2　不同强度干旱日数时间变化趋势的空间分布

图1.11是不同强度干旱日数变化趋势的区域分布特征，其中轻旱和中旱在内蒙古、甘肃、新疆、青海均呈现负趋势，轻旱在新疆、青海以及内蒙古东部负趋势显著，中旱在新疆北部、青海中西部负趋势显著；北方其他省区则呈现弱的正趋势。重旱和特旱的趋势呈现斑点状分布，其中重旱日数趋势在新疆、青海、内蒙古中西部、甘肃中部、山西、河北等地呈现负趋势，其余地方呈现正趋势；特旱日数负趋势在新疆北部、青海北部和甘肃中部以及陕西山西北部等区域。

总体来看，我国北方地区的干旱变化西部呈减弱趋势，东部呈增加趋势。

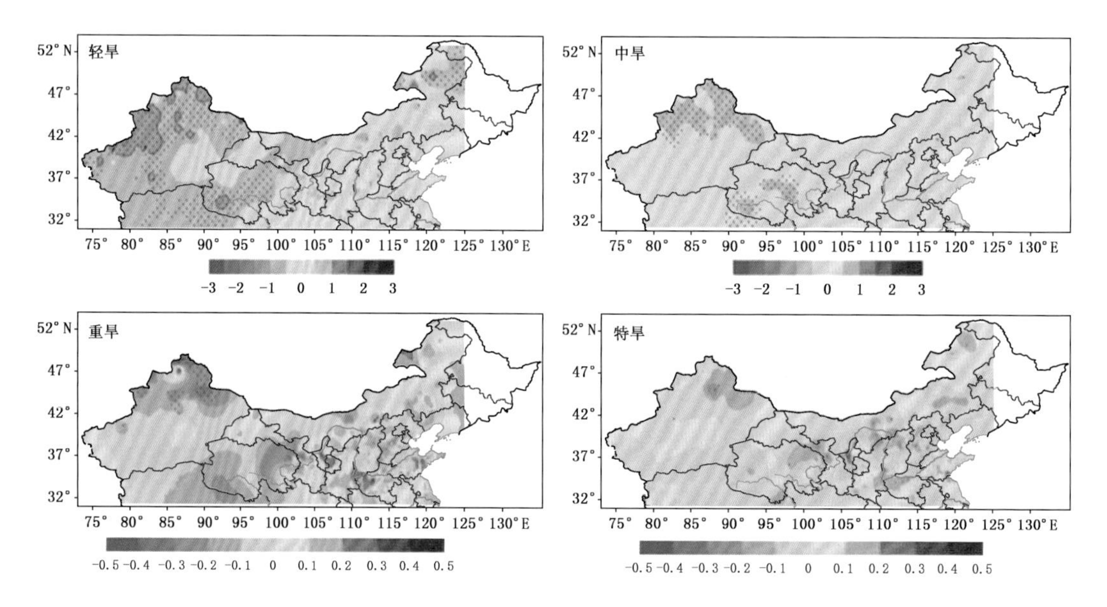

图 1.11 不同强度干旱日数变化趋势空间分布(单位：d・a^{-1})
(黑点通过 0.01 显著性检验，(a)轻旱；(b)中旱；(c)重旱；(d)特旱)

1.2.3 不同时段干旱的时空变化特征

1.2.3.1 不同时段北方干旱的空间分布

进一步考察不同时段干旱日数的变化情况，利用 MTT 方法对总干旱日数进行突变检测，在子序列长度分别取 6 时和 10 时的突变检测结果，如图 1.12a 所示，统计量在 1995 年和 2002 年超过 0.01 的显著性检验，故按 1961—1995 年、1996—2002 年和 2003—2016 年三个时段分别进行研究。我国北方地区在 1961—1995 年期间年平均干旱日数较少(120 d)，而 1996—2002 年期间年平均干旱日数显著偏多(140 d)，2002 年以后干旱日数又显著减少(仅为 110 d)。下面按不同时段分别考察干旱日数的空间分布情况。如图 1.13 所示，在 1961—1995 年期间，北方干旱日数空间分布东西部差异较小(90～100 d)，仅在河北部分地区出现超过 150 d 干旱的分布，小于 60 d 的干旱也主要分布在新疆东南部地区。1996—2002 年期间，东西部干旱日数差异较大，其中河北、山西、山东地区的干旱日数明显较前一时期显著偏多，达到 180 d，部分地区甚至超过 210 d 的干旱日数；另一方面，西部地区小于 60 d 的干旱区域较前一时段也偏大，新疆中部和东部地区、青海西部均出现干旱日数小于 60 d(甚至更少)的情况。2003—2016 年期间，东部干旱日数的空间分布与 1961—1995 年较为类似，但西部干旱日数显著偏少，其中干旱日数低于 60 d 的区域扩长至整个新疆地区、青海大部地区、甘肃河西地区以及内蒙古西部区域。

综上所述，不同时段的干旱在空间分布差异显著，其中 1961—1995 年期间，北方干旱东西部较为一致；1996—2002 年北方干旱日数增加，是三个时段中干旱频次最多的时期，主要原因是其东部地区干旱的增加；2003—2016 年北方总干旱日数减少，主要由西部地区的干旱减少造成的。

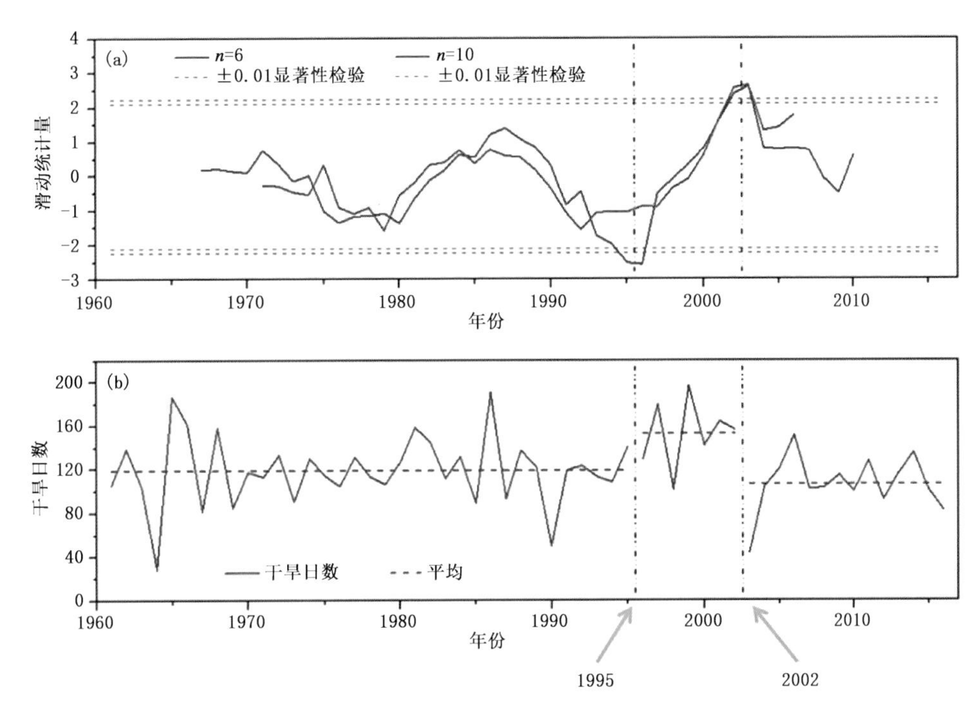

图 1.12 总干旱日数的滑动 T 检测结果(a)和不同时段干旱日数随时间变化(b)(单位:d)

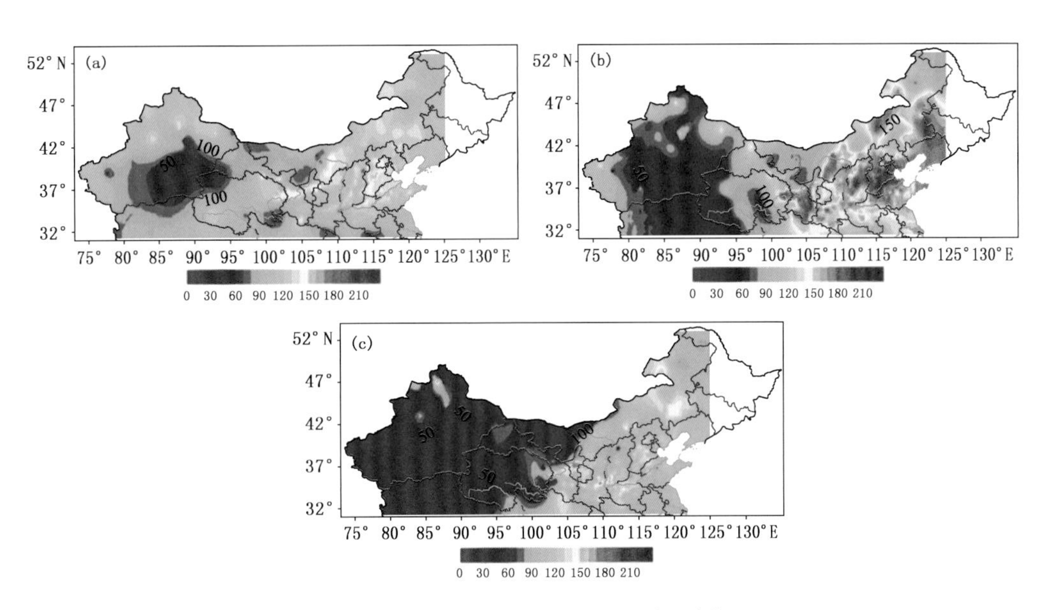

图 1.13 不同时段干旱日数空间分布(单位:d)

(a)1961—1995 年;(b)1996—2002 年;(c)2003—2016 年

1.2.3.2 不同时段中各强度干旱的空间分布特征

本节简要分析了不同强度干旱在 1961—1995 年、1996—2002 年和 2003—2016 年三个时段的干旱日数的空间分布情况,如图 1.14 所示。与上述结论一致,总体来看,1996—2002 年期间的干旱日数整体上要多于 1961—1995 年的情况,2003—2016 年的干旱日数最少。具体来说，①轻旱，1961—1995年整个北方轻旱的空间分布较为一致，为60～80 d，其中干旱日数最少的区域位于新疆东南部(少于30 d)；1996—2002年的轻旱除了新疆东南部地区(少于30 d)，大部分地区干旱日数均多于60 d，其中河北、内蒙古东部、甘肃南部部分地区干旱日数超过90 d；2003—2016年的轻旱主要分布在东部地区，其中105°E以东地区轻旱日数超过45 d。②中旱，中旱日数的空间分布要明显低于轻旱的情况，三个不同时段中，中旱日数主要分布在105°E以东地区(超过30 d)，其中1996—2002年的中旱日数要明显偏多，主要集中在河北南部、内蒙古东部、甘肃南部等地区，干旱日数接近75 d。③重旱，重旱的空间分布较多的时段主要集中在1996—2002年，仍然以105°E以东为主(超过20 d)，河北南部、山东西部、陕西中部部分地区重旱日数超过40 d，1961—1995年、2003—2016年的两个时段重旱日数较少，其中105°E以东干旱日数在16～24 d之间，西部干旱日数则更少。④特旱主要发生在1996—2002年，主要分布在陕西中南部、山西中南部、山东等地区，干旱日数超过18 d，其余地区干旱日数少于6 d；1961—1995年，北方特旱日数几乎为0，也就是说这个时期北方发生特旱极少；2003—2016年，105°E以西干旱日数接近于0，东部的干旱日数少于6 d。

综上来看，1996—2002年的干旱日数明显多于其余两个时期，尤其是重旱和特旱主要发生在这一时期，并且105°E以东的干旱明显多于以西地区。

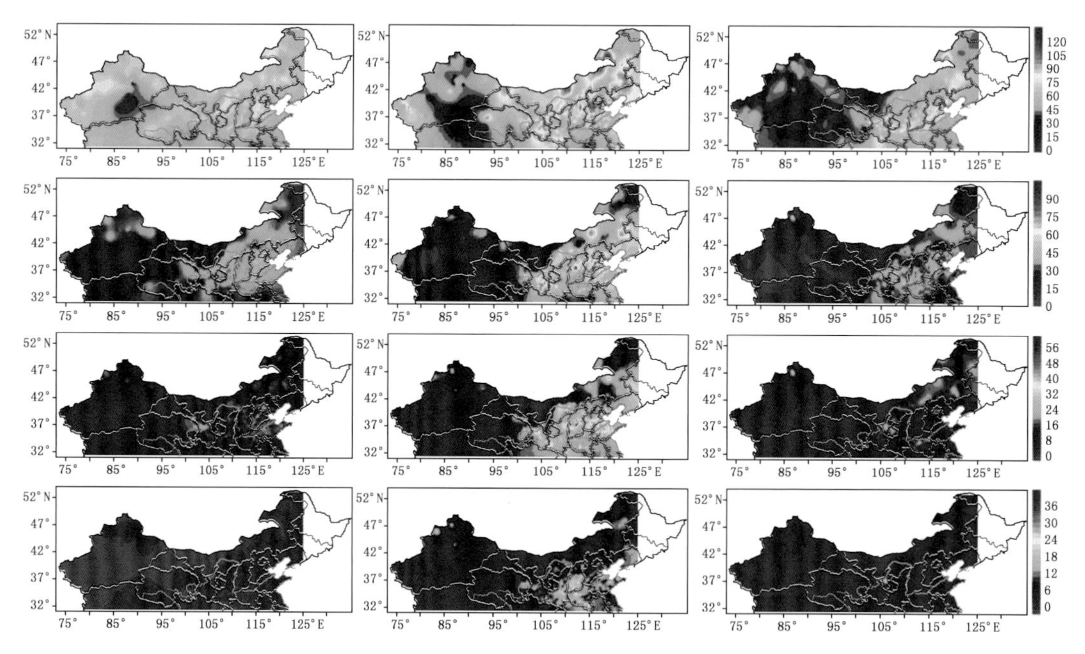

图1.14 不同时段、不同强度干旱日数空间分布(单位：d)

1.2.4 小结

(1)轻旱和中旱是总干旱日数中的绝大部分，并且总干旱日数中的年代际变化也主要由这两种干旱引起；1996—2005年期间出现的总干旱日数的幅度增加则主要由重旱和特旱造成的。

(2)北方干旱呈现年代际变化的特征，1961—1995年期间，北方干旱日数变化不大，

1996—2002年北方干旱日数增加，2003—2016年北方干旱日数减少。其中，1996—2002年北方干旱日数增加主要原因是东部干旱的增加，而2003—2016年干旱日数的减少则主要由西部地区的干旱减少造成。

(3)1996—2002年干旱日数明显多于其余两个时期，尤其是重旱和特旱主要发生在这一时期，并且105°E以东的干旱明显多于以西地区。

(4)北方干旱呈现2～3 a和20 a的准周期振荡。

1.3 近百年我国北方重大典型干旱事件

根据历史资料，选出我国北方近百年来持续2 a以上的大范围旱灾事件3例，即1900—1902年北方特大旱灾、1928—1929年北方特大旱灾和1999—2001年北方特大旱灾，简要介绍其旱情、特点和造成的影响，以及气候变化背景、分布特征和成因特点等。

1.3.1 旱灾的气候变化背景

认识和研究干旱，首先要了解干旱发生的基本气候背景。采用温度观测资料中的最高温度和最低温度的平均代表月平均温度建立时间序列(图1.15)，分析100多年(1873—2008年)来中国气候变化特征。这个序列的特点是采用最高与最低温度平均，一定程度上克服了不同测站观测时间不同而造成的不均一性，但也存在资料覆盖面早期小、后期大的不均一性。由于温度变化具有大尺度特性，尽管早期仅有少数东部站的资料，但是近百年中国东部和西部气温变化的趋势比较一致，该序列仍能较好地代表近100年中国的温度变化。

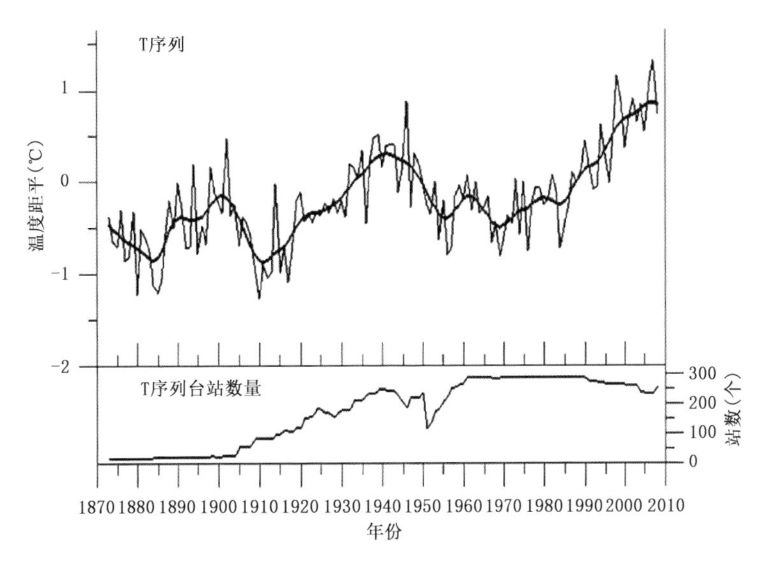

图1.15　1873—2008年中国年平均气温距平(相对于1971—2000年)

从图 1.15 中可看出，1873—2008 年温度变化经历了 3 次年代际变暖期，即：1885—1902 年、1910—1945 年、1985 年以后至 2008 年。1885—1902 年变暖较弱，其中，1900 年出现了以北方为主的全国特大干旱这期间，1901 年为北方重干旱灾害年；1910—1945 年变暖较强，出现了 1922—1932 年黄河流域枯水段和 1941—1943 年北方严重干旱，其中，1928—1929 年是以北方为主的全国特大干旱年；1985 年以后至今变暖加强，北方干旱化趋势明显。1997 年和 1999—2001 年北方干旱严重。上述分析表明，年代际变暖期重大干旱事件多发的现象值得重视。

1.3.2 1900—1902 年北方特大旱灾(董安祥 等，2015)

1.3.2.1 旱情

从 1900 年我国旱涝等级分布(图 1.16)中可看出，全国发生特大旱灾。中国北方受灾范围广，遍及内蒙古、北京、天津、河北、河南、山东、山西、陕西、宁夏、甘肃、青海等省(区、市)，重灾区达 130 个县。

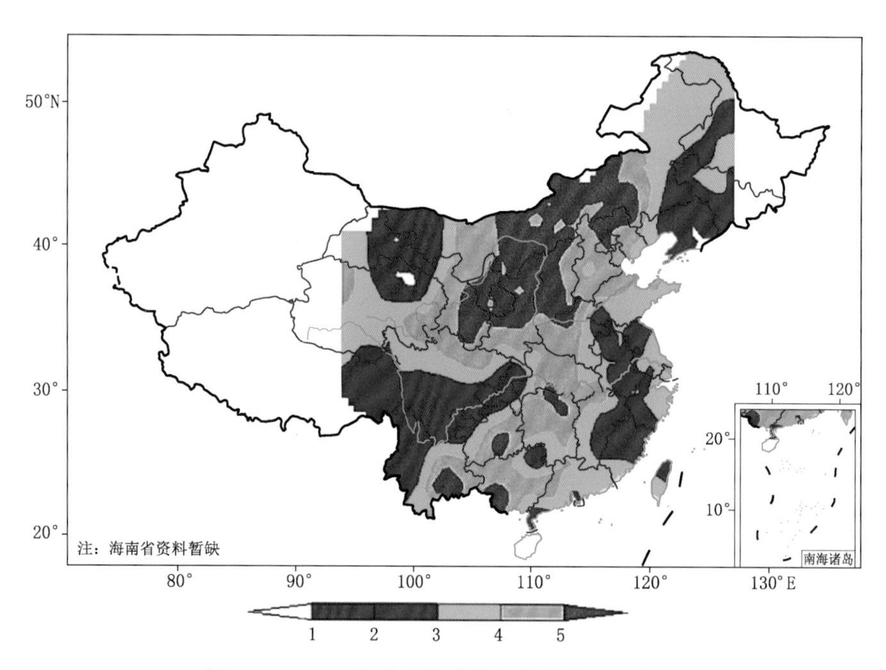

图 1.16 1900 年我国旱涝等级分布范围示意图

1901 年(清光绪二十七年)是全国重干旱灾害年，其中北方诸省(区)较为严重。内蒙古、山西、陕西、河南、山东、甘肃、宁夏等省(区)遭受旱灾。

1902 年(清光绪二十八年)是全国严重干旱灾害年。其中内蒙古、山西、陕西、北京、天津、河北、山东、甘肃等省(区、市)部分地区遭受旱灾，其中山西省受灾严重。

1.3.2.2 旱灾的影响

(1)1900 年

内蒙古 1899 年大旱，1900 年旱情加重，春夏无雨，夏秋禾稼皆未登场，归绥各属大饥，道殣相望，粮价陡涨。集宁告灾，沿河人民饥毙多，而逃亡者少，各城日由公街雇工掩埋死者；伊盟大旱灾，风卷地皮走；包头特大旱，春夏秋旱，颗粒不收，人相食；巴盟全年少雨，河套受灾，黄河水几乎干涸，冬天无雪，河套人吃牛皮、草。赤峰伏天30多天没下雨，庄稼被晒干，到秋季只有三、四成收获。

北京入春以来，雨泽稀少。四月初四日，护城河河水无多，有干涸。

天津静海、蓟县大旱。宝坻一春无雨，水田旱裂，土干生虫，至6月23日下雨后方可播种。

河北省唐山、南宫、邢台、新河、枣强、永平、永年、大名、丘县等县春夏亢旱，麦苗皆枯，收成大减，百姓饥饿。沙河县、任县、宁晋夏秋大旱。青县、沧县、交河、元氏、高邑、邯郸、威县、肥乡大旱。

山西全省48县市旱灾严重。沁水、高平自上年八月至是年六月无雨，遭受大饥荒。沁源、潞城、长治春旱，玉米、谷子仅收二成，糜米半收。榆次、临汾、襄垣春夏无雨，五谷欠收，饿死甚多。曲沃、安邑、襄陵、武乡、浮山、芮城、绛州、临县、荣河、永宁、祁县、榆社、翼城、永和、左云、大同、朔州、吉州等县均遭大旱，浮山、芮城大饥，连年歉收，是岁无麦，有逃亡饿毙者。绛州是年为清末旱灾最严重的年份之一，民饥，人相食，死者众多，全县人口原有6万余，灾后只剩3万余人。临县村村乞丐沿门，道路死尸遍野，入冬后树皮剥尽，草根吃光。

河南省陕县、郏县、禹县、武安、灵宝、渑池、襄城、郾城、登封、密县、武陟、巩县、伊川、汝阳、宜阳、滑县、修武、获嘉、林县、安阳、临漳、濮阳、封邱、南乐24县春、夏、秋被旱甚重。陕县、郏县、禹县、武安、修武、获嘉春、夏无雨，夏无麦，秋旱，冬饥，有饿死者。灵宝、渑池、襄城夏秋并旱，麦子枯死，秋禾无种，人相食。南乐旱，去年七月至本年五月不雨，卫河深不盈尺。郾城、登封、密县、武陟、巩县、伊川、汝阳、宜阳、滑县、林县、安阳、临漳、濮阳、封邱等地均久旱造成饥荒。

山东省冠县春大旱，野无青草，七月晚禾始种。茌平、清平、临清夏大旱，饥。馆陶春夏无雨，至七月初十日降雨三寸，始得播种。临邑、邹平大旱。

陕西全省春雨愆期，入夏亢旱，入秋仍鲜雨泽，灾区至56属之广，饥民至10万人之多。陕北、关中麦收仅止一、二分，三、四分不等，并有全无收获者，渭北州县，大荔、蒲城为最。饥民乏食，有挖草根、剥树皮以延残喘者。华县渭水几涸；铜川粮价奇昂；凤翔夏秋旱，是年冬至翌年夏连续大旱，遂遭大饥，人民流离死亡，厥状甚惨，全县18.3万余人，死2.2万人之多。

宁夏大部分地区大旱，固原啼饥者踵于道；隆德牛害瘟疫半死，驴犬多伤；泾源大旱，斗麦市银二两；青铜峡有很多人被饿死。

甘肃省兰州、和政、皋兰、洮州、镇原、临潭、平凉、泾川、庄浪、崇信、天水、徽县、两当、康县14县市春、夏、秋被旱甚重，收成极为歉薄，成灾、民饥、饿殍载道。

(2)1901年

1901年(清光绪二十七年)北方诸省(区)旱灾继续严重。

内蒙古全区在1899年、1900年大旱之后继续遭受旱灾，加之前两年几乎没有什么收成，春，大闹饥荒，灾民日多，死者更众，各地饿死者不计其数。

宁夏去年冬无雪，是年春又不下雨，固原、盐池等县旱情比1900年更加严重，饥荒之余，疫厉大作，死者相枕藉。隆德大旱，牛害瘟黄半死，驴犬多伤。

甘肃省兰州、洮州、合水、镇原、崇信、灵台、皋兰、平凉、庄浪等县春大旱，树皆枯枝，岁大饥，人相食。

陕西全省上年各属亢旱成灾，去冬今春雨泽仍缺，延安、安塞、山阳、商南、扶风等69个县市二麦多未播种，间有近水种栽之处，率皆干旱枯萎，灾未减。

山西省沁源、武乡、襄垣、屯留等县春亢旱，六月方雨，民始播种。阳曲、永济、新绛等43个州县夏秋分别遭受旱、雹、水灾。昔阳、乡宁、岳阳、襄陵、曲沃、荣河、虞乡、太原等地旱甚，无麦禾，多蝗蝻，岁大荒。蒲县、汾西、浮山、襄汾等地大旱，无法下种，麦不登，秋歉薄，粮价飞涨，民大饥，逃亡人口无数。

河南省继续大旱，以夏旱为主。封丘、鄢陵、宜阳夏大旱，秋蝗，晚禾多为所食，民食艰难。阌乡，灵宝、陕州、新安、渑池入春以来，复缺雨水，田禾枯萎，麦收无望。洛阳、偃师夏季大旱，大清、新兴二渠首以上洛河水深约一尺，水面宽一丈二尺，二渠以下之洛河则断流。

(3)1902年

1902年北京入夏以来，尚未渥沛甘霖，节逾芒种，农田待泽孔殷。

天津全年降水量253.7 mm，是1887年以来降水量最少的年份。静海直至五月末仍得雨甚少，大旱。

河北省高邑春旱，六七月间时疫流行，人多暴死。容城五月亢旱人多渴死。文安、霸县、晋县、曲阳、成安等地六月风热如火，木叶乾脱，亢旱、民饥。

山西省太原、沁源等45州、县连年灾歉，本年夏秋又遭旱、雹、霜、虫、雾各种自然灾害，田亩受伤，收成歉薄。太谷、沁源、屯留、闻喜夏旱，麦歉收，人饥。乡宁、浮山、新绛、武乡旱。柳林大旱，五谷不收，草根树皮剥掘尽，饿死人畜无数。

河南省春夏旱，河断流，秋不登，先旱后涝。沁阳、河内等州县被雹之后先旱后涝，秋收歉薄。

山东省平原、临清大旱，大疫。

甘肃省金县(榆中)二月黄河清数日。和政夏旱。洮州(临潭)饥。

1.3.3 1928—1929年北方特大旱灾(董安祥 等,2014)

1.3.3.1 旱情

1928年的特大干旱遍及全国，黑龙江、辽宁、内蒙古、山西、陕西、北京、天津、河北、河南、山东、江苏、安徽、浙江、江西、福建、湖北、湖南、广东、海南、广西、甘肃、宁夏、四川23个省(区、市)的535个县受灾，灾民达3339万余人，饥饿、瘟疫致200万人以上死亡。其中以黄河中上游的内蒙古、山西、陕西、宁夏、甘肃与河南等省(区)的灾情最重。

1929年全国继续特大干旱，旱情与1928年相似。全国有26省(区、市)受灾。其中北方地区有内蒙古、山西、河北、河南、山东、陕西、甘肃、宁夏、青海、新疆等。据不完全统计，这次灾害造成灾民1.2亿，占当时全国总人口的30%。

在确定降水量的异常程度时，以降水量距平百分率≤−9%为严重干旱年，≤−15%为异常干旱年。利用黄河流域在1928—1929年间有实测降水量的8个气象站资料，计算了年降水量距平百分率(以1961—1990年平均为标准)。从表1.2中可以看出，1928年8站平均为−23.0%，1929年为−22.0%，均属于异常干旱，甚至达到了极端干旱程度。

表 1.2 中国北方地区 8 站 1928—1929 年年降水量距平百分率(单位:%)

年份	内蒙古 呼和浩特	山西 太原	河北 张家口	河北 唐山	山东 济南	山东 成山头	河南 开封	河南 三门峡	平均
1928		−13.8	−23.9	5.2	9.7	−57.0		−58.1	−23.0
1929	39.7	−35.6	−55.3	0.3	4.3	−58.1	−27.8	−43.6	−22.0

1.3.3.2 旱灾的特点

(1)时间长、范围广、危害重

与水灾相比,旱灾的持续时间更长,波及范围更广,破坏程度更重。黄河流域这场旱灾连续 11 年,时间很长,历史罕见。黄河流经青海、四川、甘肃、宁夏、内蒙古、陕西、山西、河南、山东九省(区),流域面积 75 万 km^2。在干旱严重的 1928 和 1929 年,全国有 668 县和 533 县遭受旱灾,占全国县数的 1/4 以上,其旱灾范围不可谓不广。黄河流域这场旱灾是多灾并发,既有自然因素,也有社会因素。表 1.3 为 1928—1929 年受灾人口总数。根据不完全统计,从 1922 年到 1932 年,黄河流域几乎每年都有至少数百万受灾人口。1928—1930 年受灾最为严重,每年都在 3300 万人以上,其中 1929 年高达 4772 万人受灾,几乎占当时全国人口的十分之一。据估计,1928—1930 年黄河流域死亡约 1000 万人。1929 年,甘肃省当时人口 550 万,灾民高达 457 万,占总人口的 83%,死亡 230 万,占当时全省人口的 42%。其中死于饥饿 140 万人,死于匪害 30 万人,死于瘟疫 60 万人。上述数据说明了这次特大旱灾的灾情极其严重,损失十分巨大。

表 1.3 1928—1929 年中国北方地区受灾人口总数一览表(夏明方,2000)

年份	省份	受灾人口数(万人)
1928	甘肃、山西、河北、陕西、山东、河南、察哈尔、绥远	3750.7
1929	河南、山东、陕西、山西、甘肃、察哈尔、河北、绥远	4771.5

(2)多灾并发

①蝗虫

蝗灾多发生于夏秋之间,对农作物危害较大。蝗灾经常与旱灾相伴发生。从表 1.4 中看出,1928 年有 159 个县和 1929 年有 87 个县发生蝗灾,这两年是旱灾最严重的时期。

表 1.4 1928—1929 年中国北方地区历年遭受灾蝗灾县数一览表(夏明方,2000)

年份	河北	山东	河南	山西	陕西
1928	26	60	66	4	3
1929	54	5	25		3

山东是这次特大干旱期间遭受蝗灾严重的地区。1928 年 7 月,鲁西南的临沂大旱,遍生蝗蝻,几乎遮严地皮。县境东南部(今临沭县)一带尤甚。各村捕杀,无济于事。田间各类作物全被吃光,又危及豆类作物。有的房屋新苫的马穆秸也被吃去一层。秋季,多数农田绝产,沭河以东数十千米遍地蓬蒿,不见人烟。秋,费县西部(今属平邑县)飞蝗遍地,吃尽庄稼。瘟疫蔓延,民多死亡。外出逃荒,忍痛卖掉儿女者不计其数。

1929 年，山东又是黄水与旱蝗交乘。由于上年全省亢旱之后，冬无余藏，春荒严重。据山东华洋义赈会于 3 月调查，被灾最重县份为恩县、夏津、高唐、邱县、馆陶、冠县、堂邑、东昌、朝城、濮县、武城、兖州、邹县、曲阜、泗水、新泰、平阴、费县、峄县、沂水、临沂共计 21 县，共有灾民 200 万人。被灾次重县份有德县、临清、博平、茌平、莘县、阳谷、欢城、范县、曹州、曹县、定陶、寿张、东阿、金乡、单县、长清、平原、嘉祥、郯城、清平 25 县，共计灾民 100 万人。另据 9 月 12 日《申报》消息，胶东各县，本年春夏，“亢旱无雨，二麦欠收，迄至立秋以后，农民始得稍种禾豆，不意蓬莱、黄县、即墨、平度、胶县等处，亢旱之余，又患蝗灾，所有已种未枯之禾稼，尽为蝗虫所食，当蝗虫飞来之时，遮蔽天日，及落地以后，满坑满谷”。

②瘟疫

旱灾最明显的后果是造成水质恶化，空气污染，大量生物体死亡腐烂，或者垃圾粪便等地表排泄物的漂流，从而严重危害人们的生活环境质量，导致传染病流行，造成大旱之后必有大疫。

1928 年，山东的灾情十分严重。蒙阴自 5 月以来，瘟疫流行，危害甚烈。始见于南方，继蔓延于东北各处，无家无人而不患此。一村之中，其死亡者，日或数人或 10 余人。死亡益多，传染益剧。至 8 月，死者已达 23000 余人 。

据华洋义赈会的调查，1929 年西北 4 省(区)旱灾期间，病者 1400 万人。

1930 年 3—4 月，陕西关中、榆林及汉中区北部等广大地区在经过持续数年的旱荒之后，终于爆发了一场被时人称之“春瘟病”的大瘟疫，传染所及达 57 县，“当此春发之际，薰蒸尤奇臭气味，最足致疾：而枵腹之灾民，难胜病魔之缠绕，是以死者日众”，在各县的死亡人数中，“饿毙者十分之三四，而病死者十分之五六”，“一日死亡数目，竟越过千馀名，掩埋队因挖坑不及，乃辟万人坑数处，不分男女老幼，一律叠床架屋，累而葬之，成为肉丘”。

③匪患

黄河流域这场灾荒之所以如此严重，除天灾本身的因素外，人祸更加重了天灾。这人祸就是匪患和兵祸。天灾与人祸交织在一起，酿成了惨绝人寰的大灾荒。

据统计，1928 至 1930 年的西北大旱期间，各省兼遭匪祸的地区，甘肃有 47 个县，陕西 22 个县，绥远 14 个县，河南近 60 个县，河北 80 个县(含兵灾)，山西 18 个县。1928 年，陕西灾民 565 余万口，“冻馁而死者已四馀万人，流离各处者约百馀万人，介乎民匪之间者 60 馀万人”。

1927—1930 年山东土匪的猖獗程度，实所罕见。就地域而言，山东这几年可说是无地不匪，无县不匪。不仅鲁南、鲁东山区是土匪之渊薮，鲁西、鲁北平原地区也时有土匪出没；不仅穷山僻壤土匪活动猖獗，城镇闹市乃至省城济南土匪也大肆其虐。说这几年山东成了土匪世界也并不过分。据估计，当时山东全省的土匪总数在二十万以上。就连济南这样的省城，也已沦为土匪世界。1928 年 9 月 14 日《申报》据济南通信云：“连日以来，本埠城关商埠，土匪四起，已成土匪世界，商民恐慌，达于极度，稍称殷实者，多纷纷赴青岛避难。”光天化日之下，在省城竟敢如此从容抢劫，足见当时山东匪患已严重到何种程度。山东这几年土匪猖獗，一方面固然与天灾连年、饥民遍地、不法之徒乘机抢劫有关，另一方面，山东政局混乱，剿匪不力也加剧了土匪的滋生和横行。

1.3.3.3 旱灾的气候背景

(1)相对增暖背景下的旱灾

近 100 年来中国年平均地表温明显增加。在 20 世纪主要有两个增暖期，分别出现在

20—40年代与80年代中期以后,这两个增温期的温度上升幅度大致相同。与全球变化不同的是,中国20世纪20—40年代增温十分显著。中国北方1928—1929年的特大旱灾是在年代际相对温暖背景下发生的灾害。

有研究指出,中国500年以来,15世纪末至18世纪初处于一个干旱阶段,20世纪初至今又是一个干旱阶段。中国西北500年以来的干期谷分别在1480、1610、1720、1830和1930年代,最近的干旱期是1900—1940年代。

上述研究表明:1928—1929年北方特大旱灾是处于相对增暖和百年尺度干旱背景下发生的极端干旱事件。

(2)黄河流域枯水期

在过去的几十年中,相关科学工作者通过大量事实和理论依据,分析研究后明确了黄河1922—1932年这一枯水段的存在。以黄河上游唐乃亥水文站(图1.17)和黄河中游陕县水文站(三门峡水电站)天然径流量为例来说明(图1.18)。

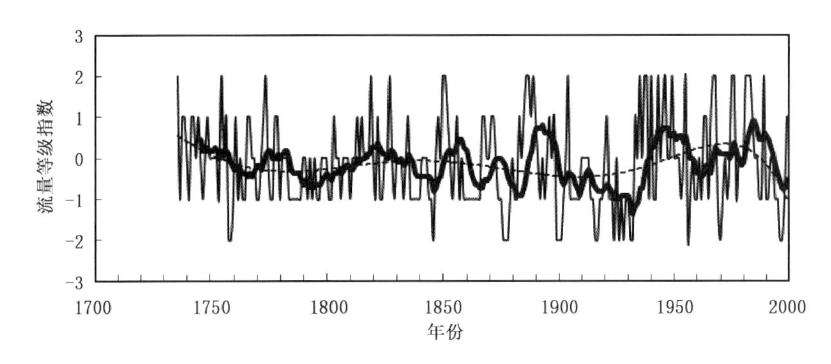

图1.17 黄河上游径流量等级指数长期演变曲线及其趋势线(1736—1998年)
(图中细实线为流量等级指数,粗实线为11年滑动平均曲线、虚线为多项式拟合线)

中国气象局兰州干旱气象研究所的科研人员给出了1736—1998年黄河上游(唐乃亥水文站)径流量5个等级指数长期演变曲线及其趋势拟合线(图1.17),可以看出,近260多年来黄河上游径流量变化呈丰、枯水交替变化,但枯水期持续的时间要长一些。枯水时段是1784—1812年、1836—1846年、1857—1884年、1899—1932年、1955—1965、1990—1998年。在1922—1932年期间,是近260多年来黄河上游流量最低的年份,连续11 a流量偏枯,丰枯等级为0～−2,其中1924年、1927年、1929年和1932年共4 a丰枯等级为−2(年径流量距平百分率$P<-30$),是严重枯水年。严重枯水年平均每15 a一遇,11 a中有4个严重枯水年,旱情之严重,可见一斑。

河南陕县黄河水文站的年径流量记录表明(图1.18),黄河中游地区存在连续11 a(1922—1932年)的枯水期。从其自身的时间序列上看,在1922—1932年间呈现负距平,这一现象证明了枯水段是客观存在的,黄河这一时段的枯水是全年范围的,而不只是单单表现在某几个季节上(图略)。该枯水段的平均年径流量353.9亿m^3,相当于多年平均值的70%;在此期间水量最枯的1928年,径流量241.09亿m^3,相当于多年平均值的48%;水量最丰的1925年,径流量433.0亿m^3,也只相当于多年平均值的86%。因此,黄河流域地区1922—1932年的枯水段确实存在,依据清楚,这与同时期北方地区的严重干旱灾害是对应的。

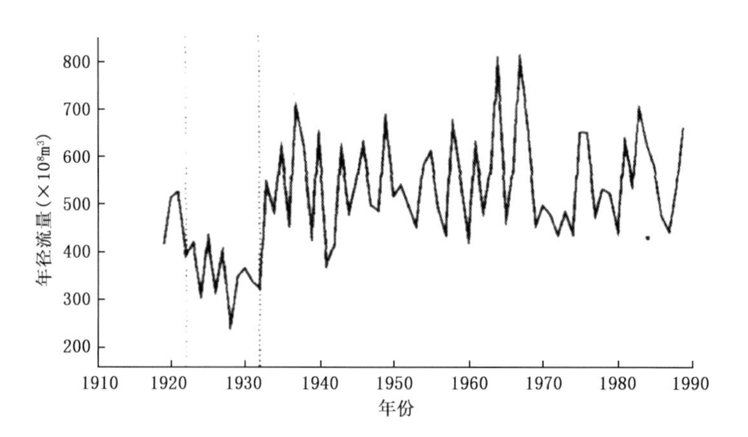

图 1.18　1919—1989 年河南陕县水文站记录的黄河年径流量

1.3.4　1999—2001 年北方特大旱灾

1999—2001 年，我国北方发生了持续 3 年大旱，其中一些地区在 1997 年和 1998 年降水就偏少。这种持续多年的干旱给工农业生产及居民的日常生活带来了极大的影响。

1.3.4.1　1999 年

我国降水资源分布呈现北少南多的极不均匀状况，1999 年由于气候异常而造成这种北少南多的梯度分布表现更加明显。与常年相比，全国大部地区基本接近常年或偏少，其中华北中部、陕西北部、河西走廊、南疆部分地区等地偏少 2～4 成，河北平原大部、南疆西部和吐鲁番地区偏少达 5～6 成(图 1.19)。

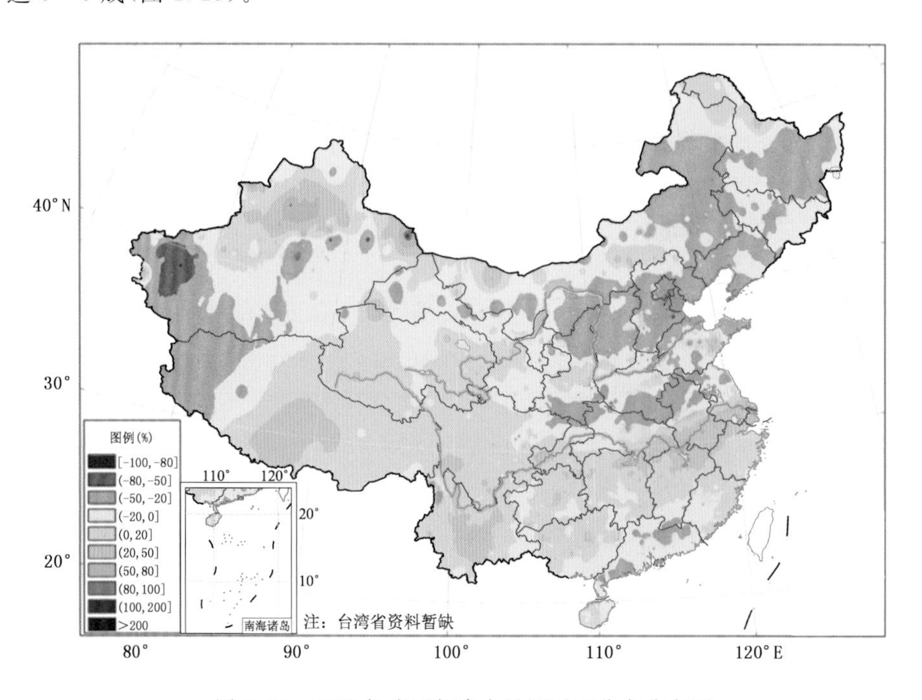

图 1.19　1999 年我国年降水量距平百分率分布图

另外，北方不少地方年度降水量为新中国成立以来同期的最小值或次小值，如内蒙古博克图，北京，河北邢台、沧州和衡水，山西河曲、离石和介休，山东烟台和莱阳，河南卢氏和固始，陕西延安和安康，青海门源，新疆喀什等地。

本年度北方冬麦区发生冬春连旱。大部地区自上年秋季开始，至3、4月才逐步缓解，形成秋冬春连旱。从1998年12月—1999年3月的降水量来看，大部地区比常年同期偏少5～9成。但各地干旱持续时间不尽相同。河北省中南部地区，自1998年8月21日—1999年5月16日，降水量一般不足120 mm，普遍比常年同期偏少2～5成，部分地区偏少5～8成，其中1998年12月—1999年3月中旬，许多地方连续无降水日数达3个多月，石家庄从1998年6月开始少雨，至1999年5月的总降水量仅268 mm，为1961年以来同期的最少值，旱情十分严重。陕西省1998年9月—1999年2月的降水量，全省97个县市，有64个县市偏少6～8成，56个县市为全省历史同期最少值；1998年11月—1999年2月全省平均降水仅5 mm，比常年同期偏少89%，关中仅3 mm，偏少93%。甘肃省自1998年10月中旬—1999年4月上旬的170多天，大部分地区基本上没有出现一场有效降水过程，降水量为近50年间的最少或特少，其干旱持续时间之长、旱情之重为近50年罕见。河南省继上年度秋季大旱之后，冬季降水量显著偏少，季降水量除豫东、豫南为20～25 mm外，其他地区均不足10 mm，比常年偏少6成以上，旱情也较重。青海省东部农业区自1998年9月—1999年5月持续少雨，降水量为历年同期的最少值，发生了1959年有气象记录以来最为严重的旱灾。

北方大部地区本年度入夏后降水持续显著偏少，汛期无汛，干旱迅速发展，直至10月才得到缓解，为新中国成立以来少见的夏秋大旱。

6月上旬，北方大部地区降水较少，部分地区春季出现的干旱持续；中旬，西北东部、华北大部、黄淮东部等地出现20～70 mm的降水，使旱情得到不同程度缓解；但下旬，华北、西北大部出现持续少雨高温天气，农田失墒加快，一些地区耕作层土壤相对湿度降至40%以下，北京、山西、陕西、河北、河南、内蒙古等省(区、市)的部分地区干旱迅速发展或呈现旱象。7月上半月，长江以北大部地区出现两次较大范围的降水过程，但后半月以局地降水为主，雨量很小，特别7月下旬长江中下游以北至华北的广大地区旬降水量一般只有10～20 mm，其中黄淮大部等地降水量不足10 mm或基本无雨，比常年偏少5～9成。降水稀少，又连续数日晴热高温，水分蒸发快，土壤失墒严重，致使旱情再度迅速发展，旱区主要分布在北京、河北北部、山西中北部、内蒙古中部、陕西北部等地。

8月，长江以北大部地区仍持续少雨，其中黄淮大部、华北东部和北部、陕西、宁夏、甘肃、内蒙古等省(区)的部分地区月降水量比常年偏少5～9成，旱情日趋严重。9月，北方大部地区降水持续偏少，华北大部、西北东部地区夏秋连旱，给大秋作物的生育带来严重影响。

1.3.4.2 2000年

2000年，全国降水时空分布不均，基本以少雨时段为主。内蒙古东北部和河套地区、陕西北部、宁夏北部、河北东北部、北京、山东半岛大部、南疆西部等地偏少2～5成。内蒙古东北部和河套地区、陕西北部、宁夏北部、河北东北部、北京、山东半岛大部、南疆西部等地偏少2～5成。内蒙古东胜和扎鲁特旗的年降水量出现了新中国成立以来的最小值(图1.20)。

2000年2月以后，我国长江以北大部地区降水持续偏少，发生了大范围的春旱或春夏连旱，部分地区旱情相当严重。

进入2月后北方降水明显偏少，3月部分地区旱象露头或发展，4、5月降水又持续偏少，加

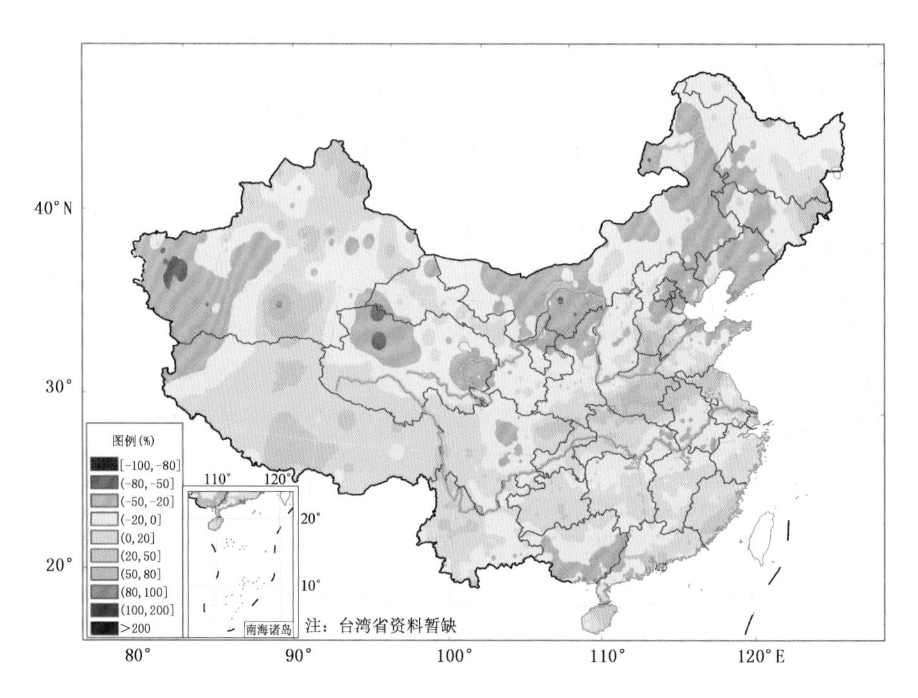

图 1.20　2000 年我国年降水量距平百分率分布图

上气温持续偏高，风沙天气频繁，土壤失墒快，导致旱情迅速发展，旱区波及西北、华北、黄淮等地。其中西北东部、华北中部等地上年发生了少见的夏秋大旱，水利工程蓄水严重不足，农田底墒极差，这些地区的旱情尤为严重。5 月底—7 月上半月，北方地区先后出现了几次较大范围的降雨过程，西北东部及河北南部等旱区的旱情先后得到不同程度的缓和。但由于前期受旱时间长，且旱情严重，而这几次降雨时间短，产生的径流总量少，水利工程蓄水仍然严重不足，地下水位也未得到有效补充，同时因降水分布不均，不少地区降水仍持续偏少，加之 7 月上旬末以后持续出现高温天气，蒸发加剧，土壤失墒严重，内蒙古大部、山西大部、河北中北部、山东半岛及西北地区东部等地旱情持续或又复发展。进入 8 月后，北方地区出现几次大范围降雨过程，大部地区旱情得到解除或缓和。

本年春、夏，北方干旱范围广，持续时间长，旱情严重。但各地主要干旱期有所不同。华北、西北东部地区的干旱主要发生在 2—7 月，此期间这些地区降水量一般为 100～200 mm，其中内蒙古中西部、宁夏大部、甘肃西部一般不足 100 mm，内蒙古西部及甘肃西部部分地区只有 10～50 mm。与常年同期相比，大部地区偏少 3 成以上，达大旱标准，其中冀东北、冀中、晋西北、陕北北部及内蒙古锡盟南部和哲盟、昭盟的部分地区偏少 5～6 成，达特大干旱标准。河南、山东大部等地的干旱主要发生在 2—5 月，降水量偏少 5～8 成，达大旱标准(国家气候中心，2001)。

1.3.4.3　2001 年

由于 2000 年冬到 2001 年春西南大部地区降水偏少，云南、四川、重庆、贵州等省(市)发生了不同程度的冬春连旱。入春以后，我国长江以北大部地区由于降水异常偏少，气温普遍偏高，蒸发量大，农田失墒迅速，发生了大范围持续性的干旱。5 月中旬后期，黄淮、华北、西北东部、东北西南部等地耕作层土壤相对湿度一般降至 60%以下，京津地区、河北、山西中南部、内蒙古中南部的部分地区、河南、山东半岛、宁夏、陕西北部、甘肃中东部等地的一些地区干土层达4～10 cm，内蒙古、山西、河南、宁夏、陕西等地部分地区达15～20 cm。其中 山西、山东、河南、河北等省的旱情尤为严重。这是北方地区继1997年、1999年、2000年少雨大旱之后，又一次发生大范围严重干旱。6月中旬—7月下旬，北方大部出现几次较明显降雨，才使西北东部、华北大部、旱情相继得到不同程度的缓解。但由于连年干旱缺雨，大多水利工程蓄水仍不足，地下水未得到明显补充，水资源短缺的状况并未得到有效缓解。

8月上旬—10月中旬，全国大部地区降水比常年同期明显偏少，其中内蒙古中北部、华北中南部、河南大部偏少5～7成，继春旱或伏旱之后又出现了不同程度的秋旱，特别是山东西南部、河南中东部旱情较为严重，使冬麦区小麦的适时播种和出苗受到不同程度的影响。直至10月底北方大部地区出现一次大范围的降水后，旱情才得到缓解(国家气候中心，2002)。

1.4 北方干旱形成的大气环流背景

干旱的根本原因是降水缺乏，而降水的不足会因气候和地理条件、生态系统类型及社会与经济活动等因素的不同而产生不同的影响。虽然有关干旱的成因众说纷纭，但作为全球变化的特征之一，区域干旱化已成为全球变化区域研究的重要内容之一。它的形成既有大尺度的气候背景，同时又受区域尺度地气、海气等相互作用的影响，是自然变化和区域人类活动影响共同作用的结果(符淙斌 等，2008)。大气环流异常是造成降水时段性偏少，并引发干旱的最直接原因。引起大气环流异常的原因很多，其中最主要的原因就是洋流异常导致的厄尔尼诺(ENSO)事件(太平洋赤道带大范围海洋和大气相互作用后，失去平衡而产生的一种气候现象)，气温和降水是由海洋和气流共同控制的，在ENSO条件下，海洋和气流出现逆向循环，使得大气环流出现异常，从而引发旱涝。另外，例如大范围积雪异常、植被分布格局变化等外强迫因子也会造成大气环流异常。本节主要从大气环流的角度归纳了气象工作者在我国北方干旱化及干旱发生的成因方面的研究工作，试图揭示近60年我国北方干旱发生发展的新认识，为干旱气候变化提供科学依据。

从北方干旱气候背景的大尺度环流系统角度，叶笃正等(1979)和徐国昌等(1983)首先强调夏季青藏高原(下称高原)北缘地形热力诱生的补偿下沉气流(即高原北侧多年夏季平均的垂直“经圈环流”下沉支)是形成西北干旱区的气候背景。

从环流系统来讲，亚洲大陆可划分为主要受中纬度西风环流控制的区域和主要受季风环流控制的区域，在此分别称为“西风亚洲”(或西风区)和“季风亚洲”(或季风区)(图1.21)，即我国北方大部分地区(包括西北干旱区及半干旱地区)属西风亚洲区(又称亚洲中部内陆干旱区)，以干旱气候和干旱景观为主要特征，其降水主要受西风环流的影响(陈发虎 等，2009；Huang et al.，2013)。

多数研究也表明(张庆云 等，2003；李新周 等，2006；黄荣辉 等，2013)，中国北方地区(主要包括华北及东北地区)当前的干旱化时空格局与东亚夏季风异常特征密切相关，夏季风减弱

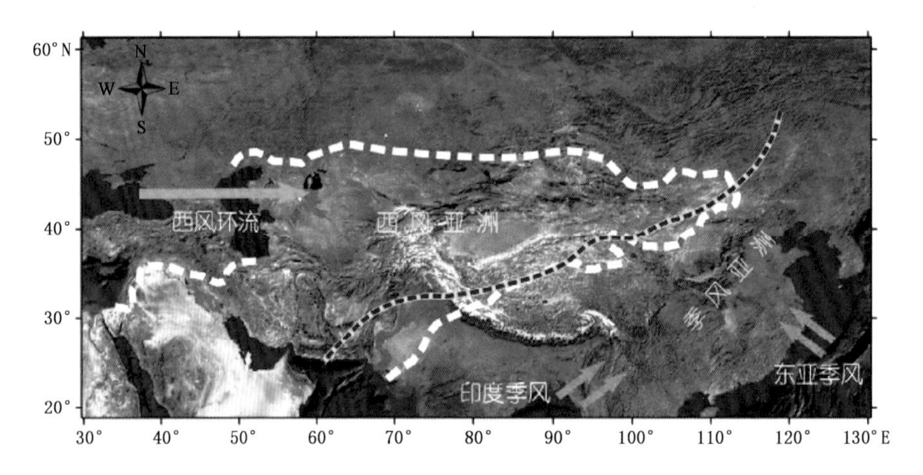

图 1.21 中纬度亚洲的遥感影像图给出了亚洲干旱区示意范围(白色虚线，据 Feng et al.，2014 修改)和季风边界线(陈发虎 等,2009)，以及西风环流、印度季风和东南季风的示意图

以及由此造成水汽输送量减少是导致干旱化发展的主要原因，而低层大气反气旋环流增强和气旋性环流减弱是引起干旱化的异常环流特征。

降水的多寡是影响旱涝发生的直接原因，而冷空气和水汽是产生降水的两个必须条件。中国夏季持续性降水是在北方南下的冷空气和来自海上的暖湿气流相互交汇时产生，而冷暖气流交汇的位置往往是由西太平洋副热带高压的位置所决定，中国夏季主要多雨区总是出现在西太平洋副热带高压的北侧，因此夏季中国主要雨带的位置和西太平洋副热带高压的位置基本上一致，即夏季西太平洋副热带高压位置偏北对应中国主要雨带位置也偏北，夏季西太平洋副热带高压位置偏南对应中国主要雨带位置也偏南。因此，亚洲季风、东亚阻塞高压和西太平洋副热带高压是直接影响中国夏季降水和旱涝趋势的 3 个主要的东亚环流系统，其他因素一般都是通过作用于这 3 个系统进而影响中国夏季降水。海洋和高原的作用是间接影响中国夏季降水的主要下垫面热力因素，它们的热力异常首先引起夏季东亚主要大气环流系统的变化，进而导致中国夏季降水异常(李维京 等,2003)。

20 世纪 80 年代以来华北地区降水持续偏少，干旱发生频率有所增加的结论；并指出东亚夏季风偏弱年，西太平洋副热带高压位置偏南，华北地区夏季降水偏少，易发生干旱(张庆云 等,2003a,2003b)。华北地区旱年同期 500 hPa 高度场表现为“西高东低”的环流形势，中高纬度地区以纬向环流为主，受控于异常的偏北气流以及贝加尔湖高压脊的下沉气流，且西太副高脊线位置偏南，西伸脊点位置稍偏东，这些环流形势均不利于华北地区夏季降水；850 hPa 风场控制我国华北地区的为脊前的西北气流，我国东部出现了大范围偏北风，不利于南方暖湿水汽向华北地区输送；高层 200 hPa，华北大部分地区至江淮地区为一个西南东北向的散度负距平，负距平中心位于华北南部，对流层低层 850 hPa 则为正距平分布，高层辐合低层辐散均得到加强，对流层整层的下沉运动很强盛，不利于降水的形成(陈权亮 等,2010；沈晓琳 等,2012；邵小路 等,2014)。

我国西北地区远离海洋，加之青藏高原的地形屏障阻挡，湿空气很难越过高山输送到西北地区，大气中水汽含量的缺乏和没有足够的水汽输送被认为是西北干旱的主要成因。研究发现西北东部处于季风边缘地区，其降水量多少与季风强弱有很大关系(李新周 等,2006)。蔡英等(2015)的研究表明西北内陆旱区夏季降水的主要水汽源地在东南沿海一带,它借助西行台风、西伸了的西太平洋副热带高压及柴达木低压等多个天气系统和西太平洋副热带高压西南侧东南风急流、西侧南风低空急流及河西偏东风等三支气流的次第密切配合,谓之"三支气流+两个中转站的三棒接力"式水汽输送模型,它是夏季输向西北内陆旱区的主要水汽输送通道。并进一步总结了西北干旱区干、湿年夏季的盛行环流差异大,西北地区东部干年夏季常盛行"上高下高"(西部型南亚高压,新疆脊或伊朗高压东伸上高原)形势,而西北地区东部湿年(月)夏季500 hPa常盛行"东高西低"(西太平洋副热带高压(副高)西伸,高原低槽或涡)、"北槽南涡"(蒙古槽,西南涡),及垂直方向上"上高下低"(高层东部型南亚高压,中层低槽、低压)的组合流型(表1.5)。西北地区西部干年夏季常盛行"上高下高"(南亚高压西部型,中亚或新疆脊或伊朗高压东伸)的组合流型;而西北地区西部湿年夏季常盛行"上高下低"(南亚高压东部型,中亚或新疆槽)的环流形势。对西北地区干湿年夏季平均"经圈环流"进一步对比分析表明,仅存在于500～400 hPa之间,且无高原偏南风气流加入的平均"经圈环流"才真正有指示高原北侧干年的天气意义,这也说明高原北侧"经圈环流"与其干、湿年关系的复杂性。西北地区东部夏季发生极端干旱时,副热带急流轴"倾斜",且急流与东亚夏季风强度均处于相对偏弱阶段,西北东部地区高层大范围异常辐合,低层盛行来自内陆干旱区的异常西南风,使得对流层整层水汽不足,且高低层配置及大尺度环流形势不利于降水产生(朱伟军 等,2016)。

表1.5 中国北方发生干旱的环流系统特征

北方干旱环流系统	特征
环流型态	西高东低、上高下高
亚洲季风	偏弱
东亚阻塞高压	存在
西太副高位置	偏南
西脊点位置	偏东
赤道东太平洋海温	偏高
青藏高原热力作用	偏弱

从发生在冬半年的中国北方典型极端干旱事件(例如2008/2009年冬、2010年秋冬)来看,冬季干旱发生时期,乌拉尔山—巴尔喀什湖为高压脊,贝加尔湖地区为槽区,亚洲中部和东亚中高纬度以经向型环流为主,有利于冷空气南下影响我国北方地区。从印度洋到我国西南、中部、北部地区的水汽含量偏少,中国大部分地区气流比较平直,不利于水汽输送,同时中国大部分地区下沉气流较多年平均偏强,减弱西南方向的偏西气流水汽输送,从而导致降水减少发生干旱(陈权亮 等,2010;沈晓琳 等,2012)。研究还表明,北极涛动(AO)和ENSO是冬季最活跃的大气影响因子,北极是中国重要的冷空气源地,北极冷空气的活动会影响东亚的气候变化,冬季AO可以通过影响欧亚大陆西风带的位置和强度直接影响东亚冬季气候变化。

青藏高原的陆气相互作用与我国干旱、东部暴雨等灾害性天气气候有密切关联。最近,一种新的视角被提出来探究夏季青藏高原影响华北干旱的动力机制。研究发现,当夏季副热带西风急流位置偏北时,高原上空西风减弱,自上游向华北地区输送的水汽、云水资源以及可作为大气冰核的沙尘粒子减少,导致华北地区夏季降水减少,干旱频发;相反,当副热带西风急流位置偏南时,华北地区夏季降水增加,干旱发生频次减少(Liu et al.,2020)。

第2章　中国北方陆气相互作用观测试验系统

2.1　观测试验系统的科学思路

干旱首先由大气干旱开始，当大气干旱发展持续到引起水资源供给短缺、农业生态受损，即形成旱灾。本质上，大气干旱是海温、积冰(雪)等外强迫与大气之间相互作用引起大气环流持续异常而造成降水亏缺，旱灾则是大气和陆面之间相互作用异常引起大气—土壤—植被之间的水分和能量平衡遭到破坏的结果，如降水亏缺—土壤湿度减少—自然生态和农业生态受损致灾的过程。可见，在干旱的形成发展和演变过程中，陆气相互作用(陆气耦合)起着关键的纽带作用。

陆气相互作用是气候系统异常的主要驱动因子之一，与干旱相互影响、互为反馈。Charney(1975)研究了陆气耦合与干旱互反馈效应，他从理论上研究非洲 Sahel 干旱问题时创新性地提出了陆面生态一地球之间物理反馈机制，指出由于人类活动使地表植被破坏而导致地表反照率增大，改变了地表能量平衡而成为一个辐射热汇，使大气冷却造成下沉气流加强维持，加剧了干旱，反过来又促使植被进一步退化、沙漠扩展的恶性互反馈过程。Charney 的研究具有开创性，开启了利用陆气相互作用视角来研究干旱形成、发展和演变机理的先河，使干旱的研究突破了单一的学科限制，揭开了干旱形成机理的综合性和多学科协同效应。此后，逐渐有更多研究进一步证明了干旱对地表反照率、土壤湿度、地表粗糙度以及植被气孔阻抗等陆面过程特征和边界层的变化反应十分敏感(Trenberth et al.，1988；Meng et al.，2014)。目前，陆气相互作用与干旱的互馈机制，已成为研究干旱机理的又一新的趋势。

所以，探究北方干旱的形成机理和过程特征，陆气相互作用就是最为关键的科学问题之一，要解决这一问题，需要有大量外场观测试验给予支撑。基于这个科学思路，要深入研究北方干旱的陆气相互作用机理，就需要在代表性区域建立陆面过程和边界层观测试验点。

2.2 观测试验系统的设计和站网布局

中国为了提升其北方干旱频发区域对干旱的防灾减灾能力，于 2015 年启动了“干旱气象科学研究(DroughtEX_China)”重大项目(Li et al.，2018)。该项目由中国气象局牵头实施，重点在中国北方干旱半干旱地区，通过常规、加密与特种观测以及野外干旱与降水人工控制模拟试验，开展跨学科、综合性、系统性的干旱气象科学研究和综合观测试验，以期在干旱灾害形成和发展中的复杂动力过程、多尺度的大气—土壤—植被水分和能量循环机理和过程特征以及大气、农业、水文等领域干旱之间的相互关系等方面取得进展，在干旱的准确监测、风险评估以及干旱早期预警等的技术发展方面取得重要进步。项目以干旱形成机制、致灾及旱灾解除的过程特征为研究重点，以大气干旱形成—干旱致灾—旱灾解除这一干旱发生发展完整链条设置观测试验为支撑，以发展干旱监测预测预警技术和旱灾风险评估技术、提高干旱防灾减灾能力为最终目标。

结合“中国干旱气象研究——我国北方干旱致灾过程及机理”研究(GYHY201506001)项目的需要，在我国北方构建干旱气象综合观测试验系统(图 2.1)，形成了新疆—西北地区中部—华北地区的“V”型干旱综合观测试验布局，覆盖了西北到华北地区的主要地理地貌类型。观测内容主要针对干旱半干旱区陆面过程和边界层特征，干旱发生发展过程中陆气相互作用机理，干旱的致灾、解除过程特征等方面。这个观测试验系统的观测站点由现有相对成熟的气

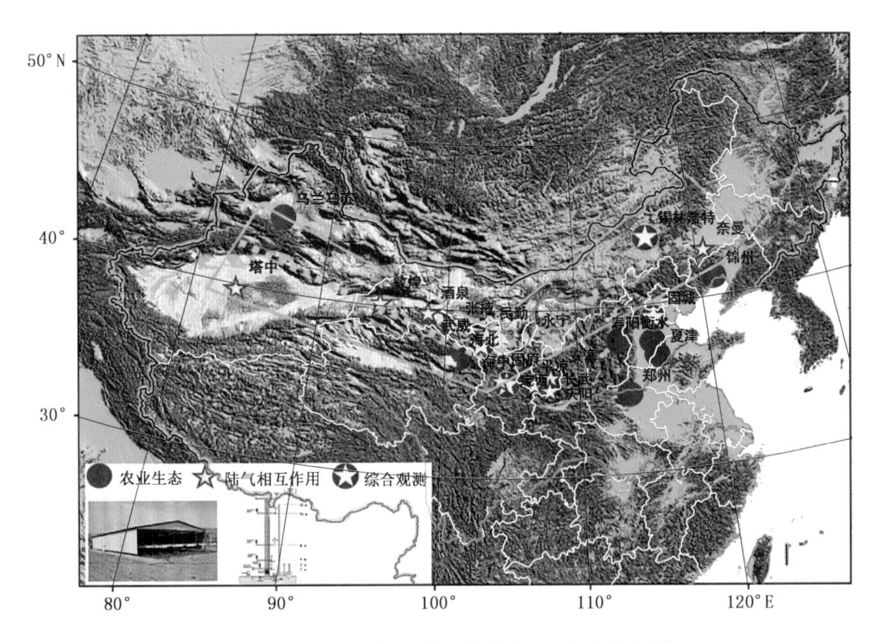

图 2.1　干旱气象科学研究外场观测试验布局
(黄色虚线与实线表示“V”型观测布局)

象、农业、草地、水文等多个专业站点或者综合观测站点组成，根据研究目标适当增加观测试验设备和内容，进行连续、自动(人工)观测试验，并根据研究需求在关键时段开展加密观测。站点下垫面包括沙漠、荒漠、(干旱半干旱和半湿润区)农田、(高寒)草地等北方主要特征。图 2.1 是观测试验站网分布，包括新疆的塔中边界层观测站、乌兰乌苏农试站，河西走廊干旱区荒漠地表的武威、张掖站，黄土高原半干旱区农田和自然地表的定西、榆中、平凉、庆阳、长武、安塞站，宁夏引黄灌区的永宁站，青海高原草地下垫面的海北牧业气象试验站，山西国家级农业气象观测站的晋中市寿阳站，华北地区荒漠地表的奈曼站、农田地表的固城试验站、河北衡水湖湿地生态监测站、内蒙古锡林浩特国家气候观象台、半湿润区农田地表的河南郑州农试站等近 20 个站点。陆气相互作用观测是这一观测系统中的重要组成部分。2015 年 6 月开始进行综合观测试验，获取了大量观测试验资料，并于 2016 年 7 月、2017 年 5 月、7 月、9 月以及 2018 年 5 月、7 月开展了多个站点协同联动的探空加密观测。

下面就"V"型布局中的几个综合性的代表站点概况进行介绍，主要包括站点位置、地理环境、下垫面特征、观测仪器设备和观测项目等。

2.3 关键区及其代表性站点概况

2.3.1 沙漠戈壁区的塔中站

中国气象局乌鲁木齐沙漠气象研究所塔中大气环境观测试验站，于 2003 年开始建设，海拔 1099.3 m，占地面积 37410 m^2。2017 年 12 月入选中国气象局首批野外科学试验基地，更名为：塔克拉玛干沙漠气象野外科学试验基地(图 2.2)。

图 2.2 塔克拉玛干沙漠气象野外科学试验基地概貌图

试验区位于塔里木盆地中央(图 2.3)，深入塔克拉玛干沙漠腹地 229 km，下垫面为广袤的流动沙丘，风沙地貌主体为一系列线状的高大复合型纵向沙垄与垄间地相间分布，沙垄走向为 NNE—SSW 或 NE—SW 方向，相对高度为 40～50 m。垄间平坦低地宽 1～3 km，长2～5 km。高大沙垄的前缘分布有低矮的新月形沙丘和沙丘链。年平均气温为 12.1 ℃，年平均降水量 25.9 mm，年平均潜在蒸发达 3812.3 mm，年平均风速为 2.3 m·s^{-1}，常年盛行偏东风，年平均浮尘、扬沙天气在 157 天以上。塔中地区除了塔中四油田作业区和生活区 3.6 km^2 周围及沙漠公路两旁人工种植了一些梭梭、红柳、沙拐枣及一些野生芦苇，其余地区基本是裸露的流沙地表。土壤主要为风沙土，由于气候极端干旱，含水量极低。

2005 年以来，在中国气象局基建项目和财政部修缮购置项目的资助下，以塔克拉玛干沙漠腹地塔中作为试验基地，先后建立了 80 m 梯度铁塔探测系统、辐射探测系统、涡动相关探测系统，用于观测塔克拉玛干沙漠近地层结构、水热通量交换以及地表辐射能量收支。引入系留气艇探测系统、风廓线雷达探测系统用于探测边界层气象要素和沙尘浓度垂直分布。

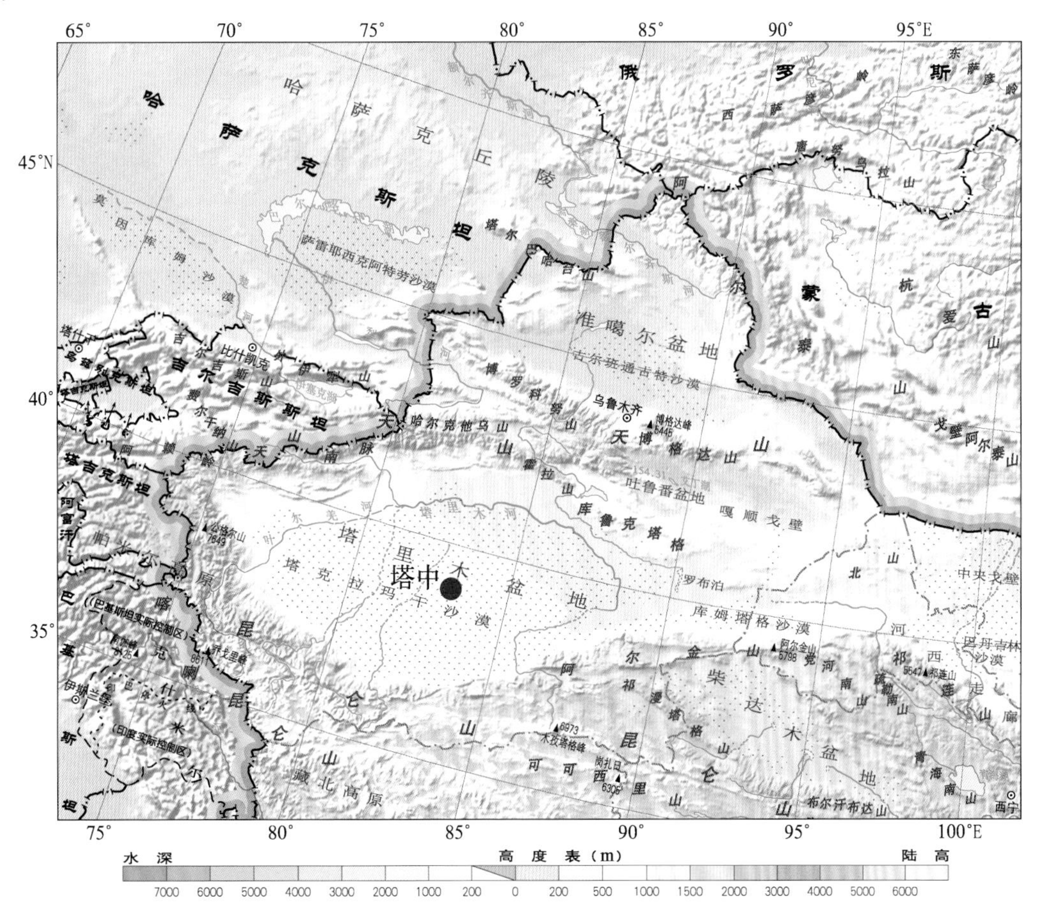

图 2.3　塔克拉玛干沙漠气象野外科学试验基地位置

2.3.1.1　80 m 观测塔梯度探测系统简介

塔克拉玛干沙漠气象野外科学试验基地(简称“塔中”)80 m 观测塔梯度探测系统(图 2.4)位于塔中气象站(海拔高度 1099.3 m)旁边，是塔克拉玛干沙漠塔中大气环境观测实验站的重要组成部分。梯度铁塔始建于 2002 年，2006 年 3 月底完成梯度探测系统设备的全面安装和试运行阶段，从 2006 年 4 月 1 日起，开始正式采集数据。

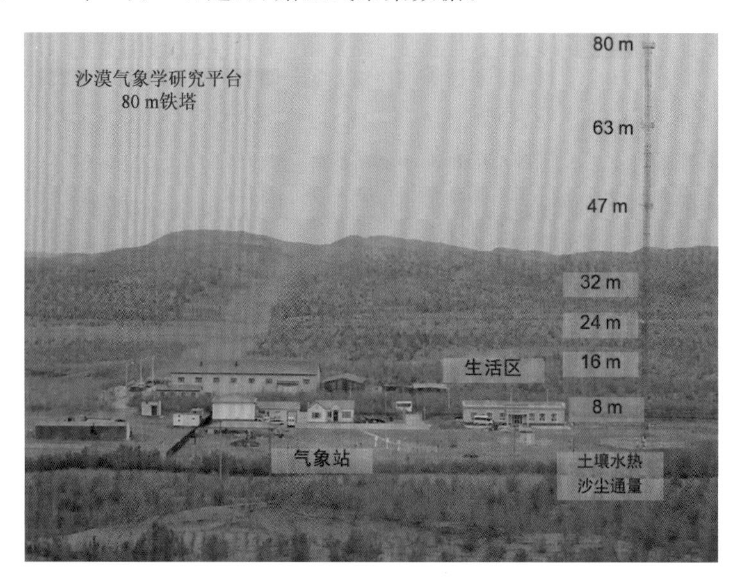

图 2.4　塔克拉玛干沙漠气象野外科学试验基地 80 m 通量塔概貌

塔体东面 150 m 和西面 500 m 左右处均是 50 m 上下的高大复合型纵向沙垄；从塔体到东、西面最高沙垄距离均约为 800 m 左右。观测塔塔址东面 50 m 和西面 80 m 左右的沙坡上都生长有人工种植的柽柳、沙拐枣、梭梭等。东面沙垄坡度较大，西面沙垄坡面较平缓；南面 400 m 远处是塔中石油作业区，拥有一些高度超过 10 m 的建筑物；北面约 2.5 km 处是塔里木沙漠公路，公路两侧已经人为绿化，生长着一些柽柳、沙拐枣、梭梭、芦苇等植物。总体上，这里地形呈南北走向，地势狭长平缓，东西相距 1.6 km，南北相距约 8 km。

该塔塔体采用通风良好的钢管拉线式桁架结构，塔体上下具有相同的等边三角形横截面，边长为 1.8 m 的正三角形，中空，利于风从中通过。塔身由相隔 120°的 4 组钢丝绳（每组 1 根）分别固定在六个地锚上。

塔上共有 10 个层次观测平台，高度分别为 0.5 m、1 m、2 m、8 m、16 m、24 m、32 m、47 m、63 m、80 m（图 2.4）。这样的分层有利于更加细致地探测沙漠近地层大气气象要素垂直梯度的变化。塔的 10 个观测层次上均按盛行风向装有两个活动伸臂，一个指向东南，一个指向西北，臂端离塔柱边缘约 3 m。安装两个伸臂是为了避免由于气流通过塔体时造成的绕流对测风传感器的影响。在梯度铁塔的 0.5 m、1 m、2 m、8 m、16 m、24 m、32 m、47 m、63 m、80 m 横臂左侧（西北向）离横臂边缘 5 cm 处安装了风向风速探头，在横臂右侧（东南向）离横臂 115 cm 处安装了温湿度探头。风向风速探头感应部分的实际高度高出铁塔横臂 46 cm，因此安装在 1 m 横臂上的风向风速探头的实际高度为 1.46 m，其他层次依次类推。温湿度探头感应部分的实际高度高出铁塔横臂 24 cm（即安装在 1 m 横臂上的温湿度探头的实际安装高度为 1.24 m，其他层次也依次类推）。在 0.5 m 横臂上的风速探头感应部分（没有安装风向传感器）实际高度为 0.75 m，温湿度探头感应部分高度为0.53 m。风向风速横臂指向正北，风向风速横臂与铁塔横臂存在 20°的夹角。

铁塔 10 个层次上探测的基本要素为：水平风向、风速、温度和相对湿度；大气中温度和湿度传感器都采用了防辐射和通风措施。另外，在铁塔的 8 m、32 m 和 80 m 平台上（探头实际安装高度为9.5 m)安装有三套三维超声风速仪和CO_2/H_2O分析仪(图2.5)。

图2.5　塔克拉玛干沙漠大气环境观测试验站80 m梯度铁塔及涡动相关系统

铁塔南侧有1套辐射观测系统:配备了大气短波辐射仪、地面短波辐射仪、大气长波辐射仪、地面长波辐射仪、散射辐射仪、太阳直接辐射仪、太阳自动跟踪器、日照计、双波段紫外辐射仪、光和有效辐射仪(图2.6)。

图2.6　辐射探测系统

2.3.1.2　沙漠通量站

10 m铁塔探测系统:梯度观测共分5层(0.5 m、1 m、2 m、4 m、10 m),每层分别装有风速和温湿度传感器,同时在2 m和10 m处各配有一个风向传感器,1 m高度处安装有气压计。

铁塔正南侧 1.5 m 高度处安装有四分量辐射计(大气长波和短波、地面长波和短波、光合有效辐射),位于其正下方土壤中 0、5 cm、10 cm、20 cm、40 cm 处分别埋设土壤温度传感器,并在 5 cm、10 cm、20 cm 处还配有土壤湿度和热通量板,用于监测土壤温、湿度和热量传输情况(图 2.7)。

涡动探测系统:塔中西站有 4 套涡动探测系统(LIcor7500、2 套 EC100、CPEC200 关闭状态)。其在按照 LAS 系统观测线路上每隔 300 m 布置一套,高度为 3 m,采集器为 CR6,采样频率为 20 Hz(见图 2.7)。

风蚀探测系统:塔中西站有 2 套风蚀探测系统,一套是两个风蚀探头(5 cm、10 cm),采集器为 CR1000;另一套是两个风蚀探头(5 cm、10 cm)和 2m 梯度风速探测系统,采集器为 DT80(图 2.8)。

图 2.7 塔中流动沙漠区(西站)10 m 梯度探测系统和涡动系统

图 2.8 风蚀探测系统

LAS 探测系统:主要包括 2 个镜头离地高度为 10 m,两者之间距离为 1 km,采集器(CR1000)在北面铁塔下(图 2.9)。

图 2.9 大孔径闪烁仪(LAS)系统

自动集沙仪探测系统：主要包括梯度集沙仪和自动集沙仪。其中梯度集沙仪 2 套(200 cm、100 cm)，自动集沙仪 4 套，采集器 2 个(CR 3000、CR 5000)(图 2.10)。

土壤探测系统：包括土壤温度、湿度和热通量等探头，深度为 0.5 cm、10 cm、20 cm、40 cm，采集器为 CR3000(图 2.11)。

图 2.10 自动集沙系统

图 2.11 埋设于土壤中的传感器

2.3.2 半干旱农业生态区的定西和平凉站

2.3.2.1 定西干旱气象与生态环境野外科学试验基地

中国气象局定西干旱气象与生态环境野外科学试验基地(简称“定西基地”或“定西干旱基地”,Dingxi Arid Meteorology and Ecological Environment Experimental Station (DAMES) of CMA,图 2.12),始建于 1987 年,位于甘肃省定西市市郊西川农业科技园区(35°33′22.92″N,

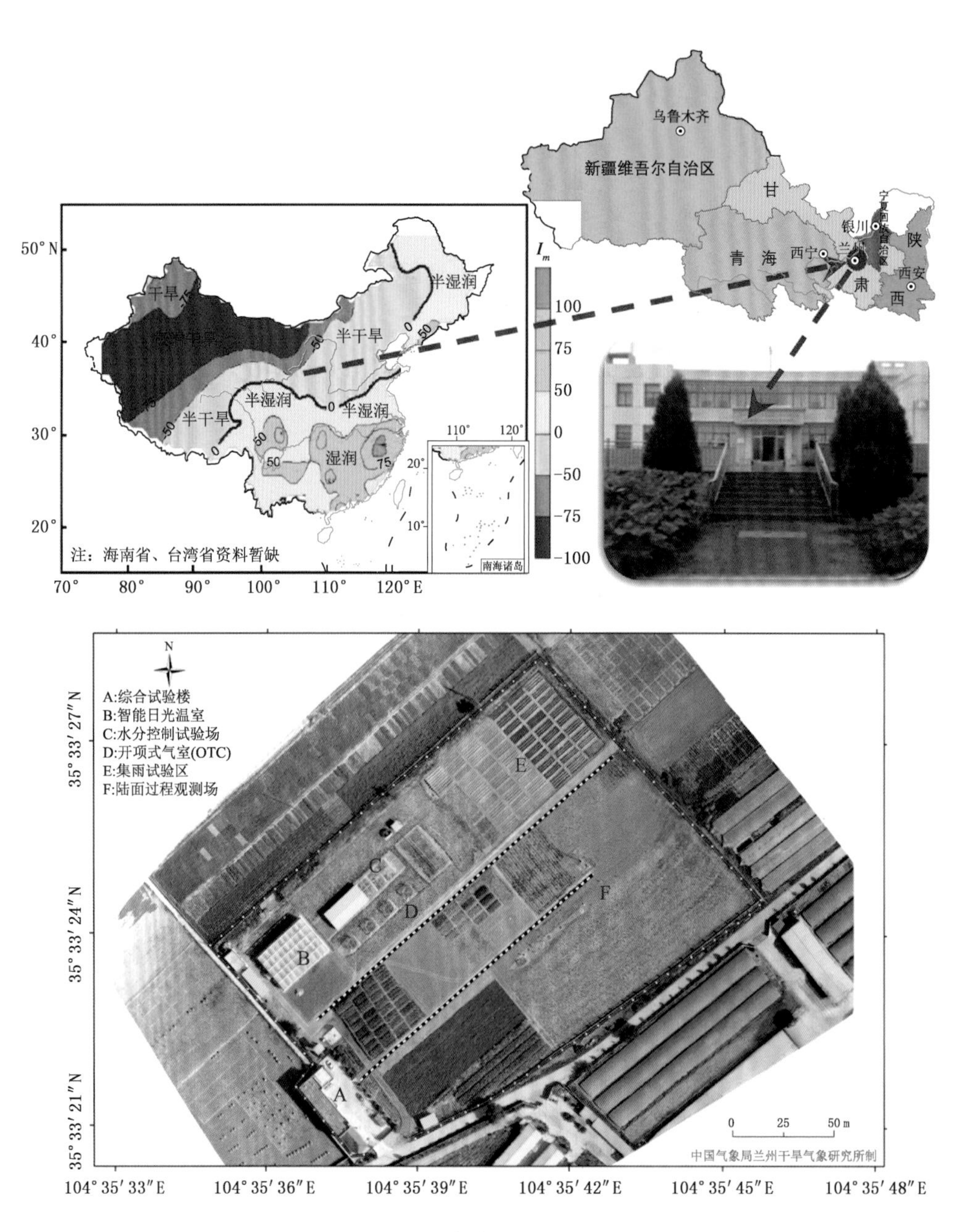

图 2.12 定西干旱气象与生态环境试验基地

(上图:定西基地地理位置;下图:观测试验区域布局)

104°35′37.77″E，海拔1896.7 m），是干旱半干旱农田下垫面，占地50亩。这里地处欧亚大陆腹地，属典型的黄土高原半干旱雨养农业区，大陆性季风气候明显，其特点是光能较多，热量资源不足，雨热同季，降水少且变率大，气候干燥，气象灾害频繁。年日照时间2433 h；年平均气温6.7 ℃；年平均降水量386.0 mm，降水主要集中在5—10月，占年降水量的86.9%；平均无霜期140 d。

独特的地理环境和气候背景造就了定西是我国干旱半干旱最具代表性的区域之一，是干旱半干旱气候的重要敏感带和干旱灾害频发区，所以，它是进行干旱半干旱气象综合观测、科学试验和干旱机理研究的最佳场所。2017年，定西基地顺利入选首批中国气象局野外科学试验基地。

定西基地拥有各类科研仪器设备近200台（件/套），如梯度塔、涡动通量、辐射通量、土壤温湿观测系统、大孔径闪烁仪（LAS）和微波辐射计以及作物生理生态观测试验仪器等（图2.13），覆盖作物生长、土壤环境、常规气象、大气边界层、陆面过程、大气化学等学科方向，具备水、土、气、生等同步观测能力，大部分设备已实现自动、连续观测。是目前全国唯一地处半干旱地区且仪器设备比较先进和齐全的干旱气象野外综合观测基地。

(a)土壤植被水分监测

土壤碳通量测量系统

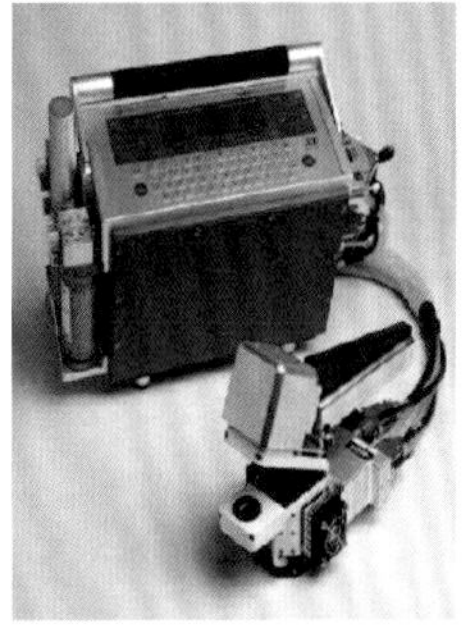
作物光合作用测定仪

作物径流测定仪

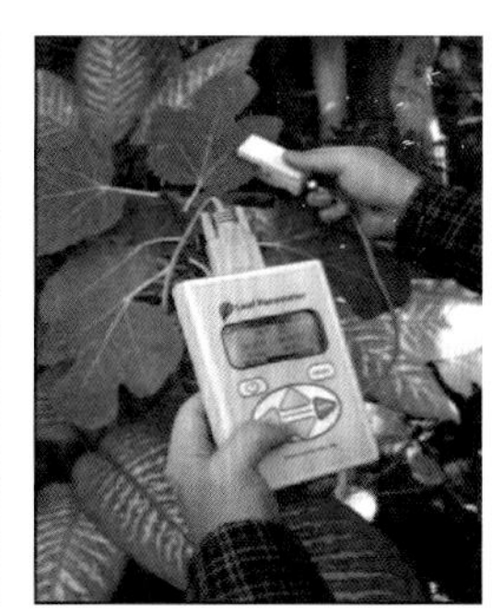
SC-1稳态气孔计

LI-Ⅱ大型蒸渗计

土壤参数监测系统

植物导水率测定

土壤含水量测定

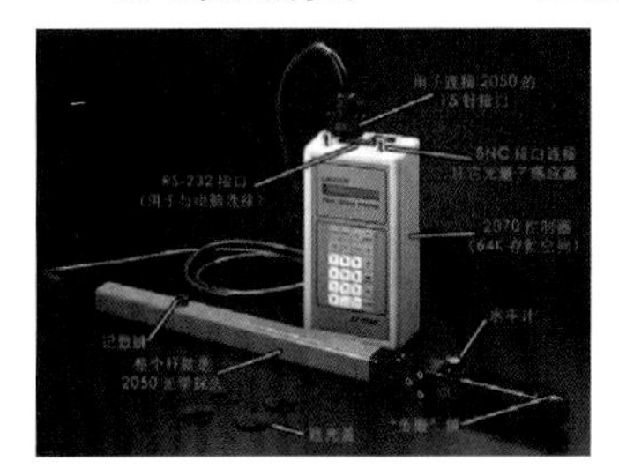
植物冠层分析仪

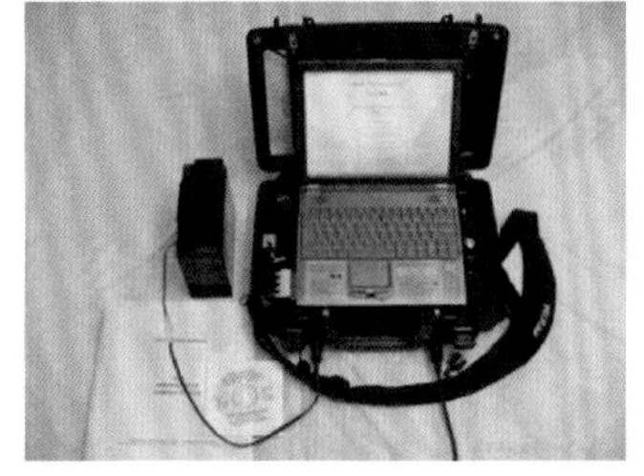
作物根系监测系统

WP4露点水势仪

(b)气候变化模拟

开放式增温平台　遮雨棚　降水模拟器　供气装置　自由大气二氧化碳富集试验　开顶式气室　自动化日光温室　植物生长箱

(c)近地层微气象过程、地表能量与物质交换监测

蒸腾蒸发站　波文比　十要素自动气象站　地表辐射测量系统　梯度塔　土壤水分监测　超声湍流观测系统　大口径闪烁仪(LAS)

(d)大气边界层监测

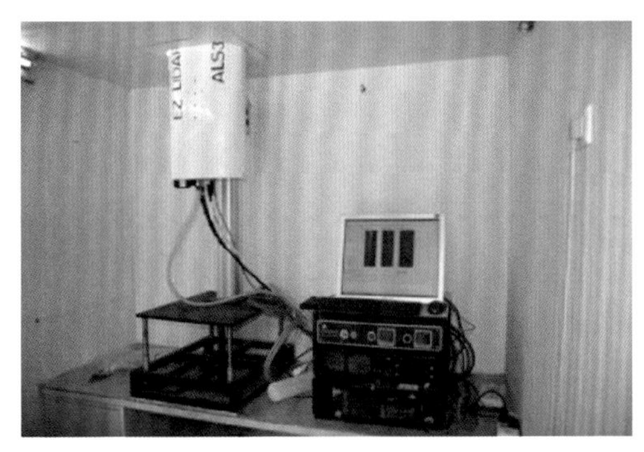

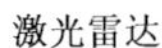

激光雷达　　Scintec风廓线声雷达

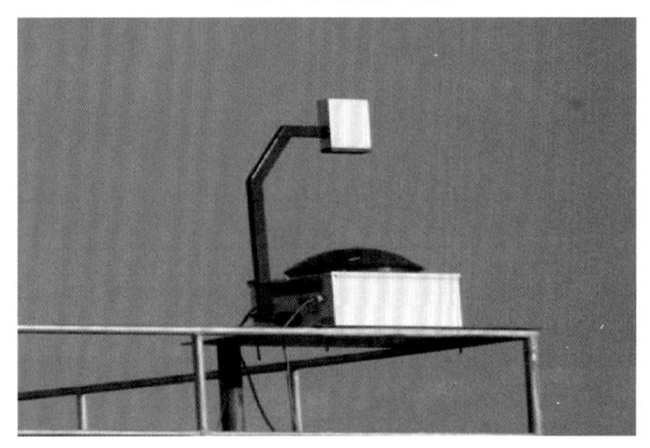

微波辐射计　　全天空成像仪

图 2.13　定西基地部分仪器设备

定西基地的科学目的是通过科学试验，提升对干旱的致灾机理及其监测理论的科学认识，并为改进区域数值模式参数化方案和资料同化提供数据支持。重点开展以下观测试验：

- 干旱半干旱区典型农田生态区域大气特征综合观测试验；
- 干旱监测方法、干旱形成机制和干旱气象灾害评估模式观测试验研究；
- 干旱致灾过程及机理观测试验；
- 气候变化对农田生态系统结构、功能、布局的影响及气候变化适应对策的观测试验；
- 半干旱区土壤—植物—大气系统(SPAC)能量转换、水分循环规律观测试验；
- 半干旱雨养农业区农作物需水及提高水分利用效率的观测试验；
- 干旱与生态环境遥感监测。

通过外场观测试验，重点解决以下 6 方面的科学问题：①增进对气象干旱与农业干旱关系的理解；②认识降水过程对干旱灾害持续、解除的影响规律与机理；③增进对半干旱区微小尺度水分过程和水分循环机理的理解；④揭示干旱半干旱陆面—大气间互馈机制及其对干旱灾害形成、发展的作用机理；⑤气候变化对半干旱区农业生态环境影响及其对策研究；⑥干旱指数的区域适应性试验研究。

近两年，定西基地作为干旱半干旱区典型代表站，承担重大行业专项“干旱气象科学研究——干旱致灾过程及机理”项目的五个具有针对性的专题外场观测试验：干旱陆面过程及大气边界层特征综合观测试验；干旱灾害致灾过程及机理综合观测试验；降水过程特征对干旱持续、解除影响综合观测试验；干旱指标区域适应性综合观测试验；干旱形成与区域水分循环过程综合观测试验。

2.3.2.2 平凉陆面过程与灾害天气观测研究站

平凉陆面过程与灾害天气观测研究站(简称“平凉站”)，原名“平凉雷电与雹暴试验站”，位于甘肃省平凉市白庙塬，距平凉市 8 km，海拔 1630 m，该地区属温带半湿润半干旱气候区，年平均气温为 6 ℃，年降水量约为 510 mm，属于半干旱气候区。地处著名的六盘山东麓、泾河上游黄土高原塬区。白庙塬是平凉北塬的主要组成部分，大致呈西北—东南走向，长条结构，宽度从几千米到数十千米，长度可达四十余千米，是黄土高原典型的黄土“塬”。塬上比较平坦，全为农田和村庄，塬下是典型的沟和坡。试验观测场位于白庙塬中部，周围种植着玉米、小麦、马铃薯等耐旱作物的农田，夏季小麦收割后部分下垫面变为裸地，地势平坦，无高层建筑物。平凉站是中国科学院野外站网络六个专项观测网之一——“陆面过程观测网络”的牵头野外站。

2.3.3 草地区的青海海北站和内蒙古锡林浩特站

2.3.3.1 海北高寒草原气象野外科学试验站

海北高寒草原气象野外科学试验站，也称“海北草原生态气象试验站”“中国气象局海北草地生态气象监测站”(简称“海北站”)，位于青海湖东北岸、黄河重要支流——湟水河的发源地(图 2.14)。海北站海拔 3140 m，试验地区年均气温 0.9 ℃，最冷月平均气温 −13.7 ℃，最暖月平均气温 12.3 ℃，年均降水量 409 mm，年均日照 2750 h，属于典型的高寒草地区。

海北站是全国气象部门仅有的两个一级牧业气象试验站之一，拥有 400 亩天然草场(包括 100 亩人工牧草试验基地)，是观测研究高寒草地生理生态、陆面过程和边界层、气象条件和气候变化、水文和土壤等方面科学问题的天然优良场所。目前开展的生态气象监测主要有：环青海湖北岸 6 种主要优势牧草的生长发育状况监测、牧草产量结构变化监测，土壤墒情监测、土壤理化性质分析，豆雁、虹、闪电、霜等天气现象物候观测，草地边界层气象要素变化，碳通量变化等监测，草原径流量监测，环青海湖北岸沙丘移动监测等内容。

海北站是承担重大行业专项“干旱气象科学试验——我国北方干旱致灾过程及机理”研究项目观测试验任务的骨干站，主持子课题“青海高原高寒草原干旱灾害降水控制试验”，建有 150 多平方米的专门针对干旱致灾机理研究的专用观测试验场地，包括一个自然降水控制场，主要仪器设备有光谱辐射仪、植物冠层分析仪、小气候观测仪，全智能人工气候箱、KDN 定氮仪、SLQ 纤维测定仪、SZC 脂肪测定仪、土壤有机质分析仪、722 型分光光度计、原子吸收分光光度计、土壤呼吸仪等观测试验仪器和设备。

(a)高寒草地近地层气象要素梯度变化监测

(b)草地通量监测系统

(c)称重式降水传感器(观测要素:降水)

(d)雪深观测仪(观测要素:积雪厚度)

(e)周所波纹比(观测要素:梯度)

(f)自动土壤水分观测站(观测要素:0～60 cm 体积重量含水率；项目来源:山洪气象灾害普查项目,建设时间:2010 年 12 月)

(g)辐射观测仪(观测项目:总辐射、有效辐射、紫外辐射)

(h)辐射观测仪(观测项目:总辐射、有效辐射)

图 2.14　海北牧业气象试验站

2.3.3.2　内蒙古锡林浩特站

锡林浩特站全称“国家气候观象台锡林浩特野外试验研究基地”,位于我国华北草原区的中心地带,海拔 1030 m,年平均气温 2.6 ℃,>0 ℃积温 2972 ℃·d,无霜期100～120 d,年降水量 286.6 mm,年蒸发量 1830.9 mm,平均相对湿度 57%;年平均风速3.5 m·s^{-1},年日照时数 2969.8 h。属中温带半干旱大陆性气候区。地带性植被为克氏针茅草原群落,是典型草原代表类型之一。除了以克氏针茅和羊草主要建群种外,糙隐子草、冰草和冷蒿等作为重要伴生种出现,土壤类型为淡栗钙土。

锡林浩特站(图 2.15 和图 2.16)也是国家一级牧业气象试验站,拥有试验草牧场一处,具备良好的基础实施、观测条件和科研环境。主要有:

(1)近地层通量观测系统(图 2.17):主要由梯度观测系统和涡动协方差观测系统两部分组成,观测内容包括近地边界层大气温度、风、湿度、辐射、气压、土壤温度、土壤湿度、土壤热通量、物质通量(水汽、碳通量)观测及热量、动量通量等要素的观测,以此来获取不同草地下垫面

上大气边界层的动力、热力结构，多圈层相互作用过程中各种能量收支、物质交换等的综合信息。

(2)草原自动化观测系统(图 2.18)和设备较为齐全的化验室，负责生态站点牧草和土壤营养成分观测、取样和化验，可为研究牧草的生理生态、质量变化和土壤养分变化提供基础数据。

(3)比较完备的大气探测仪器，包括基准辐射观测系统、GPS/MET 观测系统、测风激光雷达和云雷达，以及微波辐射计、三维超声风速仪、二氧化碳和水汽分析仪、浊度计、太阳光度计等，可进行自由大气的风、温、压、湿、辐射等项目的长期、连续、自动观测试验。

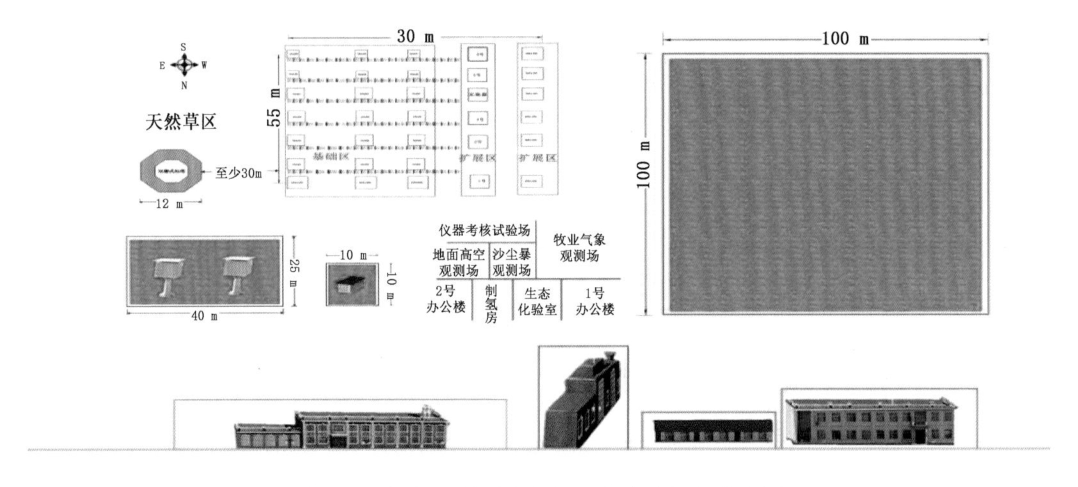

图 2.15　锡林浩特国家气候观象台主站址分布图

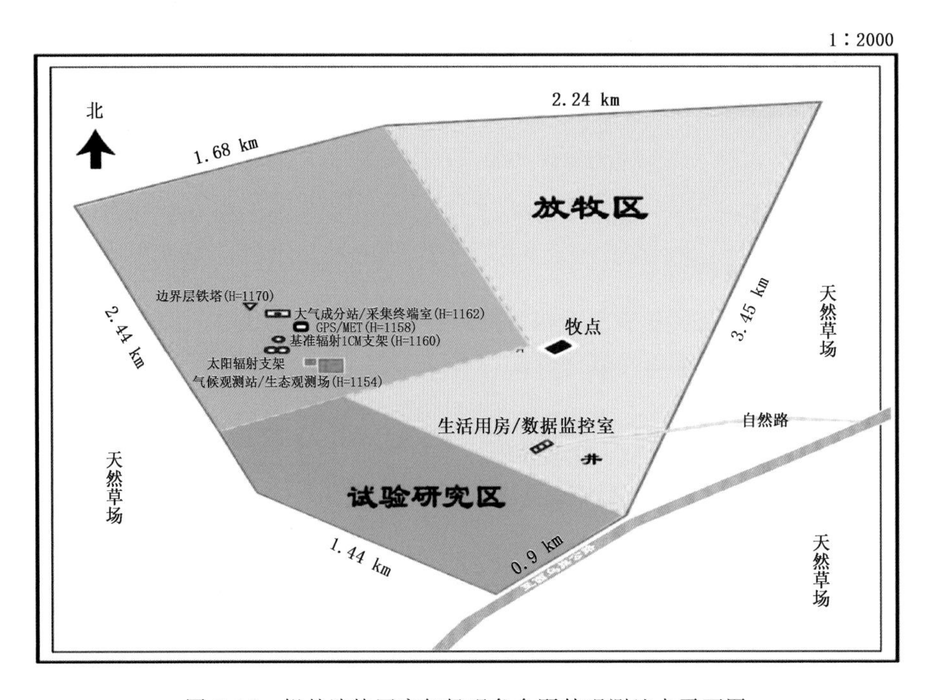

图 2.16　锡林浩特国家气候观象台野外观测地点平面图

图 2.17 近地层通量观测系统仪器

图 2.18 草原生态自动化观测系统

2.3.4 半干旱荒漠区的奈曼站

科尔沁沙地沙尘天气长期综合观测站(简称奈曼站)位于科尔沁沙地的东南边缘地区,具体在内蒙古自治区通辽市奈曼旗境内(海拔 363 m)。实验地区年平均气温为3～7 ℃,冬季 1 月份平均气温最低,约为－12～17 ℃;夏季 7 月份平均气温最高,约为 20～24 ℃。实验地区的全年降水量为 200～300 mm 左右,年蒸发量为 1500～2500 mm,70%的降水集中在夏季,而冬、春季降水则较少,空气干燥,特别是春季,大部分地区的降水量几乎为零,属于典型的半干旱地区。周围地面略有起伏,分布着半流动沙丘,以沙丘链为主,呈带状分布;地面植被主要为沙蓬,还零星地生长着半灌木植被差巴嘎蒿、冷蒿等。图 2.19 给出了实验期间拍摄的实验站附近的全景图。自2003年当地政府推行禁牧政策以来，实验站周围生长的植被逐年增加。目前距离实验站500 m范围内的植被覆盖率约达到50%，远距离处的植被覆盖有所降低。实验站附近的土壤成分属于偏壤质沙土4，经检测含有90.61%的沙土(63<d≤2000 μm)、9.02%的泥土(4<d≤63 μm)和0.36%的黏土(d≤4 μm)。

图2.19　奈曼观测站全景图

奈曼观测站同步开展了微气象学要素、土壤环境和沙尘参量的观测，主要的观测项目如下：

(1)微气象学要素观测项目：4层(2 m、4 m、16 m、20 m)高度的风速和风向(20 m)；4层(2 m、4 m、8 m、16 m)高度的空气温度和相对湿度、地表温度；2 m高度的太阳辐射、地面反射辐射和净辐射；地面气压和降水量；8 m高度的风速和温度脉动量的测量。

(2)土壤环境观测项目：3层(5 cm、20 cm、50 cm)深度的土壤温度和土壤(体积)含水量；25 cm深度的土壤热通量观测。

(3)沙尘参量观测项目：2层(3 m、18 m)高度的沙尘(PM_{10})质量浓度观测；3层(0.20 m、0.50 m、0.75 m)高度的沙粒(d>50 μm)跃移运动观测；3 m高度的分粒径(10级)沙尘(PM_{20})质量浓度观测，各级粒径范围分别为0.1～0.2 μm、0.2～0.3 μm、0.3～0.45 μm、0.45～0.7 μm、0.7～1.4 μm、1.4～2.5 μm、2.5～4.0 μm、4.0～7.0 μm、7.0～10.0 μm、10.0～20.0 μm；短期内8 m高度的沙尘浓度快速涨落测量。

2.4　仪器设备、观测试验技术方法

干旱陆面过程特征观测项目：近地面三维风、温脉动量，长、短波辐射；土壤温度、湿度、热通量，降水量，叶面积指数，植被状况等。观测项目及设备详见表2.1。

边界层特征观测项目：边界层通量(风、温、湿度梯度)、气压、降水量和三维风、温脉动量，风、温、湿廓线。观测项目及设备详见表2.2。

表 2.1　陆面过程观测项目及设备

类别	观测内容	观测方法或仪表
陆面过程观测	三维风温脉动量、CO_2/H_2O通量	超声风温仪
	感热、潜热通量	双波段闪烁仪
	地表辐射	短波辐射表(向上、向下探头)
		长波辐射表(向上、向下探头)
		直接辐射表
		散射辐射表
	土壤温度(0～50 cm)	铂电阻温度计
	土壤湿度(0～50 cm)	自动土壤水分仪、土钻法
	土壤热通量(0～20 cm)	土壤热通量板
	叶面积指数	叶面积指数仪
	植被状况	照相机
	雪面	人工玻璃温度计
	积雪深度(≥1 cm)	人工观测
	冻土深度	人工观测
	降水量观测	雨量计
	陆面蒸散	蒸渗仪、超声风温仪
	蒸发量(小型)(大型)	E601B(大蒸发)

表 2.2　边界层特征观测项目及设备清单

类别	观测内容	观测方法或仪表
通量观测 (4层铁塔20 m以上)	温度	铂电阻温度计
	湿度	湿敏电容
	风速	三杯风速计
	风向	风标风向仪
	地面气压	气压计
廓线观测	风廓线	风廓线雷达、探空气球
	温湿廓线	探空气球

2.5　观测试验内容和数据管理

依托“中国干旱气象研究——我国北方干旱致灾过程及机理”研究(GYHY201506001)项目收集的基础数据和产品，利用关系型数据库(RDBMS)对结构化气象资料的实体和非结构化气象资料的元数据结合，对干旱各类观测资料和产品，特别是中国干旱气象科学试验研究观测资料的集成整合共享文件系统进行管理，构建干旱多源信息资料集成、管理、共享平台。

2.5.1 干旱多源信息资料集成、管理、共享平台

整合集成干旱试验区内的全部气象台站长期业务观测资料、科学考察试验资料、融合和同化分析产品、卫星遥感气候产品。在此基础上，对信息进行分类，采用数据库技术，构建基于分布式计算环境的干旱监测早期预警及多源干旱信息专题数据库，研发数据管理系统。采用SOA体系架构，构建开放式数据共享平台，提供数据发现和数据下载服务以及基于云计算技术的科学研究环境。图2.20给出了总体技术架构示意。

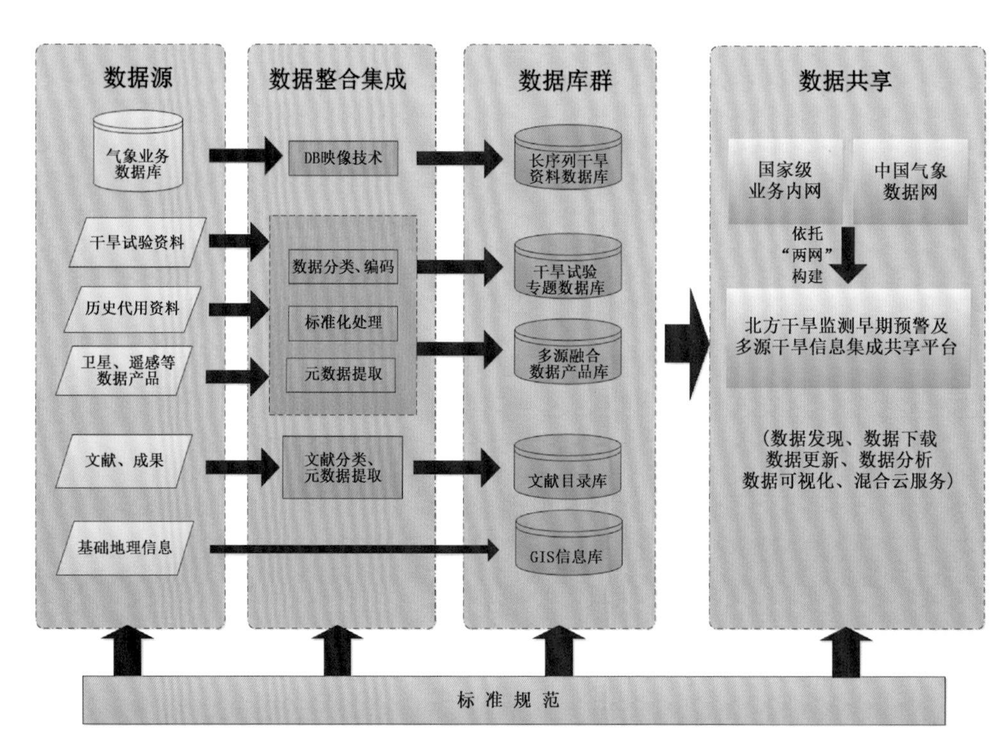

图2.20 平台总体技术架构示意图

2.5.2 标准规范编制

研究建立支持多源数据整合、数据管理、共享服务所需的数据信息标准规范，主要包括干旱观测资料和产品分类体系、描述干旱数据资源的元数据标准、外场试验观测数据说明文档格式、数据产品说明文档规范、数据共享规范等。

干旱数据信息来源于多源数据，包括地面、高空、雷达、飞机以及卫星等站点，存在同类信息不同采集设备，数据缺乏一致性。本节首先收集北方各站点的数据人工/设备采集的格式，根据采集数据类型，最终制定了采集数据的录入格式（表2.3）。

表 2.3 数据集说明文档

类别	项目	必选(M)/可选(O)	填写说明	意见及建议
一、数据集基本信息	1. 数据集中文名称	M	汉字(系统自动生成) 大类_小类_台站名_数据起始时间(YYYYMMDD)_终止时间(YYYYMMDD)	
	2. 数据集英文名称或缩写	M	字母(系统自动生成)	
	3. 时间分辨率	M	请自行填写数据集中数据的时间分辨率,如不只一个时间分辨率,请全部给出。时间分辨率的单位包括:月、日、时、分钟、秒	
	4. 数据集建立时间	M	数据集建立时间,不是数据的观测时间。给出日历供选择	
	5. 探测对象大类	M	提供边界层 PBL、探空 UPAR、雷达 RADA、飞机探测 ARD、土壤水分(单独的土壤水分站)SOIL、卫星校验地面观测 SATE、微波辐射计 MR、激光云高仪 LCH、地面雨滴谱仪 GRS、其他共 10 个选项 单选 如不在上述几个大类,请填写在其他项	
	6. 探测对象子类	M	边界层共 5 个子类:风温湿梯度观测 WTH、降水观测 PRE、辐射观测 RADI、湍流通量观测 FLOB、土壤温湿度和热流观测 STH 雷达资料共 4 个子类:云雷达 CR、微降水雷达 MPR、C 波段调频连续波垂直探测雷达 C-VSR、C 波段双线偏振雷达 C-DPR 探空资料、飞机探测没有子类 子类可单选,可多选	
	7. 数据集简介	M	请填写一段文字,简要描述数据集的基本观测内容	
	8. 数据属性	M	提供原始数据、质控数据、衍生数据、图像产品、其他共 5 个选项,可多选 原始数据:未经处理数据的、直接观测得来的数据 衍生数据:在原始数据基础上,经统计处理获得 图像产品:数据以图像方式呈现 质控数据:经过质量控制的数据	
	9. 数据集时制	M	提供北京时、世界时 2 个选项	

续表

类别	项目	必选(M)/可选(O)	填写说明	意见及建议
二、台站信息	1. 台站中文名称	M	汉字	
	2. 台站英文名称	M	请填写字母全拼，全部大写	
	3. 台站所在行政区(县、乡、村)	M	汉字，如只到乡，可不填写村	
	4. 台站周围环境概述	M	文字	
	照片(可选)	O	照片	
	5. 台站经度	M	度、分、秒	
	6. 台站纬度	M	度、分、秒	
	7. 海拔高度	M	米	
	8. 垂直层次描述	O	梯度观测、土壤、卫星填写，其他资料不填写 给出地上地下各几层，各层高度，地面以上高度为正，地面以下高度为负 软件给出几个空白	
三、文件格式信息	1. 文件格式的详细描述	M	请填写一段文字描述文件格式，对于观测变量(要素)字段的描述应给出精度和单位	
	2. 数据集读取程序使用语言	M	提供 Fortran、C、MATLAB、IDL、其他共 5 个选项，其中其他项需要自行填写	
	3. 数据集读取程序	M	提供数据集读取的程序样例	
	4. 数据集总数据量大小	M	保留一位小数，数据量单位提供 GB、MB、KB 三个选项	
	5. 数据集起始时间	M	北京时、某年某月某日某时某分 数据集包含资料的开始观测时间	
	6. 数据集终止时间	M	北京时、某年某月某日某时某分 数据集包含资料的终止观测时间	
	7. 文件名编码说明	M	说明数据集中各文件命名及组成含义	
	8. 数据集共包含几个特征值	M	数字，如无特征值，填写 0 特征值：用某个特定的数字或字母表示某个观测值，如用 32766 表示数据缺测	
	9. 数据特征值①	M	数据缺测、特殊观测条件下的数据表示(数字)	
	10. 特征值①代表的含义	M	该特征值的含义(汉字描述)	
	11. 数据特征值②	M	数据缺测、特殊观测条件下的数据表示(数字)	
	12. 特征值②代表的含义	M	该特征值的含义(汉字描述)	
	……			

续表

类别	项目	必选(M)/可选(O)	填写说明	意见及建议
四、观测设备(可输入多个仪器设备信息)	1.共有几个观测设备	M	填写数字	
	2.设备名称①	M	中英文均可	
	3.设备代码①	M	中英文均可	
	4.设备型号①	O	中英文均可	
	5.生产厂商①	M	中英文均可	
	6.仪器检定和标定情况①	M	描述检定和标定日期、结果及其他相关信息	
	8.设备生产日期①	O		
	9.设备维护方①	O		
	10.探测设备参数表①	O		
	11.设备名称②	M	中英文均可	
	12.设备代码②	M	中英文均可	
	13.设备型号②	M	中英文均可	
	14.生产厂商②	M	中英文均可	
	15.仪器检定和标定情况②	M	描述检定和标定日期、结果及其他相关信息	
	16.设备生产日期②	M		
	17.设备维护方②	M		
	18.探测设备参数表②	M		
	……			
五、数据处理方法	1.处理情况简介	M		
	2.数据处理方法	O	描述对数据采取了哪些处理方法,或者进行了哪些统计,原始数据不需填写此项	
	3.特殊情况处理(可选)	O		
	4.其他说明(可选)	O		
六、数据质量状况	1.是否经过质控	M	选"是"则填写六、2～4项;选"否"则不必填写	
	2.质量控制方法	O		
	3.数据集是否标有质控码	M		
	4.质控码及意义	M	给出每个质控码标识(数字或者字母)及其对应的含义(汉字)	
	5.其他说明(可选)	O		
	6.数据集质量基本评价		提供很好、较好、一般、较差、很差5个选项	
	7.数据集存在的质量问题(可选)	O	提供一段质量问题的描述文字	
	8.数据缺测情况概述		提供一段数据缺测的描述文字,描述数据缺测的时间或时间段	

续表

类别	项目	必选(M)/可选(O)	填写说明	意见及建议
七、数据集制作及技术支持	1.数据集负责人姓名	M		
	2.数据集负责人电话(手机)	M		
	3.数据集负责人电话(座机)	M		
	4.数据集负责人电邮	M		
	5.数据集负责人单位名称	M		

说明：1.本文档中的时间均指“北京时”。2.不允许把不同的大类资料写入一个数据集，但可以把一个大类的几个小类资料写入一个数据集。

2.5.3 数据库管理系统建设

研究干旱数据多源信息数据存储模型，建立基础数据、科学考察数据、加工分析产品等不同类型数据的存储结构，实现海量、多源、异构的高原数据信息的统一组织和管理。设计开发干旱多源信息数据库系统，实现包括元数据管理、节点存储管理、资源信息管理和节点监控管理四个部分的数据库管理功能，系统结构与功能如图2.21所示。

干旱监测早期预警及多源干旱信息专题数据库建设基于国家气象信息中心已有的基础数据环境设计开发，以专题数据库形式，作为国家气象信息中心基础数据环境的补充，通过API接口调用，实现从基础数据环境获取国内外地面、高空、海洋、卫星、雷达等种类气象数据及元数据，实现数据共享共用和统一管理与维护，实现开发和运维集约化。

在技术实现上，干旱监测早期预警及多源干旱信息专题数据主要以文件为主，考虑采用基于Hadoop的分布式文件存储技术，构建HDFS文件存储系统，对原始文件进行分块，针对每个分块利用Hadoop的分布式存储调度策略，将文件的所有分块散布在不同的分布式存储节点上，并设置相应的副本数，提高对数据集的并发读写能力。这里每个分块的数据都是以<Blk_ID,MetaData>这样的<Key,Value>记录形式进行存储，方法如图2.22所示。

将干旱定点观测(In-situ)数据的要素信息等结构化数据以及图片、文件等非结构化数据的元数据索引信息存储到Hbase分布式数据库。对海量的干旱多源信息进行分类，以XML文件保存包括描述资源的属性和内容关键信息、资源对应的属性分类和元数据分类的ID号以及该资源的物理存储地址，通过解析器解析XML文件得到元信息描述，将元信息添加到全局索引库中；主控节点负责维护一个全局索引库，并且为集群的每个节点存放的资源建立一个局部的索引库，保持索引和资源的同步更新；为了提高检索范围和准确度，还需要对资源元信息进行语义标注建立语义标注库，在主节点上通过轮询方式对用户注册上传的新的资料进行自动标注。

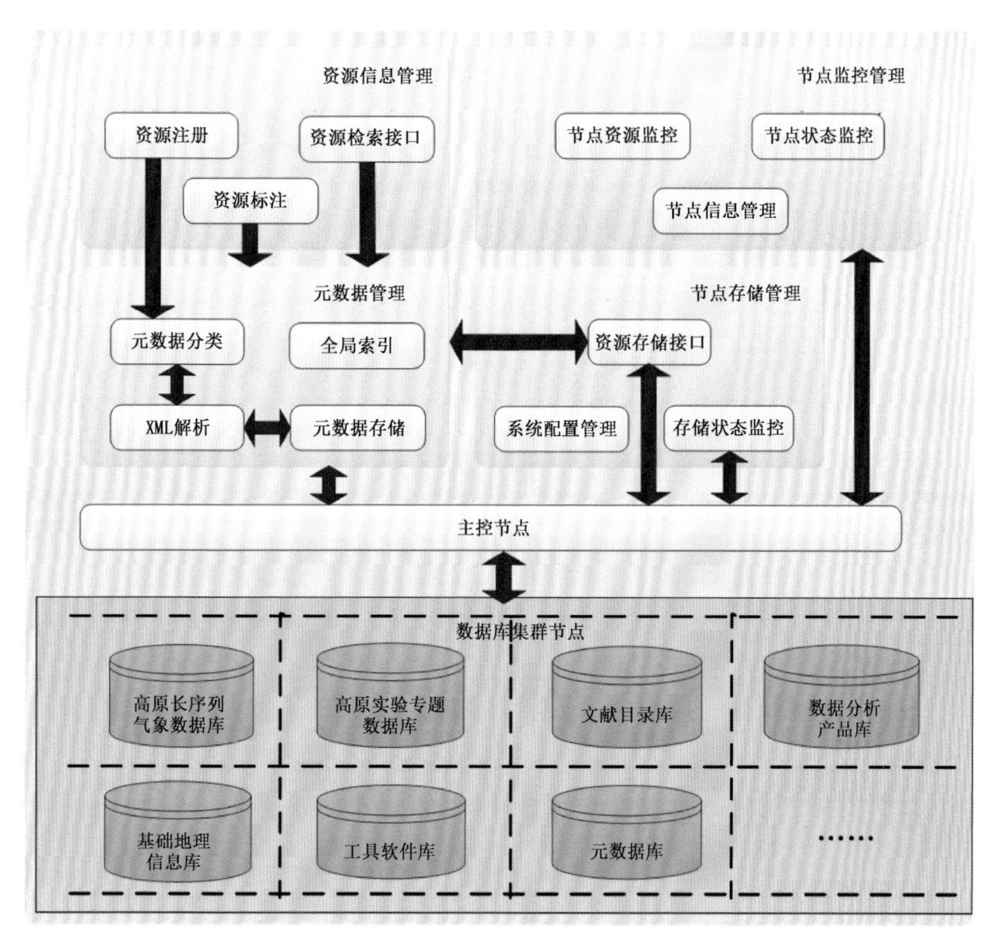

图 2.21　数据管理系统结构与功能模块

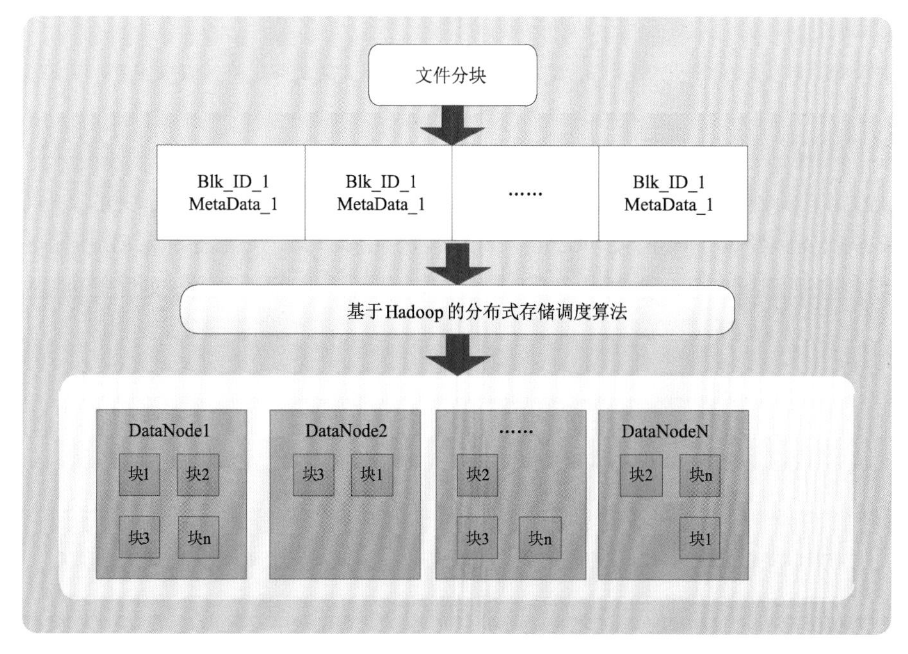

图 2.22　分布式数据库系统文件分块存储方法流程

根据相关规范及标准，构建对应的数据库供后期干旱相关资料的存储，详细关系型数据库表单如下：

(1)数据种类表(BMD_DataCategoryDef)(表2.4)

表2.4 数据种类表结构

名称	代码	数据类型	主键	不能为空	备注
数据种类ID	CategoryID	int	Y	Y	
中文名称	CHNName	varchar(100)		Y	
中文短名	ShortCHNName	varchar(50)			
英文名称	ENGName	varchar(100)			
英文短名	ShortENGName	varchar(50)			
数据种类中文描述	CHNDescription	varchar(2000)			HTML格式
数据种类英文描述	ENGDescription	varchar(2000)			HTML格式
示例图片URL	ImageURL	varchar(500)			相对路径
数据种类层级	CategoryLayer	int		Y	第一层级为1
所属数据种类ID	ParentID	int			外键，来源于“数据种类(目录)表(BMD_DataCategory)”的“数据种类ID(CategoryID)”字段 第一层级为0
显示方式	ShowType	int		Y	0—显示下级子类；1—自动所有下级的资料 默认值：0
排序号	OrderNo	int		Y	升序排列，默认值：0
是否无效	Invalid	int		Y	0—生效；1—无效 默认值：0
记录创建时间	Created	timestamp			
记录创建主机名	CreatedBy	varchar(100)			
记录更新时间	Updated	timestamp			
记录更新主机名	UpdatedBy	varchar(100)			

(2)数据资料定义表(BMD_DataDef)(表2.5)

表2.5 数据资料定义表结构

名称	代码	数据类型	主键	不能为空	备注
资料代码	DataCode	varchar(200)	Y	Y	
中文名称	CHNName	varchar(100)		Y	
中文短名	ShortCHNName	varchar(50)			
英文名称	ENGName	varchar(100)			
英文短名	ShortENGName	varchar(50)			
资料中文描述	CHNDescription	varchar(1000)			HTML格式
资料英文描述	ENGDescription	varchar(1000)			HTML格式
属性字段集合	PropFields	varchar(600)			多个以“,”分隔
属性名称集合	PropNames	varchar(600)			多个以“,”分隔

续表

名称	代码	数据类型	主键	不能为空	备注
属性 01	Prop01	varchar(500)			
属性 02	Prop02	varchar(500)			
属性 03	Prop03	varchar(500)			
属性 04	Prop04	varchar(500)			
属性 05	Prop05	varchar(500)			
属性 06	Prop06	varchar(500)			
属性 07	Prop07	varchar(500)			
属性 08	Prop08	varchar(500)			
属性 09	Prop09	varchar(1000)			
属性 10	Prop10	varchar(1000)			
数据列表类型	DataListType	int			预留 0—全部列出;1—分页显示(20条/页)
数据源表名称	DataTableName	varchar(100)			
数据源表过滤条件	DataTableFilter	varchar(200)			
数据字段集合	DataFields	varchar(600)			
数据字段名称集合	DataNames	varchar(600)			
数据源表排序	DataTableOrderBy	varchar(200)			
数据源表条件	DataTableConds	varchar(600)			格式为“字段 ;类型 ;默认值” 类型=1,为日期,默认值以“ ,”分隔,为“20190101,20121231”
是否分页显示	IsDivPage	Int		Y	0—不分页;1—分页 默认值 0
排序号	OrderNo	Int		Y	升序排列,默认值:0
是否无效	Invalid	Int		Y	0—生效;1—无效 默认值:0
记录创建时间	Created	timestamp			
记录创建主机名	CreatedBy	varchar(100)			
记录更新时间	Updated	timestamp			
记录更新主机名	UpdatedBy	varchar(100)			
是否是外部链接	IsOutURL	Int		Y	0—不是;1—是 默认值 0
外部链接	OutURL	varchar(500)			

(3)数据种类与资料对应关系表(BMD_CategoryDataRelt)(表 2.6)

数据种类与资料是多对多关系,数据种类与资料对应关系表用于确定数据种类与资料的对应关系。

表 2.6　数据种类与资料对应关系表结构

名称	代码	数据类型	主键	不能为空	备注
ID	ID	int	Y	Y	仅用作标识记录，自动增长
数据种类 ID	CategoryID	int		Y	外键，来源于“数据种类(目录)表(BMD_DataCategory)”的“数据种类ID(CategoryID)”字段
资料代码	DataCode	varchar(200)		Y	外键，来源于“数据资料定义表(BMD_ DataDef)”的“资料代码(DataCode)”字段
排序号	OrderNO	int		Y	升序排列，默认值:0

(4)数据资料相关链接定义表(BMD_DataReferDef)(表 2.7)

表 2.7　数据资料相关链接定义表结构

名称	代码	数据类型	主键	不能为空	备注
ID	ID	int	Y	Y	仅用作标识记录，自动增长
资料代码	DataCode	varchar(200)		Y	
分类	ReferType	varchar(200)			
链接名称	ReferName	varchar(200)		Y	
链接 URL	LinkUrl	varchar(200)			
排序号	OrderNo	int		Y	升序排列，默认值:0
是否无效	Invalid	int		Y	0—生效;1—无效 默认值:0
记录创建时间	Created	timestamp			
记录创建主机名	CreatedBy	varchar(100)			
记录更新时间	Updated	timestamp			
记录更新主机名	UpdatedBy	varchar(100)			

(5)公共字典表(DMD_COMDic)(表 2.8)

表 2.8　公共字典表结构

名称	代码	数据类型	主键	不能为空	备注
ID	ID	int	Y	Y	仅用作标识记录，自动增长
项类别	ItemType	varchar(100)		Y	
项显示名称	ItemCaption	varchar(200)		Y	
项值	ItemValue	varchar(200)		Y	
排序号	OrderNo	int		Y	升序排列，默认值:0
是否无效	Invalid	int		Y	0—生效;1—无效 默认值:0
记录创建时间	Created	timestamp			
记录创建主机名	CreatedBy	varchar(100)			
记录更新时间	Updated	timestamp			
记录更新主机名	UpdatedBy	varchar(100)			

2.5.4 信息共享平台构建

基于SOA体系架构设计开发全国干旱信息集成与数据共享中心，设计可扩展的系统架构和统一的数据接口、数据处理接口和系统间接口，构建标准、统一、开放的干旱多源信息资源公共支撑环境，实现数据的共享和互操作。

通过此平台满足本项目收集的基础数据和资料的共享，同时实现相关课题成果的集中展示。

全国干旱信息集成与数据共享平台将采用面向服务的体系架构(SOA)，将平台系统分为技术支撑层、数据层、业务管理层和服务层(图2.23)。

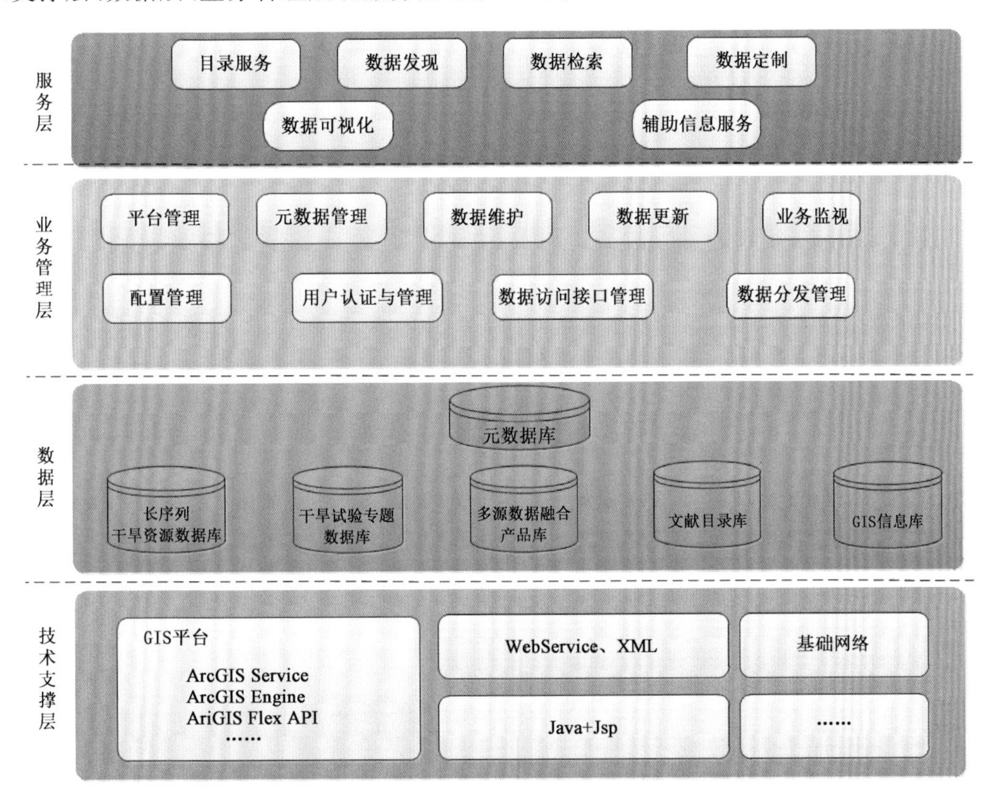

图2.23　全国干旱信息集成与数据共享平台逻辑架构

干旱监测早期预警及多源数据集填报系统：项目根据相关标准及数据库字段内容，基于中国气象数据网，发布了“干旱监测早期预警及多源数据集填报系统”(http://10.0.86.132:8080/DataSet/dataset/toLogin.action)，主要包括数据集基本信息、台站信息、数据处理方法、数据质量状况、数据集制作及技术支持、文件格式信息以及观测设备等7个方面的数据信息的上报，对相关的上报内容如特征值、设备数量等信息具有动态添加的功能。

干旱检测早期预警及多源干旱信息数据集成共享平台：根据后台提交的干旱相关信息，项目基于中国气象数据网，开发并发布了“干旱检测早期预警及多源干旱信息数据集成共享平台”(http://data.cma.cn/dry/)。该共享平台能够自动解析并展示填报系统中填报的相关数据集，对上报内容自动归纳整理，并提供相关下载。

第3章 中国北方陆气相互作用特征

3.1 沙漠戈壁区——以塔克拉玛干沙漠为例

新疆分布着我国最大的沙漠——塔克拉玛干沙漠，整个沙漠东西长约1000 km，南北宽约400 km，面积达33万km^2，其陆气相互作用无疑对我国乃至全球气候有重要影响。近年来，有关塔克拉玛干沙漠陆面过程和大气边界层的相关观测试验取得了新进展，并由此产生了一些新的观测结果。何清等(2008,2010)、杨兴华等(2011)和刘永强等(2011)曾借助近地层气象梯度观测塔、系留探空和地面观测资料，研究了沙漠腹地的陆气相互作用和近地面大气边界层的风、温、湿、O_3等特征量。王敏仲等(2014)借助风廓线雷达、GPS探空、80 m气象梯度观测塔研究发现，夏季晴空湍流发展剧烈，对流边界层发展极为深厚，最大高度可达到4 km。刘强等(2009)利用系留探空数据初步分析了塔克拉玛干沙漠冬季大气稳定度。以上对于塔克拉玛干沙漠大气边界层的研究主要集中在近地层的陆面过程和白天的对流边界层方面，而关于沙漠夏季夜间稳定边界层的研究还相对很少。

降水作为沙漠地区的重要水分来源，对全球气候变化的响应十分敏感(徐立岗 等,2008)。沙漠腹地的降水问题历来是研究中的难点。长期以来，因自然因素的限制，沙漠腹地往往人迹罕至，关于沙漠地区的降水研究多是基于外围的气象站进行(杨莲梅 等,2003;马宁 等,2011)。近年来对中国沙漠腹地降水特征的研究大多集中在巴丹吉林沙漠和古尔班通古特沙漠，且取得了一定的认知(孙东霞 等,2010;王乃昂 等,2013;马宁 等,2014;李万年 等,2015)。本节首先介绍了最近20年(2000—2019年)来塔克拉玛干沙漠的降水基本特征、沙漠周边和腹地的降水特征差异对比等方面的最新分析结论，介绍了沙漠风沙物理特征。资料来源于轮台、且末、铁干里克和塔中等四个气象站的实际观测资料，其中轮台(北缘)、且末(南缘)和铁干里克(东缘)代表沙漠周边，位于塔克拉玛干沙漠中心位置的塔中气象站代表沙漠腹地。然后利用中国气象局乌鲁木齐沙漠气象研究所(简称“沙漠所”)在塔中的“沙漠气象野外科学试验基地”(简称“塔中站”,图2.4)的陆面过程、边界层和风沙等综合观测资料，介绍了塔克拉玛干沙漠陆气相互作用研究、沙漠积雪情况下的陆面过程等最新研究结果。

3.1.1 塔克拉玛干沙漠的降水特征和风沙环境

3.1.1.1 降水的年际变化特征

图3.1为沙漠腹地逐年降水量，表3.1为沙漠腹地及周边各站年平均降水量和降水相对差。沙漠腹地近20 a年平均降水量为27.9 mm，最少为2009年6.8 mm，最多为2000年的46.3 mm，相差近7倍；降水量年际变化显著，2006—2010年降水明显偏少，之后降水呈增加趋势。表3.1中，沙漠周边轮台、且末和铁干里克的年平均降水量分别为65.3 mm、28.9 mm和37.4 mm，周边平均年降水量为43.9 mm。通过降水相对差可以看出，沙漠腹地年平均降水量比周边各站都偏少，其中比轮台偏少最多为57.2%，且末和铁干里克分别偏少了3.6%和25.2%，比周边各站平均水平偏少了30%。

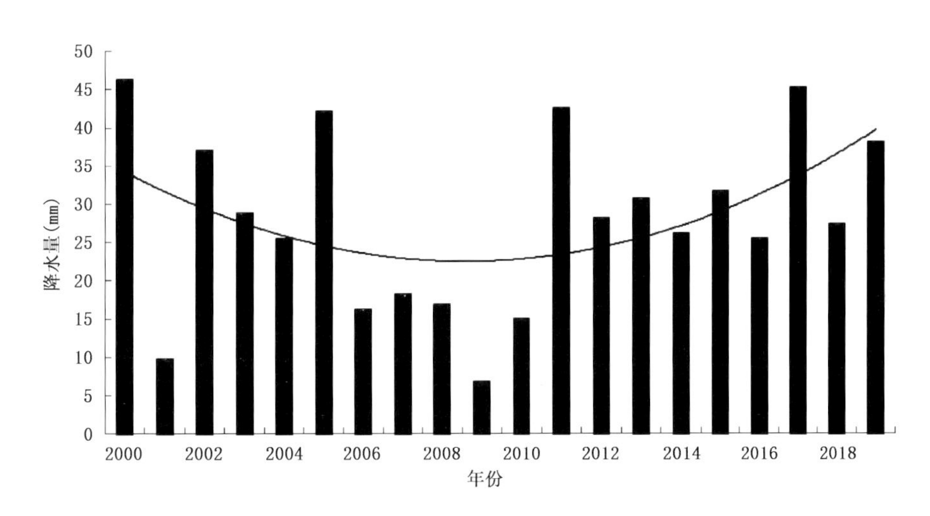

图3.1　沙漠腹地塔中逐年降水量
（细实线为二次拟合曲线）

表3.1　沙漠腹地塔中及周边各站年平均降水量和降水相对差

气象站名	多年平均降水量(mm)	与沙漠腹地降水相对差(%)
沙漠腹地	27.9	—
轮台	65.3	57.2
且末	28.9	3.6
铁干里克	37.4	25.2
平均	39.9	30.0

3.1.1.2 降水的季节分布特征

以变差系数 C_v 来描述各气象要素的相对变化特征，值越小表示变幅越小，值越大表示变幅越大。它是气象要素的标准差与多年平均值之比（张学文 等，2006）。

$$C_v = \frac{\delta}{\overline{X}} \frac{1}{\overline{X}} \sqrt{\frac{\sum_{i=1}^{N} (X_i - \overline{X})^2}{N}} \tag{3.1}$$

式中：δ 为变量标准差；$\overline{X}$ 为变量多年平均值；N 为样本长度。

表 3.2 为沙漠腹地与周边各站各季节降水量、相对湿度和水气压等表征干湿状况的气象要素特征及其对比情况。从降水量来看，在沙漠腹地各季节平均降水量分布中，夏季最多，占全年的 71.3%，春季次多，冬季最少，仅占全年的 4.2%。

表 3.2　沙漠腹地与周边各站各季节气象要素对比(C_v 为变差系数)

		春		夏		秋		冬	
		平均	C_v	平均	C_v	平均	C_v	平均	C_v
降水量(mm)	沙漠腹地	5.0	1.5	19.9	0.4	1.8	1.5	1.2	1.7
	轮台	13.3	1.0	35.1	0.6	12.4	0.9	4.6	1.1
	且末	5.6	1.4	18.6	0.8	2.6	1.4	2.2	1.1
	铁干里克	9.4	1.6	21.0	0.7	5.1	1.8	1.9	1.5
	周边平均	9.4	0.9	24.9	0.5	6.7	0.9	2.9	0.7
相对湿度(%)	沙漠腹地	34.91	0.07	35.20	0.06	35.40	0.07	51.50	0.11
	轮台	33.11	0.11	37.70	0.11	47.20	0.08	67.70	0.10
	且末	41.50	0.06	41.80	0.07	42.00	0.09	54.00	0.10
	铁干里克	43.44	0.09	43.70	0.10	44.00	0.11	58.70	0.10

春季，沙漠腹地的降水量为 5.0 mm，周边各站的平均降水量为 9.4 mm；周边各站中，轮台的降水量最大为 13.3 mm，且末的降水量最少为 5.6 mm，大于沙漠腹地降水量；从变差系数可以看出沙漠腹地的 C_v 为 1.5，小于铁干里克，但大于轮台和且末，即在春季，沙漠腹地降水比周边各单站更稳定些，比周边各站的平均水平波动要大。

夏季，沙漠腹地的降水量为 19.9 mm，周边各站的平均降水量为 24.9 mm；轮台的降水量为 35.1 mm，在周边各站中最大，且末的降水量最小 18.6 mm；夏季沙漠腹地降水量的变差系数为 0.4，比周边各站及平均水平都小，比周边各站的降水波动更大。

秋季和冬季，沙漠腹地的降水量分别为 1.8 mm 和 1.2 mm，比周边各站和平均水平都小，秋、冬季周边各站的最大降水在轮台，分别为 12.4 mm 和 4.6 mm，秋季最小在且末为 2.6 mm，冬季最小在铁干里克，为 1.9 mm，秋季沙漠腹地降水量变差系数为 1.5，大于周边平均但比铁干里克小，冬季降水量大于周边站点。

从整体来看，沙漠腹地的降水还是比周边偏少，但降水稳定性高于周边各站，尤其在夏季最稳定；尽管周边各站中轮台的降水量最大，但它的波动性最大，最不稳定。

水汽压在一定程度上代表了大气可降水量，沙漠腹地各季节平均水汽压均小于周边各站，最大在夏季，冬季最小，春秋季水平相当，周边各站水汽压相当，但轮台的降水量明显高于其他两站，即它的降水转化率更高。通过变差系数得出，沙漠腹地水汽压波动要明显大于周边各站。

相对湿度沙漠腹地各季节均小于周边各站，冬季最大为 51.50%，秋季次之，春季最小为 34.91%，对比相对湿度变差系数，沙漠腹地除春季外都小于周边各站。

3.1.1.3 沙漠腹地各个季节降水量的年际变化

图 3.2 是沙漠腹地——塔中气象站观测的近 20 a 四季降水量逐年变化曲线，由于沙漠腹地的降水主要还是集中在春、夏两季，秋、冬季逐年降水变化不明显；春季降水趋势线呈下降走势，夏季呈上升趋势，夏季降水量逐年有所增加，因此夏季降水量的变化对全年降水量的变化贡献较大。

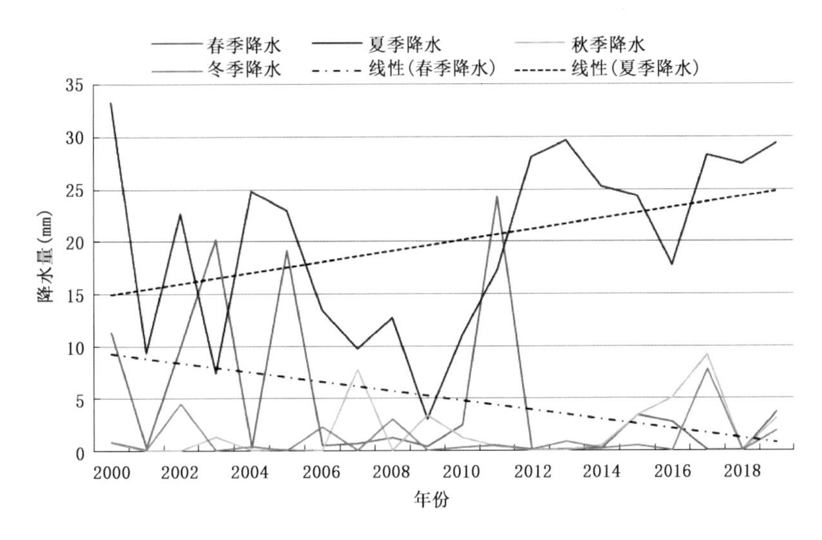

图 3.2 沙漠腹地塔中各季降水的年际变化

3.1.1.4 沙漠腹地降水量的月分布特征

本小节分析沙漠腹地和周边降水月分布特征，并用相对差 A 来表示两者的差异，即偏多/偏少的程度，用百分比为单位：

$$A = \frac{R_b - R_f}{R_b} \times 100 \tag{3.2}$$

式中：R_b 为沙漠周边各站降水量；R_f 为沙漠腹地降水量。

表 3.3 和图 3.3 给出了 2000—2019 年塔克拉玛干沙漠腹地与周边三站月均降水量、腹地与周边降水相对差。沙漠腹地与各站基本保持一致，相关系数 R2 为分别为 0.86、0.98、0.86 和 0.95，显著水平为 0.01。沙漠腹地 6 月降水量最大，为 11.9 mm，占全年降水的 41.4%。降水次多月为 7 月，3 月降水量最少，为 0.2 mm，仅占全年 0.3%，降水最多月是最少月近 145 倍。轮台、且末与铁干里克降水量最大值同样均出现在 6 月，其中轮台最大，为 15.6 mm，且末次之为 11.5 mm，铁干里克为 9.5 mm，6 月周边各地平均降水量为 11.9 mm。周边各站次多月均出现在 7 月，月降水量最小值，轮台和且末出现在 3 月，分别为 1.8 和 0.3 mm，铁干里克出现在 2 月，为 0.4 mm。周边各地平均降水量最小值出现在 3 月，为 1.5 mm，占周边各站年平均降水量的 1.4%。沙漠腹地与周边地区各月降水量分布极其不均匀。

通过计算沙漠腹地各月降水量与周边各站平均月降水量相对差，显示沙漠腹地各月降水均比周边平均同期偏少，偏少多于 50%有 6 个月，偏少最多的是 11 月，为 93.9%，月平均偏少 54.4%。

另外，近 20 a 间，沙漠腹地冬季最大积雪深度为 4.0 mm，发生在 2002 年和 2008 年，其中有 10 a 没有降雪或雪深小于 0.5 mm(图略)，因此沙漠腹地的降水主要以降雨为主。

表 3.3 各站月均降水量、沙漠腹地与周边降水相对差

月份	沙漠腹地 (mm)	轮台 (mm)	且末 (mm)	铁干里克 (mm)	周边平均 (mm)	降水相对差 (%)
1	1.6	1.5	1.7	0.3	1.2	−26.1
2	0.2	2.0	0.9	0.4	1.4	85.8
3	0.2	1.8	0.3	2.4	1.5	86.9
4	1.5	5.0	2.0	2.0	3.1	51.9
5	5.0	8.8	5.3	2.0	5.4	6.6
6	11.9	17.0	9.9	8.8	11.9	0
7	4.4	11.9	5.5	6.5	8.0	44.8
8	1.9	5.4	1.9	4.2	3.8	50.6
9	0.9	4.5	1.4	1.3	2.4	64.8
10	0.3	3.7	0.5	2.5	2.6	90.0
11	0.7	8.5	1.4	0.9	4.2	84.5
12	0.2	2.1	0.5	0.9	1.3	82.7

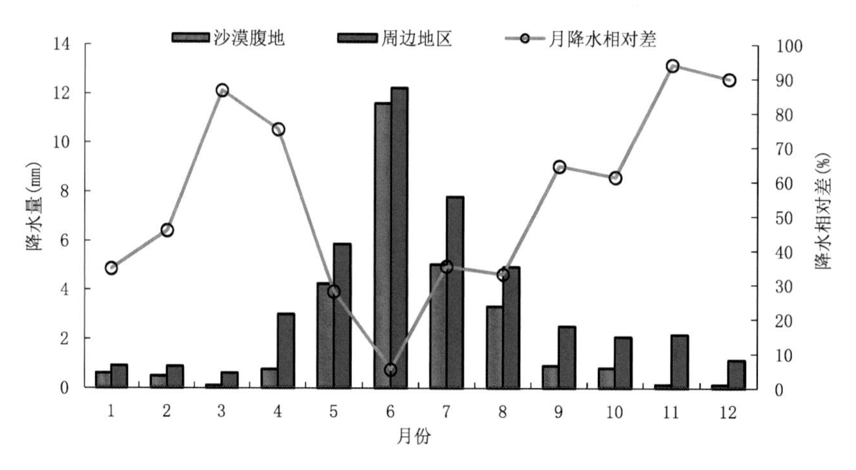

图 3.3 2000—2019 年塔克拉玛干沙漠腹地与周边月平均降水量及其相对差

3.1.1.5 沙漠腹地降水日数特征

降水日的定义：如果前一日 20 时（北京时，后同）到当日 20 时之间的降水量大于等于 0.1 mm，就记为一个降水日。

为了更细致地分析沙漠腹地的降水日数，将降水量级分为四个等级（表 3.4），即 0.1～2.0 mm、2.1～4.0 mm、4.1～6.0 mm 和大于 6.0 mm。最长连续降水日数和最长连续无降水日数表示有气象记录以来出现过的最长连续降水和最长连续无降水日数，它在一定程度上反映了一地的干湿程度（肖开提·多莱特，2005）。

表 3.4 2000—2014 年沙漠腹地各等级逐年降水日数(d)

年份	0.1 mm≤降水量≤2.0 mm	2.1 mm≤降水量≤4.0 mm	4.1 mm≤降水量≤6.0 mm	降水量≥6.1 mm	总降水日数
2000	16	3	1	3	23
2001	5	0	1	0	6
2002	16	2	0	2	20
2003	13	2	0	2	17
2004	8	1	1	2	12
2005	11	2	2	2	17
2006	17	0	0	1	18
2007	9	2	0	1	12
2008	8	3	1	0	12
2009	8	1	0	0	9
2010	16	2	0	0	18
2011	10	0	2	2	14
2012	10	1	0	2	13
2013	11	1	0	2	14
2014	7	0	0	2	9
2015	9	3	1	2	15
2016	11	2	3	0	16
2017	9	0	3	2	14
2018	6	6	1	0	13
2019	14	3	2	1	20
合计	214	34	18	26	292
平均	10.7	1.7	0.9	1.3	14.6

可以看出，塔克拉玛干沙漠腹地近 20 a 共有降水日数 292 d，平均每年 14.6 d，年降水日数达到或超过 20 d 的分别为 2000 年、2002 和 2019 年，2001 年降水日数仅 6 d。大于或等于 0.1 mm 小于或等于 2.0 mm 的降水有 214 d，平均每年 10.7 d，其中 2006 年有 17 d，为 20 a 中最多，2001 年有 5 d，为 20 a 中最少，整体降水日数还是以 0.1～2.0 mm 为主，占到总日数的 73%。大于或等于 6.1 mm 的降水 20 a 共 26 d，为总降水日数的 8.9%。沙漠腹地的降水日数主要以大于或等于 0.1 mm 小于或等于 2.0 mm 的降水为主，大于或等于 6.1 mm 的降水日数近年呈现减少趋势。

近 20 a 来，沙漠腹地最长连续降水日数年平均 2.8 d，最长无降水日数年平均 106 d；由图 3.4 可知，最长连续降水日数 2000 年、2001 年和 2002 年分别为 4、1、5 d，出现较大波动外，其他年份变化不大，而最长连续无降水日数呈逐年上升趋势，其中 2014 年达到 274 d，也就是说，这一年中有 3/4 的天数无降水。

与沙漠周边相比，沙漠腹地近 20 a 来四个等级降水日数偏少(表 3.5)，但两者皆以 0.1～2.0 mm 的降水为主。日最大降水量，轮台和铁干里克分别为 39.9 mm 和 36.3 mm，根据新疆

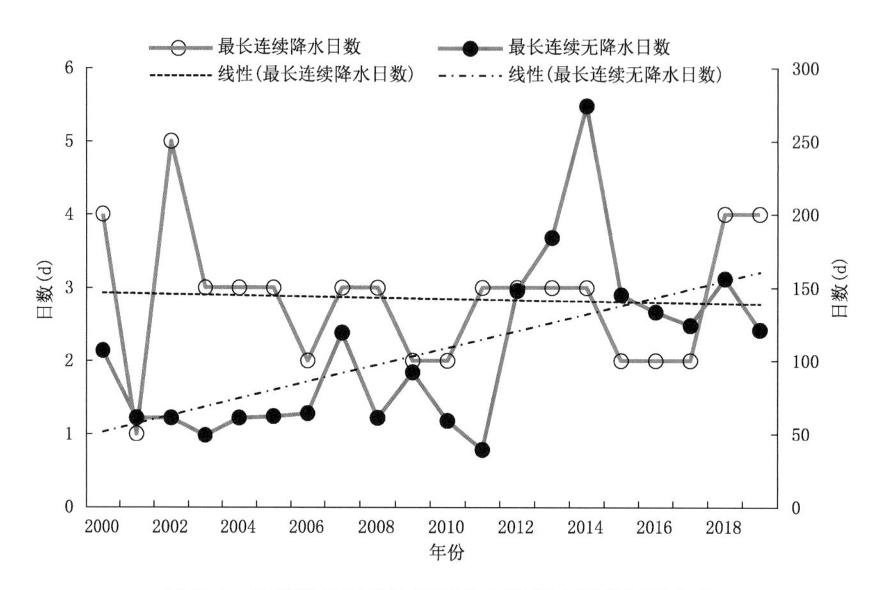

图 3.4　沙漠腹地最长连续降水和无降水日数年际变化

降水量等级标准(肖开提·多莱特,2005),均达到暴雨,且末为 48.7 mm 达到大暴雨,而沙漠腹地为 16.5 mm,也较周边偏小。年平均降水日数,轮台最多为 31.3 d,且末最少,为 13.7 d;在周边 3 个站中,轮台各等级降水日数均为最大,因此沙漠腹地为整个塔克拉玛干沙漠区域降水的低值区,北缘轮台为降水相对高值区。

表 3.5　2000—2019 年沙漠腹地与周边各站各等级年平均降水日数(d)

站点	0.1 mm≤降水量≤2.0 mm	2.1 mm≤降水量≤4.0 mm	4.1 mm≤降水量≤6.0 mm	降水量≥6.1 mm	日最大降水量(mm)	年平均降水日数
沙漠腹地	10.7	1.7	0.9	1.3	16.5	14.6
轮台	22.7	4.7	1.7	2.3	39.9	31.3
且末	9.8	2.2	0.7	1.0	48.7	13.7
铁干里克	11.8	2.0	0.7	1.7	36.3	16.1
周边平均	14.8	2.9	1.0	1.7	41.6	20.3

为了更细致地分析沙漠腹地的降水日数,将降水量级分为四个等级(见表 3.6)。最长连续降水日数和最长连续无降水日数表示有气象记录以来出现过的最长连续降水和最长连续无降水日数,它在一定程度上反映了一地的干湿程度(肖开提·多莱特,2005)。表 3.6 为 2000—2014 年逐年各等级降水日数。

同样,选用塔克拉玛干沙漠腹地塔中气象站和周边轮台、且末以及铁干里克三个观测站 2000—2014 年逐日降水资料,将沙漠腹地与周边的降水特征进行对比分析。

用变差系数 C_v 来描述各气象要素的相对变化特征,它是气象要素的标准差与多年平均值之比(张学文 等,2006)。

$$C_v = \frac{\delta}{\overline{X}} = \frac{1}{\overline{X}}\sqrt{\frac{\sum_{i=1}^{N}(X_i - \overline{X})^2}{N}} \tag{3.3}$$

式中：δ 是变量标准差；$\overline{X}$ 是变量多年平均值；N 为样本长度。

用降水相对差 A 表示沙漠腹地降水与周边站降水量的差异，即偏多(少)程度，正值为偏少，负值为偏多，用百分比表示。

$$A = \frac{R_b - R_f}{R_b} \times 100 \tag{3.4}$$

式中：R_b 是沙漠周边各站降水量；R_f 是沙漠腹地降水量。

表 3.6　2000—2014 年沙漠腹地各等级逐年降水日数(d)

年份	0.1 mm≤降水量≤2.0 mm	2.1 mm≤降水量≤4.0 mm	4.1 mm≤降水量≤6.0 mm	降水量≥6.1 mm	总降水日数
2000	16	3	1	3	23
2001	5	0	1	0	6
2002	16	2	0	2	20
2003	13	2	0	2	17
2004	8	1	1	2	12
2005	11	2	2	2	17
2006	13	0	0	1	14
2007	9	2	0	1	12
2008	7	2	1	0	10
2009	7	0	0	0	7
2010	13	3	0	0	16
2011	8	0	2	2	12
2012	10	1	0	2	13
2013	10	3	0	2	15
2014	7	0	0	2	9
合计	153	21	8	21	203
平均	10.2	1.4	0.5	1.4	13.5

可以看出，塔克拉玛干沙漠腹地近 15 a 共有降水日数 203 d，平均每年 13.5 d，年降水日数达到或超过 20 d 的分别为 2000 年和 2002 年，2009 年降水日数仅 7 d。大于或等于 0.1 mm 小于等于 2.0 mm 的降水有 153 d，平均每年 10.2 d，其中 2000 年和 2002 年有 16 d，为 15 a 中最大，2001 年有 5 d，为 15 a 中最小，整体降水日数还是以此等级为主，它占到总日数的 75%。大于或等于 6.1 mm 的降水 15 a 共 21 d，为总降水日数的 10.3%。沙漠腹地的降水日数主要以大于或等于 0.1 mm 小于或等于 2.0 mm 的降水为主，大于或等于 6.1 mm 的降水日数近年呈现增加且较稳定的趋势。

近 15 a 来，沙漠腹地最长连续降水日数年平均 2.9 d，最长无降水日数年平均 96 d；由图 3.5 可知，最长连续降水日数 2000—2002 年分别为 4、1 、5 d，出现较大波动外，其他年份变化不大，而最长连续无降水日数呈逐年上升趋势，其中 2014 年达到 274 d。

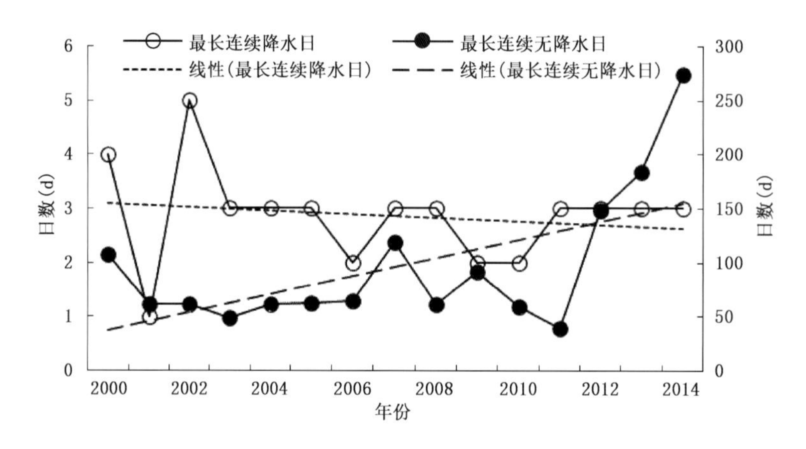

图 3.5　沙漠腹地最长连续降水和无降水日数

表 3.7　2000—2014 年沙漠腹地与周边各站各等级年平均降水日数(d)

站点	0.1 mm≤降水量≤2.0 mm	2.1 mm≤降水量≤4.0 mm	4.1 mm≤降水量≤6.0 mm	降水量≥6.1 mm	日最大降水量(mm)	年平均降水日数
沙漠腹地	10.2	1.4	0.5	1.4	15.8	13.5
轮台	23.7	4.5	1.8	2.3	39.9	32.3
且末	10.1	2.0	0.7	1.1	31.1	13.8
铁干里克	11.1	2.1	0.5	1.1	22.8	14.9
周边平均	15.0	2.9	1.0	1.5	31.3	20.3

沙漠腹地近 15 a 各等级降水日数均小于周边平均水平(如表 3.7)，但皆以大于或等于 0.1 mm 小于或等于 2.0 mm 的降水为主。日最大降水量，轮台和且末分别为 39.9 mm 和 31.1 mm，根据新疆降水量等级标准(肖开提·多莱特，2005)，均达到暴雨，铁干里克为 22.8 mm 也接近暴雨标准，沙漠腹地为 15.8 mm，为各站中最小。年平均降水日数，轮台最多，为 32.3 d，沙漠腹地最少，为 13.5 d；在周边 3 个站中，轮台各等级降水日数均为最大，因此沙漠腹地为该区域降水的低值区，北缘轮台为降水相对高值区。

3.1.2　塔中与周边地区降水及风沙环境对比

3.1.2.1　降水的年际变化

将沙漠周边 3 个站的降水量做平均处理(以下简称周边地区)。从图 3.6 可见，沙漠腹地近 15 a 的年平均降水量为 26.0 mm，其中 2000 年的降水量最大为 46.3 mm，2009 年的降水量最小仅为 6.8 mm；周边地区同期年平均降水量为 41.5 mm，2007 年的降水量最大为 60.1 mm，2001 年降水量最小为 23.1 mm，因此沙漠腹地和周边地区的降水量年际差异较大。沙漠腹地逐年降水量与沙漠周边同期平均水平除 2000 年和 2011 年外均偏少；2000 年和 2011 年沙漠腹地比周边地区分别偏多了 9.5% 和 32.5%，但整体年平均降水量比周边偏少了 37.3%；其中有 7 a 的降水偏少在 50% 以上，2009 年的降水偏少了 71.5% 为最大。

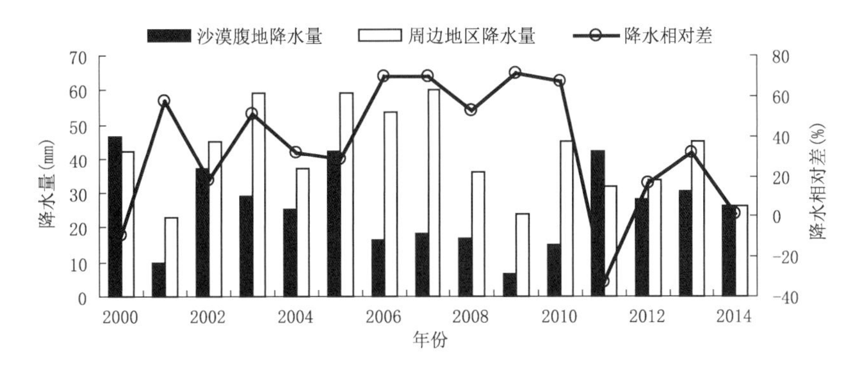

图 3.6 塔克拉玛干沙漠腹地与周边 2000—2014 年降水量和降水相对差

3.1.2.2 降水量的季节分布

从表 3.8 看出,沙漠腹地各季节平均降水量均小于沙漠周边平均值,夏季降水最多,为 18.6 mm,占全年的 69.3%,春季次多,冬季最少,仅为 0.9 mm,占全年的 3.4%;周边同样夏季最多,春季次之,冬季最少,但沙漠腹地春秋季的降水量差异明显高于周边地区。降水量的变差系数,夏季,沙漠腹地小于周边地区平均水平,春季、秋季和冬季都大于周边地区或几乎维持相同水平。尽管沙漠腹地的降水量小于周边地区,但夏季沙漠腹地的降水稳定性要高于周边地区。

表 3.8 各季节平均气象要素对比

		春		夏		秋		冬	
		平均	C_v	平均	C_v	平均	C_v	平均	C_v
降水量(mm)	沙漠腹地	6.1	1.379	18.6	0.495	1.0	1.944	0.9	1.470
	周边地区	8.8	1.186	23.7	0.731	6.5	1.384	2.5	1.514
相对湿度(%)	沙漠腹地	23.0	0.373	28.0	0.140	36.0	0.093	51.0	0.105
	周边地区	31.0	0.138	38.1	0.116	49.0	0.089	60.0	0.118
水汽压(hPa)	沙漠腹地	3.6	0.118	8.7	0.090	4.3	0.102	1.8	0.140
	周边地区	4.9	0.144	11.7	0.131	6.2	0.127	2.4	0.164

水汽压在一定程度上代表了大气可降水量,沙漠腹地各季节平均水汽压均小于周边地区,最大在夏季,为 8.7 hPa,冬季最小,仅 1.8 hPa,春秋季水平相当在 4.0 hPa 左右,沙漠腹地的降水量春季明显比秋季大,即春季转化成降水的水平要远高于秋季。通过水汽压变差系数,沙漠腹地小于周边地区,因此沙漠腹地水汽压稳定性要更好一些。沙漠腹地平均相对湿度同样均小于周边地区,冬季最大为 51%,明显高于其他季节,最小在春季为 23%,周边地区与沙漠腹地表现一致,冬季最大为 60%,最小在春季为 31%。从相对湿度变差系数可以看出,除冬季外,其他季节,相对湿度在周边更稳定。通过变差系数也说明了沙漠腹地并不是每个要素比周边波动要大,这与孙东霞等(2010)对古尔班通古特沙漠腹地与周边的对比分析中所得结论略有不同。

3.1.2.3 降水量的月分布特征

图 3.7 给出了塔克拉玛干沙漠腹地 2000—2014 年各月平均降水量与周边的对比分布,二

者基本保持一致，相关系数 R_2 为 0.87；其中 6 月降水量最大，沙漠腹地和周边都是 11.9 mm，各占全年降水的 41.6%和 25.4%。沙漠腹地降水的次多月为 5 月，2 月、3 月降水量最少，为 0.2 mm，仅占全年的 0.7%，降水最多月是最少月的近 60 倍；周边地区次多月发生在 7 月，1 月降水量最少为 1.2 mm，占全年降水的 2.6%，降水最多月是最少月的近 10 倍；沙漠腹地与周边各月降水量分布极其不均匀。通过计算沙漠腹地各月平均降水与周边降水相对差，显示沙漠腹地各月降水除 1 月外均比周边同期偏少，偏少多于 50%有 8 个月，偏少最多的是 10 月，为 89.9%，月平均偏少 51.9%。

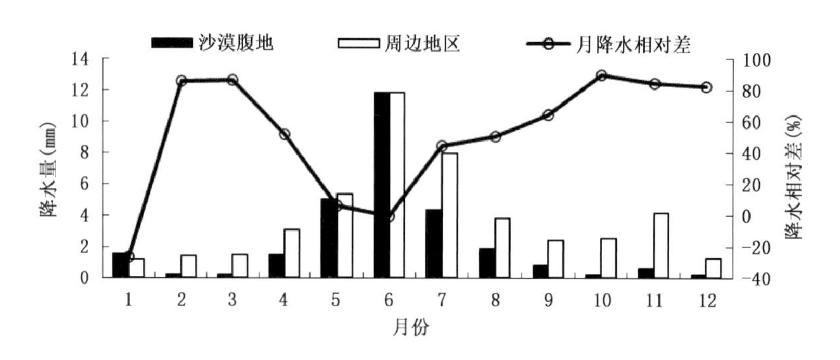

图 3.7　塔克拉玛干沙漠腹地与周边逐月降水量和降水相对差

3.1.2.4　塔克拉玛干沙漠的风沙环境

图 3.8 给出了沙漠腹地(塔中)和周边各站风的方向分布，沙漠腹地塔中地区主要以 NE 和 ENE 两个方向风为主，它们各占全年的 13.1%和 12.6%；腹地周边地区，轮台主要以 NNE、NE 和 SW 三个方向风为主，各占全年的 9.8%、8.9%和 7.5%，且末主要以 NE、ENE 和 SSW 三个方向为主，各占全年的 17.1%、12.1%和 9.4%，铁干里克主要以 ENE、E 和 ESE 三个方向为主，各占全年的 8.6%、12.4%和 8.8%。对比沙漠腹地和周边各地的风向分布，它们都盛行偏东风，沙漠腹地的风向更集中，风况更简单。塔中、轮台、且末和铁干里克的年平均风速分别为 2.14 $m \cdot s^{-1}$、1.58 $m \cdot s^{-1}$、1.73 $m \cdot s^{-1}$和 1.67 $m \cdot s^{-1}$，塔中地区的风速最大在 6 月和 7 月，为 2.92 $m \cdot s^{-1}$，8 月次大，为 2.79 $m \cdot s^{-1}$，最小为 1 月为 1.20 $m \cdot s^{-1}$；轮台风速最大出现在 5 月为 2.04 $m \cdot s^{-1}$，最小在 12 月为 1.09 $m \cdot s^{-1}$，且末最大在 4 月为 2.25 $m \cdot s^{-1}$，最小在 12 月为 1.28 $m \cdot s^{-1}$，铁干里克最大在 4 月为 2.37 $m \cdot s^{-1}$，最小在 1 月为 1.15 $m \cdot s^{-1}$；沙漠腹地和周边各站的风速分布呈现了较好的一致性，除冬季外，沙漠腹地塔中地区的风速比周边各站都偏大(图 3.9)。

大风是一种自然灾害，按照气象观测规范定义，大风指瞬时风速达到 17 $m \cdot s^{-1}$以上的天气现象。大风破坏力极大，可以破坏生产设施，影响交通运输和农牧生产，造成人民生命财产的损失。大风天气除了受大尺度天气系统控制之外，还受地面摩擦、热力环流和局地地形的影响。

沙漠腹地塔中地区和铁干里克的大风日数逐年呈下降趋势，轮台、且末与周边平均大风日数呈增加趋势(表 3.9)，其中轮台上升趋势最明显，气候倾向率为 15 $d \cdot (10a)^{-1}$，并通过 0.001 的显著性检验近，轮台和周边地区分别以 2.4 $d \cdot (10a)^{-1}$和 5.3 $d \cdot (10a)^{-1}$的速率增加，分别通过 0.05 和 0.001 的显著性检验。

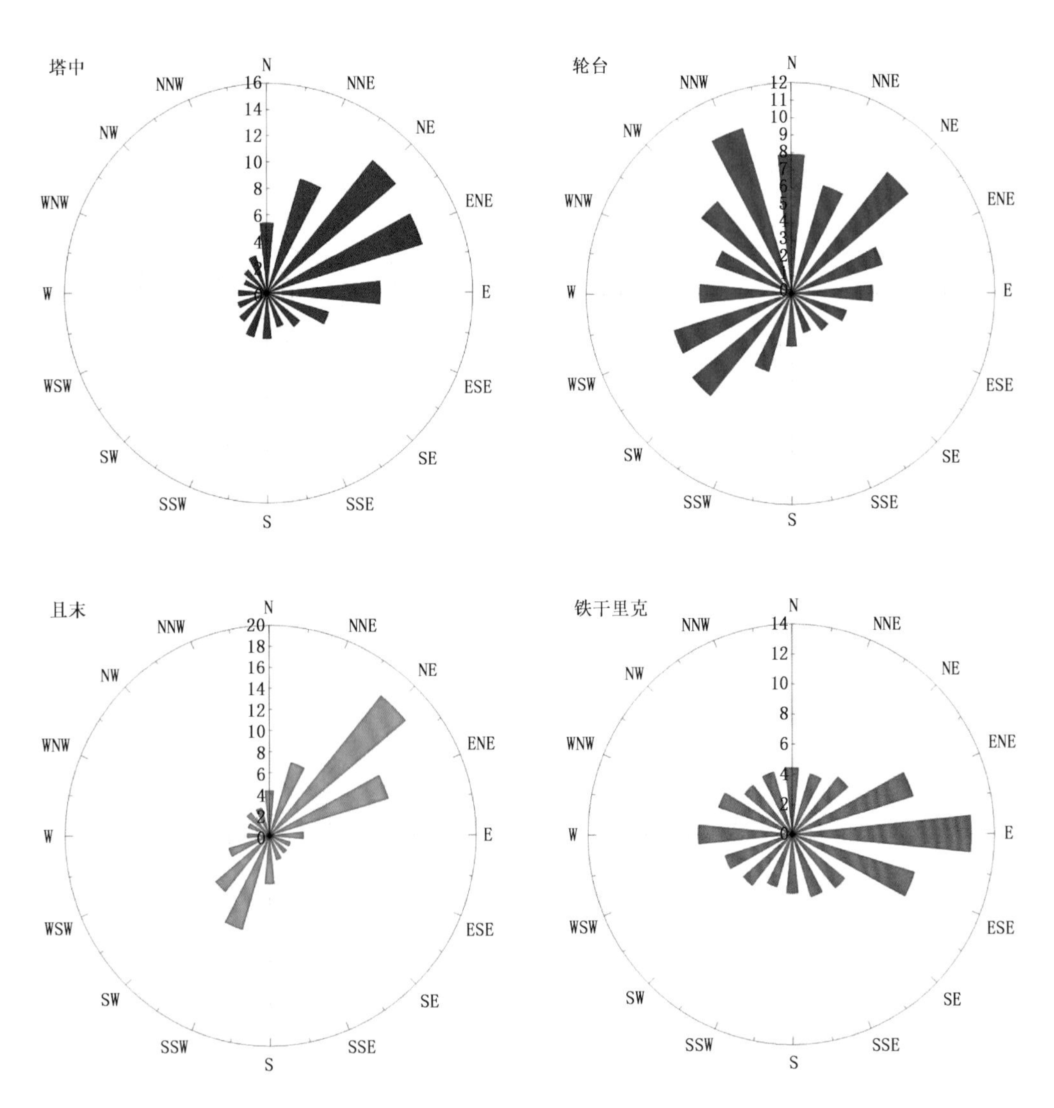

图 3.8　沙漠腹地与周边各站 2000—2019 年风向玫瑰图

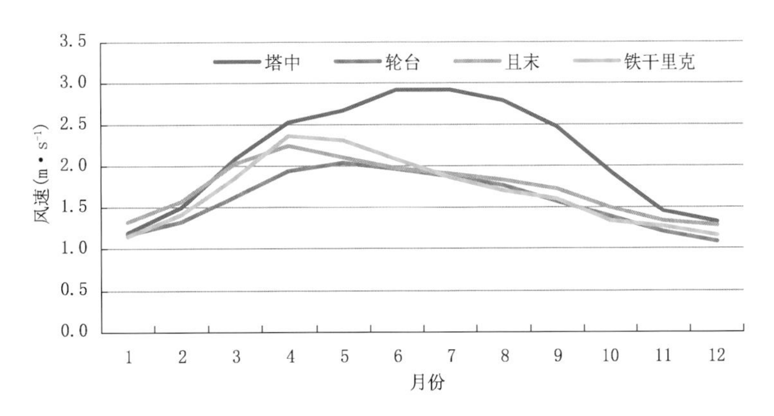

图 3.9　沙漠腹地与周边各站 2000—2019 年月平均风速

沙漠腹地（塔中）20a年平均大风日数为11 d，其中最大出现在2003年（22 d），最少出现在2015年（1 d）；轮台、且末和铁干里克的年平均大风日数分别为13.5、2、4 d。通过对比可以看出沙漠腹地年平均日数要高于周边各地，但2011—2019年轮台的大风日数骤增，近4年轮台的年平均大风日数接近25 d，远高于同期沙漠腹地的平均水平。

通过变差系数可以看出，沙漠腹地（塔中）均小于周边各站，沙漠腹地（塔中）大风日数较稳定，且末大风日数变差系数最大，为0.88。

表3.9　沙漠腹地与周边各站2000—2014年大风日数对比

	塔中(d)	轮台(d)	且末(d)	铁干里克(d)	周边平均(d)
2000	16	5	0	4	3.0
2001	5	5	0	4	3.0
2002	15	2	0	3	1.7
2003	22	3	1	3	2.3
2004	12	4	1	4	3.0
2005	8	2	2	7	3.7
2006	13	3	2	5	3.3
2007	10	7	2	14	7.7
2008	8	4	0	6	3.3
2009	10	5	4	1	3.3
2010	11	4	2	5	3.7
2011	8	27	2	9	12.7
2012	8	21	5	1	9.0
2013	10	33	0	2	11.7
2014	13	34	2	1	12.3
2015	1	24	3	1	9.3
2016	14	17	3	4	8.0
2017	12	26	7	2	11.7
2018	8	27	4	1	10.7
2019	16	18	5	4	9.0
C_v	0.41	0.85	0.88	0.79	0.59
倾斜率	−0.150	1.520	0.240	−0.160	0.534
相关系数	−0.013	0.580**	0.500**	0.040	0.630**
平均	11.00	13.50	2.00	4.05	6.60

注：**、*为通过0.001和0.05的显著性检验。

对于沙漠风沙环境，必然与沙尘暴密切相关。沙尘暴的发生有三个条件：大风、丰富的沙尘源和大气不稳定条件，塔克拉玛干沙漠基本都具备，所以是我国沙尘暴最为频发的区域。由表3.10可以看出，各地年沙尘暴发生日数呈增加趋势，且末、铁干里克和周边平均气候倾斜率分别为10.8 d·$(10a)^{-1}$、3.3 d·$(10a)^{-1}$和4.9 d·$(10a)^{-1}$，并分别通过0.01、0.05和0.05的显著性检验。这与我国北方其他区域沙尘暴减少趋势相反。

沙漠腹地塔中地区年沙尘暴日数最多发生在2014年(31 d)，最少在2001年(8 d)，年平均发生日数为16 d。周边各站，轮台最多出现在2008年和2015年，均为5 d，2002年、2005年、2006年、2009年和2019年没有出现过沙尘暴，年平均日数为1.5 d，且末沙尘暴日数最多出现在2010年(28 d)，最少出现在2005年(1 d)，年平均为12 d；铁干里克沙尘暴日数最多出现在2018年(20 d)，最少出现在2009年(1 d)，年平均为8.5 d。沙漠腹地的沙尘暴发生日数要明显高于周边地区。

通过变差系数对比可以看出，沙漠腹地 C_v 为0.33，小于周边各站水平，轮台最大，C_v 为1.01，因此周边地区年沙尘暴发生日数波动更大，变化更显著，其中且末波动最明显。

表3.10　沙漠腹地与周边各站2000—2019年沙尘暴发生日数(d)

	塔中	轮台	且末	铁干里克	周边平均
2000	15	1	6	5	4.0
2001	8	1	4	12	5.7
2002	11	0	3	8	3.7
2003	20	1	5	7	4.3
2004	13	1	3	10	4.7
2005	9	0	1	3	1.3
2006	14	0	7	8	5.0
2007	18	1	11	10	7.3
2008	14	5	6	6	5.7
2009	10	0	14	1	5.0
2010	21	1	28	8	12.3
2011	18	4	14	5	7.7
2012	17	2	9	7	6.0
2013	21	3	6	4	4.3
2014	31	2	17	10	9.7
2015	18	5	20	9	11.3
2016	15	1	23	9	11.0
2017	18	1	13	9	7.7
2018	11	0	24	20	14.7
2019	18	2	25	18	15.0
C_v	0.33	1.01	0.70	0.53	0.52
倾斜率	0.350	0.077	1.080	0.330	0.496
相关系数	0.120	0.034	0.560**	0.141*	0.567*
平均	16.0	1.5	12.0	8.5	7.3

注：**、*为通过0.01和0.05的显著性检验。

3.1.3 塔克拉玛干沙漠陆面过程和边界层观测特征

Pee 等(2007)指出，沙漠是地球上面积最大的陆地系统，我国西北地区沙漠面积占其土地面积近 1/5，占我国沙漠总面积的 3/4，其中塔克拉玛干沙漠是我国面积最大的沙漠，达 33 万 km^2。沙漠地表反照率大，土壤热容量小，含水量低，是地球系统中重要的感热源，对区域能量平衡及气候变化和变异具有重要作用(Yang et al.，2011)。这是指沙漠下垫面裸露情况下的陆面过程特征，而在塔克拉玛干沙漠地区冬季会有降雪发生，遇到较强的持续性降雪，沙漠表面就会被积雪覆盖，大面积积雪下垫面的陆面过程就会发生变化，出现新特征。

目前国内外对积雪下垫面的陆气相互作用研究主要以易于产生积雪的高寒地区为主，如青藏高原地区。对于沙漠地区，一般以极端干旱气候和沙漠下垫面为特征来研究其陆气相互作用及其影响，鲜见有专门针对沙漠积雪下垫面的陆面过程研究。塔克拉玛干沙漠是世界十大沙漠之一，我国最大沙漠。尽管是极端干旱地区，但沙漠地区发生较长时间积雪的状况也非常典型，如，塔克拉玛干沙漠 2017 年 1 月出现长达 17 d 的积雪覆盖时间，所带来的异常热力作用必然对我国西北干旱区乃至更大区域内的天气、气候产生重大影响。因此，开展沙漠冬季积雪下垫面陆面过程特征研究也十分必要，对深入了解沙漠下垫面陆气相互作用机制具有重要的实际意义。这里介绍中国气象局乌鲁木齐沙漠气象研究所的科研人员针对 2017 年塔克拉玛干沙漠夏季 7 月和冬季 1 月(包含了 17 d 积雪天气过程)的加密观测数据，分析沙漠腹地夏季和冬季积雪下垫面地表反照率以及土壤温湿度的变化特征。研究结果可为塔克拉玛干沙漠腹地积雪天气陆面过程模式提供相应的地表参数。

3.1.3.1 研究资料和方法

(1)研究资料

结合重大行业专项“干旱气象科学研究——我国北方干旱致灾过程及机理”研究项目，中国气象局乌鲁木齐沙漠气象研究所于 2016 年 7 月在塔克拉玛干沙漠腹地进行了为期一个月的 GPS 探空加密观测试验。所使用的 GPS 探空系统主要由 GPS 探空仪和地面天线接收系统两部分组成，主要技术指标见表 3.11 和表 3.12。数据采集频率为 1 Hz，探空气球平均升速为 300 $m \cdot min^{-1}$。该系统主要观测的气象要素有温度、湿度、气压、风速、风向。探空观测时次为每天 6 次，分别为 01:15、07:15、10:15、13:15、16:15、19:15(北京时，下同)。在晴天 7 月 14 日和 27 日 04:15 分别加密观测一次。

表 3.11 GPS 探空仪主要技术指标(张建涛 等，2018)

仪器名称	型号	产地厂家	传感器	测量范围	探测精度	误差范围
GPS 探空仪	CF-06-A GNSS	北京长峰微电科技有限公司	温度	−90～+60 ℃	0.1 ℃	±0.2 ℃
			湿度	0～100%	1 %	±3%
			气压	3～1080 hPa	0.1 hPa	±1.0 hPa
			风速	0～150 $m \cdot s^{-1}$	0.1 $m \cdot s^{-1}$	±0.15 $m \cdot s^{-1}$
			风向	0°～360°	0.1°	±2°

表 3.12　地面天线接收系统主要技术指标(张建涛 等,2018)

仪器名称	型号	产地厂家	主要指标	参数
地面接收系统	CFL-GNSS-JS	北京长峰微电科技有限公司	接收频率范围	400～406 MHz
			AFC 控制精度	2 kHz
			天线增益	>7 dBz
			噪声系数	2.7 dBz

本分析结果所选用的数据为 2016 年 7 月典型晴天 13—14 日、26—27 日(19:15、01:15、04:15、07:15、10:15)的 GPS 探空观测资料和地面自动气象站资料,分析了塔克拉玛干沙漠腹地夏季晴天夜间稳定边界层时空变化特征。

(2)主要方法

目前确定边界层厚度的方法有多种,考虑到塔克拉玛干沙漠温度变化显著,热力作用对边界层的发展影响巨大,因此采用位温廓线法来确定边界层厚度。具体方法为:白天时段(10:15—19:15),取开始出现明显位温跳跃的逆位温层底部为白天对流边界层厚度;夜间时段(01:15、04:15、07:15),取贴地逆位温层顶部为夜间稳定边界层高度。

对于沙漠积雪,采用 2017 年 1 月(积雪月)和 2016 年 1 月(无积雪月)的向下短波辐射、向上短波辐射数据,2017 年 1 月的 2 m 气温和四层土壤温度数据,2017 年 1—2 月四层土壤湿度数据,以及地面气象观测资料进行分析。分析中所用资料采取的质量控制方法如下:地表辐射、土壤温湿度均采用 30 min 平均数据进行分析。计算反照率时采用的时间段为当地时间 8:00—17:00(与北京时间相差 2 h 25 min),剔除了异常值以及夜间无效数据,其中 2017 年 1 月 8 日 17:00 反照率数据异常,故 2017 年 1 月 8 日和 2016 年 1 月 8 日所取时间段为 7:30—16:30。分析土壤湿度特征时重点取此次连续 17 天的仅积雪过程数据,剔除了 2017 年 2 月 20—28 日期间由于雨和雪共同天气引起的土壤湿度变化数据。

土壤温度梯度采用以下公式:

$$G = \frac{\partial T}{\partial Z} \approx \left(\frac{\frac{\Delta T_1}{\Delta Z_1} + \frac{\Delta T_2}{\Delta Z_2}}{2} \right) \tag{3.5}$$

式中:G 为土壤温度梯度(单位:℃ · m^{-1});ΔT、ΔZ 分别为两层间的温度差(单位:℃)和深度差(单位:m),两层深度差 $\Delta Z_1 = \Delta Z_2 = 0.1$ m,两层间温度差 ΔT 表示为:$\Delta T_1 = T_{10} - T_0$,$\Delta T_2 = T_{20} - T_{10}$,$T_0$ 为 0 cm 处的土壤温度,T_{10} 为 10 cm 处的土壤温度,T_{20} 为 20 cm 处的土壤温度。

3.1.3.2　塔中大气边界层特征

(1)位温廓线特征

热力特性是判断和区分大气边界层性质的主要指标之一,而位温是大气最具有表现力的热力属性,分析位温廓线的垂直变化特征可以直观了解大气边界层的特征变化。夜间大气边界层可以分为稳定边界层(SBL)、残余混合层(RML)、残余逆温层顶盖(RCIL)及以上的自由大气(FA)。图 3.10 为塔克拉玛干沙漠夏季晴天 7 月 13—14 日和 26—27 日(19:15、01:15、04:15、07:15、10:15)的位温廓线特征变化,图中能够清楚看到塔克拉玛干沙漠夏季晴天夜间的两组位温垂直廓线的时空变化发展趋势大致相同,在此着重分析 13—14 日(下同)变化特征。

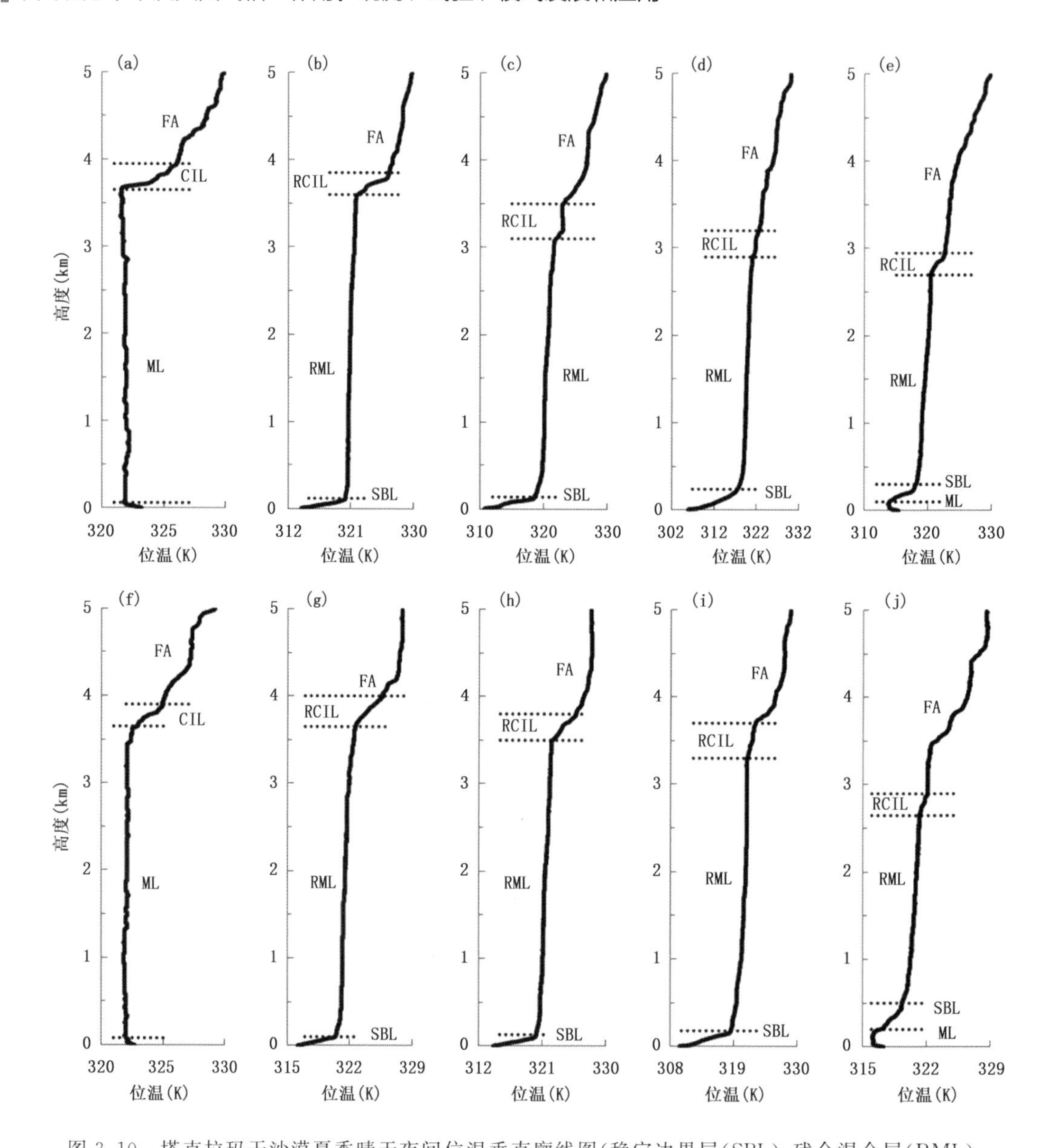

图 3.10　塔克拉玛干沙漠夏季晴天夜间位温垂直廓线图(稳定边界层(SBL)、残余混合层(RML)、残余逆温层顶盖(RCIL)、自由大气(FA)、混合层(ML)、逆温层顶盖(CIL))

(a)～(e)2016 年 7 月 13—14 日 19:15、01:15、04:15、07:15、10:15;(f)～(j)2016 年 7 月 26—27 日 19:15、01:15、04:15、07:15、10:15

从图 3.10a 中可以看到,13 日 19:15 位温廓线在 60 m 以下高度内,位温随高度递减,由于此时地表加热效应依然存在,因此 60 m 内是超绝热递减层;其上至 3650 m 高度范围内,位温虽有细微的波动,但总体基本保持不变,此层为混合层(ML),超绝热递减层和混合层构成了白天对流边界层(CBL),厚度为 3650 m;在对流混合层上部是逆温层顶盖(CIL),也称作夹卷层,其厚度约为 250 m;夹卷层上部为自由大气(FA)。

图 3.10b～d 是 14 日 01:15、04:15、07:15 的位温廓线,三者的位温廓线发展趋势大致相同。位温从地表向上开始增大,此为逆温层,是从傍晚开始发展并在凌晨发展到最大高度,这

种逆温层的高度实际上就是夜间稳定边界层(SBL)的厚度。在稳定边界层上部存在一个大气位温变化特征与白天混合层(ML)类似的层结，这是前一天残留下来的混合层，称作残余混合层(RML)。在残余混合层上部是白天残留下来的逆温层顶盖(RCIL)，其上部是真正的自由大气(FA)。

从图3.10b～d中可见，稳定边界层(SBL)厚度分别为120 m、140 m、240 m。残余混合层(RML)的厚度分别为3480 m、2960 m、2660 m。残余逆温层顶盖(RCIL)的厚度为200 m、400 m、300 m。可见此次观测个例中夜间稳定边界层厚度从傍晚到凌晨随时间推移其厚度在逐渐增加，到凌晨厚度达到240 m。残余混合层(RML)厚度随时间推移在逐渐减小。残余逆温层顶盖的高度在逐渐降低，降低幅度不大，而且其厚度变化也不大，一直维持在300 m左右。这说明，沙漠夜间自由大气与大气边界层也进行着物质与能量的交换。

图3.10e表明，上午10:15，位温廓线在近底层与前四个时刻的变化特征大不相同，位温在近地层已经开始表现出白天对流边界层的特征。位温从地表向上随高度增高而减小，到达100 m后开始增大至稳定边界层顶趋于稳定，同时在其上部的残余混合层的厚度进一步减小，而残余逆温层顶盖的高度也随残余混合层而降低，但其厚度无太大变化。早晨地表加热效应出现，近地层开始有对流混合层(ML)的发展，而夜间稳定边界层被迫抬升到300 m的位置，同时残余混合层的厚度减小到2400 m，残余逆温层顶盖的厚度为250 m。因此，太阳辐射对地面加热效应是很快的，而近地面的大气边界层对地面热力因素响应速度还是很迅速的。

7月26—27日的观测结果(图3.10 f～j)也表现出和13—14日类似的特征。

图3.11是沙漠夏季7月14日夜间大气边界层各层结随时间高度变化图，从图中可见，稳定边界层从夜间发展到凌晨，其高度随时间推移在缓慢升高，07时以后因为有白天对流混合层的影响被迫抬升，但总体发展过程相对稳定并无明显变化。可见夜间稳定边界层的大气稳定度还是相当稳定的。其上部的残余混合层的厚度在随时间推移持续减小，到10:15其厚度损失了近1000 m左右，厚度减小的幅度还是很大的，达到最大厚度的三分之一。而残余逆温层顶盖在整个夜间发展过程中，其厚度整体变化不大，基本保持在300 m左右，高度随着残余混合层降低而降低。因此，塔克拉玛干沙漠腹地夏季晴天夜间大气边界层，近地层稳定边界层

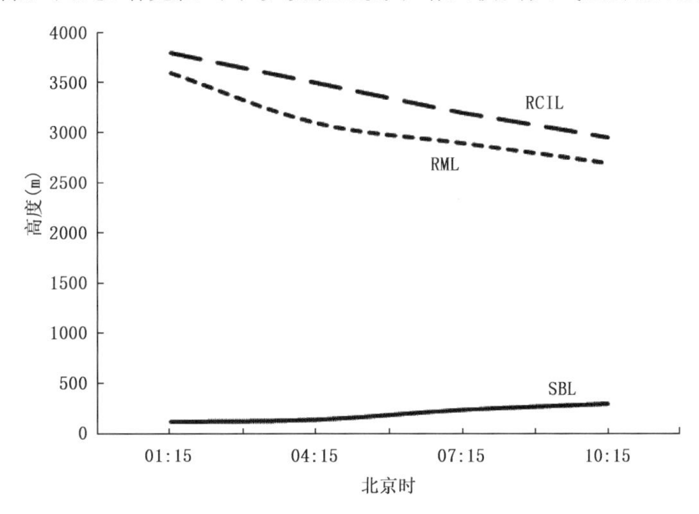

图3.11 2016年7月14日稳定边界层(SBL)、残余混合层(RML)、残余逆温层顶盖(RCIL)的高度变化图

从地面开始发展，而白天残留下来的混合层与自由大气进行能量与物质的交换。由于失去地面热力作用，无法向上发展，只能被迫降低，而底部有稳定边界层蚕食其厚度，所以残余混合层的厚度随时间推移在持续降低。可以说明，沙漠腹地夏季夜间大气边界层看似稳定，但还是时刻进行着物质与能量的交换。

(2)风速廓线特征

大气边界层不仅存在热力特征，还存在比较明显的大气动力特征。图 3.12 是塔克拉玛干沙漠腹地 2016 年 7 月 13—14 日和 26—27 日(19:15、01:15、04:15、07:15、10:15)两组风速垂直廓线。可以明显看出，在五个时次中风速从地面到高空都是先增大后减小再增大的发展趋势，风速极大值出现在夹卷层附近，低空处在凌晨有低空急流发展。

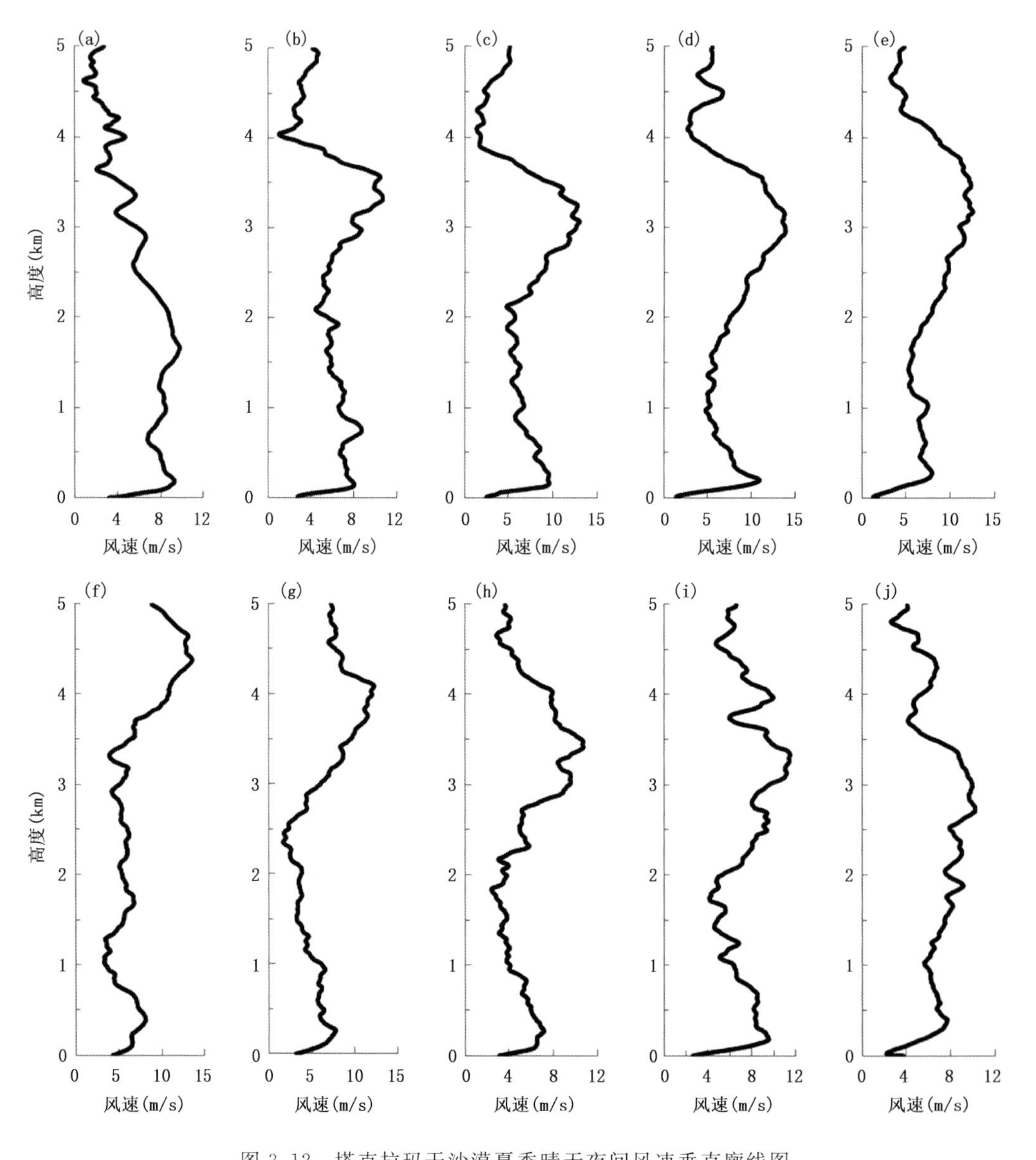

图 3.12　塔克拉玛干沙漠夏季晴天夜间风速垂直廓线图

(a)～(e)2016 年 7 月 13—14 日(19:15、01:15、04:15、07:15、10:15)；(f)～(j)2016 年 7 月 26—27 日(19:15、01:15、04:15、07:15、10:15)

图 3.12a 是 13 日 19:15 的风速廓线，其在热力因素作用下，整个混合层的风速相对稳定，没有太大的波动，在混合层 2000 m 以下的风速略大于混合层上部。而 14 日（01:15、04:15、07:15）三个时刻的风速廓线（图 3.12b～d），与 19:15 的变化趋势有很大差别。在高空处风速极大值出现的高度与残余逆温层顶盖的高度一致，其最大值的高度随时间的推移而逐渐降低，风速在 07:15 达到最大 13 $m \cdot s^{-1}$。低空处风速先增大后减小，随着时间的推移，其最大值的高度随夜间稳定边界层高度的升高而升高。而风速也随时间缓慢增大，到凌晨 07:15 达到最大 10.8 $m \cdot s^{-1}$。可以说明，塔克拉玛干腹地夏季晴天夜间稳定边界层顶有低空急流发展。

图 3.12e 是 10:15 的风速廓线，由于地面热力作用的出现，夜间稳定边界层被迫抬升，相应的风速廓线特征也发生改变。高空的风速极大值高度逐渐降低，而在夜间稳定边界层附近的风速在逐渐减弱，已达不到低空急流的强度，其高度也随夜间稳定边界层抬升而升高。总的来说，塔克拉玛干沙漠腹地夏季夜间大气边界层风速廓线在失去地面加热效应后，呈现出与白天对流边界层完全不同的垂直变化特征。其风速极大值和低空急流的高度，与残余逆温层顶盖和夜间稳定边界层的高度相一致，可以进一步支持位温确定的夜间稳定边界层厚度。说明动力特征对夜间大气边界层结构特征的贡献较大。

（3）比湿廓线特征

大气边界层热力和动力因素，对其内部水汽和物质的分布特征有着十分显著的影响，夜间大气边界层的比湿呈现出比较独特的垂直分布特征。图 3.13 是塔克拉玛干沙漠腹地 2016 年 7 月 13—14 日和 26—27 日（19:15、01:15、04:15、07:15、10:15）比湿廓线。图 3.13a 是 13 日 19:15 的比湿垂直廓线，其从地表向上递减至大约 60 m 开始向上递增，这里很好地表现出不稳定表面层的一般特征。比湿在整个混合层基本保持不变，直到混合层顶开始急剧递减，并在整个逆温层顶盖里都是急剧递减状态，进入自由大气中比湿开始缓慢递减。

图 3.13b～d 是 14 日（01:15、04:15、07:15）三个时刻的比湿廓线，很好地表明了沙漠晴天夜间比湿垂直分布的特征。从图中可以看出，比湿从地面开始向上递增，在稳定边界层内达到最大值，且在 04:15 的稳定边界层顶附近达到最小值。比湿在整个残余混合层内随高度升高而略微升高，在进入残余逆温层顶盖后开始急剧减小，直至出了残余逆温层顶盖后才趋于稳定，但是其值在进入自由大气中时，已变得非常小。

图 3.13e 是 10:15 的比湿垂直廓线，可以看出，近地层的比湿廓线特征已经趋近于白天对流边界层的发展特征。总的来看，沙漠腹地夏季晴天夜间大气边界层的比湿廓线特征，和白天对流边界层比湿廓线在近地层的特征有很大区别，夜间比湿的最小值出现在 04:15 的稳定边界层顶附近。而残余混合层内比湿随高度略微升高。此外，夜间残余混合层的比湿要略大于白天对流混合层的比湿，这是因为夜间稳定边界层的大气层结稳定，有利于湿度的累积。

（4）水汽通量廓线特征

在沙漠地区，降水稀少，蒸发量大，在晴天夜间水汽通量的垂直廓线具有独特的结构特征。水汽通量又称水汽输送量，是表示在单位时间内流经某一单位面积的水汽量，它表示了水汽输送强度和方向。GPS 探空观测数据是单点垂直数据形式，因此本节利用每层的风速、风向和比湿的数据，计算该层水平方向的水汽通量总和 F_H，计算公式如下：

$$|F_H| = |V| q/g \tag{3.6}$$

式中：q 为大气的比湿，单位为 $g \cdot kg^{-1}$；$|V|$ 表示风速大小，单位是 $m \cdot s^{-1}$；g 是重力加速度，值为 9.8 $m \cdot s^{-2}$；根据水汽通量定义，$|F_H|$ 单位是 $g \cdot cm^{-1} \cdot hPa^{-1} \cdot s^{-1}$。

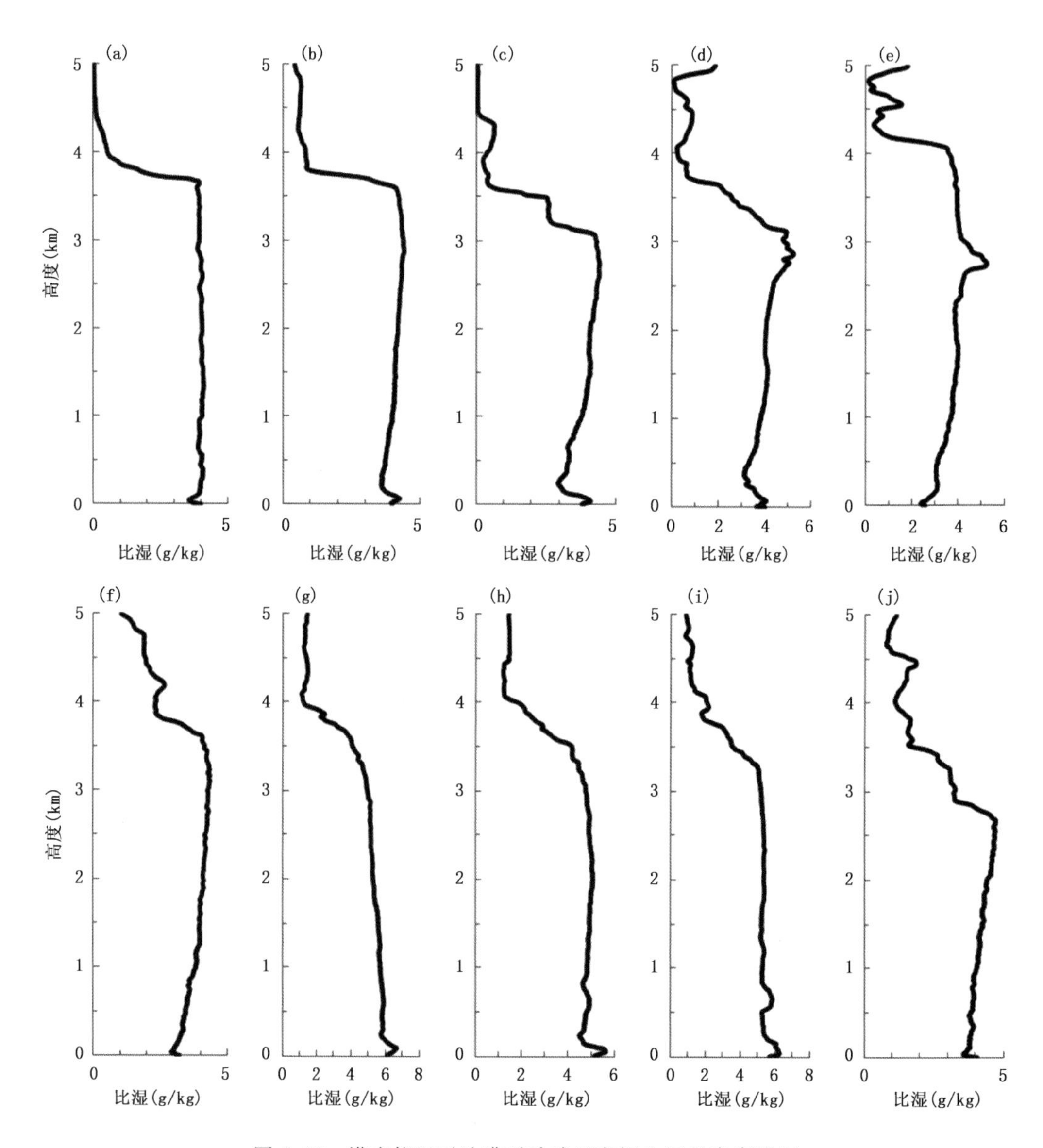

图 3.13　塔克拉玛干沙漠夏季晴天夜间比湿垂直廓线图

(a)～(e)2016 年 7 月 13—14 日(19:15、01:15、04:15、07:15、10:15)；(f)～(j)2016 年 7 月 26—27 日(19:15、01:15、04:15、07:15、10:15)

垂直水汽通量 F_z 是指单位时间内流经单位水平面向上输送的水汽质量，它的大小与垂直速度及比湿成正比，计算公式如下：

$$F_z = p\omega q F_z = p\omega q \tag{3.7}$$

式中：ω 表示垂直速度。当有上升运动时 $\omega>0$，水汽通量 $F_z>0$；有下沉运动时 $\omega<0$，水汽通量 $F_z<0$。按照垂直水汽通量的含义，其单位是 $g \cdot cm^{-1} \cdot hPa^{-1} \cdot s^{-1}$。

图 3.14 是 2016 年 7 月 13—14 日夜间五个时次的水汽通量垂直廓线图，傍晚(19:15) 700 hPa 以下的水汽通量大于其上部，此时刻边界层内对流旺盛，低层大气中因地面水汽蒸发。而夜间(01:15、04:15、07:15)三个时刻水汽通量廓线具有相同的变化特征。在夜间稳定边界层内，水汽通量从地面向上开始增大，至稳定边界层顶达到最大值，其值从 01:15 的 3.1 增至 07:15

的4.0 g·cm^{-1}·hPa^{-1}·s^{-1}，并随着夜间稳定边界层的升高而升高。在残余混合层内，水汽通量先略微减小再增大，在残余混合层顶部达到最大值，其值从01:15的4.7增至07:15的7.1 g·cm^{-1}·hPa^{-1}·s^{-1}，并且最大值的高度随着残余逆温层顶盖的降低而降低。上午(10:15)水汽通量整体都有所减小，其最大值的高度进一步降低，这与残余混合层的高度降低相一致。近地面层残余夜间稳定边界层顶附近水汽通量已减小，与残余混合层底部水汽通量大小相当。

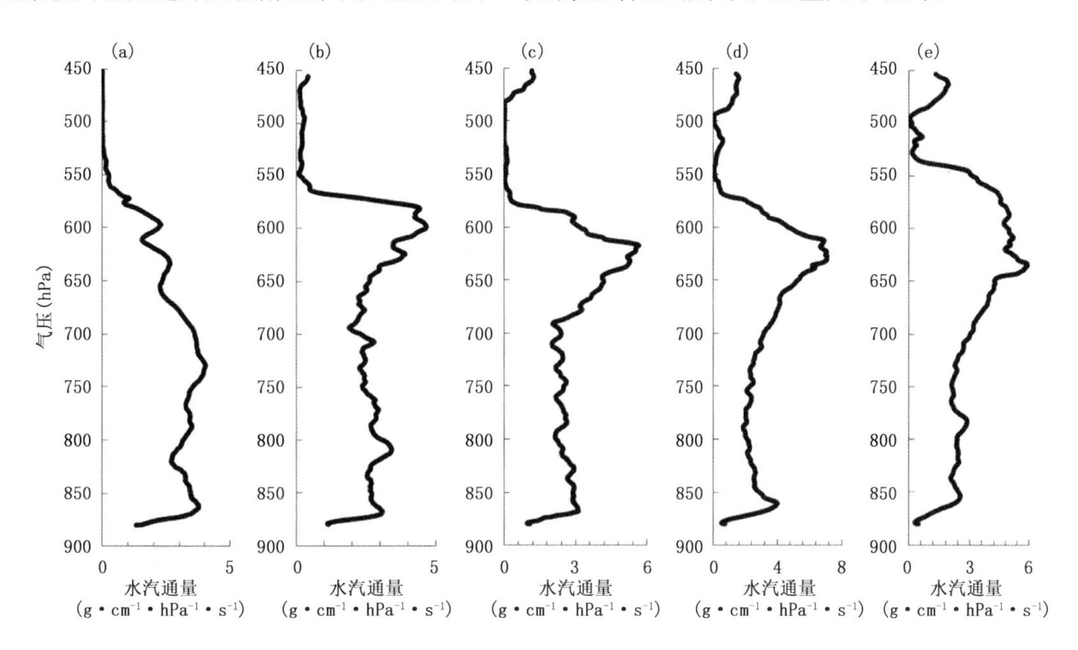

图3.14 塔克拉玛干沙漠夏季晴天夜间水平水汽通量垂直廓线图(张建涛 等,2018)
(a)～(e)2016年7月13—14日(19:15、01:15、04:15、07:15、10:15)

图3.15是2016年14日04:15的垂直水汽通量变化特征，其中垂直速度ω是由风廓线雷达直接观测所得。在近地面100 m内，垂直水汽通量很小并做上升运动。在残余混合层中下

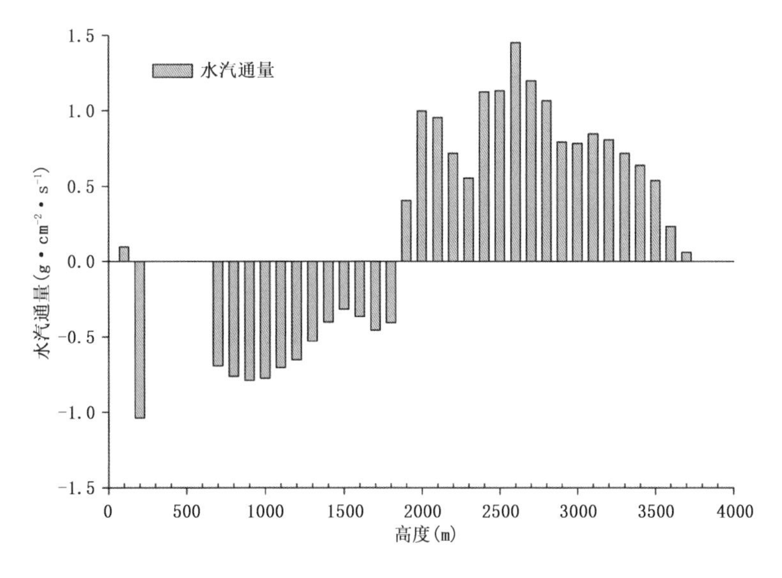

图3.15 2016年7月14日04:15夜间稳定边界层垂直水汽通量

部做下沉运动，而在残余混合层上部及残余逆温层顶盖内做上升运动。垂直水汽通量的极大值的高度与水平方向的水汽通量极大值的高度大致相同，并且整体变化趋势相似。

总的来看，2016 年 7 月 13—14 日水平和垂直方向的水汽通量在夜间稳定边界层顶和残余混合层顶附近分别出现极大值，并随着时间而逐渐增大。而垂直水汽通量在近地面和残余混合层上部做上升运动，在残余混合层中下部做下沉运动。这说明，夜间稳定边界层和高空残余逆温层顶盖的逆温层有阻挡和聚合水汽的作用，使水汽通量无法越过逆温层向上进一步发展，并在夜间稳定边界层顶和残余混合层顶附近集聚。

3.1.3.3 晴天夜间能量通量特征

大气边界层一般分为白天对流边界层和夜间稳定边界层，两种边界层状态存在很大的差异。而热力因素是大气边界层形成和发展的主要能量来源。图 3.16 是 2016 年 13 日 12 时—14 日 12 时的地表净辐射、感热通量、地表温度的变化曲线。从图中可以看出，净辐射和感热通量日峰值分别为 430 W·m^{-2}、260 W·m^{-2}，夜间的最低峰值达到 −160 W·m^{-2}、−25 W·m^{-2}。而地表温度，其白天最高达 58 ℃，夜间最低为 18 ℃，温差达 40 ℃，可以看出塔克拉玛干沙漠地表温度日变化非常剧烈，地表接受太阳辐射加热增温和夜间辐射降温均很迅速。可以说明，白天的高净辐射和高感热通量是造成深厚对流边界层的主要原因。而夜间也有较大的负净辐射和较小的负感热通量，这是晴天夜间稳定边界层发展并未很深厚的原因。

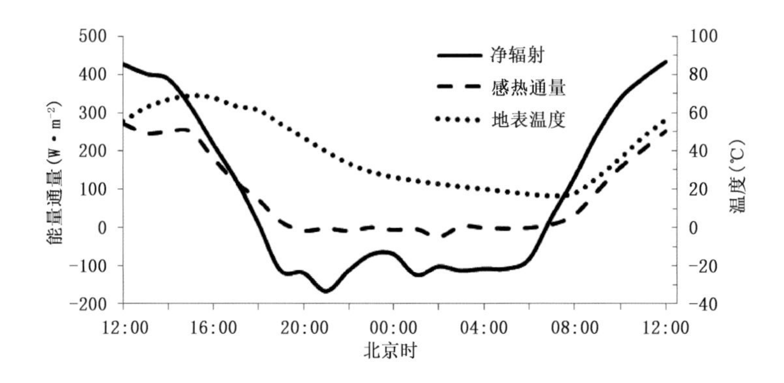

图 3.16　2016 年 7 月 13—14 日净辐射、感热通量、地表温度变化曲线

在夜间稳定边界层中，大气层结较为稳定，但夜间还是有微弱的湍流运动。湍流运动可以分为一般湍流运动和对流运动两种形式，但由于夜间大气层结很稳定，对流运动很微弱，在此着重对一般湍流运动进行分析。宏观尺度上的速度一般用平均风速表示，而一般湍流运动的速度尺度 u^* 表示为(Deardorff，1970)：

$$u^* = \left((\overline{u'w'})^2 + (\overline{v'w'})^2 \right)^{1/4} \tag{3.8}$$

式中：u'、v'、w'分别是纵向脉动风速、横向脉动风速和垂直脉动风速，它们由超声仪器观测获取。一般情况下，近地层平均风速是以水平输送为主的，其量级约为 4 m·s^{-1}，而摩擦速度是湍流向空间各个方向扩散的能力，其量级约为 0.2 m·s^{-1}。

图 3.17 是塔克拉玛干沙漠腹地夏季晴天近地面的摩擦速度和地面平均风速的变化曲线。从图中可以看出，塔克拉玛干沙漠近地面层的地面平均风速和摩擦速度均具有日变化特征，并且夜间的平均风速和摩擦速度均小于白天。两者随时间推移从傍晚开始逐渐降低并在早晨开始升高，摩擦速度从白天最大值的 0.45 m·s^{-1} 到夜间最小值的 0.02 m·s^{-1}，摩擦速度差值

达到 0.43 $m \cdot s^{-1}$。夜间摩擦速度存在着微弱波动，而且夜间平均值为 0.07 $m \cdot s^{-1}$，这说明，沙漠该日的夜间有一般湍流运动存在。相比于白天极其旺盛的对流运动和湍流运动，夜间有较强的辐射冷却和微弱的一般湍流运动，在一定程度上决定了塔克拉玛干沙漠腹地夏季晴天夜间形成较为浅薄的稳定边界层的动力学基础。

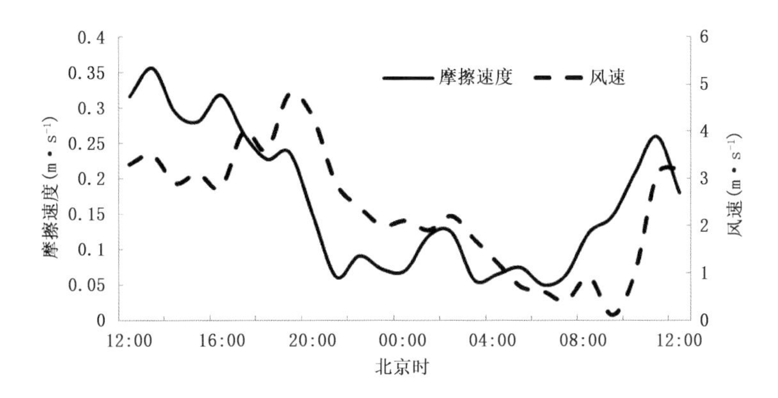

图 3.17 2016 年 7 月 13—14 日摩擦速度、地面平均风速变化曲线

3.1.3.4 沙漠积雪地表反照率特征

地表反照率对地面和地气系统的能量收支起着重要作用，是气候和陆面过程中的主要影响因子之一(沈志宝 等，1993)。太阳高度角、土壤湿度、下垫面性质等都会影响地表反照率的大小。当地表存在积雪时，积雪的高反照率可以引起地表反照率的明显增大，而融雪可使地表反照率迅速减小，积雪完全消融后土壤湿度增大使地表反照率减小(李国平 等，2007)。这里的积雪时段为 2017 年 1 月 5 日—22 日(1 月 7 日无积雪除外)，平均积雪深度 2 cm 左右，积雪覆盖率为 50%～100%，积雪持续时间长达 17 d。2016 年 1 月全月无雨雪天气。选取积雪开始的前一天至积雪完全消融的后一天，即 2017 年 1 月 4—26 日(其中 1 月 10 日数据异常予以剔除)做积雪下垫面地表反照率日际变化曲线，并以 2016 年同期无积雪下垫面做对比，如图 3.18。

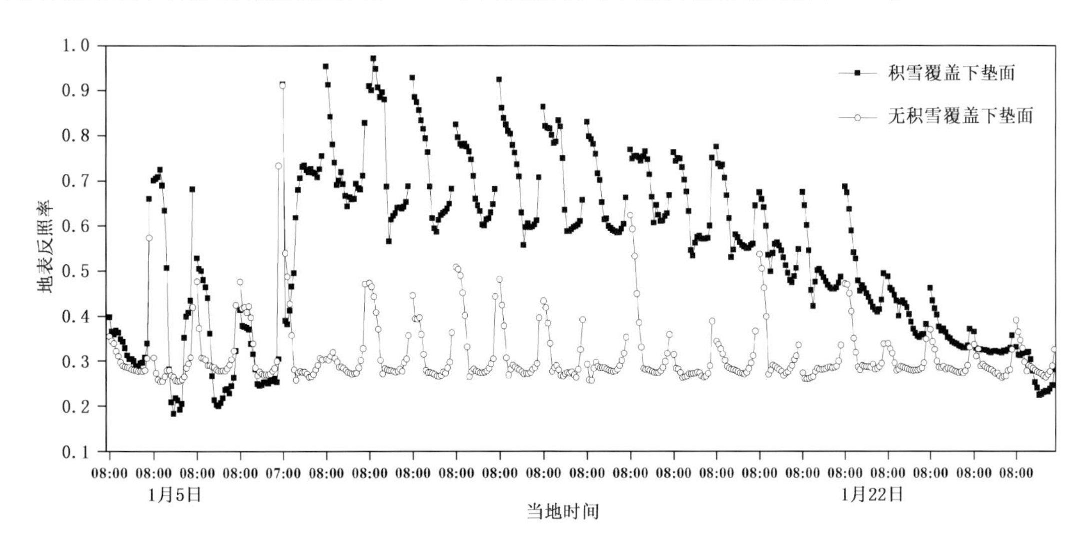

图 3.18 2017 年 1 月 4—26 日 08:00 积雪覆盖下垫面地表反照率日际变化

从图中可以看出，有积雪覆盖地表反照率明显高于无积雪覆盖地表反照率。1月5—22日(1月7日除外)，积雪覆盖期间地表反照率在0.18～0.97之间变化，日均值为0.60。积雪期前后天气状况、降水量、平均积雪厚度、积雪覆盖率以及地表反照率情况见表3.13。积雪期平均气温为−14.8 ℃。1月23日开始气温显著回升，积雪覆盖率迅速降至50%以下，地表反照率日均值降至0.41；1月24日、25日由于沙丘背阴处仍残留部分积雪致使地表反照率维持在0.35左右，积雪完全消融后地表反照率降至0.27左右。对比2016年1月同期无积雪覆盖的地表反照率可知，无积雪覆盖地表反照率变化平稳，由于早晚太阳高度角的变化使反照率较大；地表反照率在0.25～0.73之间变化，日均值为0.31，比有积雪覆盖地表反照率减小了50%，但高于积雪消融后的地表反照率。

将塔中积雪下垫面地表反照率日均值与其他类型下垫面1月均值比较可得，塔中积雪下垫面0.60(2017年)＞张掖沙漠下垫面0.34(1991年)(季国良 等，1994) ＞ 塔中自然裸露沙面0.32(2013年)(杨帆 等，2016) ＞ 鼎新戈壁下垫面0.301 (2007年)(王慧 等，2009)＞ 张掖绿洲下垫面0.299(1991年)＞ 陇中黄土高原半干旱草地下垫面0.21(2010年)(李德帅 等，2014)。可见，在干旱区和半干旱区的冬季，积雪的存在使塔中地表反照率显著高于其他类型下垫面。

表3.13 积雪前后的天气状况、降水量、平均积雪厚度、积雪覆盖率、地表反照率(廖小荷 等，2018)

	1月4日	1月5日	1月6日	1月7日	1月8日	1月9日	1月10日	1月11日	1月12日	1月13日
天气状况	晴	降雪并形成积雪	积雪	晴	降雪并形成积雪	降雪并形成积雪	降雪并形成积雪	积雪	积雪	积雪
降水量(mm)	—	0.4	—	—	1.2	0.3	0	—	—	—
日均积雪厚度(cm)	—	1.0	0	—	2.0	2.5	2.5	2.5	2.5	2.5
积雪覆盖率	—	80%	60%	—	100%	100%	100%	100%	100%	100%
日均地表反照率	0.35	0.44	0.32	0.30	0.65	0.73	—	0.75	0.72	0.70
	1月14日	1月15日	1月16日	1月17日	1月18日	1月19日	1月20日	1月21日	1月22日	1月23日
天气状况	积雪	积雪	积雪	积雪	积雪	积雪	积雪	积雪	积雪	晴
降水量(mm)	—	—	—	—	—	—	—	—	—	—
日均积雪厚度(cm)	2.5	2.5	2.5	2.5	2.5	2.5	2.0	1.5	1.5	—
积雪覆盖率	100%	100%	100%	100%	100%	100%	90%	80%	80%	50%以下
日均地表反照率	0.71	0.71	0.67	0.69	0.64	0.62	0.55	0.50	0.50	0.41

注：观测站距离塔中气象站2.2 km且为自然流动沙面，故积雪厚度与塔中气象站观测值有所差异。

由图3.18塔中有积雪与无积雪覆盖下垫面地表反照率日际变化曲线可知，有、无积雪覆盖的地表反照率均为在太阳高度角较小的早晚大，在太阳高度角较大的中午小；不同的是，无积雪覆盖下垫面地表反照率日变化形态更接近“U”型，变化较平缓，早晚不对称；而有积雪覆盖的地表反照率日变化形态更偏向反“J”型，呈现出明显的上午大于傍晚的形态，平均早晚较

差为0.13;有积雪覆盖下垫面地表反照率变化幅度较大,变幅为22%,而无积雪覆盖的地表反照率日变化幅度为13%;

将塔中积雪下垫面地表反照率日变化形态与其他下垫面类型进行比较:张强等(2011)研究指出黄土高原定西地区农田下垫面全年地表反照率各月平均日变化特征大致表现为不对称“V”型,早晚很大,中午较小,日变化很剧烈。刘辉志等(2008)研究得出通榆半干旱区退化草地雪前晴天地表反照率呈典型日变化曲线如“U”形,中午低、早晨和傍晚稍高;雪没有完全融化前呈现早上高,傍晚低的特点;积雪完全融化后地表反照率的日变化形态逐渐恢复到了雪前晴天的形态“U”。杨帆等(2016)通过采用塔克拉玛干沙漠大气环境观测试验站西站2013年辐射数据研究得出塔中自然裸露沙面地表反照率日变化呈早晚大、正午小的“U”型趋势。塔中自然裸露沙面和黄土高原定西地区不同的地表反照率日变化形态可能是由于干旱地区土壤更干燥,反照率的日变化主要受太阳高度角控制,而黄土高原地区土壤相对较湿、降雪也较多,土壤湿度和表面积雪变化均可影响反照率的日变化(张强 等,2011)。通榆半干旱区退化草地下垫面积雪未完全消融时的地表反照率日变化形态与塔中积雪期有些类似,但其傍晚的反照率值因为土壤湿度的增大而减小并没有回升的部分。分析塔中积雪下垫面反“J”型的地表反照率日变化形态形成的原因可能是:在早晨,积雪的高反照率以及较小的太阳高度角引起地表反照率的高值;而后随着太阳高度角增大地表获得的能量不断增加,积雪部分融化土壤湿度增大,因而在正午前后出现反照率的低值;傍晚时土壤温度和气温下降使土壤冻结并阻止积雪进一步消融,加之较小的太阳高度角,故反照率有所回升。

3.1.3.5 积雪沙漠下垫面土壤温度特征

土壤温度包括下垫面温度和不同深度的土壤温度,是土壤热状况综合表征指标,其分布和变化特征对气候的变化产生重要的影响(陆晓波 等,2006)。积雪对土壤温度的影响,是由它对土壤表面各种热交换的影响组成,积雪对土壤温度有重要影响,它阻隔了地面受气温变化的影响(高荣 等,2004)。雪的低导热率和较大的热容量阻隔了地中热能向外散失,从而起到保持或者提高土壤温度的作用(马虹 等,1995)。积雪对土壤温度的影响取决于降雪时间、积雪持续时间、堆积部位、融化时段及融化速度,并与积雪厚度、密度、结构以及微气候和微地形密切相关(Zhang,2005)。选取2017年1月土壤温度数据做四层土壤温度以及2 m气温的日际变化曲线,如图3.19。其中1月1—4日为降雪前时段,1月5—22日(1月7日除外)为积雪覆盖时段,1月23—31日为积雪消融后时段。

降雪前0 cm、10 cm、20 cm、40 cm土壤温度日均值分别为:−7.82 ℃、−6.01 ℃、−5.18 ℃、−0.63 ℃,积雪期分别为:−12.32 ℃、−9.93 ℃、−8.99 ℃、−3.57 ℃,积雪消融后分别为:−4.87 ℃、−4.83 ℃、−5.01 ℃、−3.54 ℃。由此可知,积雪使塔中0 cm、10 cm、20 cm、40 cm土壤温度均有所下降,积雪消融后土壤湿度增大使四层土壤温度趋于接近。降雪前后气温与地表温度变化趋势始终保持一致。

计算分析降雪前、积雪期间和积雪完全消融后三个时段的土壤温度梯度变化。结果为:降雪前日平均土壤温度梯度为13 $℃\cdot m^{-1}$,积雪期为17 $℃\cdot m^{-1}$,积雪消融后为 −1 $℃\cdot m^{-1}$。由此可知积雪期的土壤温度梯度比降雪前增大了31%,说明此次积雪过程对各层土壤温度的影响均较剧烈,这可能是因为沙质土壤导热率大,降温较迅速。积雪消融后土壤湿度增大,使浅层土壤温度十分接近。

降雪前气温日均较差为13.65 ℃,0 cm、10 cm、20 cm、40 cm土壤温度日均变幅分别为:

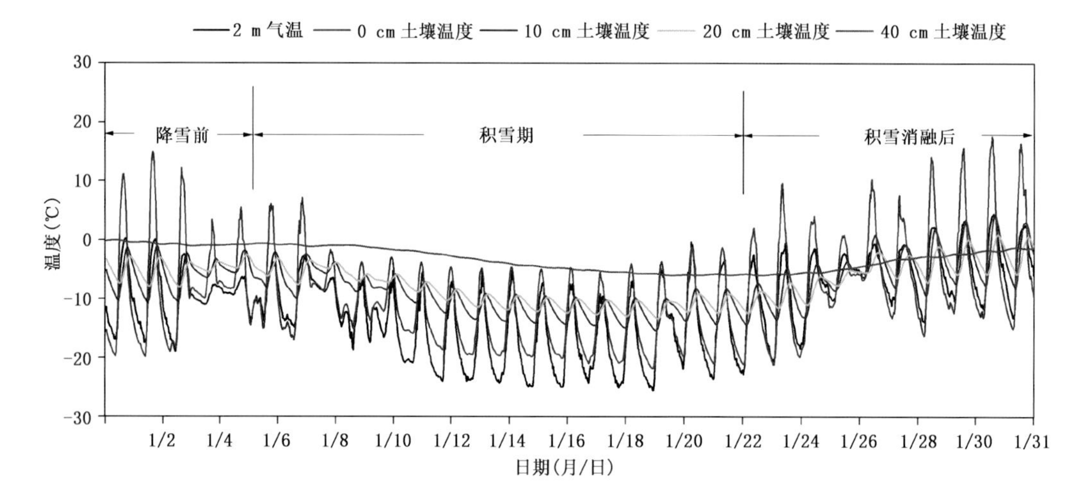

图 3.19　2017 年 1 月土壤温度日际变化

27.56 ℃、7.51 ℃、3.91 ℃、0.34 ℃，可看出 0 cm 土壤温度的日变幅较大且大于气温日较差，这也是因为沙质土壤的导热率要大于空气，沙子升温降温都较气温变化迅速；积雪期间气温日均较差为 16.19 ℃，0 cm、10 cm、20 cm、40 cm 土壤温度日均变幅分别为：16.17 ℃、4.60 ℃、2.43 ℃、0.37 ℃。与降雪前相比可知，除 40 cm 深度外其余三层土壤温度日变幅在积雪期间都呈减小趋势，0 cm、10 cm、20 cm 土壤温度减小幅度分别为：41%、39%、39%。由此说明积雪的存在阻隔了土壤温度受气温变化的影响，且对沙质土壤的影响可达 20 cm 深度；积雪消融后气温日均较差为 13.83 ℃，0 cm、10 cm、20 cm、40 cm 土壤温度日均变幅分别为：25.27 ℃、9.13 ℃、4.90 ℃、0.50 ℃，由此可知积雪消融后土壤温度的日变幅又恢复至降雪前水平。

3.1.3.6　积雪沙漠土壤湿度特征

土壤湿度是联系地气相互作用的关键物理量之一，裸露的沙地和有植被的下垫面的土壤在地气交换存在较大差别。因为表层土壤含水状况是蒸发量的决定因素之一，并影响有效能量在感热通量和潜热通量间的分配比例（张述文 等，2007）。降雪作为固态降水，其消融过程必然会引起土壤湿度的变化。由于土壤湿度变化具有滞后性，故选取 2017 年 1 月至 2 月的土壤湿度数据做四层土壤湿度日际变化曲线，如图 3.20。为便于重点分析此次连续 17 d 积雪过程数据，剔除冬季期间其他雨雪天气引起的土壤湿度变化数据。

如图 3.20，5 cm 土壤湿度日际变化曲线有两个剧烈浮动的区间，分别是 1 月 5—10 日和 1 月 20 日—2 月 1 日，两个区间的湿度波动均是由于积雪消融引起。无积雪期 1 月 1—4 日湿度日均值为 0.014；1 月 11—19 日为稳定积雪期，5 cm 土壤湿度基本维持稳定，均值为 0.016，但变幅相较于积雪期前和地表积雪消融后大。积雪消融后均值变为 0.015；10 cm 土壤湿度日际变化曲线在积雪开始大面积消融前一直保持稳定变化，均值为 0.020，但从 2017 年 1 月 20 日—2 月 19 日土壤湿度受融雪影响日均值先增大后减小，最大值为 0.041，均值为 0.030。20 cm 土壤湿度在积雪大面积消融前一直保持稳定，均值为 0.022，从 2017 年 1 月 20 日—2 月 19 日土壤湿度日均值持续增大，在 2 月 17 日均值超过 10 cm 土壤湿度呈继续增大趋势。而 40 cm 土壤湿度在两个月间变幅较小，只在融雪后湿度有小幅度增加，说明此次降雪过程几乎不对 40 cm 深度的土壤湿度产生影响。

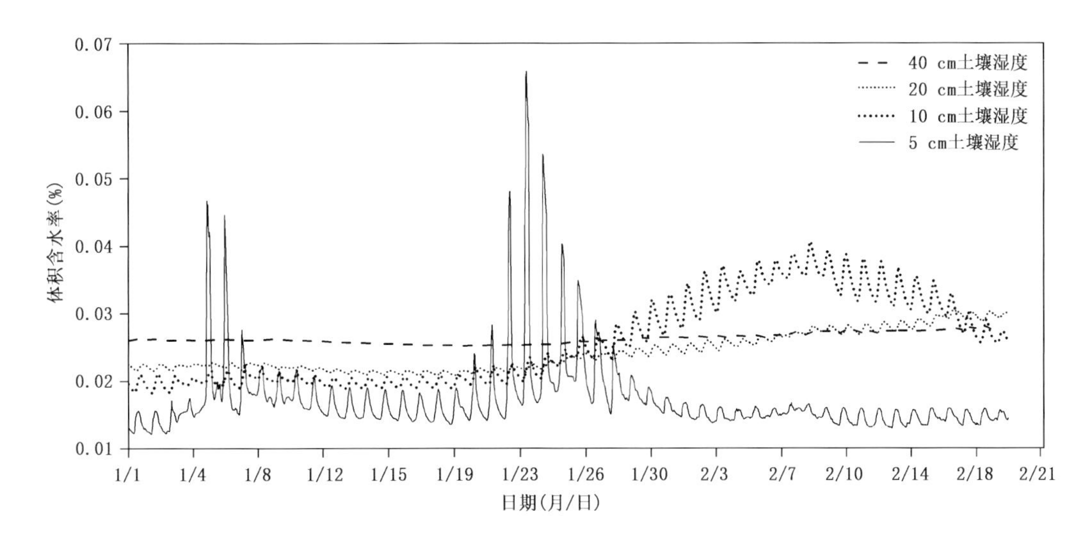

图 3.20　2017 年 1—2 月土壤湿度日际变化

3.1.3.7　沙漠积雪地表反照率与土壤温湿度关系

地表的温度体现表层土壤的热吸收强度，地表反射越强说明可被下垫面吸收的能量越少，所以反照率越高，可用于地表吸收的能量也相对减少，地表温度就相对降低（刘宏谊 等，2009）。而积雪下垫面的高反照率特性会反映出地表反照率与地表温度之间的关系。如图 3.21，选择积雪期间 2017 年 1 月 5 日至 1 月 22 日 8:00—17:00（当地时间）地表反照率与0 cm 土壤温度数据，做积雪下垫面地表反照率与土壤温度日变化曲线。从图中可以看出，积雪下垫面的地表反照率与地表温度表现出明显的负相关关系，反照率越高地表温度越低，二者相关系数为−0.71。

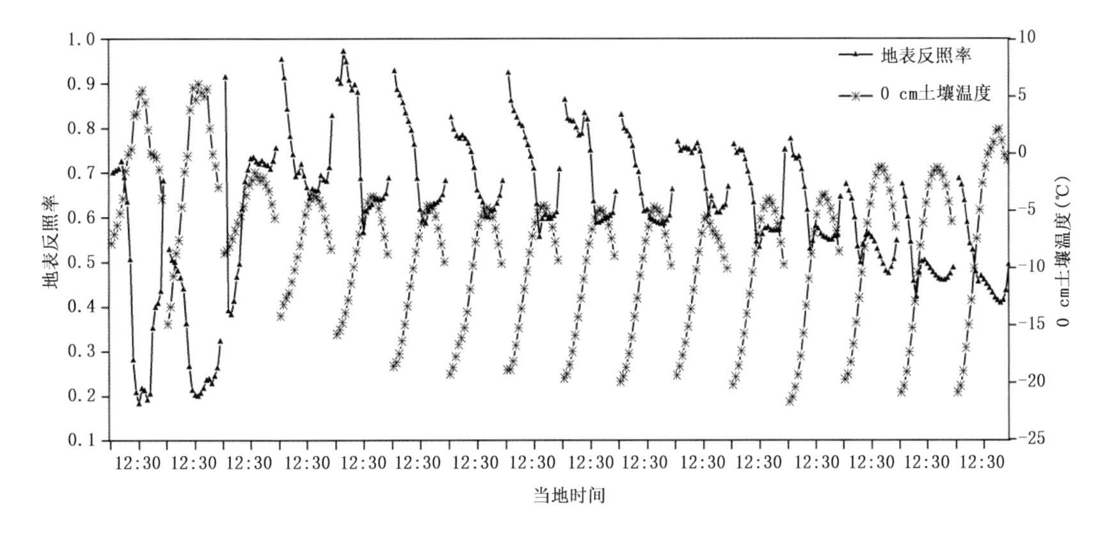

图 3.21　2017 年 1 月 5—22 日 12:30 地表反照率与土壤表层湿度的变化（1 月 7 日、1 月 10 日无数据）

地表反照率和土壤湿度，是调节地表—大气界面水分和热量输送的两个重要控制因子（刘树华 等，1995）。选择积雪期间 2017 年 1 月 5—22 日 8:00—17:00（当地时间）地表反照率与

5 cm、10 cm、20 cm、40 cm 深度土壤湿度数据，做积雪下垫面地表反照率与土壤湿度日变化曲线。只有 5 cm 土壤湿度与地表反照率日变化相关性较明显(图 3.22)。由图可看出，积雪下垫面地表反照率与 5 cm 土壤湿度呈负相关，高地表反照率对应低土壤湿度，低地表反照率对应高土壤湿度，二者相关系数为−0.74。

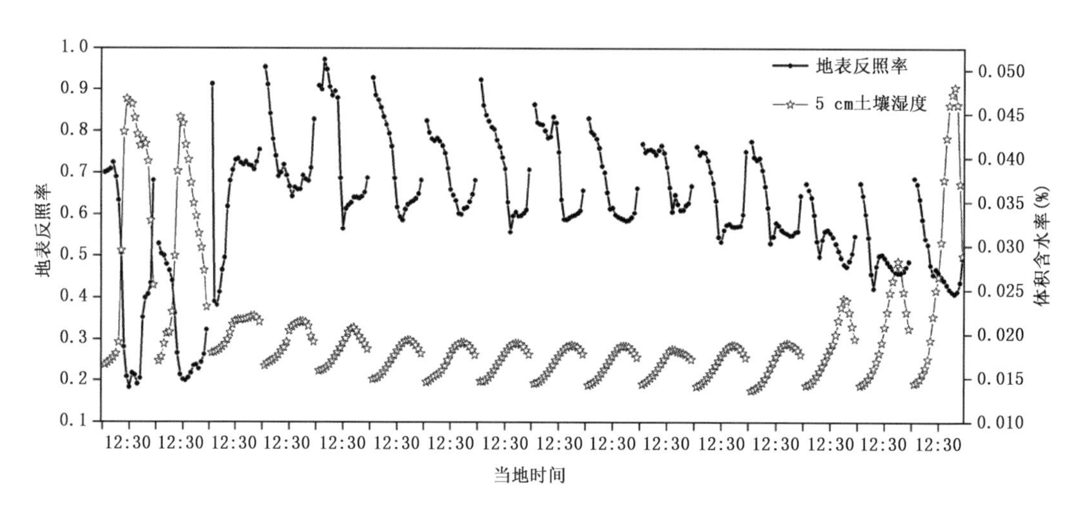

图 3.22　2017 年 1 月 5—22 日 12:30 地表反照率与土壤湿度的变化(1 月 7 日、1 月 10 日无数据)

3.1.4　本节小结

3.1.2 节的研究表明，塔克拉玛干沙漠腹地降水的年、季、月分布与沙漠周边各站基本保持一致，近 20 a 年平均降水量为 27.9 mm，比轮台、且末、铁干里克以及周边平均同期分别偏少 57.2%、3.6%、25.2%和 30%，但是降水稳定性高于周边各站，沙漠腹地夏季降水最稳定。沙漠腹地的降水主要集中在春、夏季，夏季降水占总降水量的 71.3%，且夏季降水量逐年有所增加，因此夏季降水量的变化对全年降水量变化贡献最大。20 a 中各月平均降水量分布极不均匀，6 月降水量最大为 11.9 mm，占全年降水的 41.4%，3 月降水量最少，为 0.08 mm，仅占全年的 0.3%，降水最多月是最少月的近 145 倍，月降水量比各站平均偏少 54.4%。水汽压变差系数沙漠腹地大于周边各站，但相对湿度的变差系数除冬季外，其他季节，相对湿度在周边更稳定，说明水汽压在沙漠腹地相对不稳定，但相对湿度相对较稳定。沙漠腹地近 20 a 各等级降水日数均小于周边平均水平，但皆以大于或等于 0.1 mm 小于或等于 2 mm 的降水为主，轮台各等级降水日数均为最大，因此沙漠腹地为该区域降水的低值区，北缘轮台为降水相对高值区；沙漠腹地最长连续降水日数年平均 2.8 d，最长无降水日数年平均 106 d，最长连续无降水日数呈逐年上升趋势。

3.1.2.3 的分析表明，沙漠腹地塔中地区风主要以 NE 和 ENE 两个方向为主，通过对比，沙漠腹地和周边各地都盛行偏东风，沙漠腹地的风向更集中，风况更简单；沙漠腹地平均风速为 2.14 $m \cdot s^{-1}$，比周边各站都偏大，和周边各站的风速分布呈现了较好的一致性。沙漠腹地年平均大风日数为 11d，高于周边地区的平均值，轮台、且末与周边大风日数呈增加趋势，其中轮台上升趋势最明显，气候倾向率为 20 $d \cdot (10a)^{-1}$，通过 0.001 的显著性检验；通过变差系数可以看出，沙漠腹地大风日数较稳定，轮台地区大风日数年际波动最大。沙尘暴发生日数呈增加趋势，且末、铁干里克和周边平均气候倾斜率分别为 10.8 $d \cdot (10a)^{-1}$、3.3 $d \cdot (10a)^{-1}$ 和 4.9 $d \cdot (10a)^{-1}$，并分别通过 0.01、0.05 和 0.05 的显著性检验。通过变差系数对比可以看出周边各地区年沙尘暴发生日数波动更大，变化更显著，其中且末波动最大。

3.1.3.2 节通过位温廓线法，可以很好地确定沙漠夏季晴天夜间的稳定边界层、残余混合层、残余逆温层顶盖等各层结的高度及厚度变化。夜间稳定边界层从傍晚缓慢发展到凌晨达到 240 m；而残余混合层能够很好地保留白天对流混合层的厚度，但随时间推移到早晨，其最大厚度损失近三分之一；残余逆温层顶盖在整个夜间发展过程中厚度变化不大，基本保持在 300 m 左右。沙漠晴天夜间稳定边界层顶风速随时间推移而增大，在凌晨 07:15 发展为低空急流，最大风速达到 10.8 $m \cdot s^{-1}$；高空处风速极大值出现在残余逆温层顶盖底部。比湿在夜间稳定边界层内先增后减，且在其顶部达到最小值；残余混合层内比湿随高度略微增大，在残余逆温层顶盖急剧减小。此外，夜间比湿大于白天。沙漠晴天夜间边界层的逆温层对水汽通量有阻挡和聚合的作用，使其在夜间稳定边界层顶和残余混合层顶附近集聚，并于凌晨 07:15 达到最大值，分别为 4.0 $g \cdot cm^{-1} \cdot hPa^{-1} \cdot s^{-1}$、7.1 $g \cdot cm^{-1} \cdot hPa^{-1} \cdot s^{-1}$。并且 04:15 垂直水汽通量在残余混合层中下部做下沉运动，在其上部及残余逆温层顶盖中做上升运动。沙漠晴天夜间存在较强的负净辐射和较弱的负感热通量，是形成较为浅薄的夜间稳定边界层的主要原因。摩擦速度和地面风速均呈现白天升高夜间降低的发展趋势，且夜间相比白天摩擦速度和水平风速均很小，摩擦速度夜间平均值在 0.07 $m \cdot s^{-1}$，虽很微弱，可以说明塔克拉玛干沙漠夏季晴天夜间是有湍流运动的。

3.1.3.4 节中，积雪覆盖期间地表反照率在 0.18～0.97 之间变化，日均值为 0.60。塔中有无积雪覆盖地表反照率均为在太阳高度角较小的早晚大，在太阳高度角较大的中午小；不同的是，无积雪覆盖沙面地表反照率日变化形态更接近“U”型，早晚不对称；而有积雪覆盖沙面的地表反照率日变化更偏向反“J”型，呈现出明显的上午大于傍晚的形态，平均早晚较差为 0.13；有积雪覆盖沙面地表反照率变化幅度较大，变幅为 22%，而无积雪覆盖沙面地表反照率日变化幅度为 13%。积雪使 0 cm、10 cm、20 cm、40 cm 深度土壤温度均有所下降，积雪消融后土壤湿度增大使各层土壤温度趋于接近。积雪期的土壤温度梯度比降雪前增大了 31%，说明由于沙质土壤导热率大，降温迅速，积雪对各层土壤温度的影响均较剧烈。与降雪前相比，除 40 cm 深度外其余三层土壤温度日变幅在积雪期间都呈减小趋势，0 cm、10 cm、20 cm 土壤温度减小幅度分别为：41%、39% 、39%，说明积雪的存在阻隔了土壤湿度受气温变化的影响，且对沙质土壤的影响可达 20 cm 深度。5 cm 土壤湿度变化有两个剧烈浮动的区间，分别是 1 月 5—10 日和 1 月 20 日至 2 月 1 日，两个区间的湿度波动均是由于积雪消融引起。1 月 11—19 日为稳定积雪期，5 cm 土壤湿度基本维持稳定变化，均值为 0.016；10 cm 土壤湿度从 1 月 20 日—2 月 19 日受融雪影响日均值先增大后减小，最大值为 0.041，均值为 0.030。20 cm 土壤湿度在积雪大面积消融后即 1 月 20 日—2 月 19 日日均值持续增大，在 2 月 17 日均值超过 10 cm 土壤湿度呈继续增大趋势。而 40 cm 土壤湿度在积雪前后变幅均较小，只在融雪后湿度有小幅度增加，说明降雪过程几乎不对 40 cm 深度的土壤湿度产生影响。

3.2 半干旱农业生态区

3.2.1 黄土高原植被变化与春旱关系研究

在1982—1999年期间，黄土高原整体植被覆盖增加，特别是在2000—2014年提高了近3倍(图3.23)。只在人类活动相对密集的区域出现了植被覆盖度降低的现象。近30 a来，黄土高原春季降水在绝大多数地区都呈现出显著的线性减少，这与春季植被覆盖度变化趋势不一致；只有在春旱达到中等干旱及以上等级的年份，如1995年和2000年，黄土高原植被覆盖度才会显著减少。这说明黄土高原整体植被覆盖度只对中旱以上等级的春旱有响应，而近30 a的植被恢复与春季降水的长期变化之间没有直接关系。在考虑不同植被类型的情况下，近30 a来植被恢复最显著的类型是农作物和草原(图3.24)，即农牧区，这与这些地区在上世纪90年代开展的退耕还林与退牧还草有很好的对应关系。但若考虑年际变化，则农作物区NDVI与春旱的相关最弱，即便在1995年发生最严重春旱的时候农作物区的NDVI也没有显著减少，这可能与人工灌溉及抗旱保墒活动削弱了农作物对春旱的响应有关。与之相比，草原与森林区域植被覆盖度与春旱的相关程度就很显著。

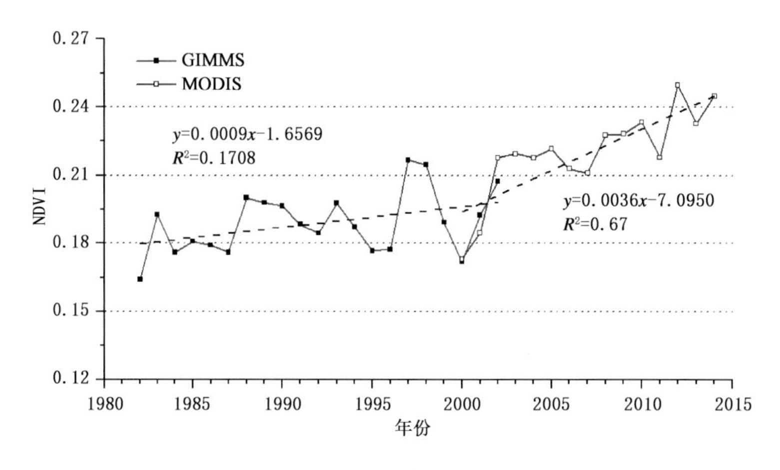

图3.23 1982—2014年黄土高原春季NDVI变化趋势

3.2.2 近三十年黄土高原春季降水特征与春旱变化的关系

3.2.2.1 黄土高原春季降水特征

从图3.25可以看出，黄土高原在1980—2014年间年均降水量在144.6～676.8 mm之间，并呈现由东南向西北逐渐减少的分布。其中，临河站年均降水量最少，五台山站最多。春

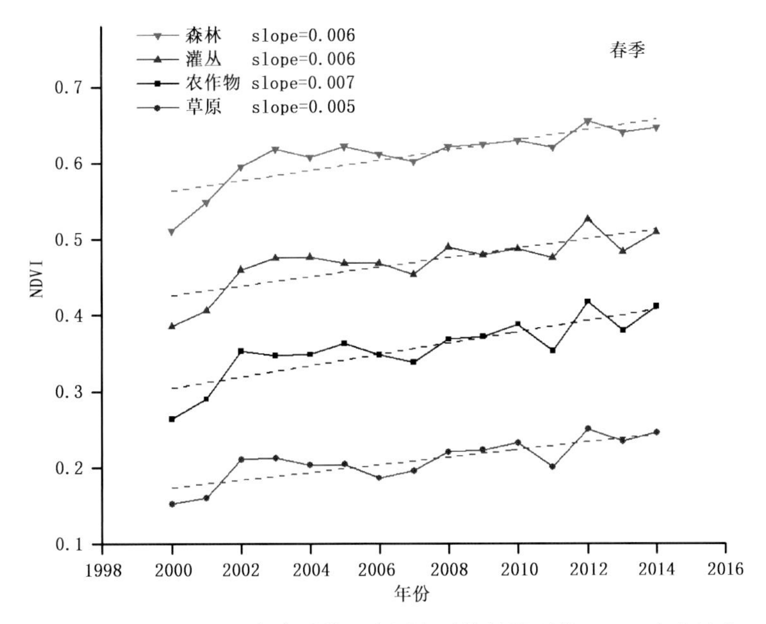

图 3.24 1998—2016 年春季黄土高原主要植被类型的 NDVI 变化趋势

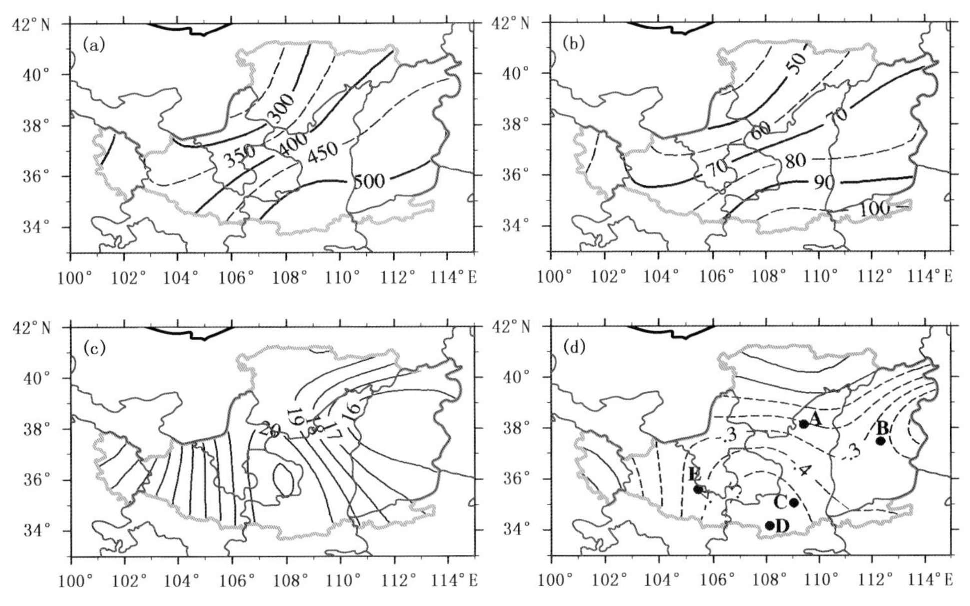

图 3.25 1980—2014 年黄土高原降水基本特征(A 榆林,B 太原,C 铜川,D 武功,E 西吉)
(a)年平均降水量(mm);(b)春季平均降水量(mm);(c)春季降水年际变量(%);
(d)春季降水线性变化趋势显著性检验

季降水形态在 20.8～125.8 mm 之间,其空间分布与年降水较为相似,都呈现由东南向西北递减的分布型态。春季降水量最小值出现在临河站,最大值则在武功站。黄土高原春季平均降水量约占全年总降水量的 20%,其中包头的比重最小,为 14%,门源最大,达 24%。

黄土高原站点平均的春季降水的年际变率,即年均方差与平均值的比值,约在 11%～21%之间。其中,年际变率大值区位于陇东地区,包括盐池、吴旗、环县、西峰镇、长武、武功等站。单从春季降水量来说,这些地区春季干湿变化最为剧烈。

黄土高原在1980—2014年间的春季降水呈现出线性减少的趋势。其中减少最明显的区域位于陇东和关中地区，包括西峰镇、长武、铜川、武功等站。而在内蒙古中部和青海东部，包括临河、包头、呼和浩特、东胜等站，春季降水的线性变化不明显，部分地区甚至出现弱的增加。采用Mann-Kendall法对春季降水的变化趋势做显著性检验，在显著性水平$\alpha=0.1$以下，通过显著性检验的站点仅有榆林、太原、铜川、武功、西吉，说明近35 a黄土高原春季降水可能减少，但在大部分地区并不显著。

黄土高原春季降水的时空变化可以利用经验正交函数(EOF)，对降水距平场进行分解得到。从图3.26可以看到，黄土高原春季降水的第一模态方差贡献达到57.9%，且对应空间场的符号相同。这说明黄土高原春季降水以整体一致的变化为主，这可能是由于当地春季主要是以大尺度系统性降水为主。第一模态的时间系数(图3.26b)可以看到1980—2014年间黄土高原春季降水量总体呈现略微线性递减的趋势。而从年代际变率上看，1980—1993年黄土高原处于春雨较多的时期，而这之后春季降水则整体减少，尤其值得关注的是1995年和2000年是黄土高原近30 a来春季降水最少的两年，对应着两次最为严重的春旱。

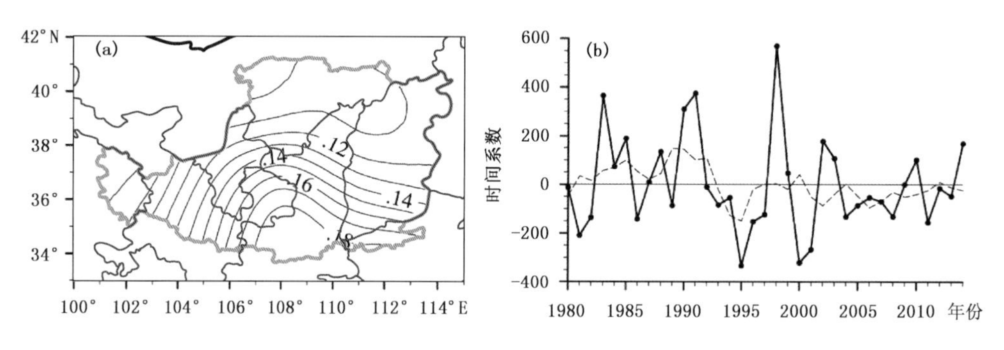

图3.26　黄土高原春季降水EOF第一模态的(a)空间分布和(b)时间系数

3.2.2.2　黄土高原近35 a春旱状况

根据降水的气候态分布特征，将黄土高原划分为四个区域。其中，年均降水量大于500 mm的为Ⅰ区，包括长治、临汾、阳城、孟津、运城、三门峡、洛川、铜川、武功、长武。Ⅱ区的年均降水量在400～500 mm之间，有大同、右玉、离石、衡山、延安、环县、西峰镇、平凉等地区。Ⅲ区的年均降水量在300～400 mm之间，包括呼和浩特、包头、盐池、榆中、民和、西吉、华家岭等地。Ⅳ区的年均降水量小于300 mm，包括临河、惠农、陶乐、银川、鄂托克旗、中宁、景泰。

图3.27给出了黄土高原整个区域和4个分区的春季SPI的逐年变化，分别用SPI-PJ及SPI-1～SPI-4表示。可以看到近35 a间，黄土高原整体发生过4次较为明显的春旱，分别为1981年、1995年、2000年和2001年。其中1995年和2000年高原整体春季SPI值分别为−2.26和−2.05，对应特旱；2001年春季SPI值为−1.61，为重旱；1981年春季SPI值为−1.19，为中旱。对于黄土高原的不同分区，干旱等级有一定差别。举例来说，对于春季而言，Ⅰ区2001年为特旱(SPI为−2.48)，1995年和2000年都为重旱；Ⅱ区的特旱发生在1995年(SPI为−2.29)，2000年为重旱(SPI为−1.88)；Ⅲ区1995年(SPI为−2.37)为特旱，2000年(SPI为−1.72)为重旱，而1994年、2001年及2011年均为中旱；Ⅳ区1995年和2000年(SPI分别为−2.28、−2.63)为特旱，1982年(SPI为−1.01)是中旱，2001年正常。不仅如此，各个区域SPI线性减少的速度也存在差异。其中Ⅱ区的SPI减少最为迅速，其次是Ⅰ区和Ⅲ区，而

Ⅳ区则最不明显。也就是说，黄土高原东南较湿润地区比西北部较干燥地区更加表现出春旱加剧的趋势。不同地区SPI的差别说明，尽管黄土高原的春旱变化整体性较好，但空间差异仍然不能忽视。

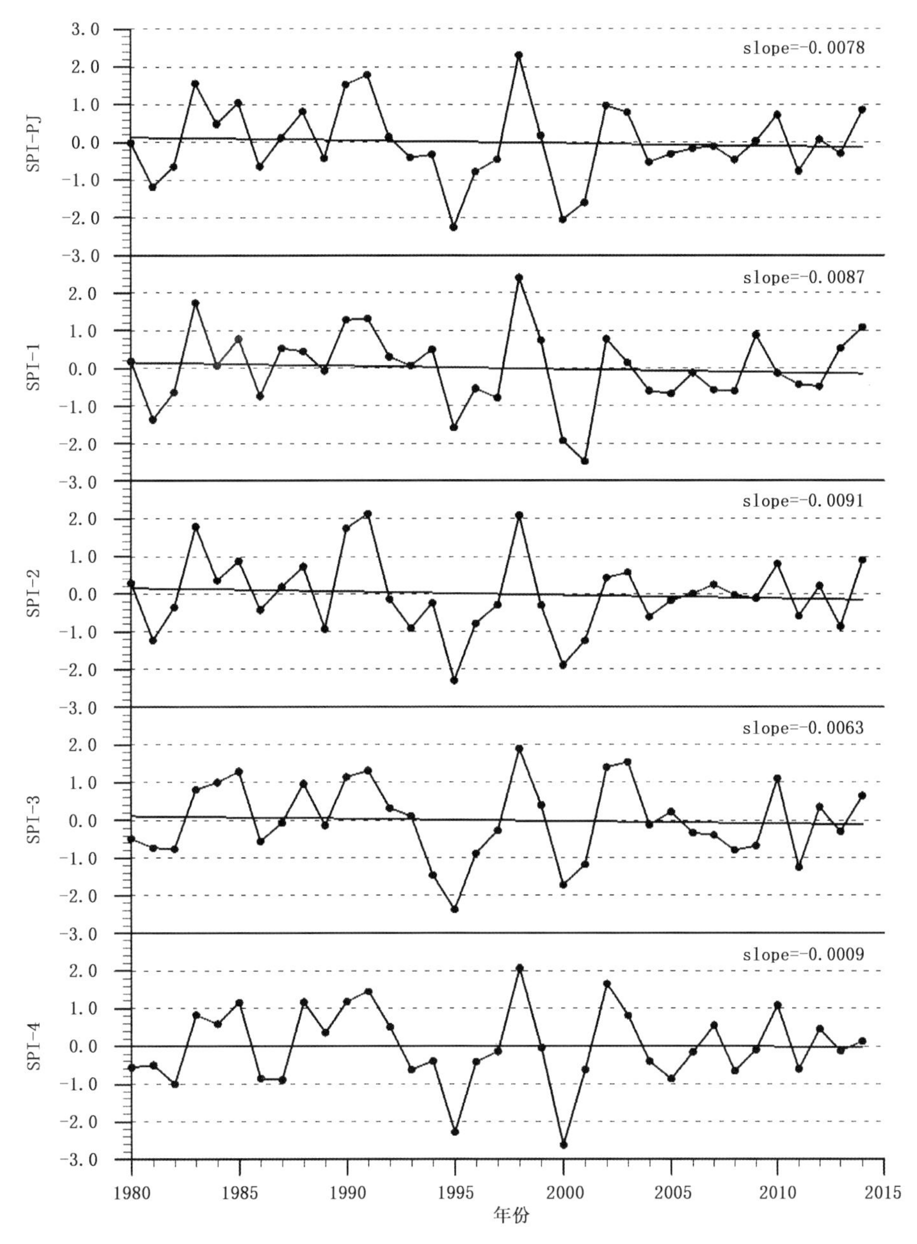

图3.27　1980—2015年黄土高原整体(SPI-PJ)及各区域(SPI-1～SPI-4)春季SPI年变化

由于1995年、2000年以及2001年是3个典型的春旱年，图3.28给出了这三年春季降水、降水异常以及SPI分布图。从图中可以看到，1995年春季降水呈现出自东南向西北递减的分布，数值约在8～52 mm之间。这年的降水异常值在－28～－60 mm之间，降水异常减少最明显的地区是宁夏南部和甘肃榆中等地区，向东负降水异常逐渐减弱。这一年尽管高原所有地区都达到中旱以上的级别，但特旱只发生在在甘肃陇东、宁夏以及内蒙古南部地区。2000年春季降水和降水异常的分布在黄土高原西部与1995年类似，但在东部的山西地区降水异常减少同样很明显。因此，这一年的特旱地区除了宁夏西北部外还包括山西南部地区。2001 年的干旱程度要弱于 1995 年和 2000 年，主要是因为这一年的春季降水异常在高原北部地区（如榆林站附近）并不大，对应这些地区的 SPI 仅有－0.6 左右。但在高原东部的河南、山西等地降水减少仍然比较显著，对应的 SPI 均在－1.5 左右，属于重旱或特旱。

通过三个典型春旱年的比较可以发现，春季降水异常尽管很大程度上决定了当年春旱的严重程度，但春季降水异常与 SPI 的空间分布存在明显的差别。

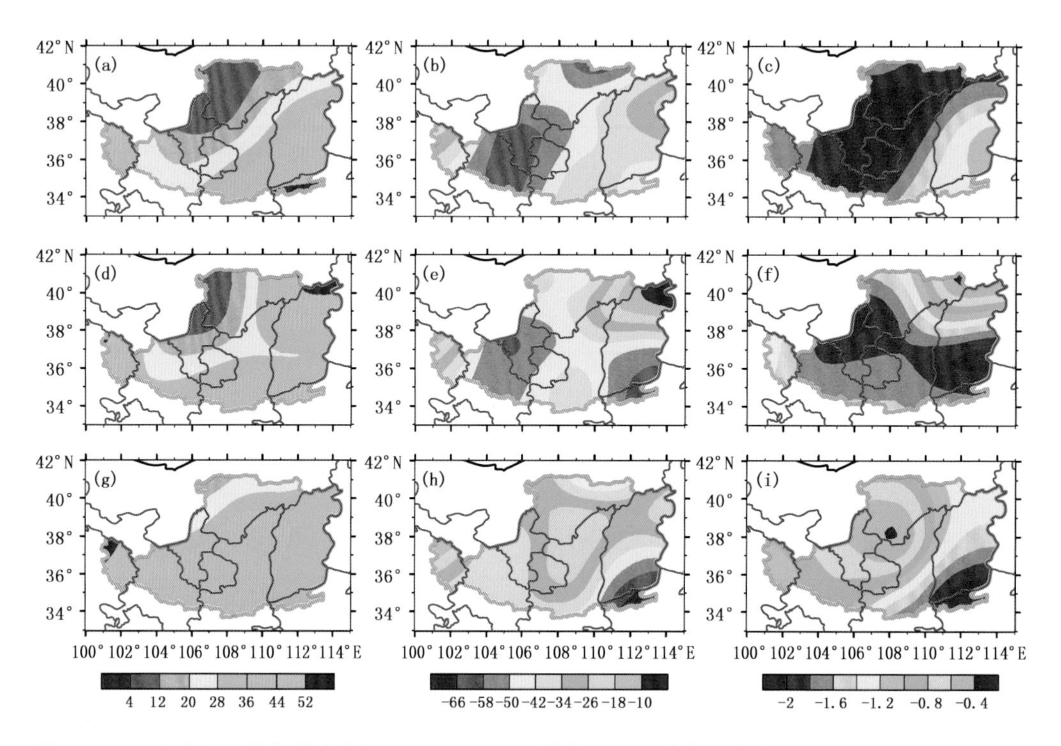

图 3.28 三个典型春旱年的降水场((a)、(d) 、(g)，单位：mm)、降水异常场((b)、(e)、(h)，单位：mm)以及 SPI(c)、(f)、(i)分布

3.3 草地区

3.3.1 积雪升华过程对高寒地区陆气相互作用的影响

积雪作为广泛关注与重视的自然因素，其自身特性及融雪过程对水文、气象及环境领域均具有重要作用。积雪作为一种重要的陆面强迫因子对气候产生重要影响(李栋梁 等，2011)。积雪覆盖地表会阻碍地气之间的能量交换，积雪通过表面不同的反照率和不同的湍流通量形成了陆面与大气间独特的能量交换，影响近地层气象要素分布，反过来其对湍流和能量交换又

有重要影响(卢楚翰 等,2014)。积雪陆面过程的研究对改进气候模式、提高短期气候预测水平有重要的参考价值(周利敏 等,2016;李丹华 等,2017)。青藏高原是北半球积雪异常变化最强烈的区域,青藏高原积雪被视为中国短期气候预测的重要因子(吴统文 等,2004a)。青藏高原积雪对亚洲季风系统的形成以及我国长江中下游地区的降水预测有着至关重要的作用(吴统文 等,2004b)。

目前科学界对于高寒地区积雪变化和融雪过程的研究已经取得了一些成果。王国亚等(2012)依据新疆阿勒泰地区的积雪观测资料,研究了积雪的变化特征,发现阿勒泰地区近 50 a 来最大积雪深度呈显著增加的趋势,积雪日数的增加趋势比最大积雪深度增长得平缓,在额尔齐斯河源头高山区冬季积雪升华是其主要的物质损失过程,引起升华的主要气象要素是气温、风速和水汽压。张伟等(2014)观测了额尔齐斯河源区的积雪消融过程,发现积雪深度和雪水当量的变化并不是同步的,积雪深度的减小是持续发生的,是新雪密实化作用的结果,而雪水当量仅在日均空气温度高于 0 ℃时才出现快速的下降。周扬等(2017)利用沱沱河地区野外观测数据,对动态融雪过程及其与气温的关系进行了分析,发现高原中部融雪过程表现为先缓后急的总体特征,融雪在雪深较小的后期迅速加快,融雪前期气温对雪深影响大于日照时数的影响,融雪后期日照时数对雪深影响大于气温的影响。陆恒等(2015)分析了天山融雪期不同开阔度林冠下积雪表面能量平衡特征,发现受植被影响阴坡雪岭云杉林冠下积雪表面净短波辐射和感热明显小于阳坡开阔地,净长波辐射损失小于阳坡开阔地,阴坡林冠下积雪表面总能量明显小于阳坡开阔地。高黎明等(2016)建立了基于能量平衡的积雪模型,对额尔齐斯河流域内积雪的积累和消融过程进行了模拟,发现雪表的净辐射、感热、潜热通量的绝对值以及地表热通量在积雪的积累期明显低于积雪的消融期,在积雪积累期感热和潜热通量以及土壤热通量会受到雪层厚度的影响。

由于青藏高原腹地人迹罕至,交通不便,观测资料匮乏,高原地区融雪过程对陆气相互作用的影响研究较少。本节利用青海省气象科学研究所玉树隆宝野外观测站的微气象及涡动相关系统的观测数据,通过对 2014 年冬季积雪消融过程微气象要素的分析,探讨了融雪过程对高寒湿地陆气相互作用的影响,为全面认识青藏高原地区陆气相互作用的认识提供科学支持。

3.3.1.1 观测站情况与数据处理

青海省气象科学研究所玉树隆宝野外观测站观测位于中国青海省玉树州隆宝镇,海拔 4167 m,下垫面为沼泽性草甸覆盖的高寒湿地区(马宁 等,2014)。图 3.29 给出了玉树隆宝观

图 3.29 玉树隆宝观测站位置(左)及照片(右)

测站的位置及照片。该站建立时间为2011年10月，2014年增添了涡动相关和雪深等观测系统。观测的物理量包括空气温度、空气湿度、风速、风向、大气压、短波辐射、长波辐射、三维超声风、超声虚温、土壤温度、土壤湿度、土壤热通量、积雪深度、水汽和二氧化碳通量、甲烷浓度等。观测数据由数据采集器CR5000处理并存储，所有仪器由3块35 W的太阳能板和2个120 A的蓄电池供电，除仪器拆装和天气原因造成供电短暂中断外，一直连续进行观测。表3.14给出了玉树隆宝观测站的观测仪器及安装高度。

表3.14 观测仪器及安装高度

观测物理量	仪器型号	安装高度 / 深度
风速、风向	034B，METONE	1 m，2 m
空气温度	HMP-45C，Vaisala	1 m，2 m
空气湿度	HMP-45C，Vaisala	1 m，2 m
三维超声风速	CSAT3，Campbell	2 m
超声虚温	CSAT3，Campbell	2 m
辐射四分量	CNR1，Kipp&Zonen	1 m
土壤温度	109L，Campbell	0 cm、−5 cm、−10 cm、−20 cm、−30 cm、−40 cm
土壤含水量	CS616，Campbell	−5 cm、−10 cm、−20 cm、−30 cm、−40 cm
土壤热通量	HFP01，Hukseflux	−10 cm、−30 cm
雪深	SR50A，Campbell	1.5 m
水汽、CO_2 通量	Li-7500A，LI-COR	2 m
CH_4 浓度	G4301，Picarro	1 m

选取2014年12月14—26日的观测资料，为玉树隆宝地区2014年冬季首次降雪过程。在对观测资料进行分析之前，采用LoggerNet软件对涡动相关系统的湍流脉动观测数据进行计算和质量控制。通量数据处理的主要方法包括平面拟合校正以及WPL变换，之后根据稳定性检验和湍流总体特征检验对30 min通量数据结果进行质量评价，去除因仪器故障、天气原因等产生的野点，舍弃质量较差的数据。本节所用通量数据的完整度为96%。

3.3.1.2 结果与分析

(1)积雪升华过程常规气象要素的变化

青藏高原腹地积雪的消融与日照时数、雪的形态、消融程度、升华过程等均有一定联系(周扬 等，2017)。积雪对土壤温度的影响，是由它对土壤表面各种热交换过程的影响组成，降雪对地温有重要影响，它阻隔了地面受气温变化的影响(孙琳婵 等，2010)。积雪较高的反照率使得地表净辐射减少，从而降低地表温度，同时其较低的导热率和较大的热容量阻隔了土壤中热能向外散失，从而起到了保持和提高地温的作用(高荣 等，2004)。图3.30为玉树隆宝地区2014年12月14—26日雪深和降水量、空气温度以及10～40 cm深度土壤温度和土壤体积含水量的变化情况。此次降雪过程为玉树隆宝地区2014年冬季迎来的首场降雪，积雪深度在12月18日达到了5 cm，随后几天积雪深度逐渐递减，至12月26日积雪完全升华消失。降雪前空气温度维持在−6 ℃左右，降雪后空气温度陡降至−18 ℃左右，随后逐渐回升至−12 ℃左右。30 cm和40 cm土壤的温度在降雪和积雪升华期间较为稳定并呈缓慢下降趋势。10 cm和20 cm土壤温度在12月16—18日有降雪发生的3 d里有所升高，这在一定程度上反映了积雪的"棉被"效应，当地表有深厚的积雪覆盖时，会阻止土壤向大气传递热量，导致浅层土壤的温度升高，12月19—20日10 cm和20 cm土壤温度出现下降，这可能是由于积雪升华初期从浅层土壤吸收了较多的热量所致。10 cm和20 cm土壤体积含水量在12月16—18日有降雪发生的3 d里略微升高，之后在积雪升华过程中略微下降。30 cm土壤体积含水量在12月21日以前保持不变，12月21日以后发生下降，40 cm土壤体积含水量始终保持不变，维持在0.26 $m^3 \cdot m^{-3}$。

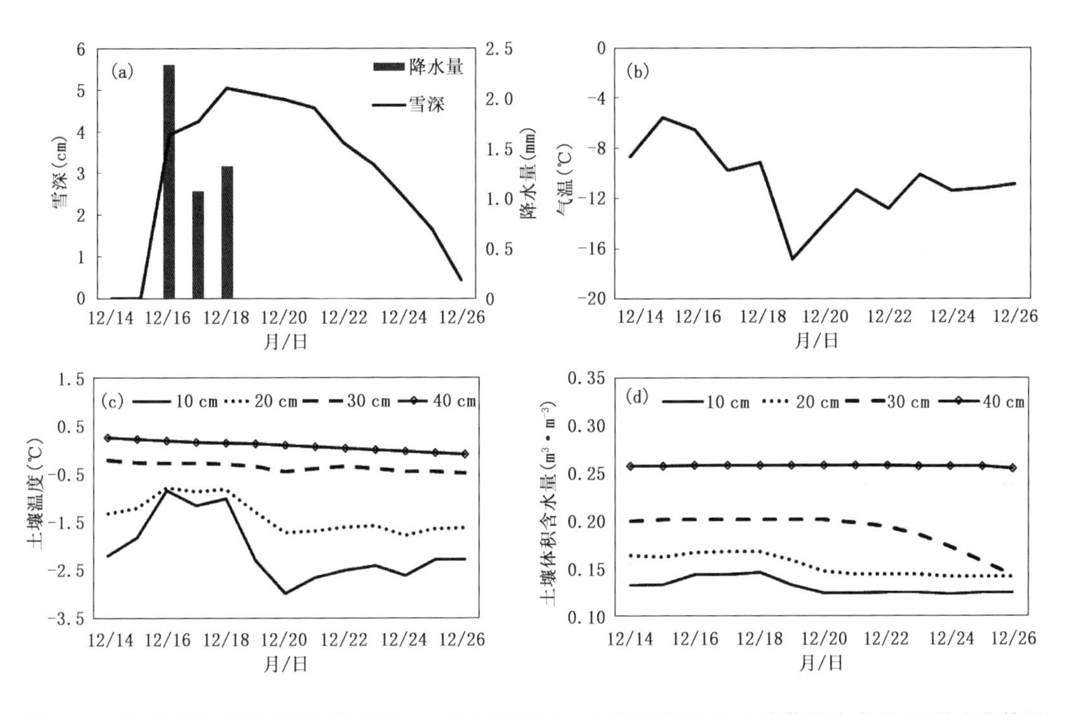

图3.30 积雪升华过程雪深和降水量(a)、空气温度(b)、土壤温度(c)和土壤体积含水量(d)的变化情况

(2)积雪升华过程地表能量交换特征

积雪作为一种特殊的下垫面，增强了地表的反照率，减少了地表对太阳短波辐射的吸收(伯玥 等，2014)，从而造成了近地层的冷却，这一部分能量的损失对冬季高原地区是相当重要的一部分，在某种程度上可以认为积雪的多寡是决定净辐射大小的关键，较厚的持续长时间积雪大大减少了地表的长波辐射冷却，同时积雪可能抑制和减少土壤层向大气释放能量，从而使得积雪多的年份地面热源强度减小(霍飞 等，2014)。相关的研究表明，地面积雪时间的长短是高原地表出现冷热源的关键因子(李国平 等，2007)。图3.31为玉树隆宝地区2014年12月19—25日积雪升华过程向上短波辐射和向上长波辐射、净辐射、感热通量、潜热通量、土壤热通量的逐日变化情况，所用通量数据为30 min平均值。积雪升华期间，向上短波辐射日最高值从190 $W \cdot m^{-2}$左右逐渐降低至140 $W \cdot m^{-2}$左右；向上长波辐射日最高值从320 $W \cdot m^{-2}$左右逐渐升高至360 $W \cdot m^{-2}$左右，日最低值保持在230 $W \cdot m^{-2}$左右；净辐射日最高值维持在350～420 $W \cdot m^{-2}$，日最低值维持在－100～－120 $W \cdot m^{-2}$；感热通量日最高值从50 $W \cdot m^{-2}$左右逐渐升高至90 $W \cdot m^{-2}$左右，日最低值保持在－20～40 $W \cdot m^{-2}$左右；潜热通量日最高值从40 $W \cdot m^{-2}$左右逐渐升高至100 $W \cdot m^{-2}$左右；30 cm土壤热通量日最高值维持在－3～2 $W \cdot m^{-2}$，日最低值维持在－20～30 $W \cdot m^{-2}$，10 cm土壤热通量日最高值维持在

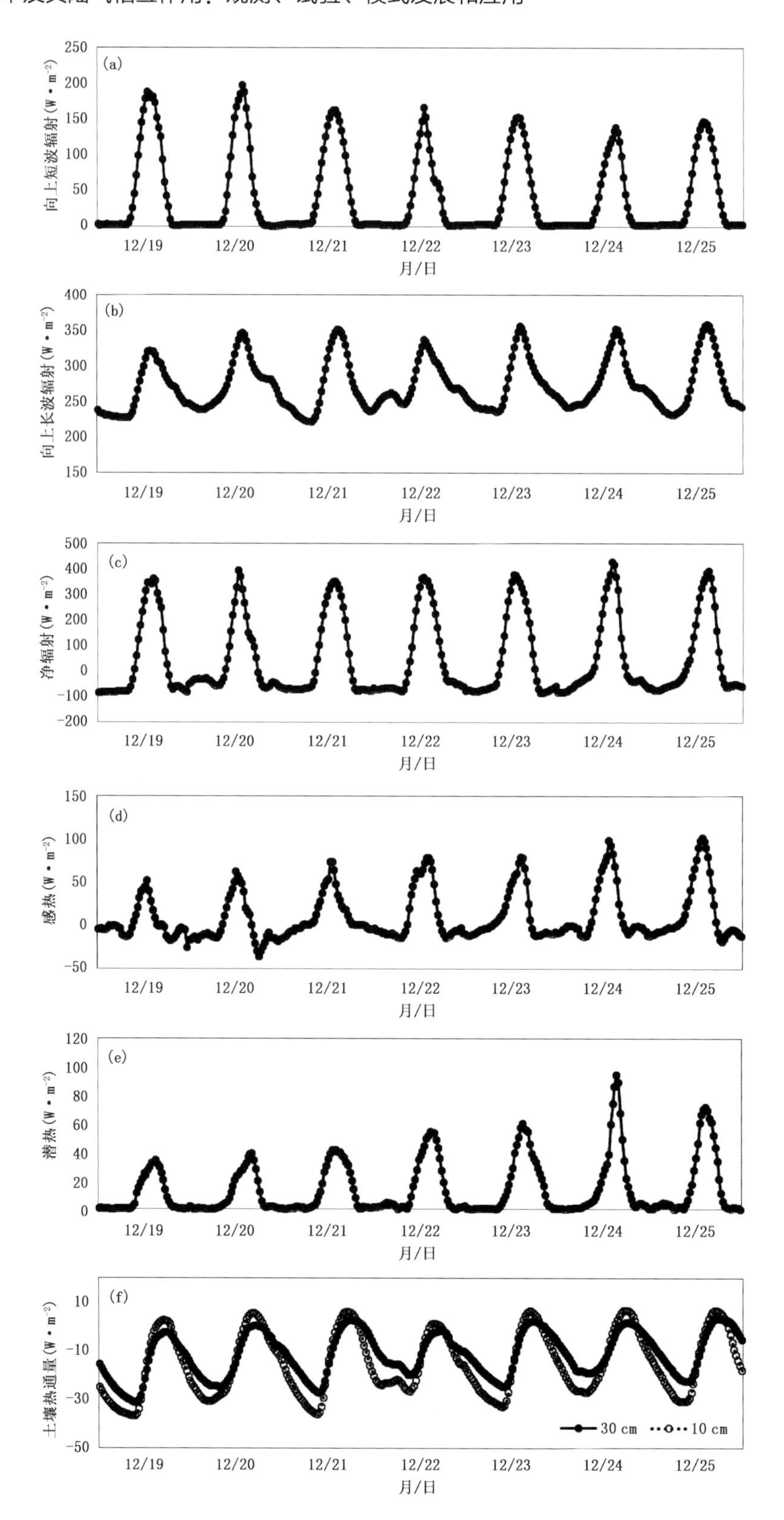

图 3.31　积雪升华过程向上短波辐射(a)、向上长波辐射(b)、净辐射(c)、感热(d)、潜热(e)、土壤热通量(f)的逐日变化情况

5～8 W·m^{-2}，日最低值维持在−30～40 W·m^{-2}，30 cm 土壤热通量日变化幅度小于10 cm 土壤热通量日变化幅度。在整个积雪升华期间，向上短波辐射的日平均值逐渐减少，净辐射、感热和潜热的日平均值逐渐增加，土壤热通量和向上长波辐射的日平均值变化不显著，这反映了积雪逐渐升华导致地表吸收的能量增加，同时地表向大气传递的能量也随之增加。

地表能量平衡方程（姜海梅 等，2013）为

$$\mathrm{Rn} = H + \mathrm{LE} + G + S \tag{3.9}$$

式中，从左至右各项依次为净辐射、感热、潜热，土壤热通量和热储存，单位均为 W·m^{-2}。能量闭合率 CR（葛骏 等，2016）定义为

$$\mathrm{CR} = \frac{H + \mathrm{LE}}{\mathrm{Rn} - G} \tag{3.10}$$

为研究融雪过程地表能量平衡状况，采用葛骏等（2016）分析青藏高原北麓河地区地表土壤热通量时的计算方法，将30 cm 土壤热通量进行订正得到地表土壤热通量

$$G_0 = G_{30\mathrm{cm}} + \rho_s c_s \times \left(0.2 \times \frac{\partial T_{0\mathrm{cm}}}{\partial t} + 0.1 \times \frac{\partial T_{10\mathrm{cm}}}{\partial t}\right) \tag{3.11}$$

式中：G_0、$G_{30\mathrm{cm}}$ 分别为地表和30 cm 深度的土壤热通量；$T_{0\mathrm{cm}}$、$T_{10\mathrm{cm}}$ 分别为地表和10 cm 深度的土壤温度；$\rho_s c_s$ 为土壤热容量，可利用张乐乐等（2016）计算唐古拉地区土壤热参数时给出的方法进行计算。Yao 等（2008）认为当地表有积雪覆盖时，忽略雪盖融化或升华时吸收的能量以及存储在雪盖中的部分能量会导致能量闭合率偏小。图3.32给出了玉树隆宝地区积雪升华过程地表能量闭合率与积雪深度的关系，所用数据为2014年12月19—26日积雪升华过程每天半小时一次数据计算得到的日平均值（下同）。当积雪深度的较大时，能量闭合率较低，这说明雪盖中存储了一部分热量，使得地表能量平衡方程当中的热储存项增加。

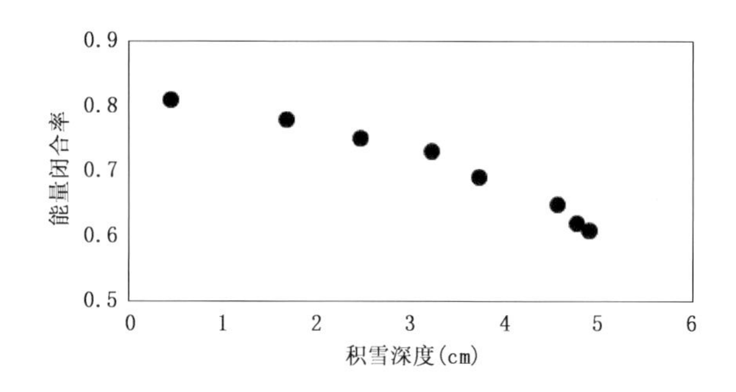

图3.32　积雪升华过程地表能量闭合率与积雪深度的关系

图3.33给出了积雪升华过程感热占比（H/Rn）、潜热占比（LE/Rn）、土壤热通量占比（G/Rn）、热储存占比（S/Rn）和波文比（H/LE）与积雪深度的关系。在积雪升华过程中，随着积雪深度的减小，感热占比和潜热占比逐渐升高，而土壤热通量占比、热储存占比逐渐降低，这说明积雪升华过程中积雪的“棉被”效应逐渐减弱，地气之间能量输送能力增强。波文比（H/LE）在积雪升华过程中先增大随后又减小，表明积雪升华初期感热通量的增加快于潜热通量，后期潜热通量的增加快于感热通量。

（3）积雪深度对地表反照率、地表比辐射率的影响

地表反照率的大小会影响整个地气系统的能量收支（Wang et al.，2008），进而影响大气环流，引起局地乃至全球气候变化（王鸽 等，2010）。在大气和陆面模式研究中，地表反照率是

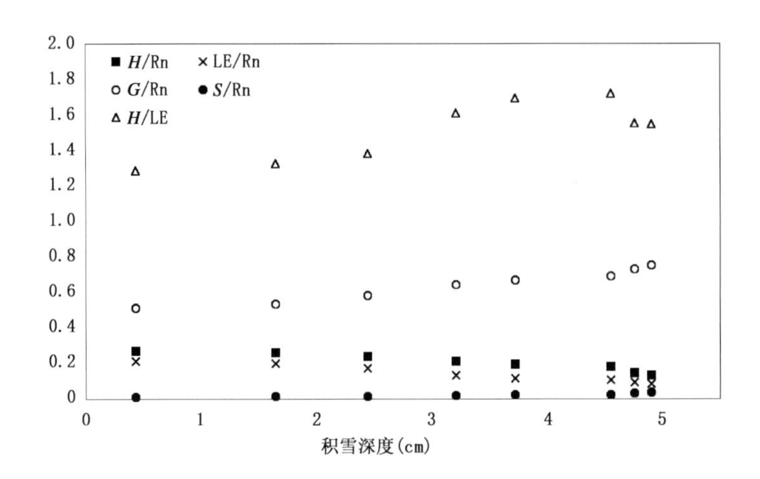

图 3.33　积雪升华过程感热占比（H/Rn）、潜热占比（LE/Rn）、土壤热通量占比（G/Rn）、热储存占比（S/Rn）和波文比（H/LE）与积雪深度的关系

很重要的参数。积雪会使地表平均反照率较高（Wang et al.，2008），地面积雪的深度与密度均影响地表反照率变化，相对积雪日数与地表反照率呈现正相关关系。比辐射率是指物体的辐射出射度与同温度下黑体辐射出射度的比值，地表比辐射率除具有明显的波谱特征外，主要取决于植被覆盖、土壤湿度、土壤纹理、矿物质组分以及冰雪（Van et al.，1991）。地表比辐射率的精度直接影响着长波净辐射的计算精度，地表比辐射率的差异决定着不同地表状况下的长波辐射能量分配，进而影响整个地表的辐射收支与能量平衡（翟俊 等，2013）。本节采用李斐等（2017）计算藏东南地温时给出的公式计算地表比辐射率

$$\varepsilon\sigma T_g^4 = L\uparrow - (1-\varepsilon)L\downarrow \tag{3.12}$$

式中：ε 为地表比辐射率；σ 为史蒂芬－玻尔兹曼常数（5.67×10^{-8} W·m^{-2}·K^{-4}）；T_g 为地表温度（单位：K）；$L\uparrow$ 和 $L\downarrow$ 分别为向上和向下的长波辐射（单位：W·m^{-2}）。图 3.34 给出了玉树隆宝地区积雪升华过程地表反照率、地表比辐射率与积雪深度的关系。在积雪升华过程中，地表反照率和地表比辐射率均随着积雪深度的减小而降低，积雪深度越大，地表对短波辐射的反射能力和对长波辐射的释放能力越强，这与蒋熹等（2007）的研究结果一致。

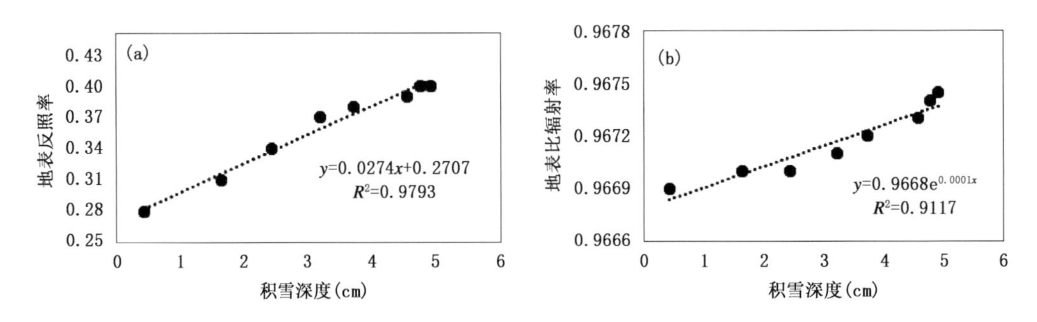

图 3.34　地表反照率（a）、地表比辐射率（b）与积雪深度的关系

（4）积雪深度对感热输送系数的影响

感热输送系数不仅是表示湍流输送强度的重要参数，而且对处理某些理论和实际问题也十分重要。陆面模式中大都通过总体输送法计算地表感热，其中一个关键参数就是地表感热

输送系数，它在陆面过程参数化研究中占有重要的地位，能否对其准确估算直接影响到地气之间能量交换过程的刻画和描述能力（王慧 等，2010）。研究表明，高原地区感热输送系数值为0.004～0.005。利用感热通量与地气温差的关系式计算感热输送系数

$$H = \rho c_p C_H u (T_g - T_a) \tag{3.13}$$

式中：ρ 为空气密度（单位：$kg \cdot m^{-3}$）；c_p 为空气定压比热（1004 $J \cdot kg^{-1} \cdot ℃^{-1}$）；$u$ 为近地面风速（单位：$m \cdot s^{-1}$）；$(T_g - T_a)$ 为地表温度与空气温度之差（单位：℃）。图3.35为玉树隆宝高寒湿地积雪升华过程中感热输送系数与积雪深度的关系，感热输送系数随着积雪深度的增加而逐渐减小，说明积雪的"棉被"效应对陆气之间热量的传输有一定的抑制作用。

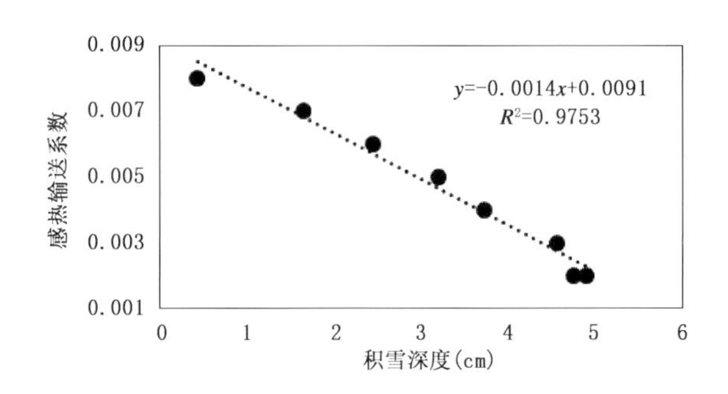

图3.35　感热输送系数与积雪深度的关系

3.3.1.3　结论

本节利用玉树隆宝湿地观测站2014年12月首次降雪过程的微气象和涡动相关系统的观测资料，分析了积雪升华过程中高寒湿地陆气相互作用特征及积雪深度对陆气相互作用的影响，主要结论有：

(1)在降雪和积雪升华过程中，高寒湿地浅层土壤温度在短时期内有所升高，而深层土壤温度和土壤体积含水量对降雪和积雪升华过程的响应不敏感。

(2)在积雪升华过程中，净辐射、感热通量、潜热通量的日平均值增加，向上短波辐射的日平均值减少。积雪逐渐消融导致地表吸收的能量增加，同时地表向大气传递的能量也随之增加。

(3)随着积雪的逐步升华，感热占比（H/Rn）和潜热占比（LE/Rn）逐渐升高，而土壤热通量占比（G/Rn）和热储存占比（S/Rn）逐渐降低。

(4)积雪深度增加会导致地表反照率和地表比辐射率增大，而感热输送系数减小。

3.3.2　青藏高原湿地土壤冻结、融化期间的陆面过程特征

青藏高原面积约为2.5×10^6 km^2，平均海拔超过4000 m，素有"世界屋脊"之称。由于高原所独有的地理和气候条件，冻土分布广泛（徐祥德 等，2001）。冻土活动层夏季融化冬季冻结，土壤中水和冰的相变过程改变了土壤的物理性质和下垫面状况，导致了地表能量和水分的再分配，极大地影响着地表与大气间的物质和能量交换（马耀明 等，2006）。陆气之间的能量和水分交换作用是陆面过程研究的核心问题，不同气候背景和下垫面条件下的能量传送过程存在着很大差异。获得准确的地表水、热通量并清楚地认识水汽和能量在边界层内的输送过

程，对理解气候及水分循环十分重要（孙菽芬，2005；王澄海 等，2008；王少影 等，2012；张强 等，2017）。陆面水、热交换过程受局地环境（包括地形、地势、地理位置及下垫面性质等因素）的影响（王一博 等，2011；文晶 等，2013；吴灏 等，2013）。多年冻土上限附近存在隔水层，会影响活动层内水分的迁移、土壤湿度的变化和地表蒸散发过程（赵林 等，2000）。土壤的温度和湿度变化会对大气运动的总能量，也就是对气候变化起反馈作用（尚大成 等，2006；罗斯琼 等，2009；尚伦宇 等，2010；刘火霖 等，2015；李娟 等，2016）。土壤湿度会直接影响地气间的潜热通量，而且对辐射、大气的稳定度造成影响。土壤湿度偏低会使地面温度上升，射出长波辐射增加，同时导致地表反照率增大，地面吸收的太阳辐射减少，地面失去的热量较多，地面温度将降低。感热通量和潜热通量反映了大气和地表的水热交换，通过非绝热效应对大气加热，决定着地表能量平衡，对大气环流和局域气候有着重要影响，而其值的大小与下垫面的物理状态、植被状况和降水变化密切相关（杨梅学 等，2002；张强 等，2008；赵兴炳 等，2011）。青藏高原下垫面类型多种多样，高原地区陆面过程变化特征十分复杂，土壤冻结和融化前后地气相互作用特点尤其值得深入分析和研究。

青藏高原地区陆面过程变化特征一直是学者们研究的热点。陈海存等(2013)选择青藏高原玛多地区退化草地的观测数据，计算了土壤温度、湿度及热通量的季节变化和年变化特征，分析土壤温度和湿度及热通量之间的相互关系，发现青藏高原玛多地区土壤从 11 月开始冻结，次年 4 月开始解冻，土壤热通量在春季和夏季均为正值，热量由大气向土壤传递，冬季热量由土壤向大气传递，土壤温度和湿度及土壤热通量之间的关系呈显著正相关。Yao 等(2011)通过分析唐古拉和西大滩的地表水热传输，发现两地夏秋两季的潜热通量大于感热通量，冬春两季小于感热通量，冻土冻融过程对这种季节变化有显著的影响。葛骏等(2016)分析了北麓河站地表感热、潜热、土壤热通量和鲍恩比在不同冻融阶段的季节和日变化特征，发现鲍恩比和土壤热通量的季节变化受土壤冻融阶段转变的影响显著。陈渤黎(2013)利用玛曲站观测资料驱动 CLM 模式(Common Land Model)进行了敏感性试验，发现冻融过程中相变能量的释放和吸收增大了地气间能量的传输，改变了能量在感热、潜热和土壤热通量间的分配。张乐乐等(2016)分析了唐古拉气象场的观测资料，发现土壤水分对地表反照率影响较大，土壤热参数也明显受到土壤水分变化的影响，土壤水分对土壤热导率的影响较为显著，而对土壤热扩散率的影响则不显著。Gu 等(2015)通过对比那曲季节冻土区和唐古拉多年冻土区的观测资料，发现相对于季节冻土区，冻融过程对多年冻土区地表感热和潜热通量分配的影响更大。李述训等(2002)研究认为，冻土冻融过程使地表与大气之间的能量交换强度大大增强，高原冻土冻融过程通过改变陆气间的水热交换，还会进一步影响高原及其周围的大气环流形势，从而影响区域乃至全球的天气和气候。但由于青藏高原面积广袤，人烟稀少，很多地区尚缺乏详尽的观测资料，目前人们对于青藏高原陆面过程特征和地气之间能量交换对天气气候变化影响的重要性认识不够深入，对于青藏高原高寒湿地下垫面陆面过程的研究较少。

玉树隆宝地区是青藏高原中部的一块高寒湿地，位于中国青海省玉树藏族自治州结古镇西北方向 60 km 处，湿地四周是连绵的群峰，中间密布江河湖水，该地区主要气候特点是高寒缺氧、日照时间长、紫外线强，一年基本上只有冷暖两季，冷季长达七八个月，暖季只有四五个月，气候较为干燥。玉树隆宝湿地的观测资料对于研究青藏高原气候变化和生态环境有着重要意义。该地区冻土冻融过程中地表能量收支变化特征的研究成果较少，本文对该地区陆面过程进行了一些研究，以期获得对高原高寒湿地土壤冻结和融化期间的地气相互作用特征的认识。

3.3.2.1 观测站情况和数据处理

(1)观测站情况

选取青海省气象科学研究所玉树隆宝野外观测站观测数据，该站位于中国青海省玉树州隆宝镇，海拔 4167 m，下垫面为沼泽性草甸覆盖的高寒湿地区。观测仪器及安装高度如表 3.15 所示。

表 3.15 观测仪器及安装高度

观测物理量	仪器型号	仪器精度	安装高度（深度）
空气温度	HMP-45C，Vaisala	±0.5 ℃	1、2 m
空气湿度	HMP-45C，Vaisala	±3%	1、2 m
三维超声风速	CSAT3，Campbell	0.5 $mm \cdot s^{-1}$	2 m
超声虚温	CSAT3，Campbell	0.025 ℃	2 m
辐射四分量	CNR1，Kipp&Zonen	±10%	1 m
土壤温度	109L，Campbell	±0.6 ℃	0、−5、−10、−20、−30、−40 cm
土壤体积含水量	CS616，Campbell	±2.5%	−5、−10、−20、−30、−40 cm
土壤热通量	HFP01，Hukeflux	−15%～5%	−10、−30 cm
水汽、CO_2 通量	Li-7500A，LI-COR	±2%、±1%	2 m

(2)数据处理

在对观测资料进行分析之前，进行了必要的质量控制，去除因仪器故障、天气原因等产生的野点并对涡动相关系统的原始通量数据进行计算和质量控制。数据处理的主要方法包括 WPL(Webb-Pearman-Leuning)校正密度对潜热和 CO_2 通量的影响(Webb et al.，1980；Wilczak et al.，2001)以及平面拟合校正。之后根据稳定性检验和湍流总体特征检验对 30 min 通量数据结果进行质量评价。对于质量较差的数据则舍弃不用。本节所用的资料为 2015 年 7 月 15 日—2016 年 7 月 15 日，通量数据的完整度为 92%。

3.3.2.2 结果与分析

(1)土壤温度、湿度的年变化

土壤温度、湿度变化是陆面过程的基本特征，也是影响陆面水热交换的主要因素，分析土壤温、湿度的变化是全面认识和了解陆面特征的重要前提(杨健 等，2012)。图 3.36 为玉树隆宝湿地 5～40 cm 土壤温度的年变化，其中 0 ℃土壤温度等值线单独标出。从土壤温度全年时空分布来看，浅层土壤温度年变化幅度大，5 cm 土壤温度年变化幅度达 16 ℃，深层土壤温度年变化幅度小，40 cm 土壤温度年变化幅度仅有 8 ℃。冻土持续时期为 12 月至次年 4 月，土壤自上向下冻结，深层土壤的冻结较浅层土壤有一定的滞后，冻结深度达到 40 cm 以下，融化过程快于冻结过程，深层土壤的融化和浅层土壤几乎同步进行。

一年当中冻土通常分为完全融化、完全冻结、融化过程和冻结过程 4 个阶段。采用 Guo 等(2011)的方法，即忽略土壤中盐对冰点的影响，根据土壤的日最高和最低温度将土壤的不同阶段分别定义为：①当土壤日最低温度高于 0 ℃时，土壤处于完全融化阶段；②当土壤日最高温度低于 0 ℃时，土壤处于完全冻结阶段；③当土壤日最高温度高于 0 ℃并且日最低温度低于

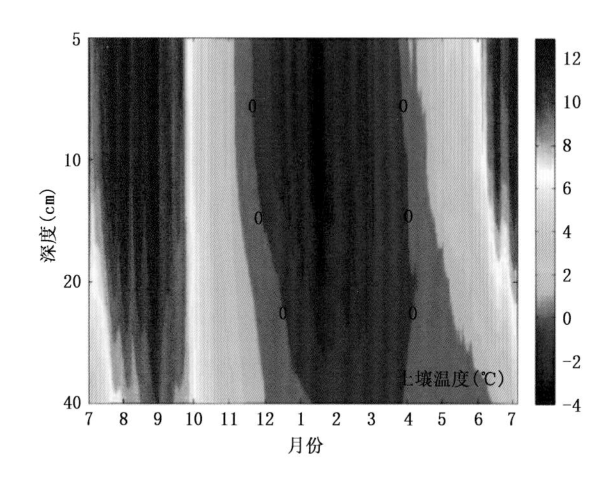

图 3.36 玉树隆宝 5～40 cm 土壤温度的年变化

0 ℃时，土壤处于融化过程和冻结过程阶段。表 3.16 给出了玉树隆宝地区 2015—2016 年 5～40 cm 土壤各冻融阶段持续日数。玉树隆宝地区土壤冻结和融化过程持续日数只有 1～2 d，冻结过程和融化过程快于青藏高原纳木错地区（杨健 等，2012），青藏高原面积广阔，下垫面类型多种多样，不同地区土壤冻结融化阶段的持续日数亦有所不同。

表 3.16 玉树隆宝地区 2015—2016 年 5～40 cm 土壤各冻融阶段日数

深度（cm）	完全融化（d）	冻结过程（d）	完全冻结（d）	融化过程（d）
5	286	1	77	1
10	285	1	76	1
20	291	2	71	1
40	296	2	66	2

图 3.37 为玉树隆宝湿地逐日降水量和 5～40 cm 土壤体积含水量的年变化情况。从土壤体积含水量全年时空分布来看，浅层土壤和深层土壤均存在丰水期和枯水期，土壤体积含水量较高的时期与降水较多的时期相对应，但降水量并不是影响土壤湿度的唯一因子，玉树隆宝湿地的土壤体积含水量还与周围高山融雪和地表径流变化有关。玉树隆宝湿地土壤体积含水量

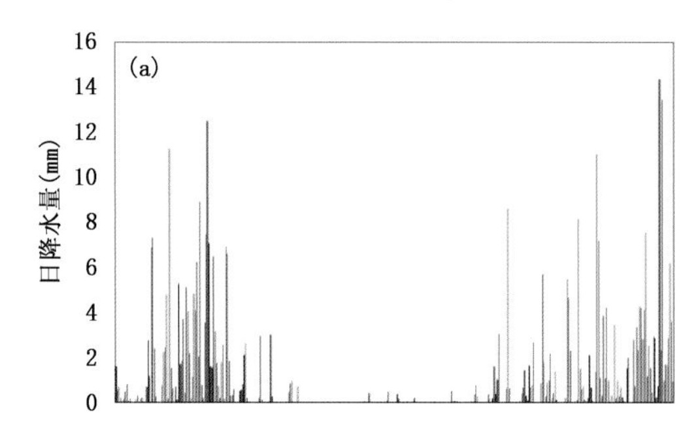

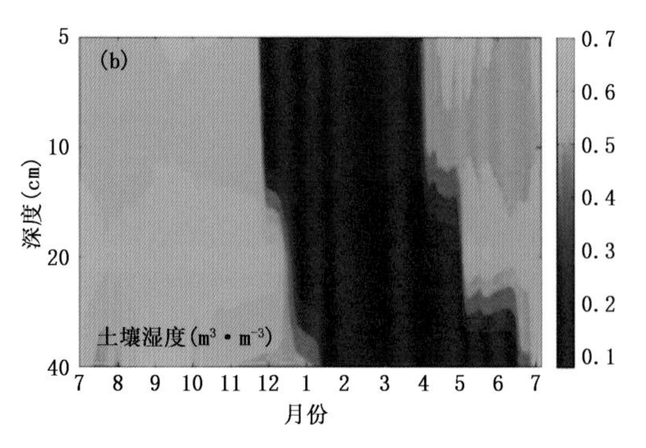

图 3.37 玉树隆宝逐日降水量(a)和 5～40 cm 土壤体积含水量(b)的年变化

年变化幅度很大，可达 0.6 $m^3 \cdot m^{-3}$，深层土壤的枯水期比浅层土壤滞后，20 cm 深度存在一个土壤体积含水量较高的持水层，这一特点与藏东南地区（杨健 等，2012）较为类似。

（2）冻结、融化期间基本气象要素的变化

图 3.38 为玉树隆宝湿地 5～40 cm 土壤冻结期间（12 月 2 日— 1 月 22 日）和融化期间（3 月 26 日—4 月 14 日）地面基本气象要素的变化情况，其中气温、风速和相对湿度为 2 m 高度的观测值。5～ 40 cm 土壤冻结期间，气温变化范围−6 ～12 ℃，风速变化范围 2～ 3 $m \cdot s^{-1}$，总辐射变化范围 120～160 $W \cdot m^{-2}$，相对湿度变化范围 40%～60%。5～40 cm 土壤融化期间，气温变化范围−5～3 ℃，风速变化范围 2～ 4 $m \cdot s^{-1}$，总辐射变化范围 200～ 260 $W \cdot m^{-2}$，相对湿度变化范围 50%～70%。冻结和融化期间没有极端天气过程发生，为分析土壤温、湿度和地表能量收支特征提供了稳定的天气条件。

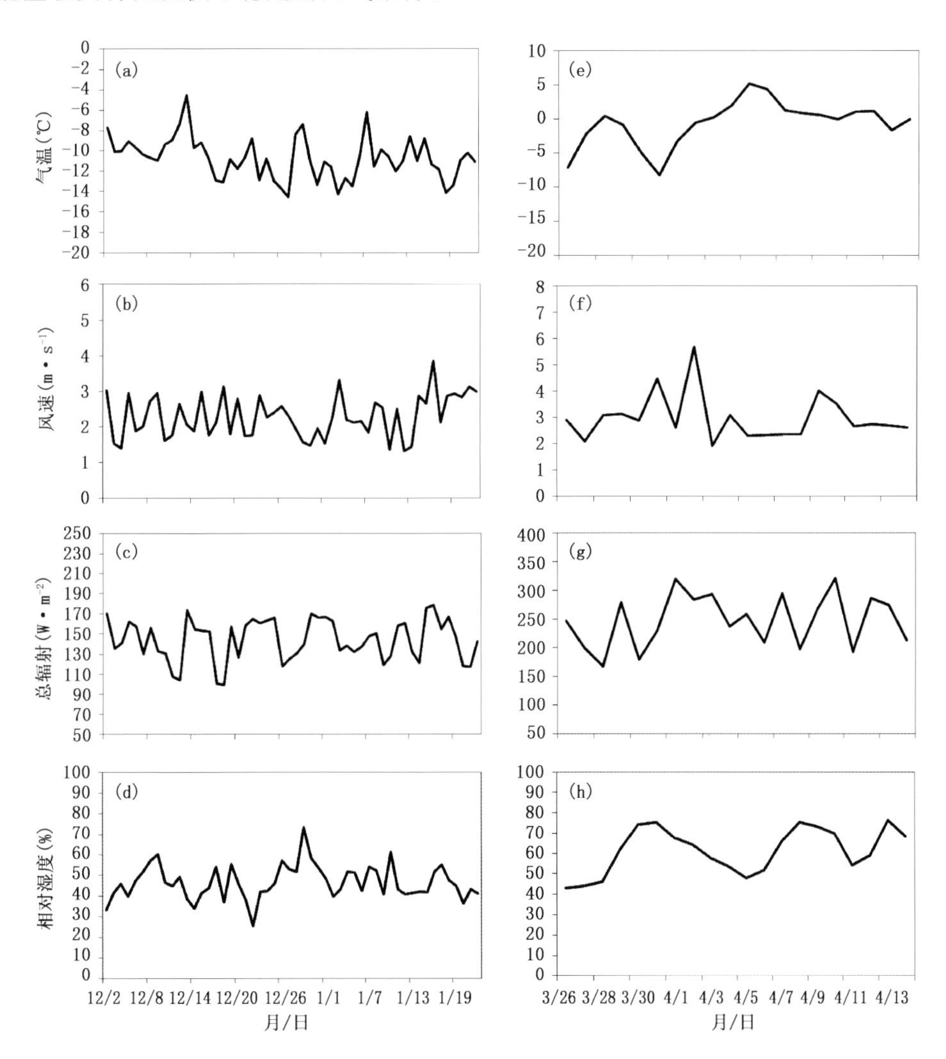

图 3.38 冻结（a～d）、融化（e～h）期间气温、风速、总辐射和相对湿度的变化

（3）冻结、融化期间土壤温、湿度的变化

从玉树隆宝湿地土壤冻结和融化期间 5 cm、10 cm、20 cm、40 cm 土壤温度日平均值的变化（图 3.39）可见，在冻结过程中，5 cm、10 cm、20 cm、40 cm 土壤温度依次跌破 0 ℃，在融化过

程中，5 cm、40 cm、10 cm、20 cm 土壤温度依次突破 0 ℃。冻土冻结的时段定义为从土壤温度日最低值跌破 0 ℃至土壤温度日最高值跌破 0 ℃之间的时间差，冻土融化的时段定义为从土壤温度日最高值突破 0 ℃至土壤温度日最低值突破 0 ℃之间的时间差(Guo et al.，2011)。表 3.17 给出了玉树隆宝湿地 5 cm、10 cm、20 cm、40 cm 土壤冻结和融化的历时，从中可以看出，5 cm 深度土壤冻结和融化历时最短，分别为 9 h 和 6 h，其次为 10 cm 和 20 cm 深度土壤，40 cm 深度土壤冻结和融化历时最长，分别达 35 h 和 28 h。5 cm、10 cm、20 cm、40 cm 土壤冻结历时均长于融化历时，这与青藏高原安多地区(杨梅学 等，2000)较为类似。

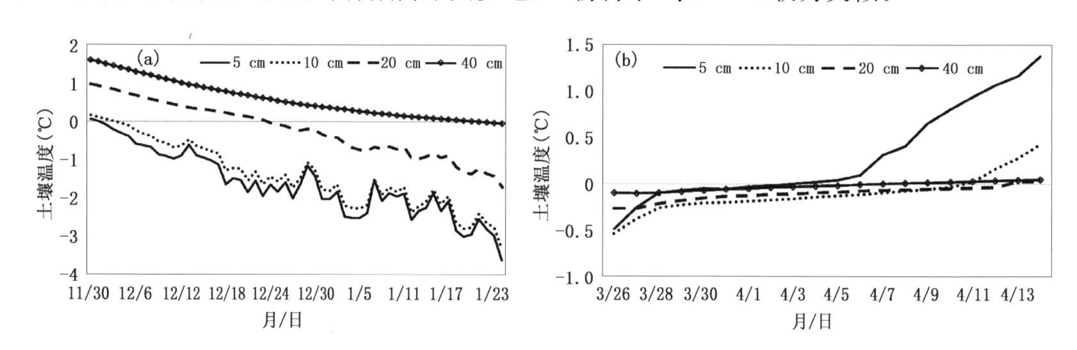

图 3.39 冻结期间(a)和融化期间(b)土壤温度的变化

表 3.17 土壤冻结和融化历时

深度(cm)	冻结历时(h)	融化历时 (h)
5	9	6
10	12	7.5
20	28	19
40	35	28

从玉树隆宝湿地土壤冻结、融化期间 5 cm、10 cm、20 cm、40 cm 土壤体积含水量的变化(图 3.40)可见，在冻结过程中，5 cm、10 cm、20 cm、40 cm 土壤体积含水量均有明显下降，其中 5 cm、10 cm 土壤体积含水量最先开始下降，从 0.65～0.70 $m^3 \cdot m^{-3}$ 下降至 0.15～0.20 $m^3 \cdot m^{-3}$，而后 20 cm 土壤体积含水量从 0.80 $m^3 \cdot m^{-3}$ 下降至 0.15 $m^3 \cdot m^{-3}$，40 cm 土壤体积含水量最后开始下降，从 0.55 $m^3 \cdot m^{-3}$ 下降至 0.15 $m^3 \cdot m^{-3}$。在融化过程中，5 cm、10 cm 土壤体积含水量显著升高，从 0.15～0.20 $m^3 \cdot m^{-3}$ 升高至 0.50～0.55 $m^3 \cdot m^{-3}$，而 20 cm、40 cm 土壤体积含水量变化幅度不大，保持在 0.08～0.12 $m^3 \cdot m^{-3}$。

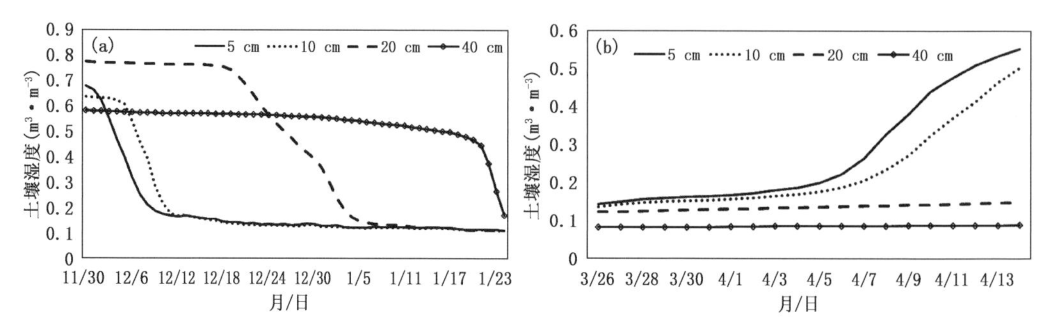

图 3.40 冻结期间(a)和融化期间(b)土壤体积含水量的变化

(4)冻结、融化前后地表能量收支特征

陆地和大气之间的热量交换是控制地面和大气升温的重要因素,研究地表能量收支对于量化和预测全球变暖对青藏高原地区的影响非常重要(唐恬 等,2013)。图3.41为玉树隆宝湿地土壤冻结前后地表能量通量的平均日变化,其中冻结前和冻结后各通量的日变化分别为12月2日和1月22日前后5 d的平均日变化,所用数据为半小时一次。在土壤冻结之后,感热通量白天的值明显升高,日最高值从90 W·m^{-2}升高至160 W·m^{-2},夜间的值略有降低,降幅约为15 W·m^{-2}。潜热通量白天的值在土壤冻结之后明显降低,日最高值从170 W·m^{-2}下降至85 W·m^{-2}。土壤冻结之后净辐射白天和夜间的值均有所降低,且白天的降幅更加明显,净辐射日最高值从640 W·m^{-2}降低至410 W·m^{-2},夜间普遍下降80 W·m^{-2}。冻结前10 cm和30 cm土壤热通量基本维持在−4 W·m^{-2}～−5 W·m^{-2}且日变化幅度都很小,冻结后10 cm和30 cm土壤热通量全天呈"S"形变化,日最低值出现在10时(北京时,下同)前后,10 cm和30 cm土壤热通量日最低值分别为−28 W·m^{-2}和22 W·m^{-2},日最高值出现在18时前后,10 cm和30 cm土壤热通量日最高值分别为5 W·m^{-2}和−4 W·m^{-2}。土壤冻结之后10 cm和30 cm土壤热通量日变化幅度均大幅增加。

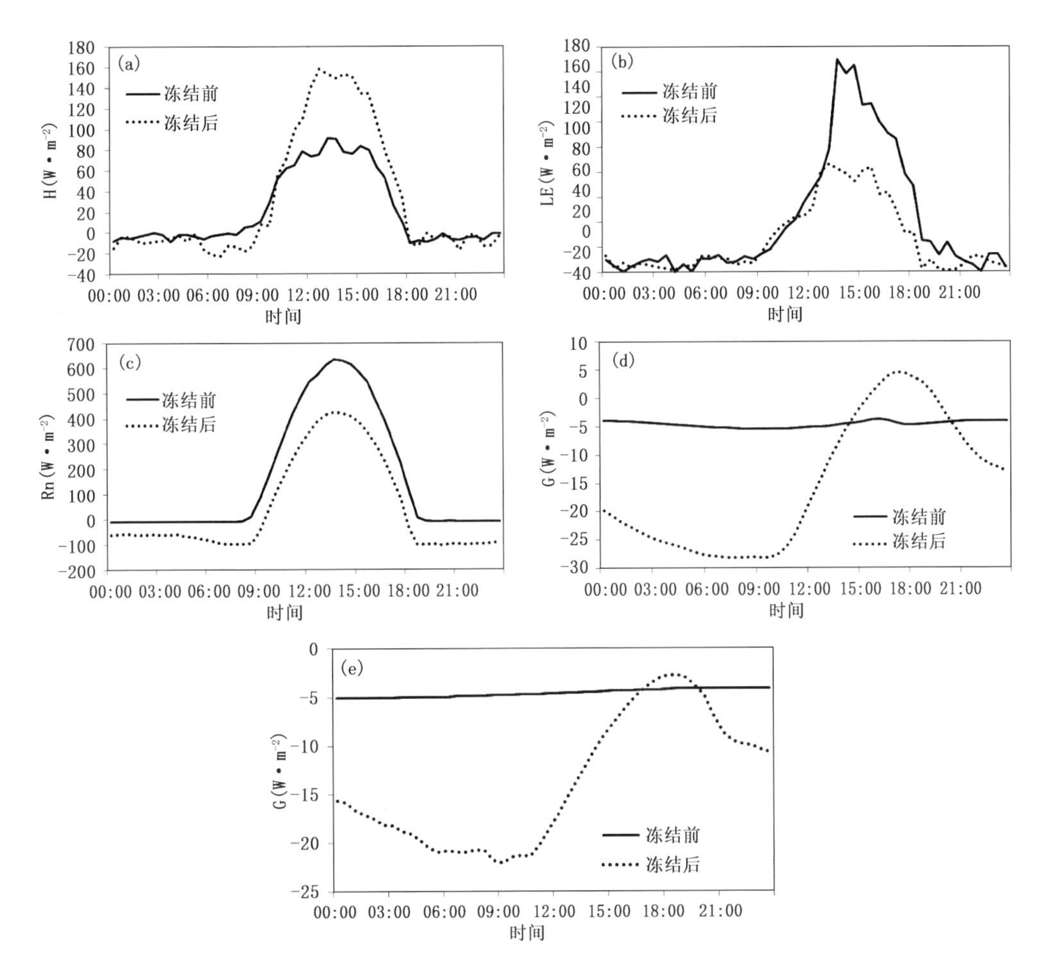

图3.41 冻结前后地表能量收支的日变化

(a)感热;(b)潜热;(c)净辐射;(d)10 cm土壤热通量;(e)30 cm土壤热通量

图 3.42 为玉树隆宝湿地土壤融化前后地表能量通量的平均日变化情况，其中融化前和融化后各通量的日变化情况分别为 3 月 26 日和 4 月 14 日前后 5 d 的平均日变化，所用数据为半小时一次。在土壤融化前后，感热通量未发生明显变化，日最高值维持在 100 W·m^{-2}左右，日最低值维持在－20 W·m^{-2}左右。潜热通量白天的值在土壤融化之后显著升高，日最高值从 70 W·m^{-2}升高至 270 W·m^{-2}。土壤融化之后净辐射白天的值有所升高，日最高值从 300 W·m^{-2}升高至 700 W·m^{-2}。融化前 10 cm 和 30 cm 土壤热通量基本维持在 0～1 W·m^{-2}且日变化幅度都很小，融化后 10 cm 和 30 cm 土壤热通量全天均呈“S”形变化，夜间为负值白天为正值，日变化幅度大幅增加，分别达到 100 W·m^{-2}和 60 W·m^{-2}，日最高值出现在 16 时前后。

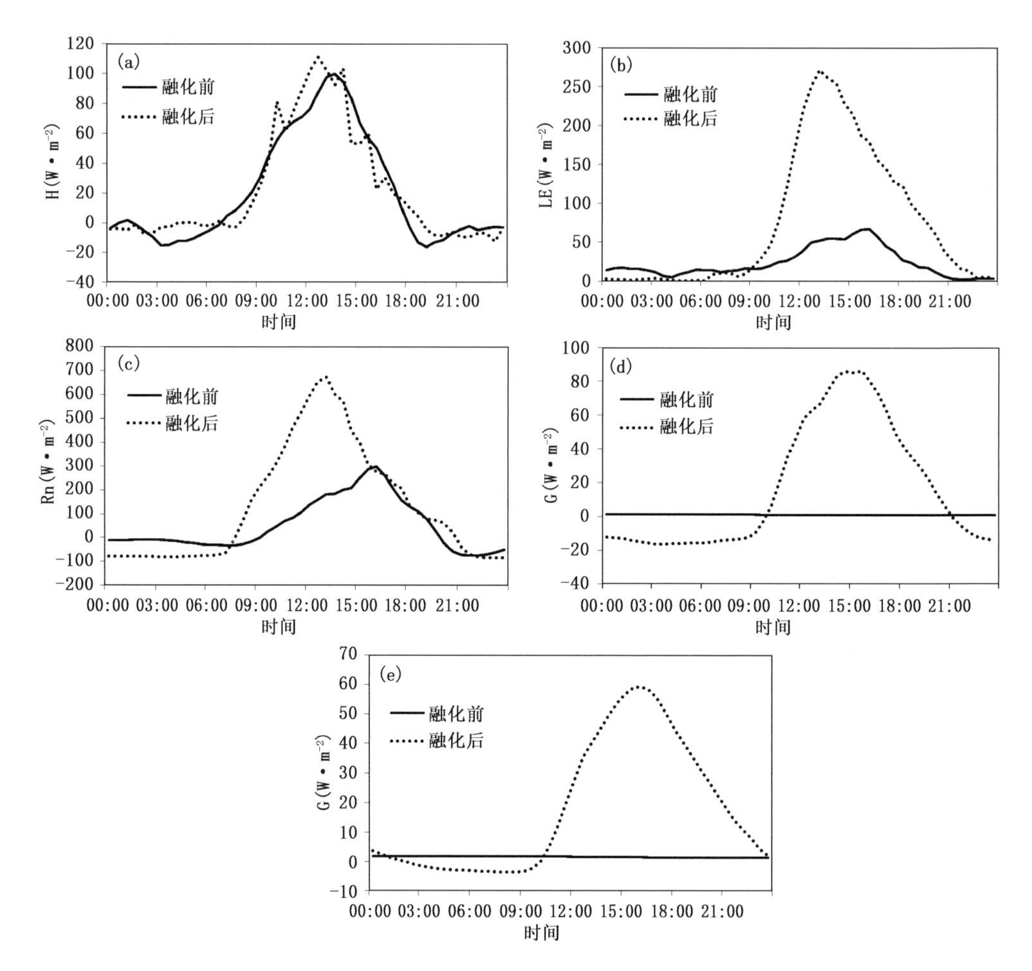

图 3.42 融化前后地表能量收支的日变化

(a)感热；(b)潜热；(c)净辐射；(d)10 cm 土壤热通量；(e)30 cm 土壤热通量

地表能量通量变化在冻结、融化前后的一系列差异主要由于土壤体积含水量的变化所致，表层土壤体积含水量的减少会导致地表蒸发作用减弱，并引起热量传递方向的改变。表 3.18 给出了土壤冻结、融化前后陆面参数的比较，其中土壤热导率 λ、土壤热容量 C 和土壤热扩散率 κ 采用张乐乐等(2016)计算唐古拉地区土壤热参数时的方法，

$$\lambda = -\frac{(G_{10cm} + G_{30cm})/2}{\Delta T/\Delta z} \tag{3.14}$$

$$C = \frac{(G_{10cm} - G_{30cm})/\Delta z}{\Delta T/\Delta t} \tag{3.15}$$

$$\kappa = \frac{\lambda}{C} \tag{3.16}$$

式中：G_{10cm}、G_{30cm} 分别为 10 cm 和 30 cm 深度的土壤热通量；$\Delta T/\Delta z$ 和 $\Delta T/\Delta t$ 分别为 10 cm ～30 cm 土壤温度梯度和 20 cm 土壤温度随时间变化率，冻结前和冻结后所用数据分别为 12 月 2 日和 1 月 22 日前后 5 d 的半小时一次数据，融化前和融化后所用数据分别为 3 月 26 日和 4 月 14 日前后 5 d 的半小时一次数据。从表 3.18 可以看出，土壤冻结之后，地表反照率、鲍恩比、土壤热导率和土壤热扩散率均有不同程度的增大，而土壤热容量减小；土壤融化之后，地表反照率、鲍恩比、土壤热导率和土壤热扩散率均有不同程度的减小，而土壤热容量增大。其中变化最为显著的是土壤热容量和土壤热扩散率，在冻结、融化前后相差近 20 倍。

表 3.18　土壤冻结、融化前后陆面参数

	冻结前	冻结后	融化前	融化后
地表反照率	0.19	0.21	0.20	0.19
鲍恩比	0.98	2.05	2.43	0.67
土壤热导率($W \cdot (m \cdot K)^{-1}$)	0.81	2.98	3.01	0.92
土壤热容量($10^6 J \cdot (cm \cdot K^{1})^{-1}$)	3.81	0.22	0.26	3.74
土壤热扩散率($10^{-6} m^2 \cdot s^{-1}$)	0.21	14.9	11.5	0.24

常规微气象观测中，土壤热通量板一般埋藏于土层之中，测得的土壤热通量为土壤热通量板所在深度的土壤热通量。为研究地表能量平衡状况，需得到地表土壤热通量的变化情况。本节采用葛骏等(2016)分析青藏高原北麓河地区地表土壤热通量时的计算方法，

$$G_0 = G_{30cm} + \rho_s c_s \times \left(0.2 \times \frac{\partial T_{0cm}}{\partial t} + 0.1 \times \frac{\partial T_{10cm}}{\partial t}\right) \tag{3.17}$$

式中：G_0、G_{30cm} 分别为地表和 30 cm 深度的土壤热通量；T_{0cm}、T_{10cm} 分别为地表和 10 cm 深度的土壤温度；$\rho_s c_s$ 为土壤热容量，当土壤发生冻融循环时，不同阶段的土壤热容量可以采用 Yao 等(2011)提出的方法进行修正。

图 3.43 为玉树隆宝湿地土壤冻结、融化前后地表能量闭合状况，其中纵坐标为感热通量与潜热通量之和，横坐标为净辐射与经过计算的地表土壤热通量之差，回归直线的斜率代表了能量闭合状况。在土壤冻结之后和融化之后，能量闭合状况均略有升高。有研究(Yao et al.，2008)认为地表积雪在一定程度上影响能量闭合状况，当地表有积雪覆盖时，雪盖融化或升华时吸收的能量以及存储在雪盖中的部分能量会导致能量闭合状况偏小。玉树隆宝湿地 2015 年冬季降水稀少，地表无积雪覆盖，能量闭合状况较高。

3.3.2.3　结论和讨论

利用玉树隆宝湿地 2015 年 7 月—2016 年 7 月微气象和涡动相关系统的观测资料，分析了青藏高原高寒湿地在土壤冻结、融化期间的土壤温、湿度和地表能量收支特征，主要结论有：

(1)玉树隆宝湿地冻土持续时期为 12 月至次年 4 月，深层土壤的冻结较浅层土壤有一定的滞后，冻结深度达到 40 cm 以下，融化过程快于冻结过程，5～ 40 cm 土壤全部冻结历时

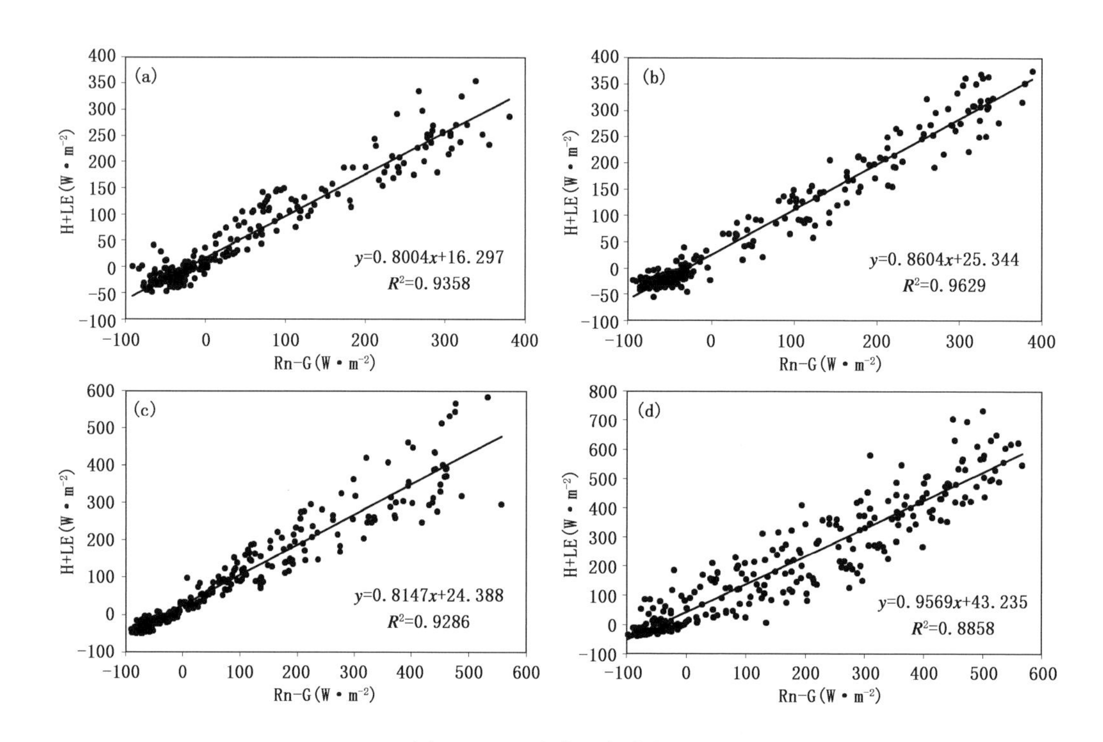

图 3.43　地表能量闭合状况

(a)冻结前；(b)冻结后；(c)融化前；(d)融化后

51 d，全部融化历时 19 d。

(2)玉树隆宝湿地土壤体积含水量年变化幅度达 0.6 $m^3 \cdot m^{-3}$。冻结过程中 5 cm、10 cm、20 cm、40 cm 土壤体积含水量均有明显下降，融化过程中 5 cm、10 cm 土壤体积含水量显著升高，而 20 cm、40 cm 土壤体积含水量变化幅度不大。

(3)土壤冻结之后，感热通量白天的值明显升高，潜热通量白天的值明显降低，净辐射和土壤热通量白天和夜间的值均有所降低。土壤融化之后，潜热通量、净辐射和土壤热通量白天的值明显升高。土壤热通量日变化幅度在冻结和融化之后均增大。

(4)土壤冻结之后，地表反照率、鲍恩比、土壤热导率和土壤热扩散率均增大，而土壤热容量减小；土壤融化之后，地表反照率、鲍恩比、土壤热导率和土壤热扩散率均减小，而土壤热容量增大。

3.3.3　西北干旱半干旱地区大气边界层的发展特征比较

目前比较主流和可靠的边界层的观测还主要依赖单点探空，主要原理是从大气的热力扩线结构(如位温或者湿度)上判定边界层高度。这样的观测成本较高，且观测资料的时空代表性都有较大的局限性，对于研究大尺度空间，如干旱半干旱区域——整体大气边界层发展是不足的。

利用 2012 年 7 月在内蒙古巴丹吉林沙漠进行的连续观测，与 20 世纪再分析资料(3 小时一次)给出的同一时段的边界层高度以及大气位温廓线进行对比。通过对比发现，尽管二者存在一些差距，但两种资料描述的大气边界层发展却比较一致。尤其值得注意的是，两种资料给出的残余层层结率的逐日变化也较接近。在这些比较研究的基础上，项目接下来重点关注残余层在深厚对流边界层发展中的作用。这样的研究主要是因为在 2009 年 8 月 30 日巴丹吉林观测试验中发现了较弱感热（峰值 150 $W \cdot m^{-2}$）驱动出较深厚（峰值约 3000 m）大气边界层，而在 8 月 31 日较强的感热（峰值 250 $W \cdot m^{-2}$）却驱动出了较低的（峰值约 2000 m）大气边界层。

从 20 世纪再分析资料的结果（图 3.44）可以看到，在处于干旱半干旱区域的蒙古国夏季，残余层层结率与大气边界层日最大高度之间存在非常显著的负相关。这部分说明了地区的深厚对流大气边界的出现，除了与地表较强的感热通量相关以外，还与当地总能保持中性且深厚的残余层密切相关。这种认识与经典的大气边界层日变化是一致的。但必须说明的是，在较为湿润地区，由于夏季天气活动较多，夜间残余层的结构很容易受到影响。这可能是造成在这些地区少有深厚且中性残余层存在的重要原因，从而也不利于对流边界层的发展。

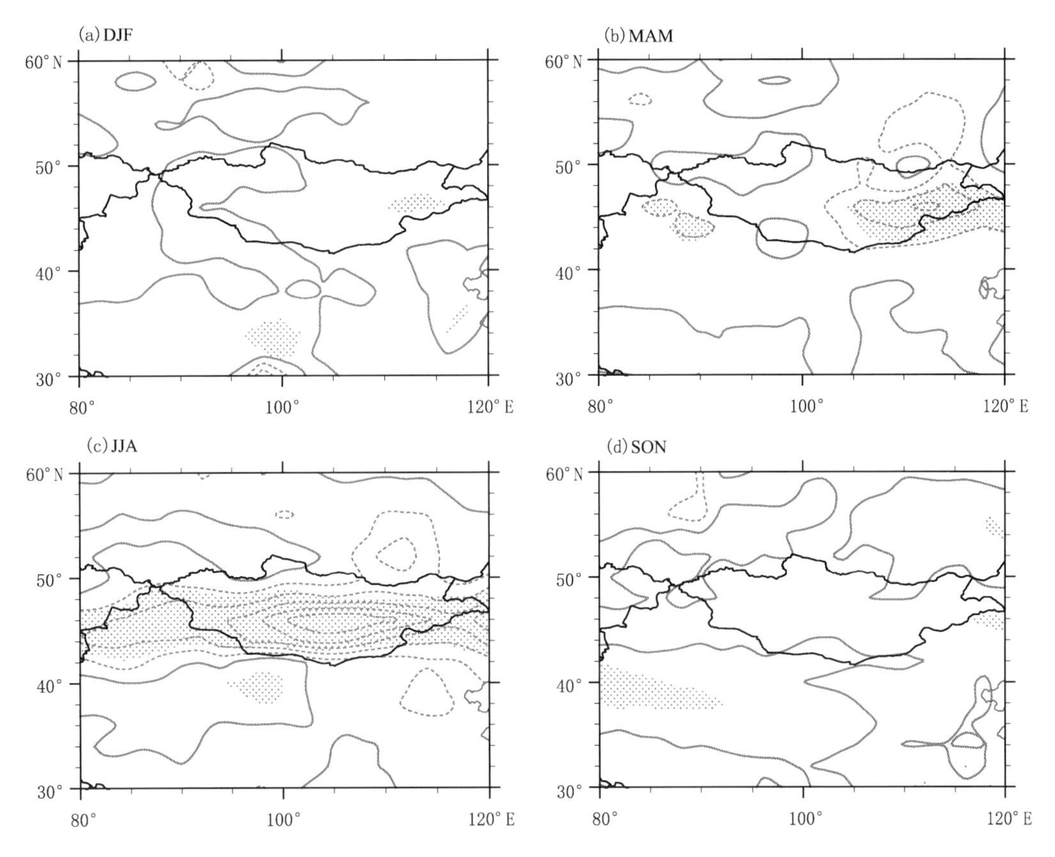

图 3.44 残余层层结率线性回归的边界层高度异常（等值线间隔 60 m）
（图中零线被加粗，阴影表示结果通过 95% 置信度检验）

残余层与边界层的耦合在不同干旱半干旱地区也存在差异。专题选择塔克拉玛干沙漠与巴丹吉林沙漠对比后发现，尽管塔克拉玛干地区存在着更强的地表感热，但其夏季平均日最大大气边界层高度却低于巴丹吉林地区（图 3.45）。从二者的残余层层结率来看，塔克拉玛干沙漠的残余层层结率更加稳定，这是不利于深厚对流边界层出现的。影响这两个地区残余层层

结率的潜在因素很多。专题从大气平流作用加热在不同高度的加热率上入手，发现巴丹吉林地区相比于塔克拉玛干地区，其大气平流加热总是有利于在大气对流层低层出现或维持中性的层结结构(图略)。这种现象背后更深层次的原因，可能与地形、西风急流位置、天气尺度运动强度等有关。

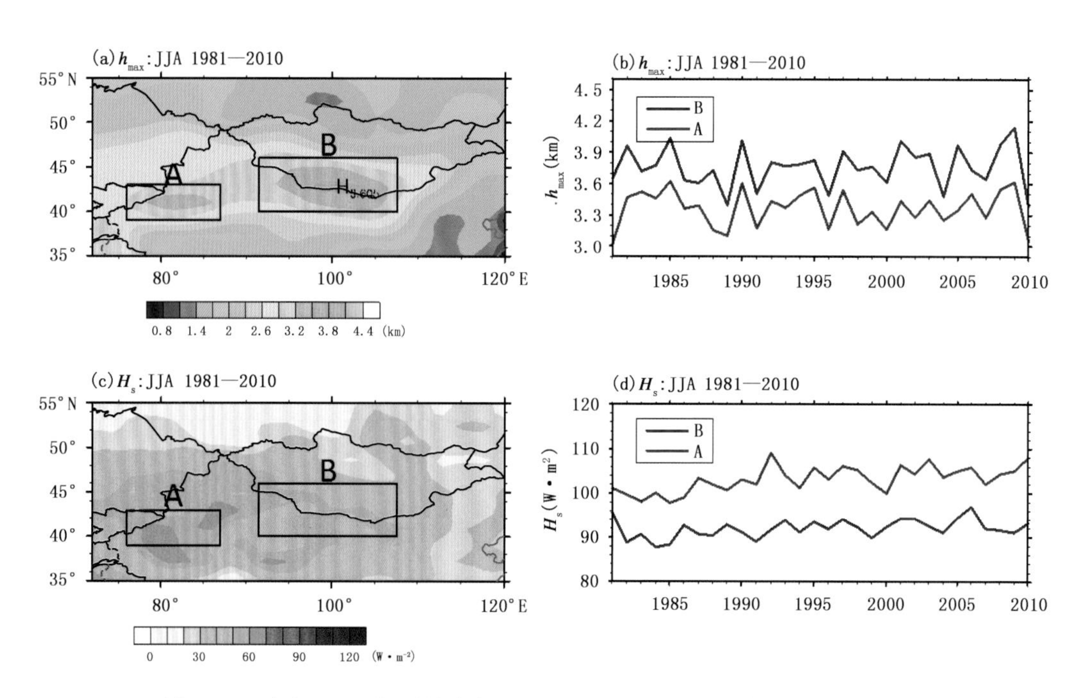

图 3.45 夏季(6—8 月)平均大气边界层日最大高度(a)与感热通量(c)分布，以及二者在不同区域平均的年变化(b)，(d)

3.3.4 西北干旱半干旱地区深厚大气边界层的成因分析

通过对比巴丹吉林和塔克拉玛干沙漠夏季对流边界层厚度以及地表通量状况，发现在巴丹吉林地区较弱的地表感热通量激发出较深厚的对流边界层，而塔克拉玛干沙漠则相反。研究发现，塔克拉玛干沙漠地区地表感热可以解释超过 90%的大气对流边界层变化，而巴丹吉林沙漠则是感热变化和残留层层结率各解释 50%的大气对流边界层变化(图 3.46)。进一步分析发现，巴丹吉林地区由平均环流平流加热引起的中低层对流层加热率的差异，非常有利于深厚且中性残余层的维持，而塔克拉玛干沙漠的大尺度平流加热则是倾向于将残留层变得更加稳定(图 3.47)。这项研究说明，大尺度环流场可以通过影响残留层的稳定度进而影响对流边界层的发展，因此大气湍流运动与大尺度运动之间的相互作用实际上是一种反馈过程。

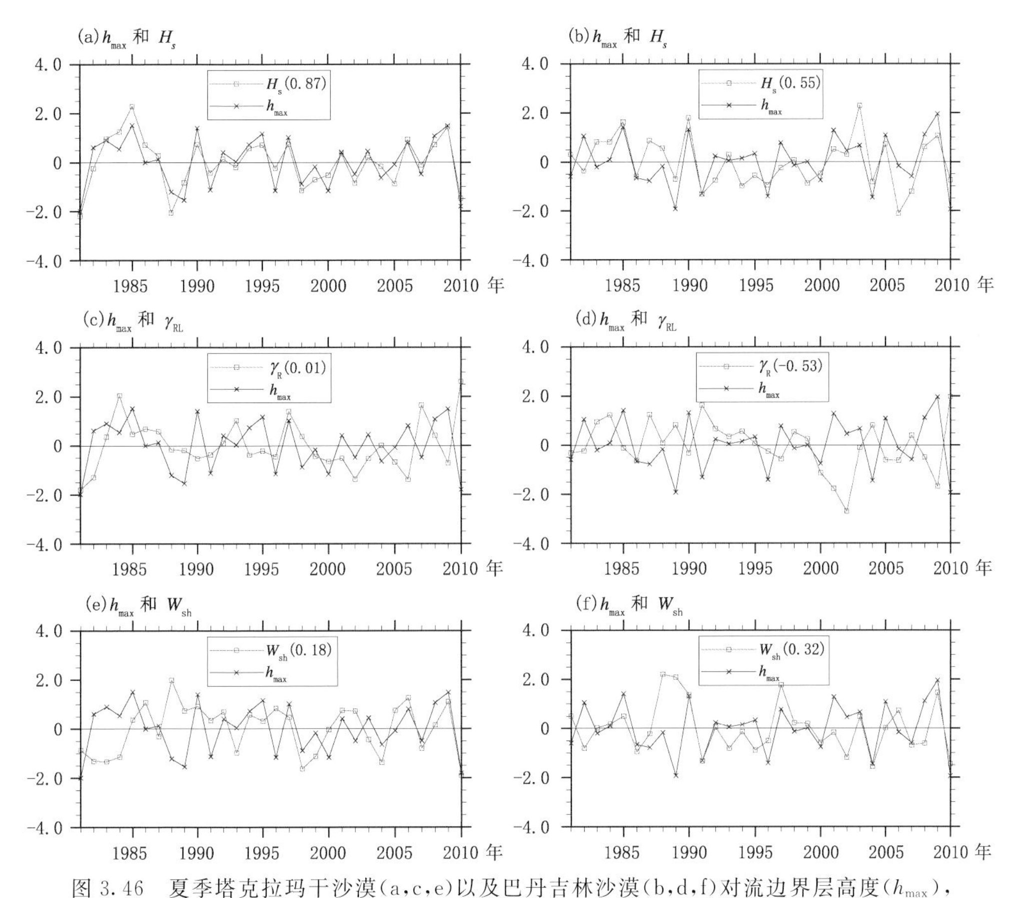

图 3.46　夏季塔克拉玛干沙漠(a,c,e)以及巴丹吉林沙漠(b,d,f)对流边界层高度(h_{max}),地表感热通量(H_s)以及残留层风切变(W_{sh})的标准化序列以及两两之间的相关系数(括号内的数值)

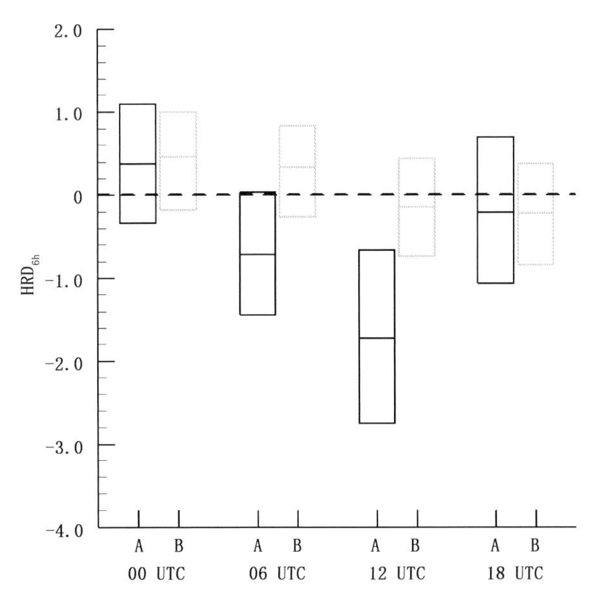

图 3.47　夏季塔克拉玛干(深色)和巴丹吉林沙漠(浅色)平流加热率在700 hPa 和 500 hPa 层面上差值的平均日变化(单位:10×10^{-4} K·s^{-1})。盒须图的上下沿代表 75%和 25%范围所在,横线表示中值

3.4 北方半干旱区边界层观测特征

3.4.1 北方半干旱区近地层湍流运动特征

3.4.1.1 北方半干旱区近地层湍流运动宏观统计特征

观测站点位于内蒙古东部浑善达克沙地南端，代表该地区典型的退化沙地的下垫面特征。其平均海拔高度为1240 m，属于典型半干旱地区，全年降雨量为350 mm左右。四周地形比较简单，下垫面因过度放牧和农垦已严重沙漠化，零星地生长着草木，春季的下垫面基本为裸露沙地，盛行风向为西北风。

如图3.48所示，风速水平分量和垂直分量的湍流强度随不稳定性的增强而增长。水平分量的数据点与垂直方向相比较为分散。但总体来说，两个水平分量的湍流强度数值比较接近，且比垂直分量的高，并且随着不稳定性的增强其值也增长得更快。在近中性条件下，σ_u/U、

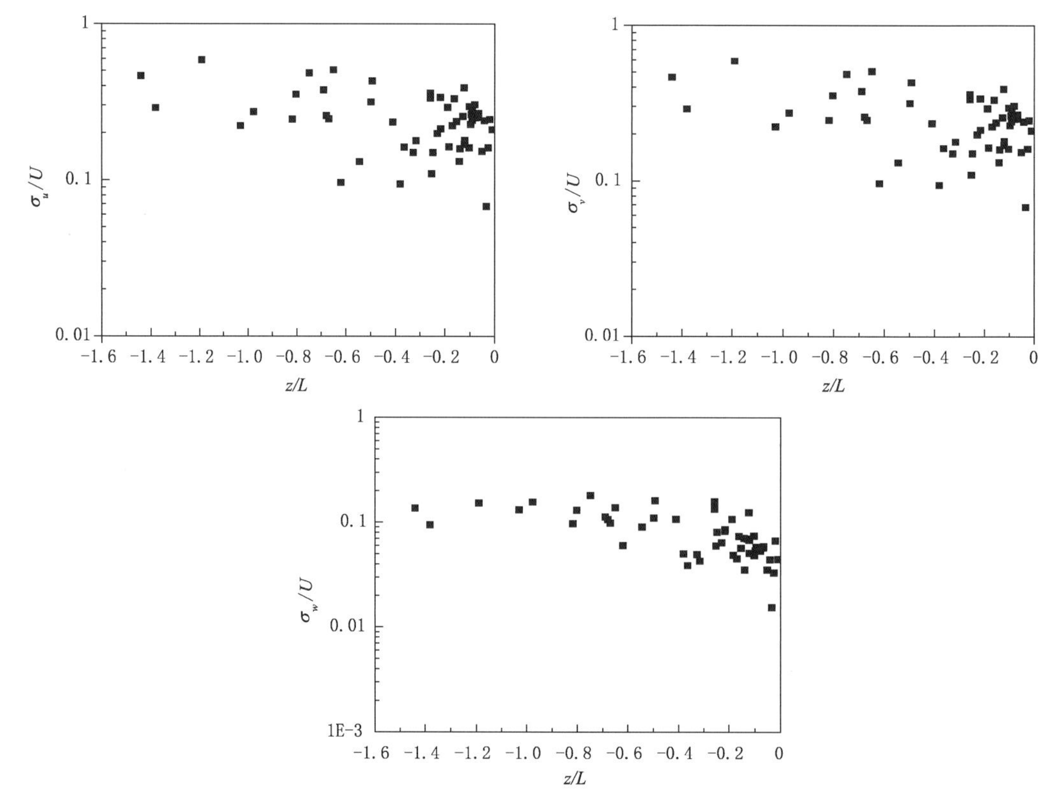

图3.48 内蒙古东部沙地地区水平纵向风速、水平横向风速和垂直风速湍流强度随稳定度参数 z/L 的变化关系

σ_v/U、σ_w/U 值的范围分别为0.15～0.25、0.06～0.23、0.03～0.07。

如图3.49所示，σ_u/u_*、σ_v/u_*、σ_w/u_* 都是在中性条件下值最小，随着稳定和不稳定程度的增加它们的值也呈现出增加的趋势；近中性时，σ_v/u_*、σ_w/u_* 的值接近于常数，而 σ_u/u_* 的数据点较分散。当 $z/L>-0.02$ 时，σ_u/u_*、σ_v/u_*、σ_w/u_* 的平均值分别为2.6、2.3、0.92。本节得到的值比Panofsky在平原地区的值要大，与刘辉志(2003)在科尔沁沙丘的值较接近。可见，局地观测点周围地形主要对水平风速有影响，而垂直方向涡旋尺度较小，能较快适应下垫面的起伏。

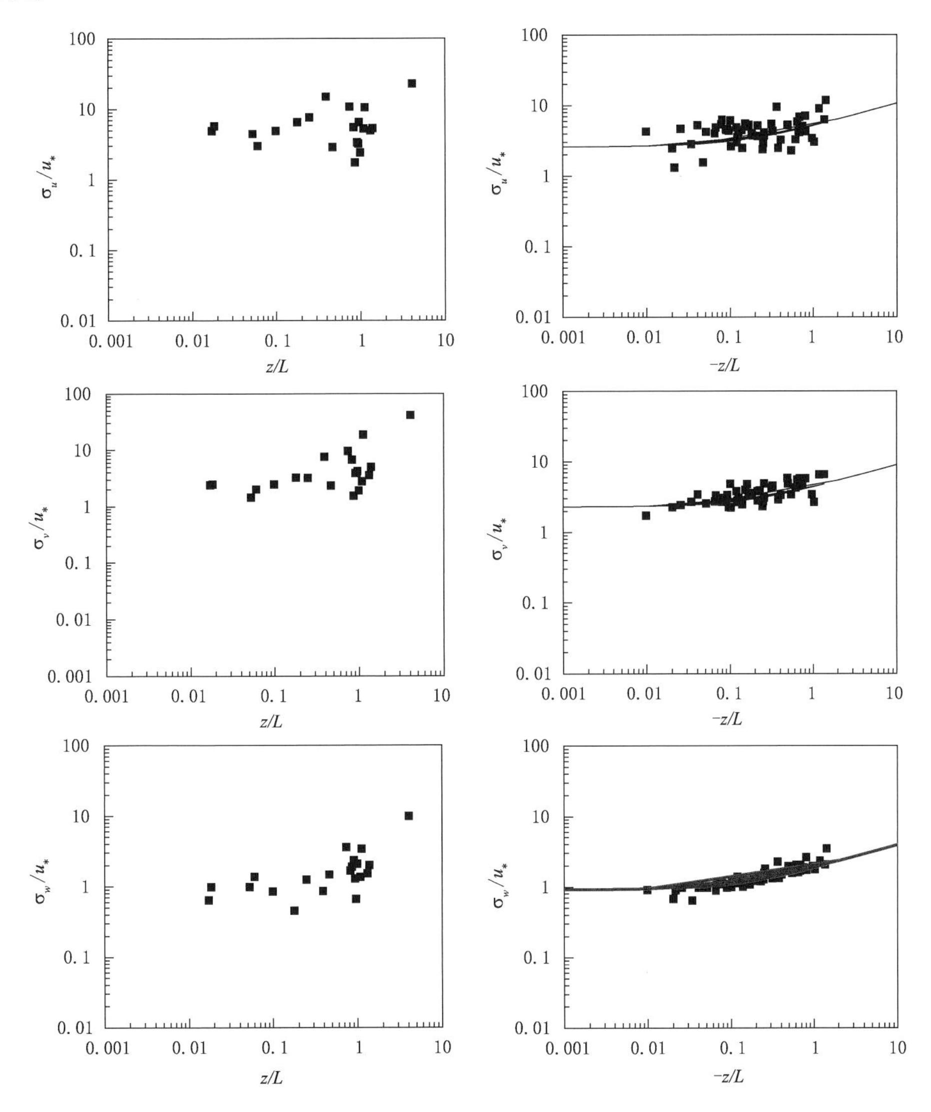

图3.49　水平纵向风速、横向风速和垂直风速的归一化标准差 σ_u/u_*、归一化标准差 σ_v/u_* 和归一化标准差 σ_w/u_* 随稳定度(z/L)的变化

研究还发现，不稳定层结时 σ_u/u_*，σ_v/u_* 的实验数据随 z/L 的变化规律比 σ_w/u_* 要差，也就是说它们不完全遵守近地面层的相似性。Kaimal(1994)曾认为 σ_u/u_*、σ_v/u_* 不遵从M-O相似规律，Panofsky(1977)也指出 u，v 方向的湍流速度更多地受整个大气边界层湍涡的支配，而不能单纯从近地面层的M-O相似性的尺度确定其规律，水平方向的湍流速度尺度用混合层

高度较适合。但不少学者根据各种不同下垫面观测资料分析发现水平无量纲标准差同样满足 z/L 的 1/3 次幂次率。

在不稳定条件下，热力因素对 σ_w/u_* 的影响最大，而对 σ_u/u_*、σ_v/u_* 的影响较小，这说明湍流垂直涨落的能量主要来源于浮力做功，而水平涨落能量却不直接来源于此。这也说明了水平方向无量纲标准差对地形扰动的影响比较敏感。

$$\sigma_u/u_* = 2.6(1-7.0\frac{z}{L})^{\frac{1}{3}}, \qquad \frac{z}{L}<0 \tag{3.18}$$

$$\sigma_v/u_* = 2.3(1-6.0\frac{z}{L})^{\frac{1}{3}}, \qquad \frac{z}{L}<0 \tag{3.19}$$

$$\sigma_w/u_* = 0.92(1-7.5\frac{z}{L})^{\frac{1}{3}}, \qquad \frac{z}{L}<0 \tag{3.20}$$

根据莫宁一奥布霍夫长度相似理论，在不稳定层结下，温度归一化标准差 σ_T/θ_* 与稳定度参数 z/L 呈 $-1/3$ 的幂次关系，在对流状态下表达式为：

$$\sigma_T/\theta_* = \alpha(-\frac{z}{L})^{-\frac{1}{3}}, \qquad \frac{z}{L}<0 \tag{3.21}$$

如图 3.50 所示，在不稳定层结下，σ_T/θ_* 的值随着稳定度参数 z/L 的绝对值的增大而减小；稳定层结下的数据点较少且离散较大，但其总体趋势也表现为 σ_T/θ_* 随 z/L 的增大而减小，这与周明煜(2000)在青藏高原观测的结果以及刘辉志(2003)在内蒙古奈曼流动沙丘的观测都是一致的。在不稳定层结下，σ_T/θ_* 符合 z/L 的 $-1/3$ 次方律，拟和得到的近中性层结下的 α 数值为 1.0。

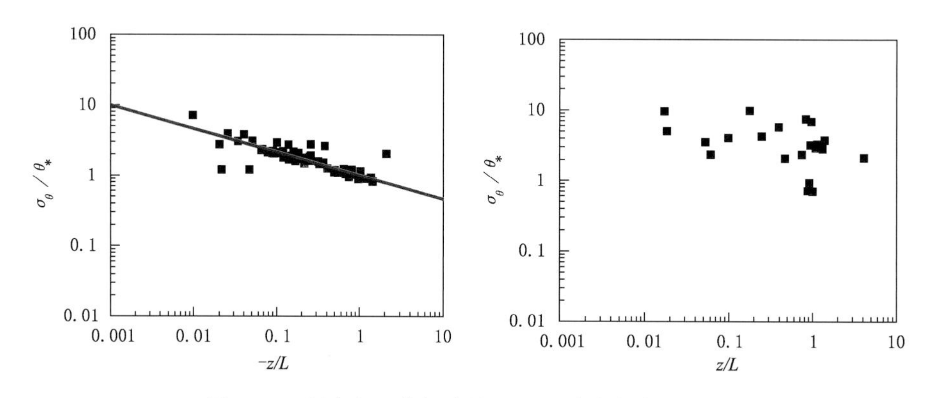

图 3.50　温度归一化标准差 σ_w/u_* 随稳定度的变化

由于稳定层结下，湍流运动减弱，u_* 和 T_* 都很小，而且湍流脉动量的测量受到各种噪声干扰，u_* 和 T_* 的测量可靠性较差，符合条件的数据点很少且离散性较大，所以本处对稳定条件下的湍流运动不作深入讨论。

参照温度和湿度特征参数，沙尘气溶胶质量浓度特征尺度定义为：

$$\gamma_* = \frac{\overline{w'\gamma'}}{u_*} \tag{3.22}$$

图 3.51 给出了 γ_* 随稳定度的变化，散点表示沙尘气溶胶质量浓度特征尺度 γ_*，实线为零值线，从图上看来，γ_* 的值普遍很小，在 ±0.002 之间，围绕零值线上下波动，随稳定度并没有表现出明确的规律。这就表明，沙尘气溶胶质量浓度和温度、湿度虽然都是标量，但影响因子是不相同的。

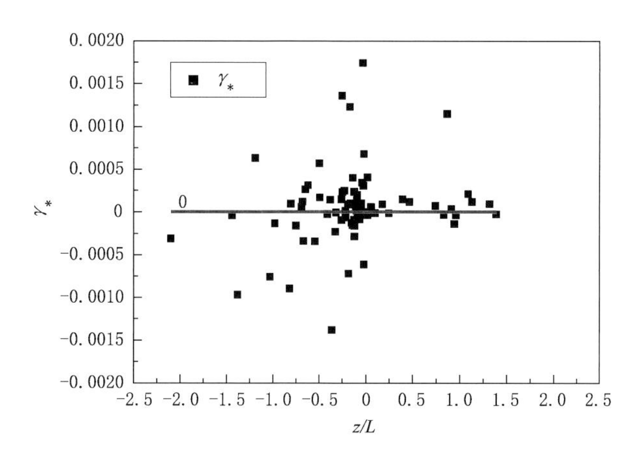

图 3.51　沙尘气溶胶质量浓度特征尺度 γ_* 随稳定度的变化

给出不稳定条件下 γ 的无量纲方差与稳定度参数 z/L 的关系。由图 3.52 可见，数据点比较分散，但其总体趋势很明显，表现为随 z/L 绝对值的增大而减小。拟和的关系式为

$$\sigma_\gamma/\gamma_* = 15(-z/L)^{-4/3}, \qquad z/L < 0 \tag{3.23}$$

注意到，虽然 σ_γ/γ_* 也是 z/L 的函数，但其幂次却是 $-4/3$。尽管本节给出的观测结果比较粗糙，但还是在一定程度上反映出沙尘气溶胶浓度湍流特征和规律。

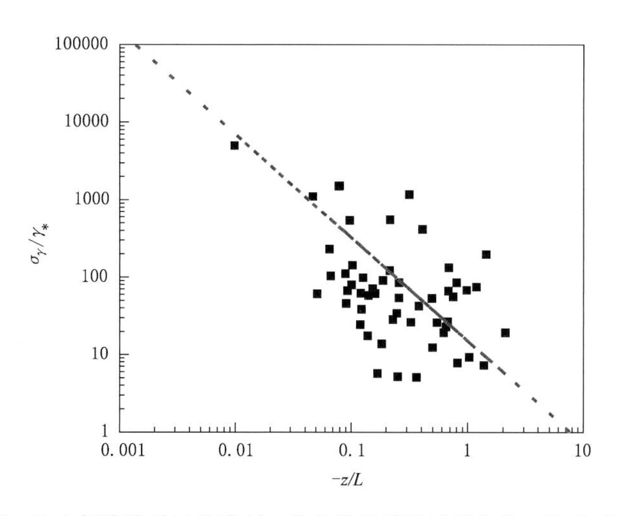

图 3.52　沙尘气溶胶质量浓度归一化标准差随稳定度参数 z/L 的变化关系

3.4.1.2　北方半干旱区近地层湍流运动频谱特征

近中性条件下三个风速分量的归一化湍流能谱，从图 3.53 中可以看到，三个速度分量的能谱在惯性区趋向于“$-\frac{2}{3}$ 次方”，纵向、横向、垂直方向的峰值频率 f_{mu}、f_{mv}、f_{mw} 分别为 0.047、0.11、0.545，并且满足 $f_{mu} < f_{mv} < f_{mw}$，也就是说，u、v、w 方向含能涡尺度逐渐减小，这还与观测高度和观测到的湍流涡旋尺度有关。而且可以看到在低频端随着频率的减小，w 方向能谱要比水平方向下降的快得多，说明垂直方向上湍流主要分布在小尺度。

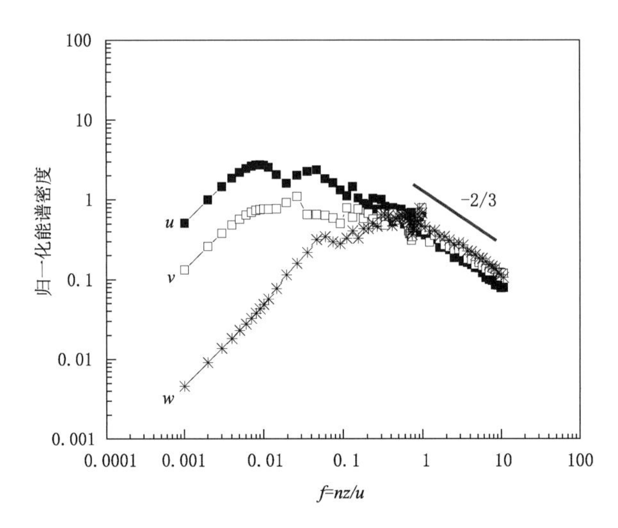

图 3.53　近中性条件下三个风速分量的归一化能谱

另外，用近中性时($\frac{z}{L}=0.06$)资料对风速各分量(u、v、w)和温度谱与近中性情况下堪萨斯州实验(典型的平坦草原下垫面)的结果进行比较，如图 3.54，其中(■)是本节结果，(★)代表 Kaimal 利用堪萨斯州草原的资料得出的结果。图 3.54 显示，春季沙尘源地的湍谱具有如下特征：

(1)风速谱在惯性区成一直线，斜率为 $-2/3$ ，这和理论分析以及许多外场实验的结果是一致的。作为标量的温度谱在惯性区谱线的斜率与 $-2/3$ 很接近，但似乎比 $-2/3$ 略平缓一些。

(2) u 谱的形状与 Kaimal 的典型值相比呈现出不同特征(图 3.54a)，在 $f<0.090$ 的低频区域能量明显比参考值偏高，并且出现了双峰。第一峰值在 $f_m=0.047$ 处，按照主导涡旋尺度 λ_m 与峰值频率 f_m 的关系，$\lambda_m=z/f_m$ ，可以得到峰值波长也就是 u 方向上的主导涡旋尺度约为 178 m，第二峰值能量比第一峰值还要高，其峰值频率位置大约在 $f_m=0.008$ 处，相当于主导涡旋尺度为 1044 m，这说明在 u 方向上主要是数百米到数千米的湍涡对湍强起作用。堪萨斯州实验在 11.3 m 高度处测量的中性时 u 谱峰值频率约为 0.070，对应的主导涡旋尺度为 166 m，这与本研究第一峰值处的特征是很接近的。图 3.54a 表明近中性 u 谱的惯性区从 $f=0.010$ 开始。

(3) v 谱(图 3.54b)与参考值相比，从 $f<0.075$ 开始，其低频部分的能量也明显偏高，而且与 u 方向类似，它也出现了双峰现象，只是没有 u 方向那么明显，它的第一峰值频率大约为 0.110，第二峰值频率约为 0.027，分别对应于 v 方向上主导涡旋的尺度为 76 m 和309 m，这说明在 v 方向上主要是数十米到数百米的湍涡对湍强起作用。

(4)相对于 u 、v 方向的速度谱，w 谱(图 3.54c)与 Kaimal 代表典型平坦均一下垫面的结果一致性最好，说明下垫面条件的影响对垂直速度谱的影响最小，Roth(1993)在城市下垫面的观测结果也说明了这点。这也是因为 w 谱的能量相对集中在高频，能迅速对地形的变化做出调整。这与前面对无量纲速度标准差的分析也是一致的。但本节的 w 谱与典型草原下垫面的情况也有不同之处。在 $f<0.090$ 的低频部分所含能量略微偏高，并且也表现出双峰的特征，只是第二峰值的能量比第一峰值低得多。w 谱的第一峰值频率 $f_{mw}\approx 0.545$ ，相当于主

导涡旋尺度约为 15 m，这与 Kaimal 得出的结果（$f_{mw} \approx 0.52$）和其他一些实验是比较一致的，这就意味着在垂直方向上湍流主要是尺度较小，频率较高的湍涡对湍强起作用。

（5）温度谱（图 3.54d）与 Kaimal 的结果在 $f > 0.060$ 时比较一致，但当 $f < 0.060$ 时形状差异很大，能谱值在 $f = 0.027$ 处达到一个峰值（约 1.7）后，出现一个拐点，然后迅速攀升，在 $f = 0.006$ 处达到最大（其值约为 5.4）。

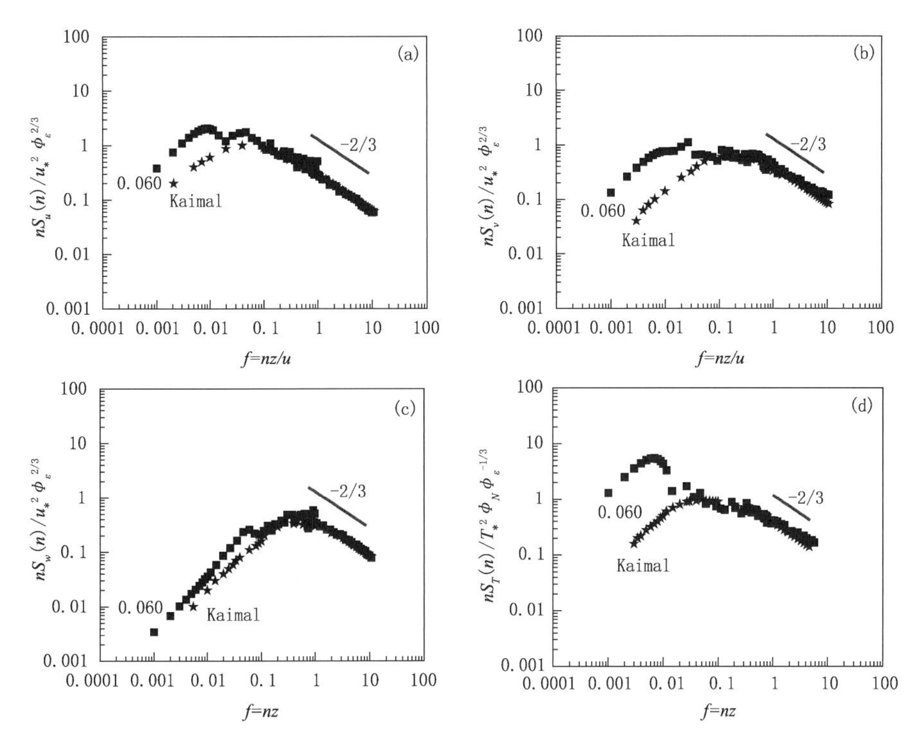

图 3.54　近中性风速谱和温度谱与 Kansas 典型平坦草原下垫面结果比较

如图 3.55 所示，不同稳定度情况下归一化的湍流速度谱（u、v、w）和温度谱随频率变化的双对数曲线结果显示，u 谱、v 谱、w 谱在高频区分别在无因次频率 $f > 0.12$、$f > 0.20$、$f > 1.00$ 时满足惯性区特征。在低频区，能谱曲线的分布与稳定度有关，谱曲线有随稳定度的增加而逐渐向右下偏移的趋势，湍流能量减少，最大能量对应的频率增大，这个特征在 w 谱图上表现的最有规律，水平谱次之，而在温度谱上表现得最差。

从图 3.55 可以看出，由于归一化的原因，各种谱在惯性副区合并在一起，且斜率满足 Kolmogorov 的 $-2/3$ 的指数规律；其中 u 谱、v 谱、w 谱在高频区分别在无因次频率 $f > 0.12$、$f > 0.20$、$f > 1.00$ 时满足惯性区特征。在低频区，能谱曲线的分布与稳定度有关，谱曲线有随稳定度的增加而逐渐向右下偏移的趋势，湍流能量减少，最大能量对应的频率增大，这个特征在 w 谱图上表现得最有规律，水平谱次之，而在温度谱上表现得最差。

值得注意的是，水平速度谱的含能区，稳定情况下谱曲线都出现了双峰，有研究者（陈家宜等，1993）经过计算发现第二峰值的频率与 Brunt-Vaisala 频率接近，认为可能是地形诱发重力波的影响，由于多伦实验站周围地形起伏较大，与 Kansas 典型平坦草原下垫面有很大不同，所以这里出现双峰可能也是地形的影响。李洁（2003）在国际能量平衡实验中也观测到稳定情况下的水平风速谱达到第一峰值后下降，然后在低频段又有上翘的特征，且上翘斜率近似为 -2。

Cava 等(2001)利用 1994—1995 年在南极 Nansen Ice Sheet 观测数据得到的稳定边界层水平风速谱扰动很大，也认为是地形造成的扰动；Högström 认为上翘部分是中尺度波作用的结果。李洁(2003)对两个不同高度浮力副区对比之后认为，这种中尺度波是稳定边界层内波和湍流能同时存在的结果，可能包含地形的影响(就像 Cava 解释的那样)；并且浮力副区的涡是中等大小的，由于垂直运动受到稳定度的抑制，涡是准二维的，因此在 w 谱中没有这个区域。从图中还可以看出无论在稳定还是不稳定条件下，低频区水平谱的能量都比垂直谱显著偏高。

在低频端，稳定条件下的温度谱特征与水平纵向谱很相似，出现了双峰，而且温度谱的第二峰值频率和 u 谱的第二峰值频率恰好是重合的，因此可以认为水平速度脉动能够影响温度脉动；Lumley 和 Panofsky(1964)认为风速的 u 分量和 w 分量对 T 的波动有影响，因此，可以想象温度谱也会受到 u 谱和 w 谱的影响。Kaimal(1972)认为随着 $-z/L$ 的增加，w 对 T 的影响会逐渐增强；相反，u 对 T 的影响则逐渐减弱。

从图 3.55 看出，各种稳定度情况下的温度谱曲线在低频区表现为交织在一起，没有表现出明确的随稳定度的变化规律，但前面温度脉动标准差却表现出了随 z/L 变化，可能是因为不稳定条件下，尽管温度脉动随湍流强度的增强而增强，但更大尺度的湍流没有发展起来，所以在温度谱上没有明显地反映出来。这也表明低频段温度谱可能还受其他尺度的控制。在高频端较稳定条件下惯性副区从 $f>0.97$ 开始，不稳定条件下从 $f>0.60$ 开始，在惯性区归一化温度谱曲线满足 $-2/3$ 指数规律。

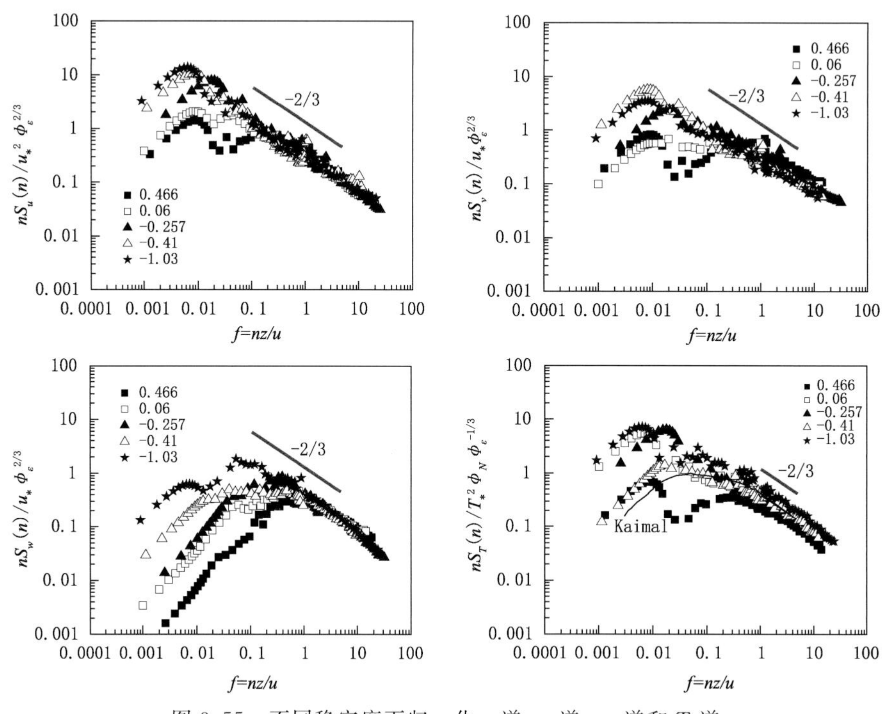

图 3.55 不同稳定度下归一化 u 谱、v 谱、w 谱和 T 谱

图 3.56 给出了沙尘气溶胶浓度谱随频率的变化曲线，横轴是无量纲频率，纵轴是沙尘气溶胶浓度谱密度。由图 3.56 可以看出，四个不同稳定度下的沙尘气溶胶浓度功率谱形状相似，只是能谱数值大小随稳定度的不同而不同，意味着沙尘气溶胶谱可能是稳定度参数的函数，这与前面得到的沙尘气溶胶脉动的无量纲标准差随稳定度有一个近似的变化关系也是对

应的。谱值随无因次频率的增加而增加，在 $0.9<f<2.0$ 之间达到最大值(图中实线与四条谱曲线的交点附近)，稳定度参数 0.460、0.060、−0.257、−0.410 情况下的峰值频率分别为 1.689、1.416、1.689、0.906。这说明沙尘气溶胶质量浓度谱峰值频率也有随着不稳定性的增强而向低频偏移的趋势。能谱达到最大值后，随着频率的升高，能谱曲线变化很平缓。到无量纲频率 $f=5$ 后又迅速上升，考虑到仪器的采样频率，可以认为高频段的上翘是仪器分辨率有限的原因和噪声的影响。值得注意的是，沙尘气溶胶谱图上没有看到像湍流风速谱、温度谱、湿度谱出现的惯性区，这也可能是由观测误差和噪声造成的，因为沙尘气溶胶的谱密度主要集中在较高频区间，说明尺度较小(主导涡旋尺度在 8 m 左右)、频率高(峰值频率在 1 附近)的湍涡对沙尘气溶胶的脉动起主要作用。

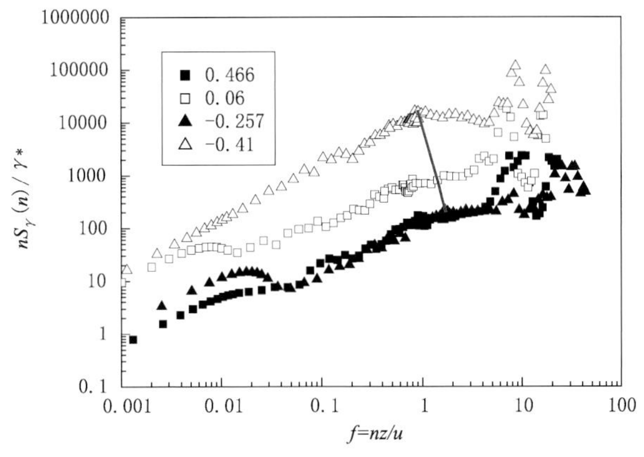

图 3.56　不同稳定度下沙尘谱随无因次频率的变化

如图 3.57 所示，不同稳定度时横向风速谱和垂直风速谱与纵向风速谱的比值随频率的变化情况结果显示低频段不同稳定度的曲线分散开，在高频段混合在一起，分布在 4/3 直线附近较小的范围内，围绕这条直线上下波动。分析原因，这可能不仅和地形差异有关。湍流谱在高频处各向同性满足得较好，在低频处却不满足，这和 Kolmogorov 提出的“局地各向同性”的观点是吻合的。

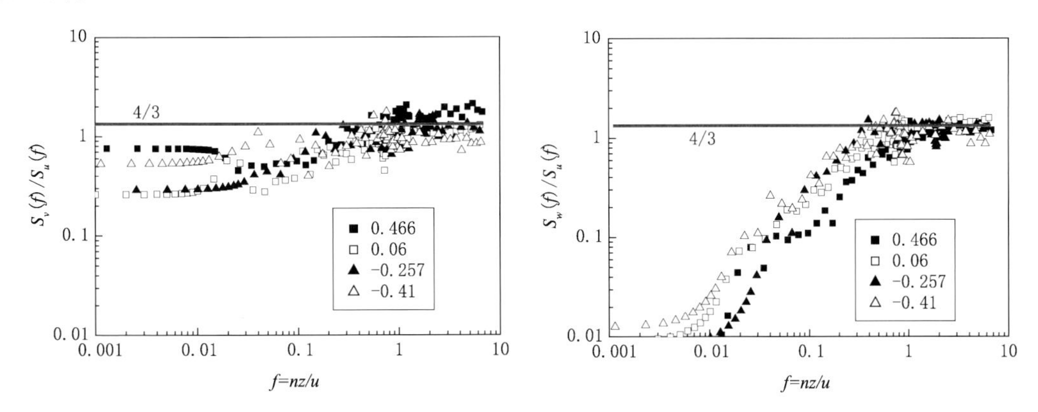

图 3.57　不同稳定度条件下横向风速谱和垂直风速谱的局地湍流各向同性特征 $S_v(f)/S_u(f)$ 和 $S_w(f)/S_u(f)$

和横向谱与纵向谱的比值相比，垂直谱和纵向谱比值在低频的值更低，也就是说后者所受到的低频限制更为严重。低频处的值远远小于 4/3，随着频率升高，这个比值也不断升高，最终达到 4/3，而且从这幅图上可以看出，不同稳定度条件下的比值达到 4/3 的频率也不同，也就是说惯性副区开始的频率不同，表现为随着不稳定程度的加强，惯性副区的低端频率递减。这和在堪萨斯州实验中观测到的现象是一致的。Kaimal(1973)还认为限制频率与稳定度和观测高度都有关系。所有稳定度条件下的比值在 $f=1$ 时都达到了 4/3 直线。高频段也是混合在一起，围绕 4/3 直线上下波动，但波动的幅度要比横向风速谱与纵向风速谱的比值小的多。

3.4.2 我国北方干旱区湍流通量与输送特征

3.4.2.1 动力学地表粗糙度

地表粗糙度可以被定义为空气动力粗糙长度(Z_0)被定义为在风速廓线中近地表风速为 0 的高度(Prigent et al.,2005)。地表粗糙度是起沙过程一个重要的影响因子，它既影响潜在的风蚀强度，又影响起沙所需的最小风速(Gillette et al.,1988)。地表粗糙度的大小与下垫面粗糙元的形态学分布以及空间分布密切相关。本节研究的野外试验站位于科尔沁沙地，坐落于内蒙古自治区的奈曼旗。科尔沁沙地为中国北方最典型的沙尘源区之一，由于过度的放牧和砍伐，地表被严重破坏，但是自从 2003 年当地政府推出禁牧政策，该地区的植被情况得到了明显的改善，但是植被情况极其依赖降雨，还与降雨的时间有关。该地区的年降雨量约为 366 mm 并且平均年蒸发量约为 1936 mm(Yang et al.,2013)，说明该地区为典型的半干旱区。

尽管测站周围地形较为平坦，但是在塔中的四周地表状况仍旧存在差别，此外，随着季节的不同，植被的覆盖情况也存在明显的差异，因此需要分季节和风向来确定地表粗糙度。

利用 2011—2015 年连续五年的观测资料，每 45°为一组，分为 8 组，并逐月统计出近中性条件下的风廓线数据。本研究采用较为常见的近中性廓线外推拟合法计算地表粗糙度。表 3.19 给出了不同风向和季节的地表粗糙度数值，并将其应用于计算起沙通量等物理量的计算。

表 3.19 不同风向和不同月份的地表粗糙度

Z_0/n	0°～45°	45°～90°	90°～180°	180°～225°	225°～270°	270°～315°	315°～360°
1 月	0.028	0.05	0.04	0.043	0.013	0.005	0.018
2 月	0.009	0.05	0.04	0.043	0.013	0.005	0.018
3—4 月	0.009	0.38	0.04	0.043	0.006	0.005	0.018
5—6 月	0.028	0.15	0.04	0.043	0.006	0.005	0.018
7—8 月	0.028	0.15	0.04	0.124	0.006	0.005	0.034
9 月	0.028	0.15	0.04	0.124	0.013	0.005	0.034
10—11 月	0.028	0.05	0.04	0.088	0.013	0.005	0.034
12 月	0.028	0.05	0.04	0.088	0.013	0.005	0.018

3.4.2.2 水热交换与输送

分别开展涡动相关法与空气动力学法、大孔径闪烁仪法的对比(奈曼站)，有利于了解资料的可靠性以及选取合适的方法。分别应用空气动力学法和涡动相关法计算感热通量，如图 3.58 所示，结果表明两种方法得到的感热通量的时间序列非常一致，但是整体上空气动力学法的结果明显高于涡动相关法，尤其是中午。主要原因为两种方法计算通量的代表区域不同。

由于LAS的印痕所代表的区域通常大于EC的印痕区域，所以LAS可以捕捉到具有较大尺度的湍涡运动，而EC无法观测到大尺度的湍涡结果，这导致EC方法获取的感热通量存在低估。对于均匀平坦下垫面，LAS具有捕捉低频运动的能力，因此LAS测量的感热通量大多高于EC的结果。

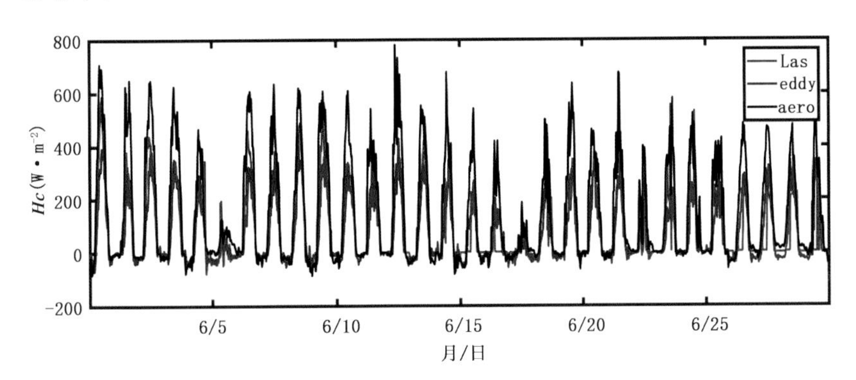

图3.58　涡动相关法、LAS和空气动力学等不同方法获取感热通量的对比

3.4.2.3　物质通量与输送

基于新的对流起沙和对流起沙判据：首先筛选出所有的起沙事件，起沙事件的判据为起沙通量(F)大于0 $\mu g \cdot m^{-2} \cdot s^{-1}$，3 m的$PM_{10}$浓度以及$F$持续增加30分钟以上，如果满足以上的条件，就认为这是一次起沙事件。在全部的起沙事件中，进一步筛选跃移和对流起沙，其中跃移起沙的判据为本次起沙事件的最大摩擦速度大于临界摩擦速度。而对流起沙则需满足本次起沙事件的最大摩擦速度小于临界摩擦速度，同时对流速度尺度($w*$)大于0 $m \cdot s^{-1}$，表示此类起沙事件是对流作用占主导。按照以上判据筛选出的科尔沁地区2011—2015年，五年的月均的两种起沙事件的发生次数以及累积释放的沙尘通量，如图3.59所示。其中跃移起沙的月发生次数从最低的10次(2月)到最高的222次(5月)，并且跃移起沙集中发生在春季。而对流起沙的发生次数则从最低的27次(2月)到最高的187次(7月)，并且很明显集中发生在夏季。跃移起沙释放的累积沙尘通量最高发生在4月(累积沙尘通量为48874 $\mu g \cdot m^{-2} \cdot s^{-1}$)，然后就是5月(累积沙尘通量为46672 $\mu g \cdot m^{-2} \cdot s^{-1}$)，而对流起沙释放的累积沙尘通量最高发生在7月(累

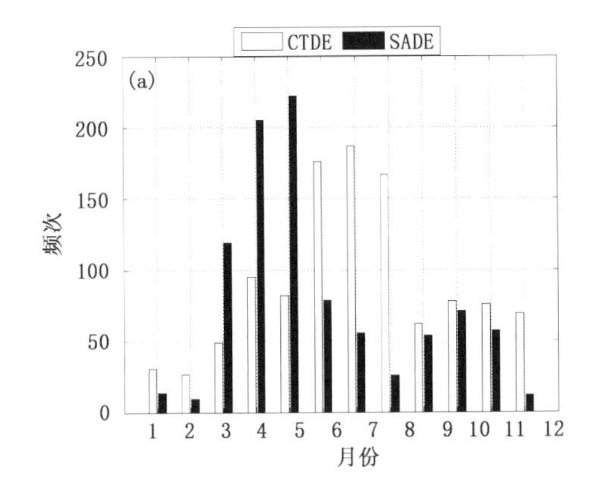

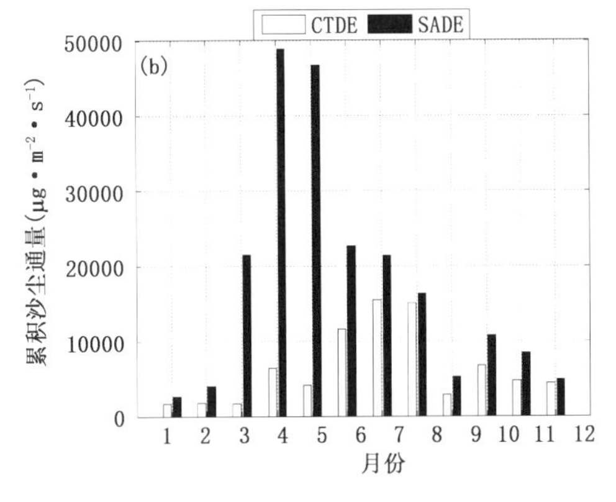

图3.59　科尔沁地区2011—2015年跃移起沙和对流起沙(a)发生次数和(b)释放的累积沙尘通量的月变化

积沙尘通量为 15431 $\mu g \cdot m^{-2} \cdot s^{-1}$)，然后就是 8 月(累积沙尘通量为 15098 $\mu g \cdot m^{-2} \cdot s^{-1}$)。尽管单次的对流起沙释放的沙尘通量要明显小于跃移起沙所释放，但是对流起沙高的发生次数，导致其释放的沙尘通量总量与对流起沙相当在夏季、秋季和冬季，因此对流起沙对于大气气溶胶的贡献是不可忽略的。

3.4.2.4 近地层水热和能量平衡

大气边界层的热力结构是对地表热力过程的响应，各项的比例不同，将直接影响热力边界层的结构特征。图 3.60 反映了试验期间的地表能量平衡情况。通过净辐射可知，3—10 日天气总体晴朗，11 日之后云雨较多，净辐射大大削弱。由于 7 月 3 日之前的降水较强，导致晴朗期前期水汽较多，潜热更强；而云雨期虽有降水，但水汽含量低，用于潜热蒸发的水分不足，感热较强。

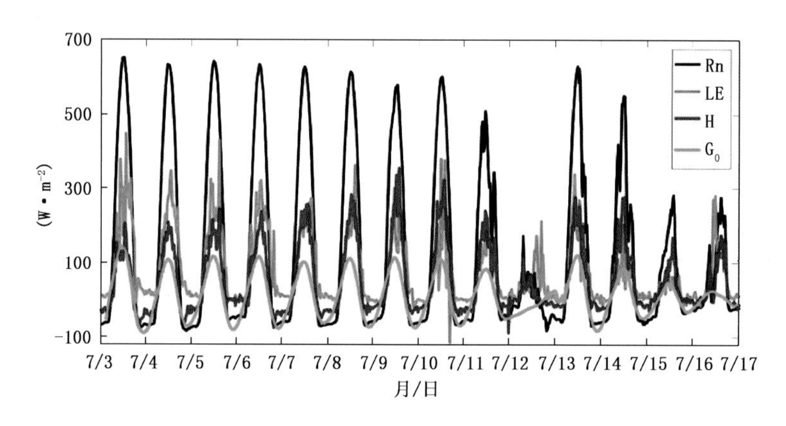

图 3.60 地表能量平衡

净辐射由感热通量、潜热通量及地表热通量组成，观测表明，在科尔沁沙地，净辐射主要以感热、潜热的形式存在，土壤热通量仅占净辐射的 7.2%。在典型晴天条件下，最大净辐射平均约 640 $W \cdot m^{-2}$，感热通量平均 242 $W \cdot m^{-2}$，潜热通量平均 359 $W \cdot m^{-2}$。与张强等(2008)在甘肃敦煌观测的相比，科尔沁半干旱沙地白天净辐射更高，这与西北地区地表反照率更高有关(Zeng et al.，2010)，但也可以看出，科尔沁半干旱沙地对于太阳辐射的存储量较大。在能量分配中，干旱区感热通量占主导地位，而科尔沁半干旱沙地由于水汽含量相对更高，可蒸发的水分更充足，因而潜热通量高于感热通量，这是半干旱区与干旱区的明显区别。

3.4.2.5 地表土壤温度的计算

地表土壤热通量是地表能量平衡的重要组成部分，研究地表能量平衡不闭合、地气间能量传输、发展陆面模式等问题，均需要对地表土壤热通量有更好的估计。

土壤热传导方程：

$$\frac{\partial T_s}{\partial t} = -K \frac{\partial^2 T_s}{\partial z^2} \tag{3.24}$$

式中：T_s 为土壤温度；K 为土壤热扩散率；z 为深度。

假设土壤深处温度不变，表层温度呈周期性变化，边界条件有：

$$\text{下边界：}\lim_{z \to \infty} \frac{\partial T_s}{\partial t} = 0$$

$$上边界：T_s(0,t) = T_{s0} + A_0 \sin(\frac{2\pi}{P}t) \tag{3.25}$$

式中：T_{s0}为地表日平均地温，A_0为日振幅，P为变化周期。

假设土壤导温率K不随深度、时间改变，方程解为：

$$T_s(z,t) = T_{s0} + A_0 \exp(-z\sqrt{\frac{\pi}{KP}})\sin(\frac{2\pi}{P}(t-\frac{z}{2}\sqrt{\frac{P}{K\pi}})) \tag{3.26}$$

某深度地温各个谐波的振幅、位相为：

$$A_k = \sqrt{a_k^2 + b_k^2}, \varphi_k = \arctan(\frac{b_k}{a_k}) \tag{3.27}$$

地表温度各谐波的振幅、位相为：

$$A_0 = A_z \exp(z\sqrt{\frac{\pi}{KP}}) \quad \theta_0 = \theta_z + z\sqrt{\frac{\pi}{KP}} \tag{3.28}$$

利用多项式拟合，拟合曲线与地表的交点c为地表平均温度：

$$y = ax^2 + bx + c \tag{3.29}$$

式中：x为深度；y为温度。如图3.61所示，最终合成地表温度为：

$$x(t) = a_0 + \sum_{k=1}^{\infty} A_k \sin(\frac{2\pi k}{n}t + \theta_0) \tag{3.30}$$

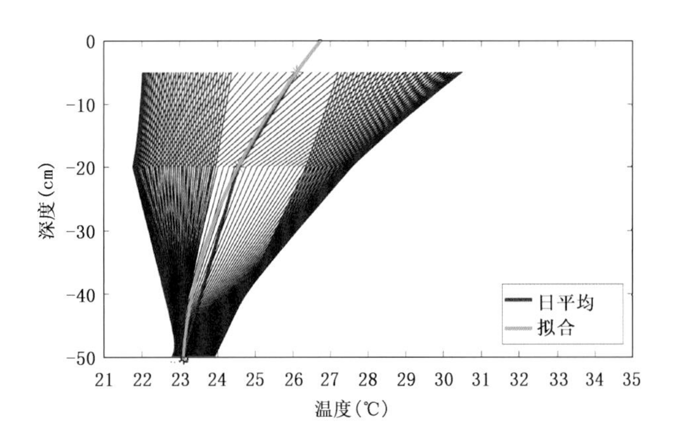

图3.61 地表温度和土壤温度的关系(2016.7.3)

3.4.3 我国北方干旱区大气边界层结构特征

以下均为奈曼实验站结果。

3.4.3.1 热力特征——温度

以7月5日为典型晴天的代表，由图3.62可以看出，白天，随着下垫面吸收短波辐射增温，08时近地面形成了约250 m的混合层，之上保持逆温结构；随着太阳辐射持续加热地面，14时形成了1750 m的混合层，之上为自由大气。此外，在午后辐射加热最强时，近地面常有超绝热层出现，高度多低于100 m。

夜间，下垫面辐射冷却，热量从大气向地表传输，产生接地逆温，形成稳定边界层。7月5日20时，稳定边界层仅87 m。随着入夜时间增长，下垫面辐射冷却增强，逆温层变厚，02时达

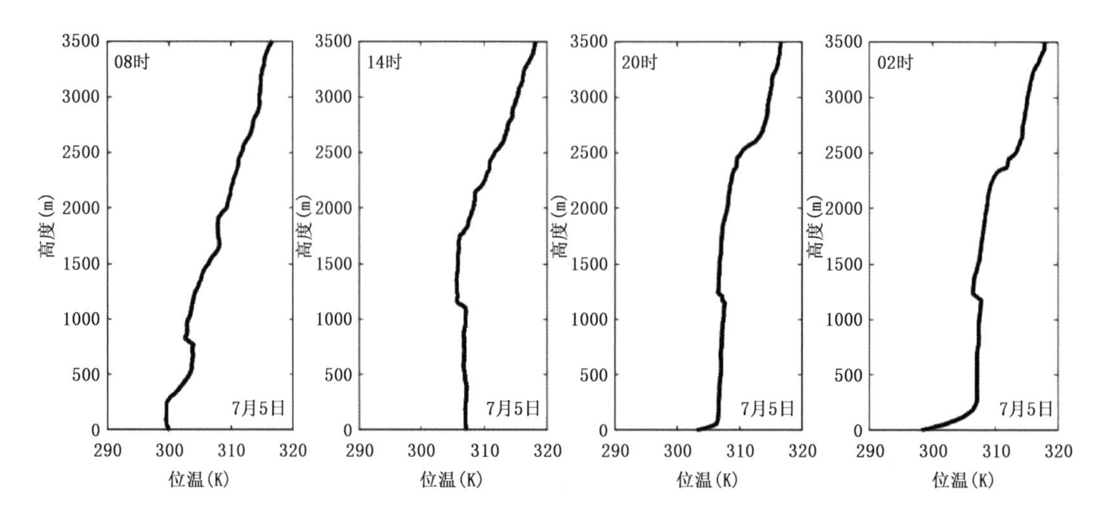

图 3.62　典型晴天大气边界层位温廓线

到最高，高度约 270 m；稳定边界层之上为残余层，保持了白天混合层的形态；残余层上方有约 200 m 的逆温顶盖，之上为自由大气。

观测的典型晴天大气边界层位温结构与 Stull(1988)提出的理论模型相似，但廓线不光滑，这与探测过程中的空间漂移、仪器性能不稳定或受局部云团影响有关。

干旱条件有利于深厚大气边界层形成。Marsham 等(2008)在撒哈拉沙漠等地观测到了超过 5 km 的大气边界层，张强等(2008，2010)在我国甘肃敦煌地区也有类似发现，并指出残余层的累积效应为对流边界层发展提供了有利的热力环境条件。在科尔沁半干旱下垫面，与前人研究类似，在夜间观测到了清晰的残余层结构与逆温顶盖，但由于半干旱区下垫面的辐射加热没有干旱区强，在 14 时还未达到最大混合层高度，半干旱区白天对流边界层的发展需要更长的时间。

如图 3.63 所示，典型阴天时，低空位温总体变化较小，接近中性层结，日变化特征较弱。由于云层反射了大量太阳辐射，白天地表升温较小，这也使地表对大气的加热作用减弱，所以即使到 14 时，位温增幅也较小，854.5 m 以下为近中性层结，之上位温随高度增加，近地面没

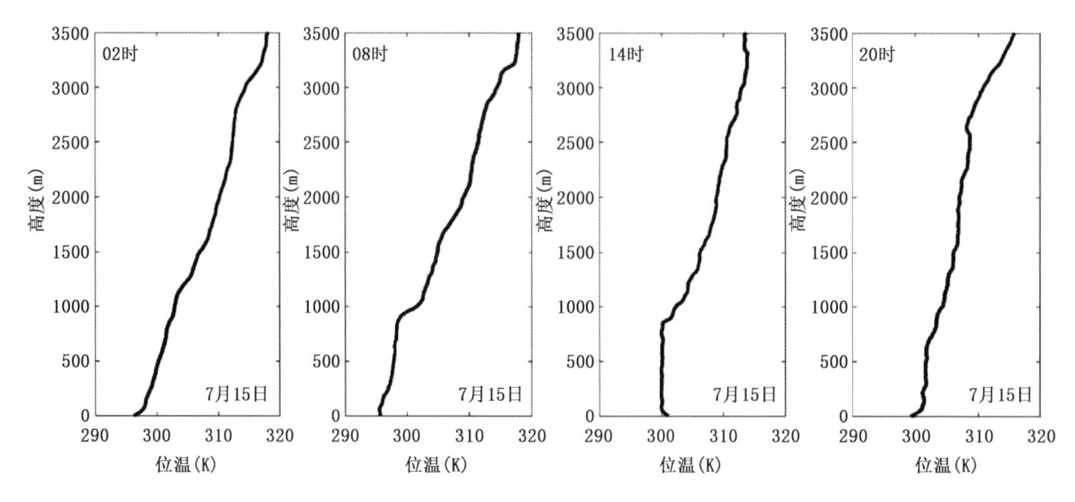

图 3.63　典型阴天大气边界层位温廓线

有明显的超绝热层。夜间,地表温度下降幅度很小,低空逆温高度及强度均较弱,这与阴天大气逆辐射强,对地面有保温作用有关。

典型雨天时,夜间 02 时没有接地逆温层产生,780 m 以下均为近中性层结;白天 08 时与 14 时的位温结构与 02 时相似,并且由于雨天地表能量亏损,白天位温始终下降;下午降水结束,到 20 时出现了约 200 m 的接地逆温,逆温强度较弱。

与典型晴天相比,阴雨天气近地面的位温日变化幅度较小,且由于下垫面能量亏损,位温不满足一般日变化规律。阴雨天气下,低空以近中性层结为主,白天近地面没有超绝热层,夜间接地逆温较弱,且没有清晰的逆温层、残余层之分。

3.4.3.2 水汽特征——湿度

典型晴天的比湿结构如图 3.64 所示。大气中的水汽主要来自下垫面,因此比湿整体随高度递减。在白天,由于强烈的湍流混合,对流边界层中的水汽逐渐分布均匀,14 时形成了 1756 m 厚的比湿混合层;之上的卷夹层内,比湿随高度迅速降低;到达自由大气,比湿基本在 2 g·kg^{-1}以内。

夜间,近地面比湿较白天增加,由于稳定边界层内的湍流输送弱,大量水汽在近地面聚集,形成高比湿层;其上方的残余层比湿分布均匀,保持白天混合层的特征;自由大气比湿迅速降低,然后维持在 2～ 3 g·kg^{-1}。

半干旱区比湿结构也与 Stull(1988)提出的理想模型较一致,同时与位温结构呼应,但由于实际观测中受到水汽平流、局部云团或低空大气逆温等因素影响,实测的比湿结构中常出现异常湿层或干层。

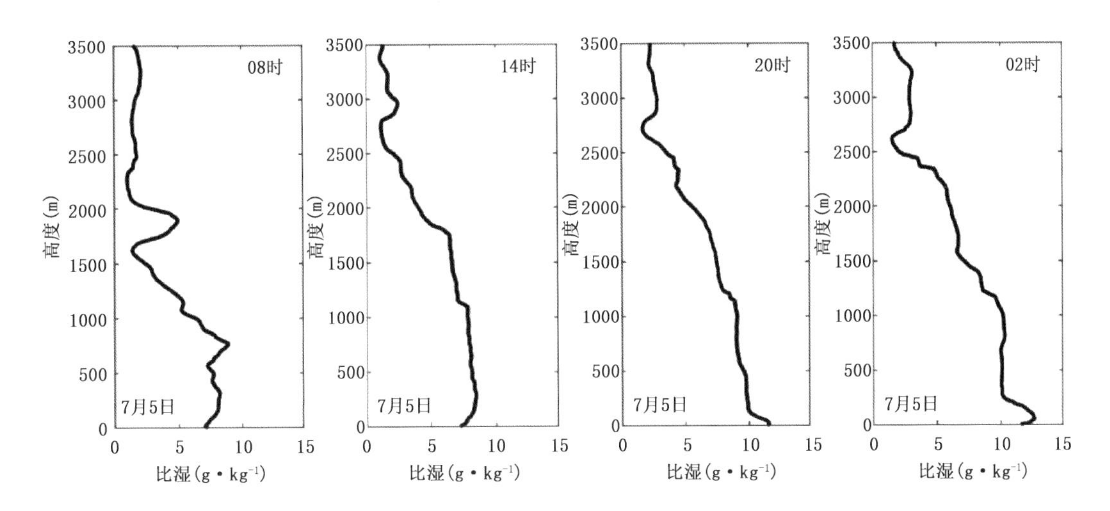

图 3.64 典型晴天大气边界层比湿廓线

典型晴天的比湿结构如图 3.65。阴天条件下,不同时次的水汽含量变化较小。白天 08 时与 14 时的比湿廓线结构相似,形成了 900 m 的比湿混合层,比湿约 7 g·kg^{-1};1000 m 之上的自由大气比湿迅速减小到 1 g·kg^{-1}左右。

夜间,20 时在近地面 200 m 内比湿增大,地表接近 11 g·kg^{-1};在近地面高比湿层之上,比湿结构与白天类似,690 m 以下比湿均匀;之上迅速降至 1.5 g·kg^{-1}附近,但 1750 m 之上比湿增大并维持在 5 g·kg^{-1}左右,这与风向突变带来了水汽平流有关。

阴天时,低空比湿并无明显增大,但雨天条件下,大气比湿均明显上升,白天近地面比湿均超过 13 g·kg^{-1}，夜间可超过 15 g·kg^{-1}。白天，08 时与 14 时分别形成了 771 m 和 443 m 的比湿混合层，之上比湿随高度缓慢递减。在夜间，比湿的垂直分层模糊，从地表向上递减，近地面的高比湿层与比湿混合层没有明显分界，这与夜间在近地面的逆温层弱有关。

阴天条件下的比湿垂直结构与晴天较为类似。在白天，低空都有比湿混合层，以及较为明显的夹卷层；但在夜间，阴天时近地面的高湿度层与上方的残余层区分不够明显，即逆温层较弱。雨天的比湿结构与晴天相差较大，主要表现为高层大气比湿大幅增加、垂直结构不明晰，即白天无法判断夹卷层，夜间接地逆温层与残余层边界模糊。

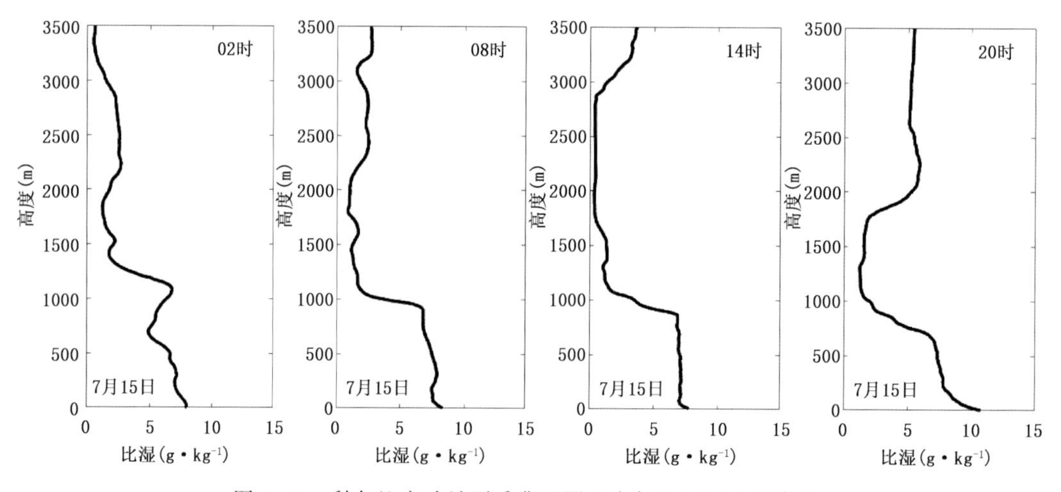

图 3.65　科尔沁实验站夏季典型阴天大气边界层比湿廓线

3.4.3.3　动力特征——风速

通过风速垂直结构，可以了解边界层内的大气运动特征。根据低空风速的梯度划分，可将风速分为三种类型，如图 3.66 所示。分类标准如下：在距离地表 1000 m 的高度内，

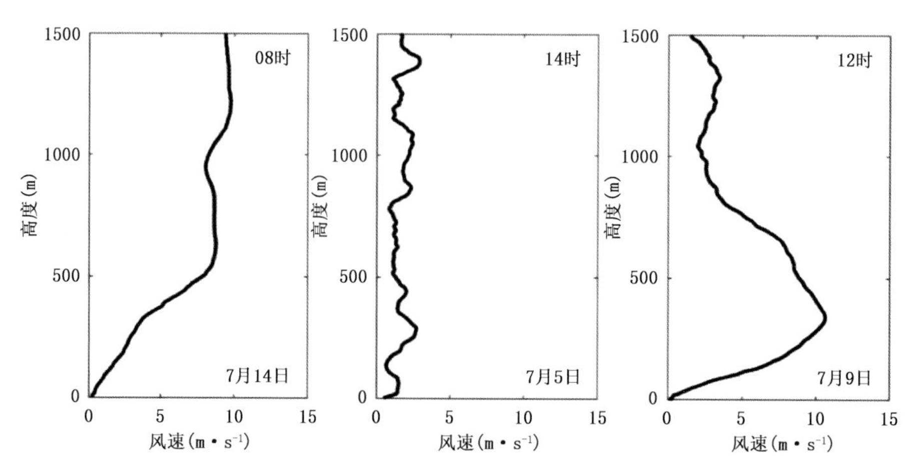

图 3.66　风速廓线的三种类型：切变型、等速型、急流型

(1)风速梯度 $\frac{\partial v}{\partial z} \geqslant 0.6$ m·(s·100 m)$^{-1}$，定义为切变型；

(2)风速梯度 $\frac{\partial v}{\partial z} < 0.6$ m·(s·100 m)$^{-1}$，定义为等速型；

(3)风速分布有极大值出现,与上、下相邻的风速极小值保持一定差值,定义为急流型。

如图3.67所示,典型晴天低空风速总体较小,高空风速逐渐增大。白天随着混合层发展,风速逐渐呈等速型分布,14时形成了2115 m的风速混合层,整层风速在2.5 m·s^{-1}左右;在对流边界层之上,高空摩擦小,风速增大。

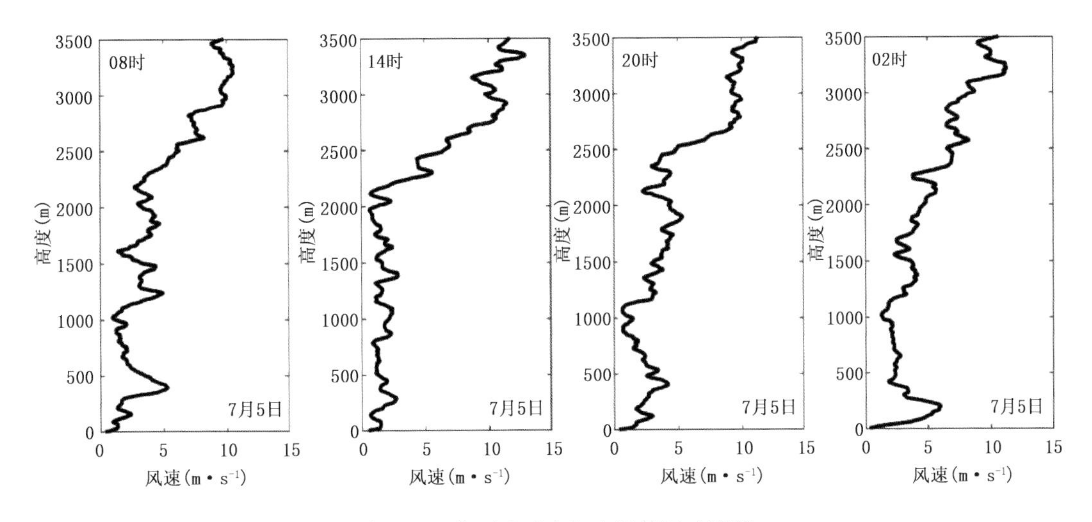

图3.67　典型晴天大气边界层风速廓线

夜间,随着稳定边界层形成,高空动量下传受阻,导致动量在逆温层顶堆积,低空风速增大,02时在400 m以下出现急流型风速结构,风速极大值约6 m·s^{-1}。

风速的垂直分布从动力角度判定了大气边界层的结构,这与通过位温判定的热力结构、通过比湿判定的物质结构相对应,三个角度的结果相互印证,增强了大气边界层结构判断的可靠性。

如图3.68所示,阴天时,白天风速较小,主要呈等速型分布。14时在900 m以下有风速混合层,风速约5 m·s^{-1},1500 m附近的风速极小值与风向突变有关。夜间,低空风速增大,02时在约1200 m形成了高风速层。此外,结合风向可以看出,风向突变处与风速极小值相对应。

如图3.69所示,雨天时,由于有较强的天气系统过境,系统过境伴随风速增大,因此12日整层风速明显较大。白天,在机械湍流的作用下,低空风速总体也较为均匀,14时在1700 m以下呈等速型,风速约6 m·s^{-1};夜间,02时低空有急流出现,急流轴高度约964 m,与逆温层高度相对应。

综上,由于天气系统过境,阴雨天气的风速明显大于典型晴天。白天,在14时均形成了风速混合层,但典型晴天风速混合层较高,阴雨天气较低。夜间,低空多有风速极大值出现,其高度与逆温层所在位置有关,典型晴天多对应稳定边界层顶,而阴雨天多对应近中性层结顶部的逆温层。

3.4.3.4　大气边界层高度的获取和对比

大气边界层高度是边界层研究中的重要参数,它决定了对流层中的许多物理过程,如湍流混合的程度、对流活动、气溶胶的分布等,常被用于天气、气候以及空气质量模式中来确定垂直扩散、污染物沉降等方面的情况(Joffre et al.,2001;He et al.,2010;Bian et al.,2016)。目前,常从热力、动力、物质角度出发判定大气边界层的高度,具体判断标准如下。

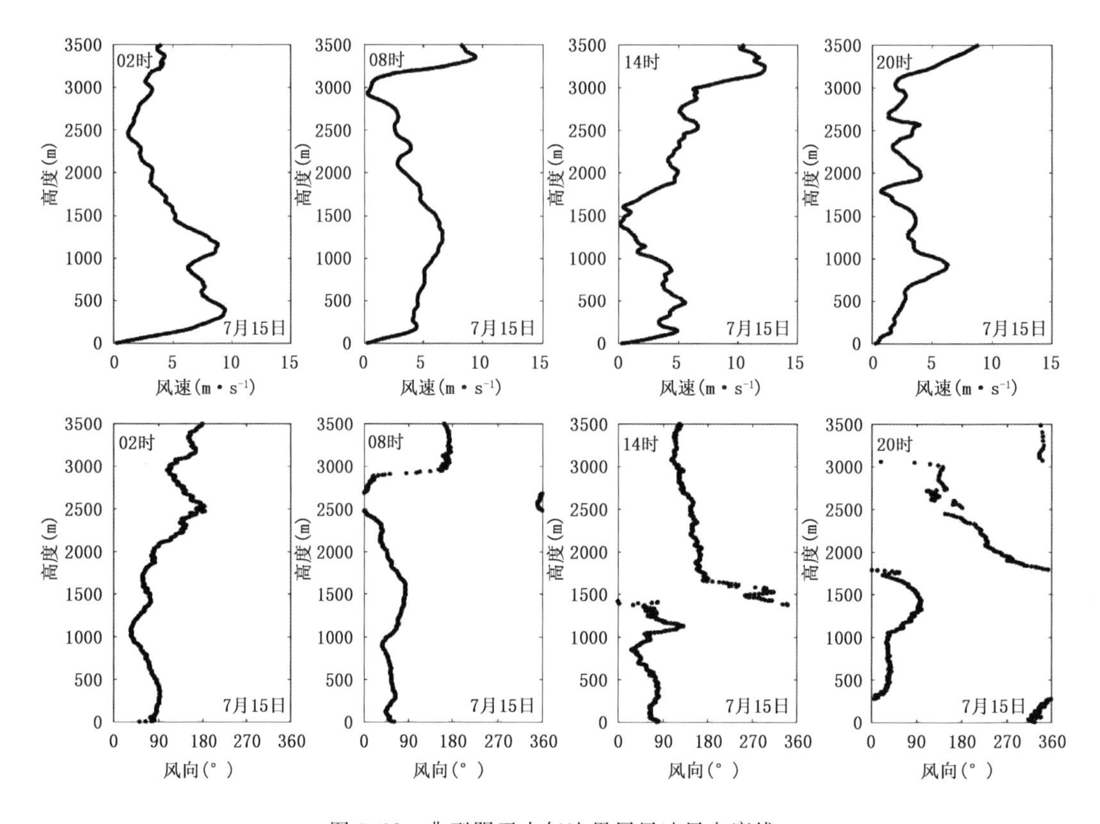

图 3.68 典型阴天大气边界层风速风向廓线

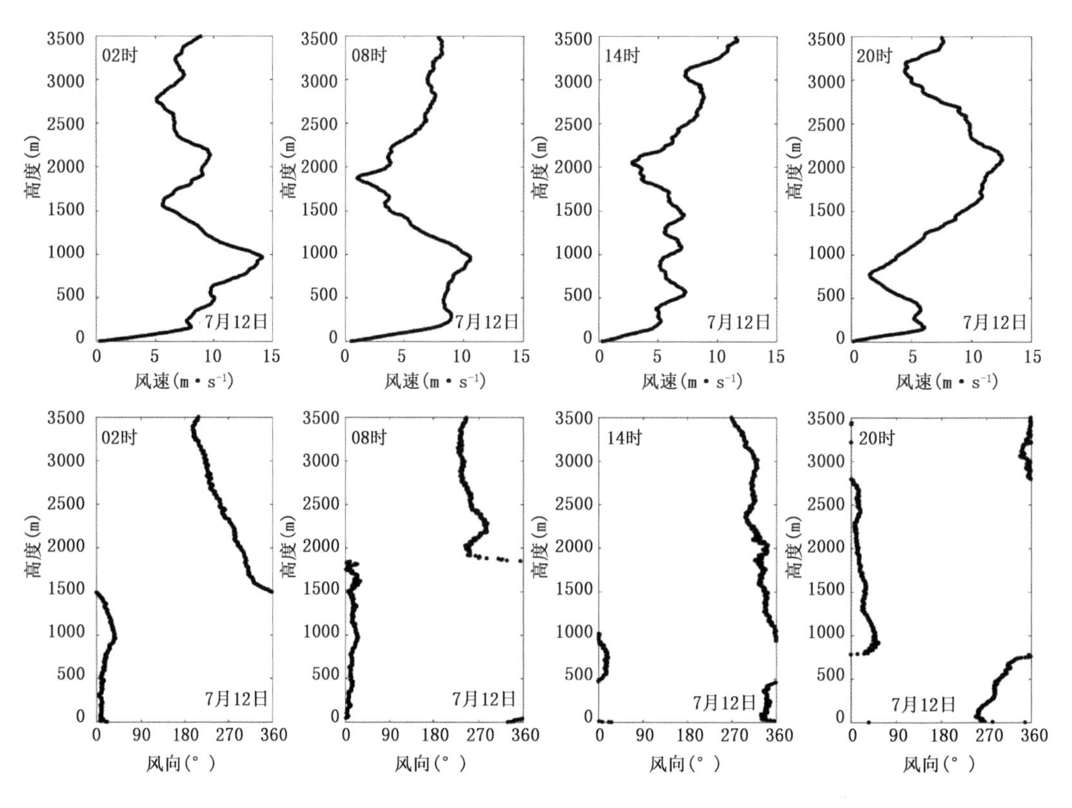

图 3.69 典型雨天大气边界层风速风向廓线

从热力角度，将位温梯度明显不连续、存在较强逆温的高度作为边界层高度。这里将白天混合层顶的高度作为对流边界层高度，夜间将接地逆温层的高度作为稳定边界层高度。

从动力角度，白天对流边界层内的湍流混合较强，存在风速混合层，将风速混合层的高度作为对流边界层的高度；夜间稳定边界层阻碍动量下传，边界层顶有风速极大值，将风速极大值高度作为稳定边界层的高度。

从物质角度，从边界层到自由大气水汽迅速减少，将湿度梯度明显不连续的高度作为大气边界层高度。这里将白天比湿迅速减小的高度视为对流边界层顶，夜间近地面高湿度层视为稳定边界层。

分别利用以上三种判据对大气边界层高度进行判断，由于白天风速混合层出现较少，不做讨论。如图3.70所示，在14时对流边界层发展最为旺盛，混合层的平均高度为1199.1 m，典型晴天的混合层平均1794.4 m，最高可达2120 m；阴雨天混合层平均高度较低，仅有981.8 m。夜间02时边界层平均高度341.8 m，典型晴天的稳定边界层平均252.4 m，阴雨天气平均约431.2 m，典型阴雨天气夜间边界层较高，最高接近1000 m。晴朗期夜间边界层高度低，而云雨期较高，这是由于云雨期下垫面辐射冷却弱，近地面没有形成稳定边界层，仍保持白天的近中性层结，而晴朗期02时为稳定边界层高度，所以云雨期夜间边界层较高。

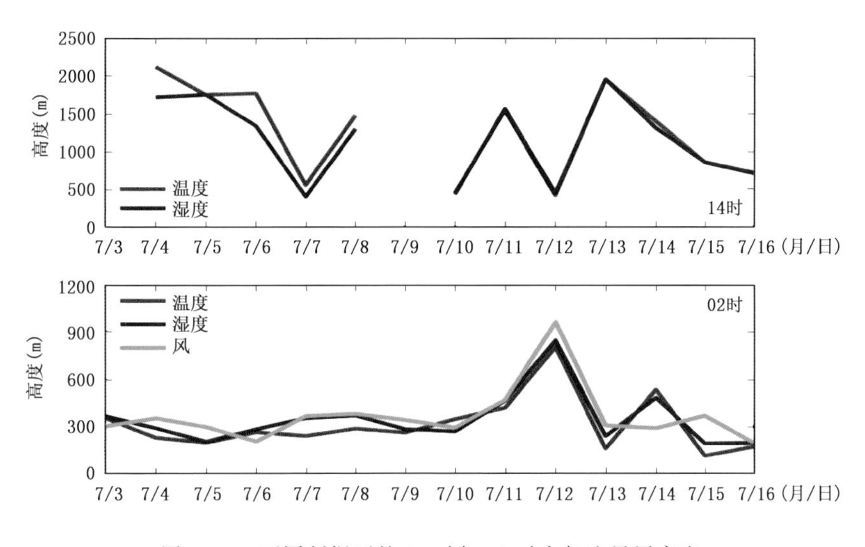

图3.70　不同判据下的14时与02时大气边界层高度

三种方法相比，白天，位温和比湿的判定结果非常相近，可能由于14时混合层已充分发展，温度、水汽都已分布均匀。夜间，三种方法得到的边界层高度总体趋势一致，位温和比湿的结果更为接近，风速判定的高度与二者相差略大。对不同判据下的边界层高度进行比较如图3.71，结果表明不同判定方法得到的边界层高度有较高的一致性，位温和比湿的拟合结果为$y=0.92x$，与风速的拟合结果为$y=1.08x$，总体来看，位温方法得到的高度略高于比湿、略低于风速。且图中可以看出，位温和比湿判定结果更为接近，风速结果相比之下离散性更强。

3.4.3.5　低空急流

低空急流在大气边界层内常有发生，它对强对流天气的产生、空气污染物的输送和扩散、风能的利用等方面都有重要影响，因此受到人们的广泛关注(Chen et al.，2005；Ma et al.，

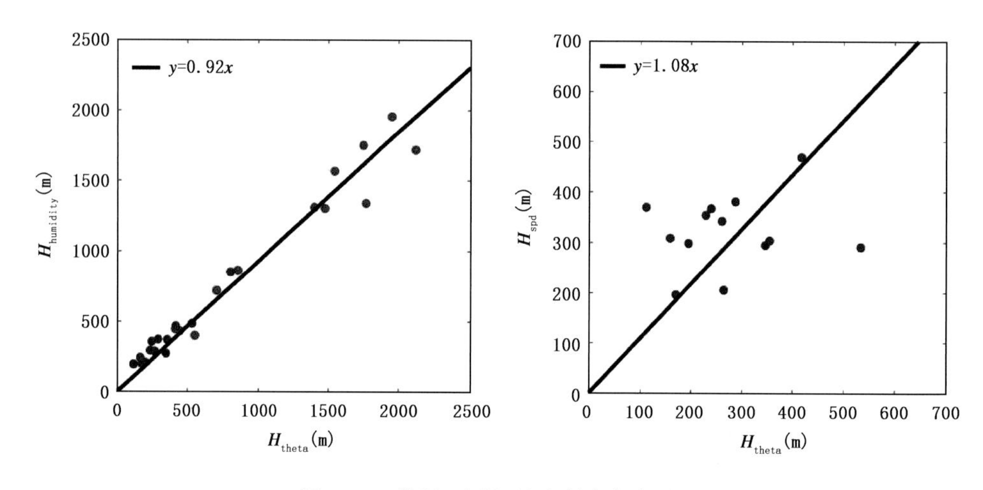

图 3.71　位温、比湿、风速判定高度对比

2013；Gutierrez et al.，2014；苗蕾 等，2016）。根据高度划分，低于 850 hPa，发生在大气边界层内部的为边界层低空急流（赛瀚 等，2012）。但由于低空急流出现的高度、最大风速、水平和垂直切变强度都存在地域差异，且数据精度受探测仪器影响，所以至今仍没有形成统一的定义（刘鸿波 等，2014）。Blackadar（1957）的定义中，要求风速极大值超过上方极小值约 2.5 $m \cdot s^{-1}$，Bonner（1968）提出低空急流应满足最大风速超过 12 $m \cdot s^{-1}$，且大于上方风速极小值 6 $m \cdot s^{-1}$；Andreas（2000）认为低空急流的最大风速需要超过它上、下相邻极小值至少 2 $m \cdot s^{-1}$；Banta（2002）的定义方式与 Andreas 类似，由于采用了精度更高的数据，他选择的阈值更小，对于高分辨率多普勒雷达数据采用 0.5 $m \cdot s^{-1}$，对于声雷达采用 1.5 $m \cdot s^{-1}$。本节通过对急流型廓线的统计，定义的低空急流满足如下标准：最大风速 $V_{max} \geqslant 5$ $m \cdot s^{-1}$，且风速极大值与相邻风速极小值的差值超过 3 $m \cdot s^{-1}$。在试验期间，低空急流发生较为频繁，共筛选出 17 组廓线满足急流标准的廓线，详情见表 3.20。

表 3.20　2016 年 7 月试验期间的低空急流

日期	时次	最大风速（$m \cdot s^{-1}$）	急流轴（m）
2016-07-05	08	5.3	388.2
2016-07-06	02	6.0	204.6
2016-07-06	08	5.0	287.3
2016-07-06	20	6.2	198.7
2016-07-07	02	9.6	366.8
2016-07-07	20	14.6	391.2
2016-07-08	02	12.4	380.5
2016-07-08	08	10.3	493.3
2016-07-08	20	13.2	347.0
2016-07-09	02	10.6	335.7
2016-07-09	08	5.7	369.3
2016-07-10	02	9.2	293.8
2016-07-10	20	13.9	442.3
2016-07-11	02	14.9	474.4
2016-07-11	08	11.9	590.9
2016-07-12	02	14.2	963.6
2016-07-14	02	12.7	284.5

从发生的时间来看，急流在夜间、清晨均有发生，以02时最为频繁，比例接近50%。从急流轴高度来看，大多分布于200～500 m之间，平均高度约394 m，最高接近1000 m;20时的急流轴高度略低于其他时次，这是由于入夜时间短，逆温发展弱。从急流风速来看，平均风速10 m·s^{-1}，最大接近15 m·s^{-1};出现在08时的急流风速小于夜间，这是因为日出后逆温层逐渐崩溃，同时湍流混合增强，风切变减小，所以急流强度减弱。

此外，相关性分析表明，急流的高度与最大风速、湍流动能、逆温层高度均有明显正相关关系。这是由于最大风速越大，边界层内的产生的风切变越大，从而产生了更强的机械湍流，湍流动能也随之增大，并且湍流输送更强，湍流输送的增强这又会促进逆温层的发展。

第4章 陆气耦合与北方干旱的形成和可预报性

本章重点讨论陆气耦合及其与干旱的关系，包括与降水的相互作用、陆气耦合多时间尺度特征及对干旱可预报性的影响。主要有三方面内容：第一节利用北方半干旱关键区域——黄土高原的观测资料，分析了以土壤湿度为表征的干旱状态对地表能量和边界层的影响，进而初步分析了黄土高原土壤湿度对大气边界层的影响机理。第二节，用较大篇幅探讨了多时间尺度陆气耦合的度量、特征及其可预报性。干旱发生后，直接引起土壤湿度变化，导致植被的生理生态性状发生相应调整，从而影响大气与陆表的能量交换，所以，最后一节利用一个区域气候模式，重点讨论西北、华北的典型干旱事件与植被的相互反馈特征及其机制。

4.1 黄土高原陆面过程与干旱形成

黄土高原是我国四大高原之一，西起祁连山东端，与青藏高原相邻；东到太行山脉，与华北平原相邻；北部以古长城为界，与内蒙古高原相邻；南部以秦岭为界，与汉中谷地相邻。东西方向超过 1000 km，南北宽约 750 km，主要包括山西、陕西、以及甘肃、青海、宁夏、河南等省（区）部分地区（图 4.1）。整个黄土高原地势西北高东南低，海拔在 800～3000 m。黄土高原为世界最大的黄土堆积区，占世界黄土分布 70%，黄土厚 50～80 m，因此，它是中国版图上具有极强辨识度的地形区。

从气候条件来讲，黄土高原地区属（暖）温带（大陆性）季风气候，多年平均降雨量为 466 mm，属于典型的干旱半干旱区。我国是著名的季风区，半干旱区处于夏季风影响的北缘地带，是中国的农牧交错带、气候敏感带和生态脆弱区。黄土高原正处于夏季风北缘地带的核心区域，其气候状况受季风进退的影响尤为明显，导致干旱等极端事件频发。所以，研究黄土高原陆气相互作用与干旱关系，对研究我国北方其他地区的陆气耦合特征具有较强的参考意义。

4.1.1 黄土高原区域土壤干湿状况对地表能量和大气边界层的影响

干旱发生后其最直接的反应就是土壤湿度变化，然后引起地表能量和大气边界层相应调整，改变地表和大气间能量和水汽交换，达到新的陆气相互作用平衡。利用中国科学院位于黄土高原腹地的平凉陆面过程与灾害天气观测研究站（简称平凉站）2016 年夏季（6、7、8 月）的观

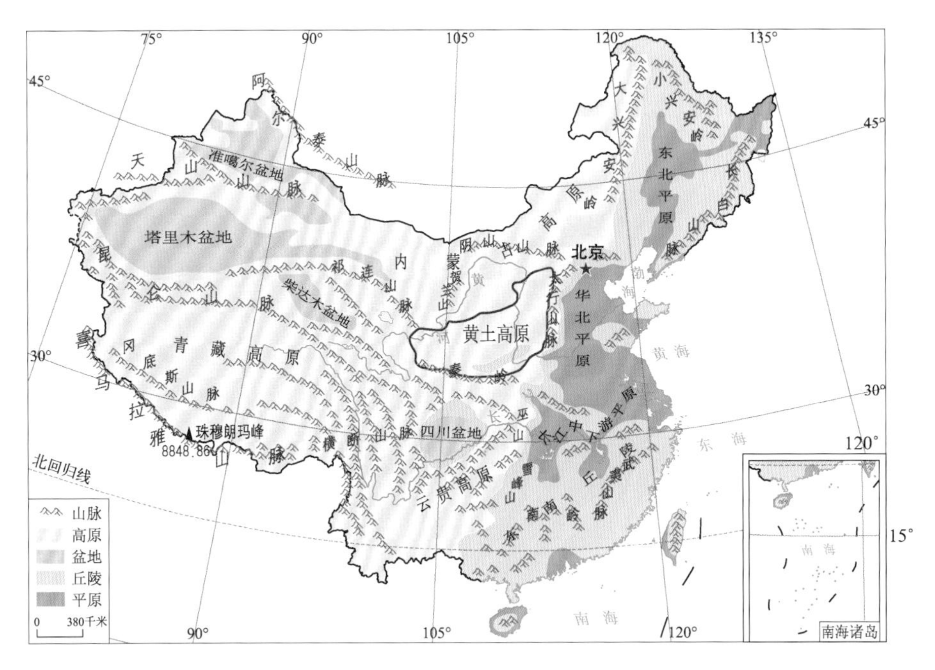

图 4.1　黄土高原示意图

测数据，来分析土壤湿度变化对陆面过程的影响。将所有数据均处理成日平均，根据土壤湿度值，将其分成高、中、低三个区间，代表三种土壤湿度状况。如图 4.2 所示，干区间上土壤湿度变化范围为 0.158～0.177 $m^3 \cdot m^{-3}$，中区间上土壤湿度变化范围为 0.179～0.22 $m^3 \cdot m^{-3}$，

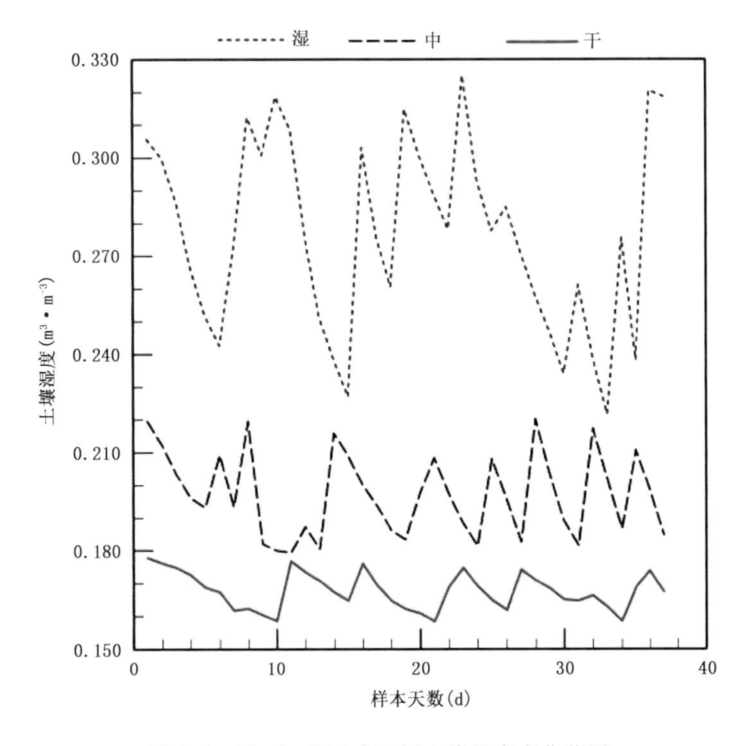

图 4.2　干、中、湿三个区间土壤湿度变化范围

湿区间上土壤湿度变化范围为 0.221～ 0.325 $m^3 \cdot m^{-3}$。干区间上土壤湿度变化范围较小，即土壤较干，湿区间土壤湿度变化范围大，土壤较湿。考虑到保持数据样本数量相同，即干、中、湿三个区间为相同天数的土壤湿度日均值，得到日平均土壤湿度分布的干湿区间。

该区域夏季土壤湿度变化对反照率影响相对较小，主要是通过影响波文比进一步影响地表能量分配过程(图 4.3)。进一步对比分析显示，土壤湿度在干、中区间(即数值在 0.158～0.220 $m^3 \cdot m^{-3}$范围)其对地表潜热通量、净辐射以及边界层高度变化相比土壤湿度在中、湿区间(即数值在 0.179～ 0.325 $m^3 \cdot m^{-3}$范围)其影响相对更大。土壤偏干情况下，地表通量和大气边界层发展响应更显著(表 4.1～表 4.3)，即边界层高度变化更明显。

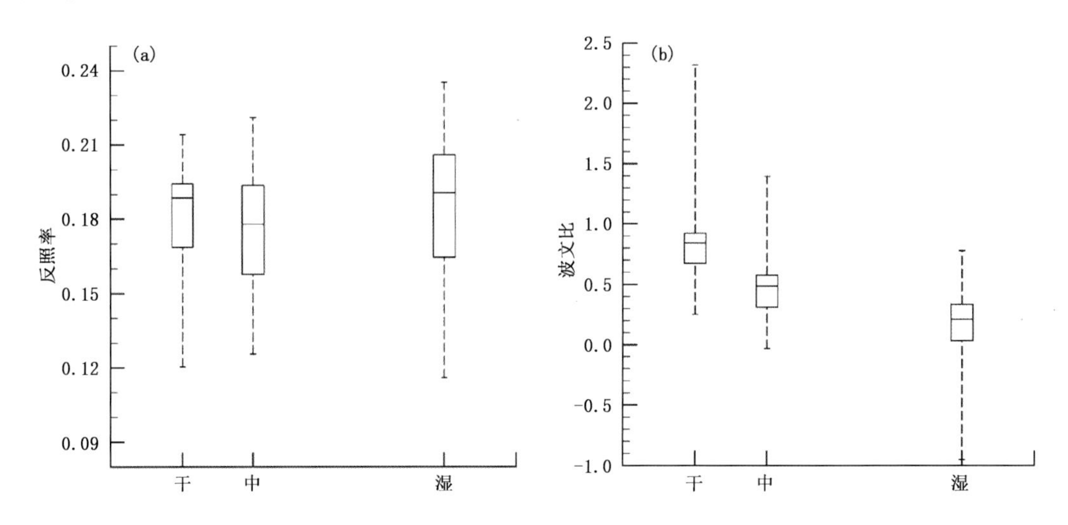

图 4.3　干、中、湿区间反照率(a)和波文比(b)变化箱线图

表 4.1　土壤湿度干区间边界层高度变化

	2017.7.14	2017.7.13	2017.7.12	2017.7.9	平均值
土壤湿度($m^3 \cdot m^{-3}$)	0.158	0.161	0.162	0.176	0.164
边界层高度(m)	3624.7	3051.8	3469.0	3743.4	3472.0

表 4.2　土壤湿度中区间边界层高度变化

	2016.6.22	2016.6.21	2016.6.20	2016.6.18	平均值
土壤湿度($m^3 \cdot m^{-3}$)	0.193	0.196	0.203	0.219	0.203
边界层高度(m)	2976.4	2297.1	2764.3	2874.1	2728.0

表 4.3　土壤湿度湿区间边界层高度变化

	2016.6.17	2016.6.16	2017.7.16	2016.6.25	平均值
土壤湿度($m^3 \cdot m^{-3}$)	0.227	0.238	0.276	0.303	0.261
边界层高度(m)	2464.8	2427.9	2230.1	2884.1	2502.0

4.1.2 黄土高原土壤湿度对大气边界层的影响机理

利用一维边界层模型，平凉站晴空天气条件下2015—2016年夏季探空廓线资料，设计土壤湿度敏感性试验，模拟土壤湿度变化对边界层发展的影响。结合CTP-HIlow大气温湿指数，探究黄土高原不同情形大气状况下土壤湿度对大气边界层的影响。结果表明，在土壤湿度极端值设置的状况下（SM=0.2 $m^3 \cdot m^{-3}$或1.0 $m^3 \cdot m^{-3}$），土壤湿度对降水产生作用的案例占据总模拟案例的20.22%（图4.4a），包括正负反馈两种情况，其中负反馈案例多于正反馈案例，即黄土高原较干土壤更利于对流降水（图4.4b）。CTP-HIlow框架分布表明（表4.4），大气过干或过于稳定时，即湿度指数HIlow>15 ℃或对流激发潜能CTP<0 $J \cdot kg^{-1}$时，均无对流降水产生，土壤湿度对对流性降水无影响；大气湿度较小（2 ℃<HIlow<15 ℃），对流激发潜能较大（−150 $J \cdot kg^{-1}$<CTP<200 $J \cdot kg^{-1}$），即大气较不稳定时，干土壤利于对流发生（负反馈）；大气湿度较大（2 ℃<HIlow<10 ℃），对流激发潜能较小（−100 $J \cdot kg^{-1}$<CTP<100 $J \cdot kg^{-1}$），即大气不稳定度较小时，湿土壤利于对流发生（正反馈）。

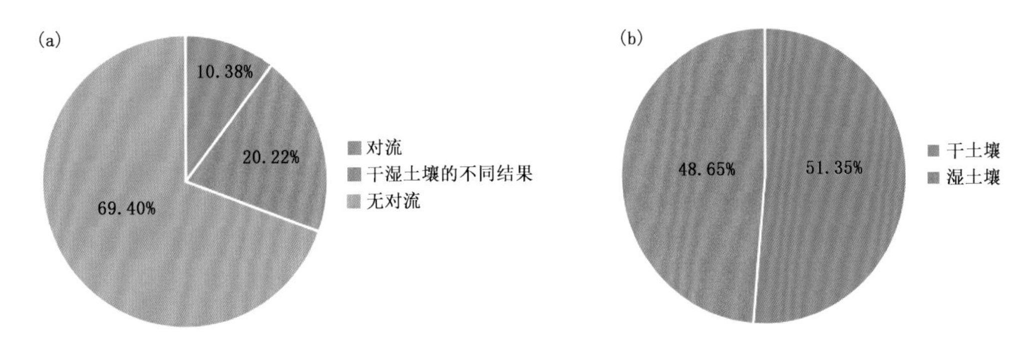

图4.4 土壤湿度对大气边界层的影响机理
(a)案例模拟结果分布情况；(b)干湿两种情况产生降水比例分布

表4.4 CTP-HIlow框架分布情况

	正反馈	负反馈	降水	未降水
CTP($J \cdot kg^{-1}$)	−100～100	−150～200	>0	<0
HIlow(℃)	2～10	2～15	0<11.5	>15

4.2 多时间尺度陆气耦合及其可预报性

大气运动状态的预报，在不同的时间尺度依赖于不同的可预报性来源。对天气预报来说，大气自身的初值起主要作用，对于季节变化及更长时间尺度的年际和年代际变化来说，海洋，尤其是热带海洋起主导作用。对介于天气预报和季节预测之间的次季节尺度（subseasonal to seasonal，简称 S2S)来说，大气自身扰动的记忆时间太短，而海洋的变化又过于缓慢，都不足以提供显著的预测信号。而陆面异常信号的持续时间和次季节尺度对应，可作为次季节预测的依据。

陆面状态异常可以通过热力、动力及水文过程影响大气，这种影响依赖于地形、植被及土壤类型。土壤湿度作为能够显著影响陆气耦合的地表要素，主要通过改变地表通量来进一步作用于大气，使地表能量及水分循环发生改变，最终影响到大气边界层对流的发生及维持。土壤湿度异常可以维持数周到数月的时间，模式中准确的土壤初值可以提高 2～3 个月以后的降水预测技巧，并提高模式对极端降水事件的捕捉能力，因此，次季节尺度内土壤湿度异常对降水预测很重要。

土壤湿度和降水之间的耦合在天气和气候预测中起着重要的作用，但是土壤湿度对降水的影响很难观测和量化，主要是由于大气运动复杂，并涉及土壤湿度和蒸发之间、蒸发和边界层之间的耦合。不同深度的土壤影响陆气之间水分交换的途径和时间尺度也不尽相同，表层土壤主要通过蒸发来影响，持续时间短；深层土壤则可以通过蒸发和植被蒸腾来影响，持续时间较长。最终，蒸散发通过改变地表空气湿度来影响边界层水汽条件，从而进一步影响降水。土壤湿度和降水之间的耦合强度依赖于区域气候特征及土壤干湿条件，对介于干旱区和湿润区之间的气候过渡区(如北方半干旱区)来说，由于土壤湿度对蒸发有高敏感性，所以该区域陆气耦合强度最大，干旱区和湿润区由于土壤湿度变率很小，耦合强度通常较弱。但是，干旱区在土壤相对气候态土壤偏湿的情况下，陆气耦合将变强，而湿润区在土壤相对于气候态偏干的情况下，陆气耦合也会变强。

已有的研究结果表明，陆气耦合存在于各个时间尺度，天气尺度的大气环流为陆气耦合提供背景，反过来，土壤湿度的异常可以改变大气内部的热量收支平衡，进而改变大气环流(Fischer et al.，2007)。月尺度上也存在土壤湿度—降水之间的显著反馈(Koster，2004)。Dirmeyer 等(2009)的研究发现，北美地区，土壤湿度和蒸发的相关性在月尺度比日尺度更加显著，北非地区也有类似的特征(Hurk et al.，2010)。虽然各尺度之间耦合特征有所不同，但是根本的物理机制是一致的，即次日尺度的地表能量水分传输及边界层发展。

目前，针对东亚地区不同时间尺度陆气耦合特征进行系统对比的研究还较少。陆气耦合特征随时间尺度如何变化？这种变化与土壤干湿状况的联系如何？边界层在土壤湿度—降水耦合中的重要性如何？多尺度陆气耦合特征能否在此季节预报模式里得到重现？以上问题都需要进一步探究。

如果存在从陆面到大气的反馈，需满足三个条件，第一是敏感性，主要考虑某个大气要素对某个陆面要素变化的响应，基于大气对某个陆面通量或者状态量的响应是真实存在的物理过程的前提下，可以认为陆面状态或者通量的改变是因，大气状态的变化是果。敏感性通常用大气变量和陆地变量的协同变化来表示。以土壤湿度和潜热通量(蒸散)为例，计算通量观测资料或者模式输出资料中二者逐日值的相关系数，正的相关系数表明以陆地到大气的反馈为主，意味着有足够的能量驱动蒸发，土壤湿度是控制蒸发的主要因子，土壤湿度增加(降低)会导致蒸发增强(减弱)。如果二者的相关系数为负，则说明是土壤湿度在响应蒸散的变化，这种情形下，能量以及大气边界层的干燥程度或地表风速等因素通过蒸发来影响土壤湿度，此时可以认为陆气之间的相互作用以大气对陆地的作用为主导。第二个判断条件是：作为强迫量的地表要素自身变率要足够大，才能影响到大气的变化。最明显的例子是沙漠地区，那里能量充足但降水很少，导致可供蒸发的土壤水分也少，因此土壤湿度的变化幅度小。虽然二者相关系数很高，但土壤湿度对大气边界层的实际影响却很微弱，被认为是虚假的敏感性。第三个判断条件是地表要素异常的记忆时间，地表异常的持续时间越长意味着地表对大气影响的累积效应更强。

4.2.1 再分析资料及次季节预测模式回报资料

夏季陆气耦合最强，因此研究时段定为5—8月，所用到的资料有0～20 cm及20～100 cm深的土壤湿度($m^3 \cdot m^{-3}$)，2 m气温及露点(K)，蒸散和降水($mm \cdot d^{-1}$)，行星边界层厚度(PBLH，单位：m)，抬升凝结高度 $\frac{T - T_d}{\Gamma_d - \Gamma_{dew}}$ (单位：m)，其中 Γ_d 为干绝热垂直递减率，约为9.8 $K \cdot km^{-1}$，Γ_{dew} 为露点垂直递减率，约为1.8 $K \cdot km^{-1}$。抬升凝结高度亏缺LCL deficit(m)可以表征边界层稳定度，定义为LCL与PBLH之差。为了降低资料的不确定性，同时使用了欧洲中期天气预报中心提供的ERA-Interim及美国国家海洋大气局提供的Climate Forecast System Reanalysis (CFSR) 再分析资料。

进一步将再分析资料当作对照标准，使用次季节尺度预报计划提供的回报资料(Vitart et al.，2017)，检验了次季节尺度预报模式对多尺度陆气耦合特征的再现能力。用到该计划提供的5个模式(ECMWF、NCEP、CMA、HMCR和BoM)的回报结果，详细信息如表4.5所示。该资料每7天起报一次，为了在计算相关系数时有足够的样本，选取离每个月第一天最近的两个起报时次的预报结果，例如，ECMWF模式回报了20年(1996—2015)，对5月来说，取4月18日和4月25日起报的结果，则有2(起报时次)×20(年)×31(5月天数)=1240个样本可供分析，为了检验S2S模式对降水的预报效果，使用逐日的CPC格点降水资料作为观测。

表4.5 次季节预测计划提供的5个模式详细信息

	预报时效(d)	回报频次	回报时段	分辨率
ECMWF (欧洲中期天气预报中心)	0～46	一周两次	1996—2015年	0.25°×0.25° 0～10 d， 0.5°×0.5° 10 d之后；L91
NCEP (美国环境预报中心)	0～44	每日一次	1999—2010年	1.0°×1.0°；L64
CMA (中国气象局)	0～60	每日一次	1994—2014年	1.0°×1.0°；L40
HMCR (俄罗斯水文气象中心)	0～61	一周一次	1985—2010年	1.1°×1.4°；L28
BoM (澳大利亚气象局)	0～60	一周两次	1981—2013年	2.0°×2.0°；L17

4.2.2 陆气耦合的度量

陆气耦合的敏感性是通过两者主要变量之间的相关系数来表征，也利用大气变量和土壤湿度之间的条件相关来进一步对比不同土壤干湿条件下耦合敏感性的差异。以土壤湿度和蒸散为例，将所有样本的土壤湿度按照从低到高排列，分成三等份，分别定义为：干、中、湿三种情形，再计算各情形下与蒸散之间的相关系数。由于相关系数在量化耦合强度方面不够准确，所以使用了 Dirmeyer（2011）定义的陆气耦合强度指数 $CSI_{SM\text{-}ET}=\frac{\partial(ET)}{\partial(SM)}\sigma(SM)=\frac{COV(ET,SM)}{\sigma(SM)}$，其中 ET 和 SM 分别代表蒸散和土壤湿度，该指数假设土壤湿度和蒸发之间近似为线性关系，其中 COV (ET, SM)为土壤湿度和蒸散的协方差，σ (SM)是土壤湿度自身的标准差。如果将土壤湿度当作驱动量，蒸散当作响应量，那么该指数的物理意义为：土壤湿度每变化一个标准差时蒸散的响应值。类似可以定义土壤湿度和降水（CSISM-P)，蒸散和抬升凝结高度（CSIET-LCL)，抬升凝结高度和降水（CSILCL-P）之间的耦合指数分别为 $\frac{\partial P}{\partial(SM)}\cdot\sigma(SM)$、$\frac{\partial(LCL)}{\partial(ET)}\cdot\sigma(ET)$ 和 $\frac{\partial P}{\partial(LCL)}\cdot\sigma(LCL)$。将所有的陆面和大气要素处理为逐日、逐候、逐旬及逐月平均值以后，再计算各尺度的耦合强度。

4.2.3 陆气耦合的强度特征

4.2.3.1 日时间尺度陆气耦合相关分析

首先来看土壤湿度和蒸散的相关系数（图 4.5)，可以看出，暖季蒙古南部、中国西北和中国东北为显著的正相关，实际上，这些区域属于中纬度干旱和半干旱区域，土壤水分通常是不饱和状态，蒸发受到水分控制，存在显著的从地面到大气的正反馈。中国南方地处湿润区，有充足的水分可供蒸发，蒸发受到能量控制，降水偏多（少）时，云量偏多（少），到达地面的太阳辐射偏少（多），可供蒸发的能量少（多），蒸发变小（大），土壤湿度变大（小），因此表现为显著负相关。在印度东部，相关系数从 6 月到 7 月由正变负，这主要和印度夏季风在 6 月中旬爆发有关(Shin et al.，2016），季风爆发前，降水偏少，所以 5 月及 6 月上旬土壤偏干，蒸发主要受水分控制，所以呈正相关。而 7 月、8 月属于季风期，土壤随着降水增多而变湿，处于饱和状态，能量成为蒸发的主要控制因子，所以呈负相关。

从土壤湿度和蒸散的条件相关（图 4.6)可以看出，在中纬度干旱带（图 4.6 中区域 I)，4 个月均为蓝色占主导（图 4.7a)，即在所有土壤湿度条件下均存在地面到大气的显著反馈。因为该区域常年降水量小，蒸发一直受到水分控制。干旱区南北边缘的红色则代表从干旱区向湿润区的过渡。在东北和华北地区（图 4.6 中区域 II)，5—8 月呈现出明显的过渡特征（图 4.6)：5 月份所有的土壤湿度条件下均显著，蓝色占主导（图 4.6b，“All”类型），而在 6—8 月，主导类型变为红色的“Dry”类型（图 4.6b～d，图 4.7b）。这种变化和东亚夏季风的南北移动有关系(Shin et al.，2016)，5 月华北、东北雨季还未开始，土壤较干，在所有土壤湿度条件下均有显著的陆气反馈；6 月雨带北推至华北，7 月降水量达到最大值，此时土壤湿度较大，而只有在干的

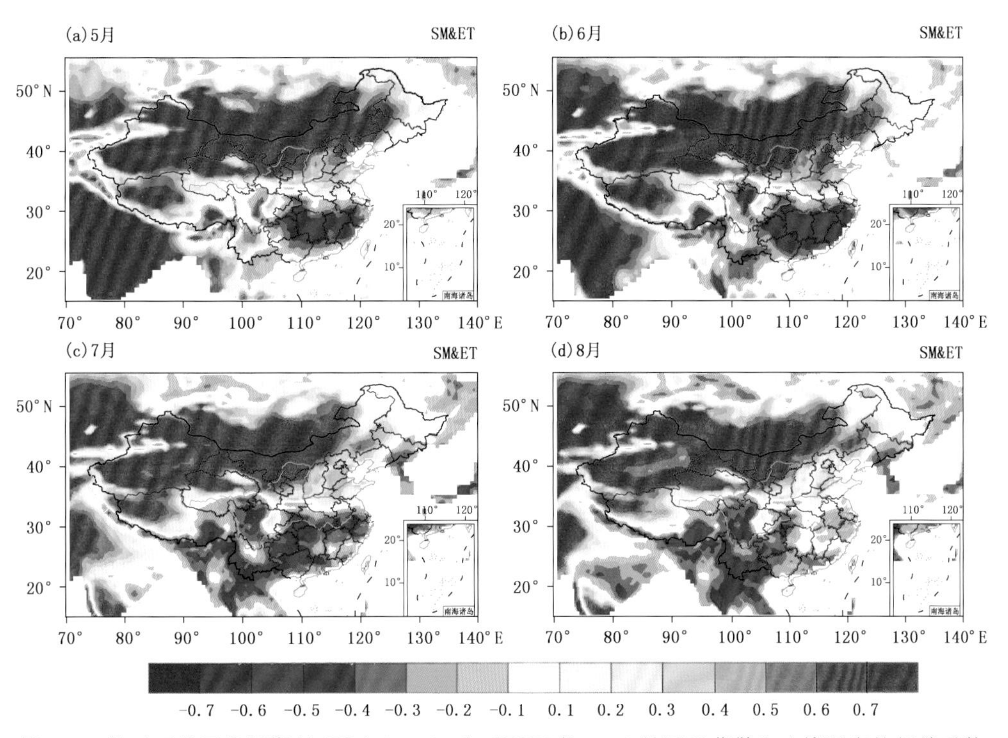

图 4.5　基于两种再分析资料(ERA-interim 和 CFSR)的 5—8 月逐日蒸散和土壤湿度的相关系数

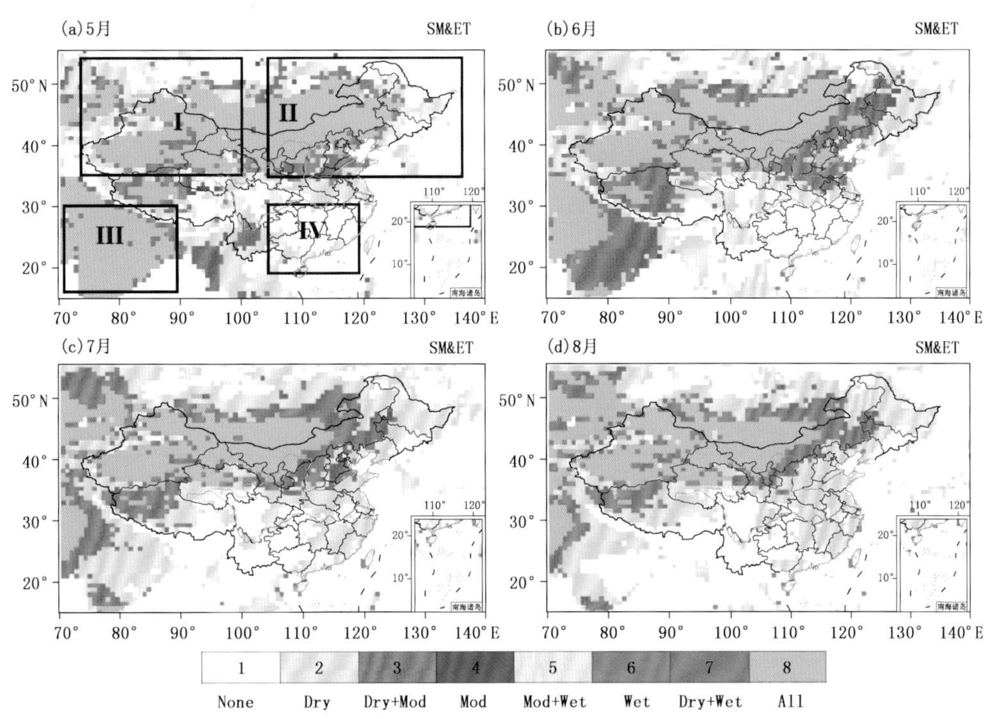

图 4.6　夏季 5—8 月逐日蒸散和土壤湿度的条件相关，不同的颜色代表在不同的土壤干湿条件下相关系数通过 95%信度检验的情形，Dry、Mod、Wet 分别代表干、中、湿润的土壤，例如：色号为 3 的“Dry+Mod”表明在干和中性的情形下存在显著的陆面到大气的反馈，(a)中的四个方框分别代表中纬度干旱区(区域Ⅰ)，华北东北区域(区域Ⅱ)，印度区域(区域Ⅲ)，华南区(区域Ⅳ)(Zeng et al.，2018)

情形下才会发生显著的陆气反馈。对印度地区来说(图 4.6 中区域 III)在 5 月，印度季风还没有爆发，类型“All”占主导，随着季风的爆发及增强，8 月“None”类型占主导，6—7 月则为渐变过程(图 4.6，图 4.7c)。以上分析可知，华北、东北及印度地区陆气耦合对土壤的干湿条件非常敏感，这两个区域通常被认为是陆气耦合热点区(Koster et al.，2004)。中国南方(图 4.6 中区域 IV)属于湿润区，陆气耦合通常很弱，但 7—8 月在“Dry”的条件下也会发生显著的陆气反馈(图 4.6)，这还是和雨带移动有关，5 月南海夏季风爆发，6 月在华南停滞，这两个月降水充沛，土壤饱和，蒸发主要受能量的控制，因此在所有的土壤湿度条件下，均无显著的陆气反馈。但是 7 月以后，季风推到北方，华南在土壤偏干的情形下也有可能发生显著的耦合，这种特征和图 4.5 中 7—8 月华南区域负相关较 5—6 月偏弱是一致的。此外，虽然华南及印度同处低纬度，但南亚夏季风对印度区域陆气耦合的影响比东亚夏季风对华南的影响要小，这与已有的研究是一致的(Koster et al.，2004)，即印度为陆气耦合热点区。

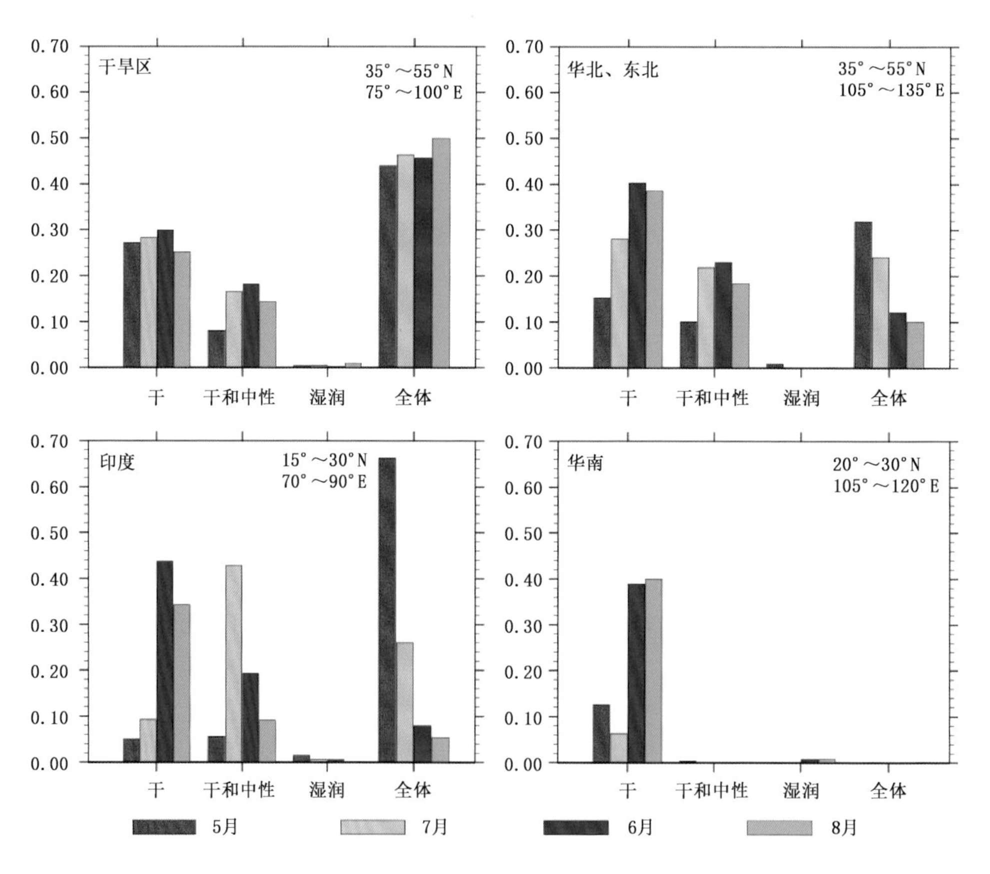

图 4.7　夏季 5—8 月 4 个区域不同土壤湿度条件下通过显著性检验的空间格点占总格点的百分比，不同的四种土壤条件定义及各区域的空间范围具体见图 4.6

4.2.3.2　多时间尺度陆气耦合相关分析

本节将分析次季节尺度内逐日、旬、候和月尺度陆气耦合的渐变特征，从土壤湿度和蒸散的相关系数看，随着时间尺度增加，陆气耦合越显显著，逐日最弱，逐候和逐旬次之，月尺度最明显(图 4.8a～d)，这种耦合敏感性随时间尺度的变化在华北及印度地区尤为明显(图 4.8m)。计算蒸发和降水(图 4.8e～h，图 4.8n)、蒸发和抬升凝结高度(图 4.8i～l，图 4.8o)

之间的相关系数，也可以得出相似的结论。其中的原因可能是：假设以陆地到大气的反馈为主，则上述相关系数总为正值，一旦有降水产生，土壤水分过饱和，土壤湿度不再是蒸发的控制因子，在较短的时间尺度上，降水扰动对陆气之间的反馈有较大的影响，当时间尺度较长时，土壤湿度和蒸发的关系由于降水扰动影响变小而变得更加稳定。

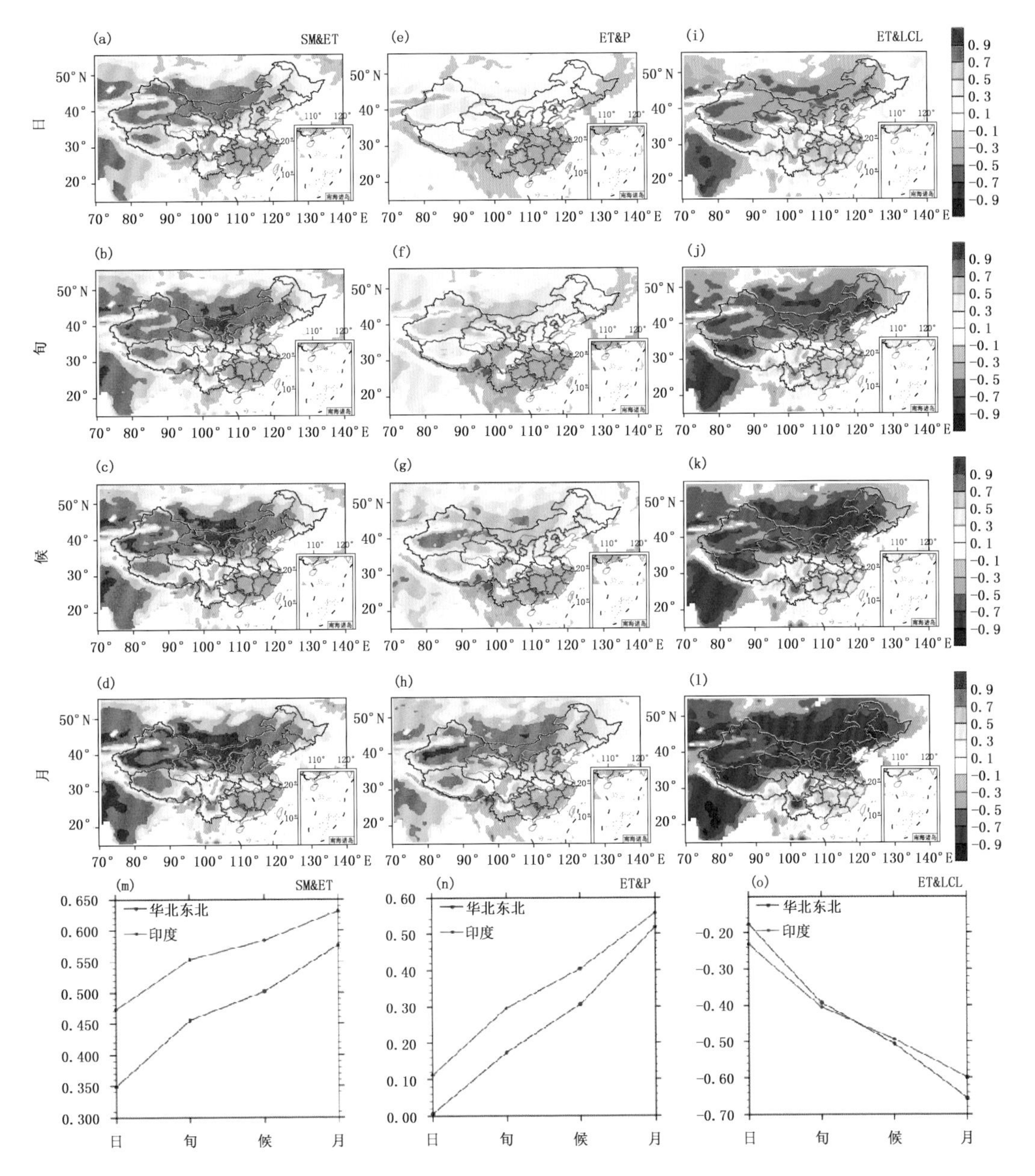

图 4.8 多时间尺度(日、旬、候和月)陆气要素间的相关系数，左列为土壤湿度和蒸散，中间为蒸散和降水，右列为蒸散和抬升凝结高度(Zeng et al.,2018)

从各时间尺度的分类相关可知(图 4.9)，日尺度上，华北地区土壤湿度和蒸发的相关只有在干的土壤条件下才能显著，但是到了月尺度，在所有土壤条件下均显著(图 4.9a～d)。这说明：随着时间尺度的增加，土壤湿度通过蒸发对大气的反馈越来越不受土壤干湿条件的限制。

这种变化规律在蒸发和降水及蒸发和抬升凝结高度的关系中表现得更为明显。抬升凝结高度某种程度上可作为边界层水汽条件的度量，蒸发首先通过影响抬升凝结高度来进一步影响降水。综上所述，这种陆气耦合随时间尺度的变化特征，贯穿了从土壤湿度到蒸发到边界层最终到降水的整个过程。

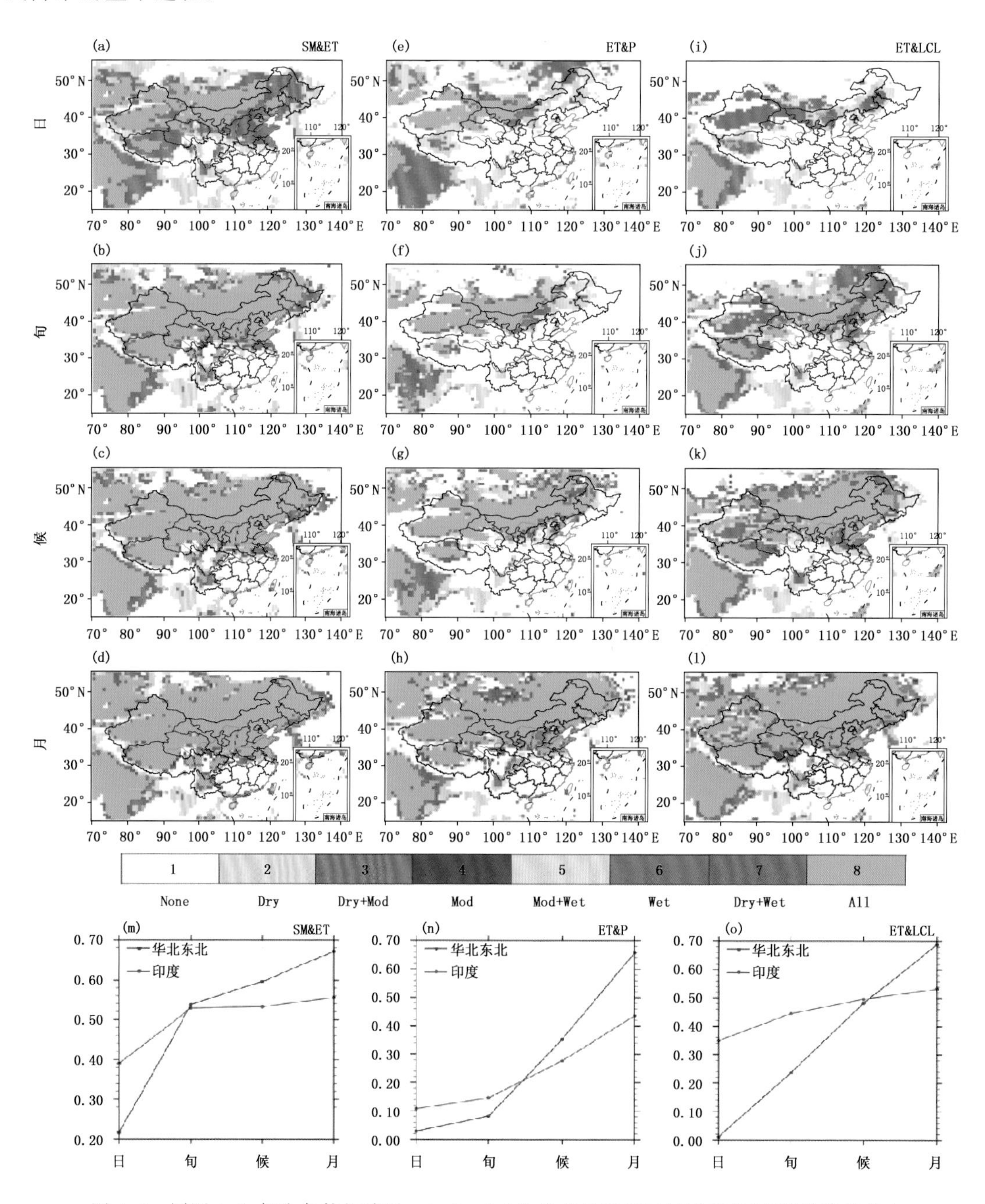

图 4.9 同图 4.8，但为条件相关图。(m)～(o)为华北及印度区域平均的“All”类型格点占总格点的比例(Zeng et al.，2018)

4.2.3.3 陆气耦合的强度特征

通过以上分析发现，随着时间尺度的增加，陆气耦合也越来越显著。本节对陆气耦合强度进行定量化研究，并参考 Wei 和 Dirmeyer(2012)的工作，将月尺度土壤湿度影响降水的因果链依次分成三个子过程，即土壤湿度—蒸发、蒸发—抬升凝结高度和抬升凝结高度—降水，按照 4.2.2 节的对耦合强度的定义，分别计算与这三个子过程相关的耦合强度指数 $CSI_{SM\text{-}ET}$、$CSI_{ET\text{-}LCL}$ 和 $CSI_{LCL\text{-}P}$，及土壤湿度—降水这个总过程的 $CSI_{SM\text{-}P}$。结果表明，在中纬度干旱带(区域 I)，土壤湿度和蒸发的耦合强度 CSISM-ET 很小(图 4.10a)，原因为沙漠地区虽然有足够能量驱动蒸发，但土壤湿度自身的变率很小，无法通过蒸发对边界层造成影响。处于气候过渡区的华北东北及印度(区域 II 和 III)表现出很强的陆气耦合，这是由过渡带蒸发对土壤湿度的高敏感性及土壤湿度自身的较大变率决定的。上述区域差异同样表现在蒸发和抬升凝结高度、抬升凝结高度和降水、土壤湿度和降水之间的耦合中(图 4.10b～d)。为了考察各个子过程和土壤湿度—降水耦合总过程之间的关系，通过计算 $CSI_{SM\text{-}P}$ 和 $CSI_{SM\text{-}ET}$、$CSI_{ET\text{-}LCL}$ 及 $CSI_{LCL\text{-}P}$ 的空间相关系数，分别为−0.80、0.86 和 −0.71，这说明除了土壤湿度—蒸发耦合之外，蒸发—抬升凝结高度之间的耦合是又一个决定土壤湿度和降水耦合的重要因素。

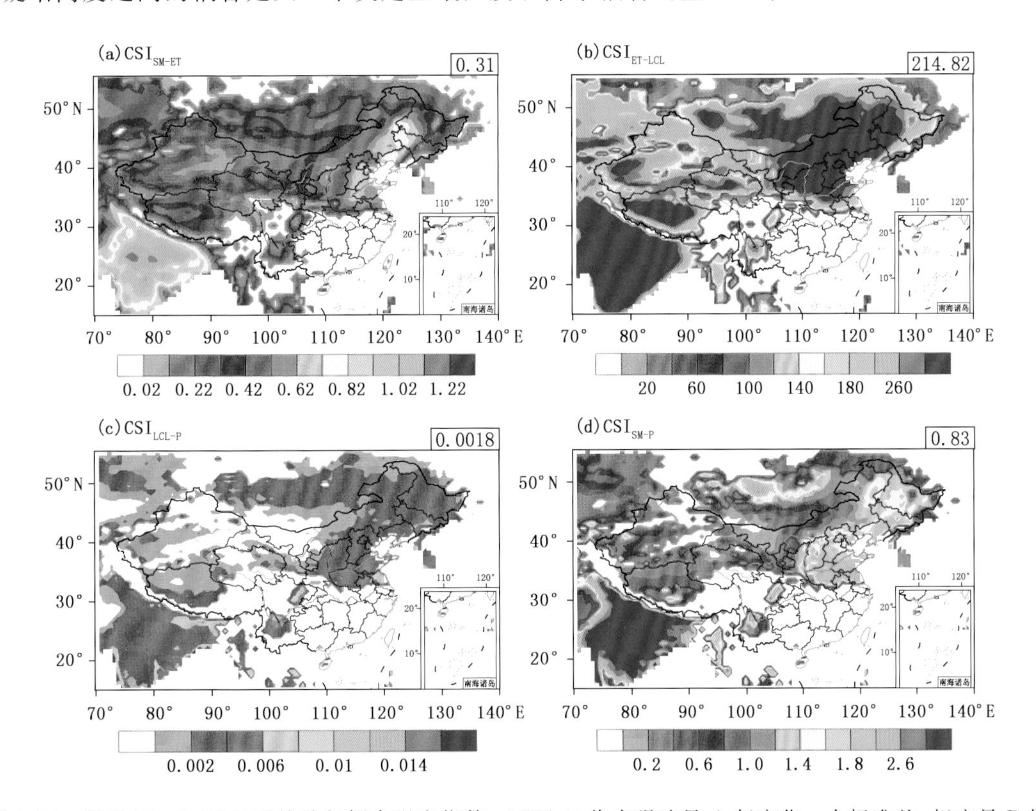

图 4.10 暖季(5—8 月)月平均陆气耦合强度指数，CSIA-B 代表强迫量 A 每变化一个标准差，相应量 B 的变化，A-B 分别为土壤湿度—蒸发，蒸发—抬升凝结高度，抬升凝结高度—降水，土壤湿度—降水之间的耦合强度指数，CSISM-ET 和 CSIET-LCL 只给出强迫量和响应量相关系数为正且通过显著性检验的点。CSISM-P 和 CSILCL-P 只给出四个指数均通过显著性检验的点，右上角为区域平均的耦合强度(Zeng et al.,2018)

由于抬升凝结高度不能完全代表边界层的动力特征，因此引入抬升凝结高度亏缺(LCL deficit)来作为边界层稳定度的度量，LCL deficit 为抬升凝结高度(LCL)减去边界层厚度(PBLH)之差。当边界层的动力发展导致边界层顶的高度超过 LCL 时，说明气块被抬升至凝结高度以上，有利于云的形成并触发对流，LCL deficit 越小，越容易引发降水。因此可以把

ET 当作动量，LCL deficit 当作响应量来计算 4.2.2 节定义的耦合强度指数 $CSI_{ET\text{-}LCL\ deficit}$，量化地表蒸发对边界层稳定度的影响。图 4.11 表明随着时间尺度增加，在各种土壤干湿条件下，蒸发对抬升凝结高度的强迫均越来越明显。结合之前对多尺度相关性的分析，说明从土壤湿度到蒸发，再到边界层稳定度，最终到降水的各个耦合过程，均是时间尺度越长，耦合越明显。

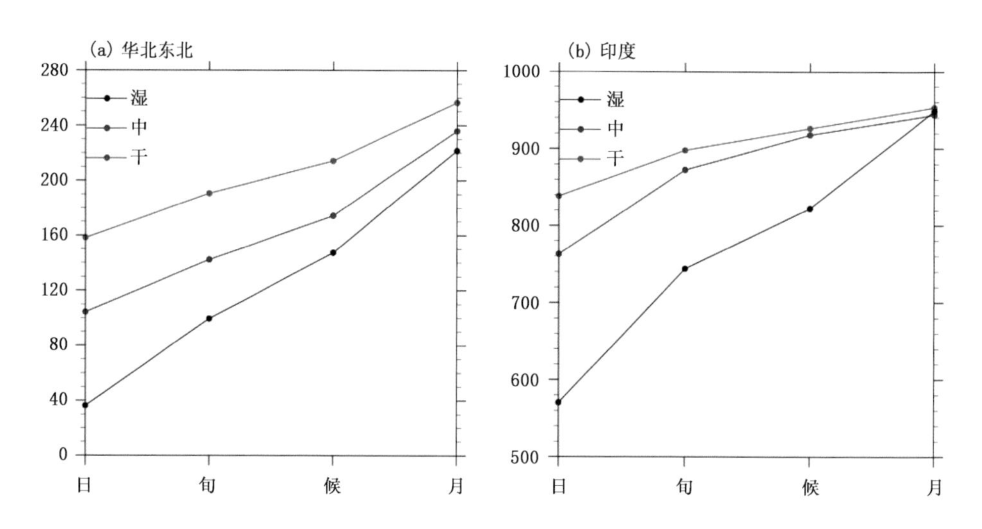

图 4.11　区域平均的多时间尺度蒸发－抬升凝结高度亏缺耦合强度指数（－1 $CSI_{ET\text{-}LCL\ deficit}$，单位：m）（Zeng et al.，2018）

4.2.4　次季节预报模式多尺度陆气耦合分析及其与降水预报的联系

第二次全球陆气耦合试验计划（GLACE-2；Koster et al.，2010）已经证明，土壤湿度异常可以影响次季节尺度气温和降水的变化及预报，因此有必要研究东亚地区次季节尺度预报模式对陆气耦合特征的再现能力，以下分析均以再分析资料为参考标准。

图 4.12 为各 S2S 预报模式日尺度土壤湿度和蒸发的条件相关。在印度（区域Ⅲ），ECMWF 模式（图 4.12a～d）模拟的土壤湿度—蒸发条件相关的逐月空间分布和再分析资料（图 4.6）的结果基本一致，较好地模拟出了耦合敏感性和夏季雨带移动的密切关系。ECMWF 模式成功再现了 6 月西北—东南向的土壤湿度梯度（图 4.12b），但该月 NCEP 模式在土壤湿度偏湿的时候较再分析资料耦合更显著（图 4.12f），这是因为 NCEP 模式对印度夏季风的爆发时间模拟偏晚，导致 6 月土壤湿度还不够大，所以土壤偏湿的条件下依然有显著的陆气反馈。但是这种与印度夏季风爆发及维持相联系的逐月耦合演变在其他三个模式中不能被很好地再现出来（图 4.12j、4.12n、4.12r）。

在华南（区域Ⅳ），只有 NCEP（图 4.12e～h）和 ECMWF（图 4.12a～d）较好地再现了 5、6 月无反馈，7、8 月干（“Dry”）条件下显著反馈的特征，类似地，这和南海夏季风 5、6 月爆发并在华南停滞、而 7、8 月北推到华北东北有关。在华北、东北区域（区域Ⅱ），ECMWF、NCEP 和 CMA 三个模式均成功捕捉到了该区域土壤湿度 6—7 月的干湿转换。

接下来讨论陆气耦合模拟能力与降水预报技巧之间的联系，通过对比模式中土壤湿度—

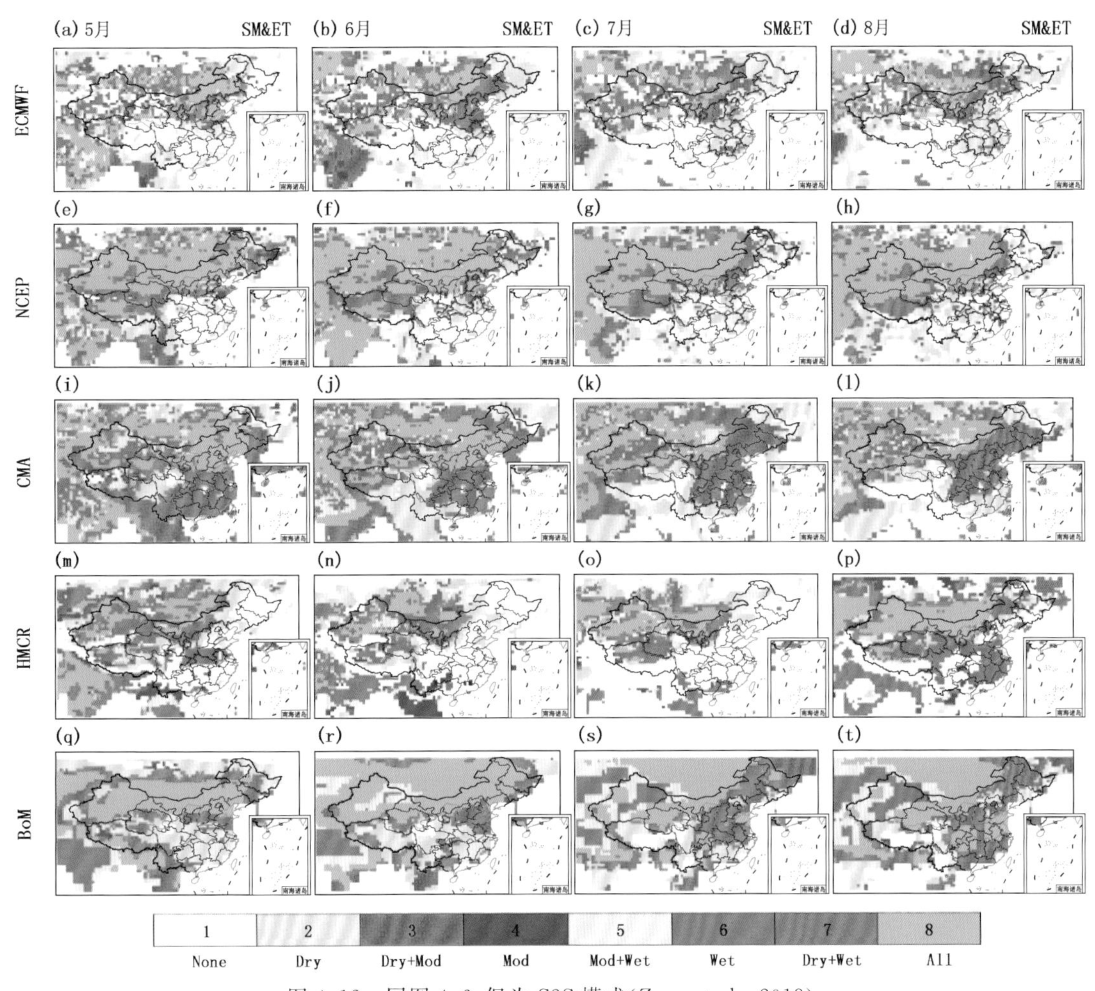

图 4.12 同图 4.6,但为 S2S 模式(Zeng et al.,2018)

蒸发耦合(图 4.12)和降水预报技巧(图 4.13)可知,预报技巧高的模式或者季节通常对陆气耦合特征的再现能力也更强,ECWMF 模式在东北、华北及印度地区预测的降水和观测相关系数每个月均达到 0.7 以上(图 4.13a～d, 图 4.13u～x),该模式对东亚大部分地区陆气耦合特征的再现能力也最强(图 4.12a～d)。

NCEP 模式对印度地区 5—8 月耦合特征的再现能力偏弱(图 4.12e～h),相应地,该地区的降水预报技巧也较低(图 4.13e～h,图 4.13u～x)。该模式在华南(区域Ⅳ)能够模拟出陆气耦合随雨带南北移动而产生的变化,同时在该区域也有较高的降水预报技巧(图 4.13u～x)。

CMA 模式对华南区域 5—6 月降水的预报技巧非常低(图 4.13i～j),同时,华南 5—6 月的陆气耦合敏感性在干(Dry)和中性(Mod)的土壤湿度条件下也被高估(图 4.12i～j)。然而到 7、8 月,CMA 对该时段的陆气耦合特征再现能力增强(图 4.12k～l),相应的降水预报技巧也大幅提高(图 4.13w～x)。

其他的两个模式降水预报技巧偏低(图 4.13m～x),对应的陆气耦合再现能力也偏弱(图 4.12m～t)。

对比 S2S 模式中日尺度和月尺度陆气耦合的差异,以蒸发—降水相关为例(图 4.14),5 个模式的结果均表现为时间尺度越大,陆气耦合显著性越不受土壤干湿条件的限制。对蒸发和

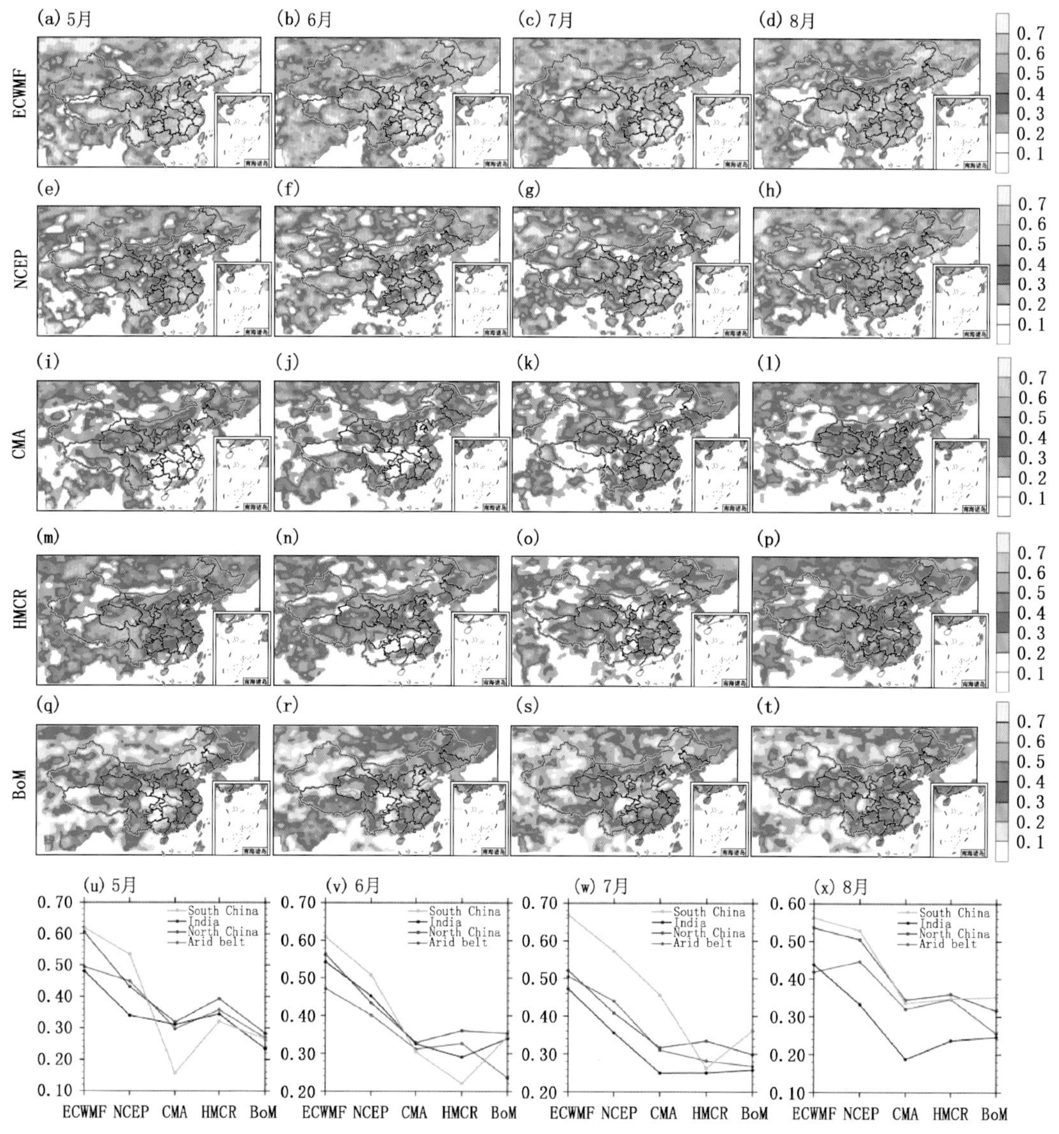

图 4.13 周平均 CPC 降水和 S2S 模式预报的降水之间的相关系数，对预报值来说，每月包含 4 周，每周第一天起报，该日起 7 天内的平均值作为周平均。最下面一行为各模式预测和观测值相关系数值的在各区域的平均(Zeng et al.，2018)

降水耦合的空间形态模拟最好的是 ECMWF 模式(图 4.14a～b)，NCEP 和 CMA 次之(图 4.14c～f)。土壤湿度和蒸发之间的耦合也有类似的尺度差异(图略)。

正如图 4.10 所示，华北及印度地区为陆气耦合热点区，存在地表和边界层之间的强耦合，类似的特征能否在预测模式中得到再现？通过计算 S2S 模式中的相应的耦合强度指数，图 4.15 中，ECMWF 和 NCEP 很好地再现了华北东北及印度的陆气耦合热点区，两个模式中 $CSI_{SM\text{-}P}$分别为 0.64 mm·d^{-1}和 0.71 mm·d^{-1}，和再分析资料中的 0.83 mm·d^{-1}(图 4.11d)非常接近，与再分析资料中 CSI_{SM-P}的空间相关系数分别达到 0.74 和 0.69(图 4.15d、4.15h)，高于其他三个模式。土壤湿度—蒸发、蒸发—抬升凝结高度、抬升凝结高度—降水耦合强度指数也都高于其他模式。

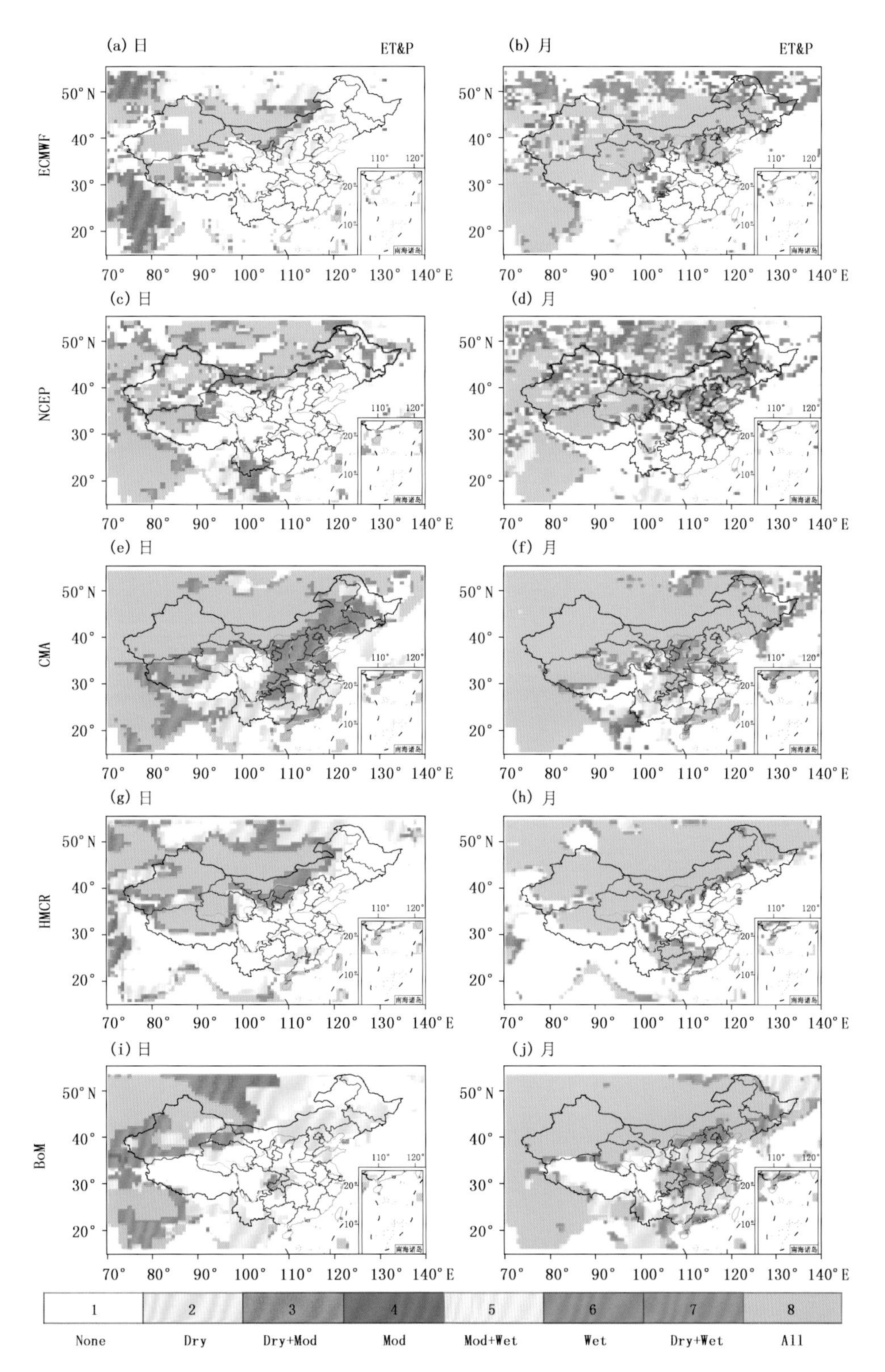

图 4.14　次季节预测模式中日和月时间尺度的陆气耦合敏感性，分别为土壤湿度与蒸发(左)及蒸发和降水(右)之间的条件相关(Zeng et al.,2018)

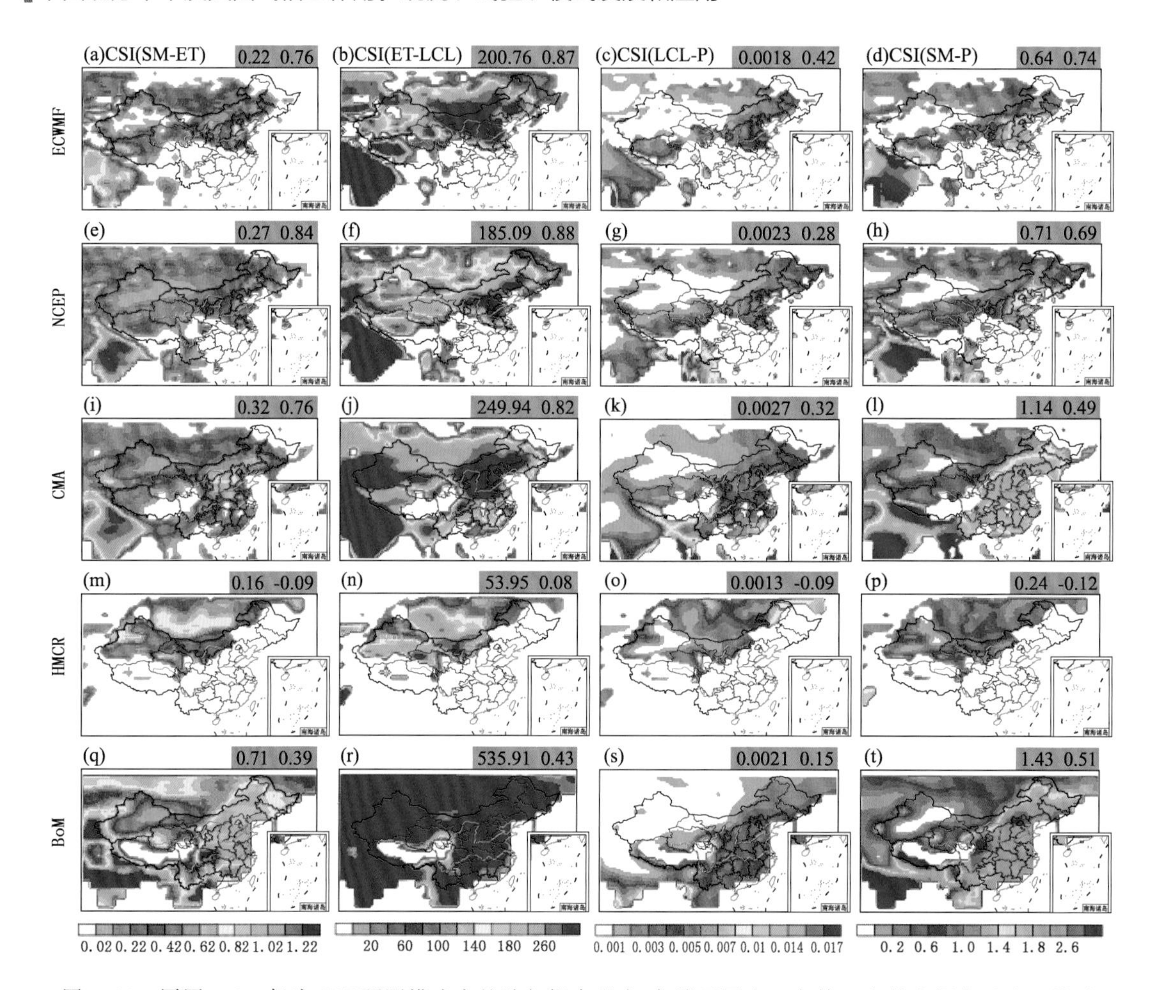

图 4.15 同图 4.10，但为 S2S 预测模式中的陆气耦合强度，每附子图右上角第一个数为耦合强度区域平均值，第二个数为该模式中耦合强度指数和再分析资料中的空间相关系数(Zeng et al.，2018)

4.2.5 小结

本节重点讨论陆气耦合及其与干旱的关系，包括与降水的相互作用、陆气耦合多时间尺度特征及对干旱可预报性的影响。探讨了多时间尺度陆气耦合的度量、特征及其可预报性，有以下结论：日尺度土壤湿度—蒸发的耦合与季风雨带的进退密切相关：即便在陆气耦合热点区，在季风期土壤较湿的情况下也不存在显著陆气反馈；而在非耦合热点区，雨季过后，在干的土壤条件下，也能产生显著的陆气反馈。从日到月，随着时间尺度的增加，陆气耦合也越来越显著，且耦合对土壤干湿条件的依赖越少。这种随时间尺度的变化特征同样体现在土壤湿度和降水，蒸发和边界层水汽，蒸发和边界层稳定度的耦合中。究其原因，可能是因为短时间尺度的降水扰动对陆气耦合影响较大，但对长时间尺度来说，由于瞬时扰动的减少，使得陆气间的耦合状态更加稳定。

次季节预测模式中，对陆气耦合特征再现能力强的模式，通常也有较高的降水预测技巧。ECMWF 和 NCEP 模式在两方面均表现最佳。但耦合再现能力和降水预报技巧的一致性并不能反映二者之间绝对的因果关系，可以认为 S2S 模式对季风雨带的捕捉能力较强(降水预报技巧高)，使得陆气耦合季节演变模拟得更加准确，反过来，也有研究表明，土壤湿度异常引起的大气低层涡度变化，能够影响降水的次季节变化，这种机制是否适用于亚洲夏季风，还需要进一步进行细致的资料分析及数值模拟。本节的研究表明，次季节预测模式对陆气耦合特征再现能力还有所不足，这对进一步改进模式的预报能力有借鉴意义。此外，极端气候事件通常是海洋和陆地共同作用的结果。陆气耦合对我国极端天气气候事件影响的研究还需要深入分析。

4.3 北方干旱形成与植被反馈

我国有 52%左右的土地是不利于生存发展的干旱半干旱地区(冉津江，2014)，主要位于华北与西北内陆，在同纬度的其他国家中，我国的干旱土地面积最大，程度最深。这些区域内的植物种类较复杂，但生态系统十分脆弱，且年际降水差异显著(冉津江 等，2014)。值得警惕的是，在全球变暖的形势下，这些干旱地区有向东部地区扩张的趋势(Ma et al.，2005)。在我国的这类干旱半干旱区，特别是北方大部分地区，干旱化的发展扩大从未停止(符淙斌 等，2008)，通过蒸发、蒸腾和相变过程，水资源的供给与消耗已经成为限制该地区生态系统健康发展与维持的首要条件。水汽以不同形式参与到天气系统各个尺度的动力过程之中，而在此敏感地区，降水量的任何微弱改变都将导致区域气候系统与生态条件的显著波动(冉津江 等，2014)。已有的研究表明，近百年来，世界范围内变暖效应最强的区域皆位于各大陆的干旱或半干旱地区，尤其是半干旱区域，其对气候系统增温的贡献率高达 44.5%(Huang et al.，2012)。干旱地区目前已转变为气候与地表生态条件的过渡地带(符淙斌 等，2002)，年均潜在蒸发普遍超过降水，空气湿度低，植被覆盖程度少(Narisma et al.，2007；黄建平 等，2013)，土地利用格局改变快速而显著(符淙斌 等，2002；李春香 等，2014；赵天保 等，2014)是该地区的典型特征。并且大量不合理的人类活动导致该区域陆面植被剧烈退化，水土流失严重，而东亚地区夏季的海洋性季风往往因此减弱，造成内陆地区水汽输送不足(Fu，2003)，使得内陆沙尘过程的频率与强度进一步加大(张仁健 等，2002)。此类干旱过程与生态破坏相辅相成，形成了交替恶化的恶性循环(符淙斌 等，2002)。

Charney(1975)从理论上研究非洲 Sahel 干旱问题时注意到了植被的重要性，开创性地提出了一套干旱区边缘植被减少作用于局地干旱化的互反馈机制，认为 Sahel 地区由于过度放牧而破坏了地表植被，导致地表反照率增加，从而改变了地表能量平衡，使之成为一个辐射热汇，大气冷却造成下沉气流的加强与维持，进而抑制当地对流系统的发展，加剧了干旱，从而造成植被进一步退化、沙漠边缘扩展这一恶性的正反馈过程。其后的大量数值试验与观测分析均显示，地表荒漠化将显著增加反照率，且配合地表粗糙度与土壤含水量的下降，使局地降水将明显减少。若此时植被和土壤情况未获改善，则局地的荒漠化将持续扩大，最终形成植被枯萎与干旱化互相反馈的恶性循环(Sud et al.，1982，1985)。进一步的研究表明，土地荒漠化不仅会影响当地陆面系统的气温、降水和蒸发过程，也会对周边区域的环流系统发展起到干扰作用（Xue et al.，1993；符淙斌 等，2001）。已有的研究表明，西北地区植被的生长覆盖情况对本区域的降水与气温均会产生影响。借助区域气候模拟，符淙斌等（2001）讨论了地表植被规模化改变对气候产生的影响，结果显示，若人为增加东亚季风区的植被覆盖，则会使我国东部地区出现普遍的降水增加，而华北与西北将面临显著降温；由于植被增多引发的局地蒸散加强，还会造成对流层下层的水汽含量升高，长江以南与西北地区东部的土壤含水量明显增多，从而最终导致夏季风整体变强。西北地区作为典型的干旱与半干旱地区，一旦产生规模性的植被更替，其内的地表温度、土壤湿度、径流以及环流中的风场与高度场都会发生剧烈的变化。范广洲等（1998）指出，绿化后的西北地区地表温度将明显升高，并作为热源信号影响到下游的天气系统，最终导致夏季风增强。吕世华等（1999）的研究结果显示，若西北地区植被覆盖区域地表温度降低，则往往对应着夏季偏北的雨带与副热带高压。数值试验结果显示，西北地区的植被增多会使冬夏两季的温度差异变小，且一方面增多黄河流域的总降水，另一方面使长江中下游及南方地区在雨季的降水显著减少。

本节以我国北方地区的西北地区东部、黄土高原以及华北平原为例，在深入了解该区域植被覆盖情况和气候要素变化的基础上，利用区域气候模式 RegCM4.5、陆面模式 CLM4.5 及其动态碳氮与植被模块（CNDV）相耦合，对东亚地区尤其是中国北方地区进行多年数值模拟积分。分析干旱个例过程对植被的影响，并探讨植被生长情况对局地干旱过程的反作用，以期总结出植被对气候系统进行响应与互反馈的物理机制，从而为区域气候研究与植被资源管理提供理论依据。

4.3.1 数据与试验设计

4.3.1.1 数据资料及研究区域介绍

用于对比地表气温与降水的资料来自东英吉利大学气候研究组的全球地表月平均资料（CRU），版本号为 4.6 B；使用美国国家环境预测中心官网的 NCEP 再分析资料作为大尺度环流场的参考，来检验区域气候模式对中国陆地地区的气候模拟能力；叶面积指数的观测对比资料来自 MODIS 卫星的 LAI 观测产品，主要为 Global Inventory Monitoring and Modeling Studies(GIMMS)的 LAI 观测产品；采用 FLUXNET 数据集反演出的 GPP 资料来对比模式在再现植被生长状态时的表现能力。

图 4.16 为试验模拟区域及海拔高度分布情况。区域基本覆盖欧亚大陆以及西太平洋地区，包含了影响我国天气气候的主要中高纬环流系统以及热带季风系统（巩崇水 等，2015）。模式区域中心格点分辨率为 50 km，纬向 144 格点，经向 109 格点，垂直气压分层 18 层，顶层气压 50 hPa。模式时间步长为 100 s，陆面部分的积分步长为 600 s。两组试验的大气边界场均由 NCEP 的 NNRP2 再分析资料经插值获得，海温数据使用 NOAA 的 OI_WK 的周平均数据。

4.3.1.2 试验设计

为评估模式模拟中国地区区域气候变化的能力，并探讨区域植被反馈对区域短期气候的影响，共设计 RCM-CLM 与 RCM-CLM-CNDV 两组配置不同的试验，分别如下：

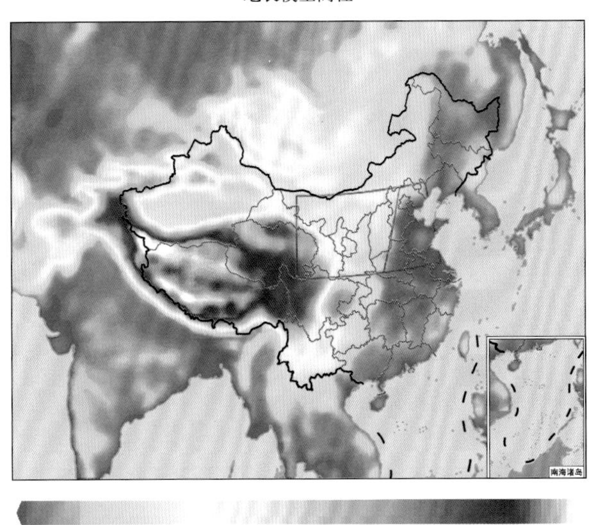

图 4.16 模拟地区的海拔与地形分布

RCM-CLM 试验采用由 MODIS 卫星资料观测的 PFT 分布以及 LAI 数据，由模式插值生成，从 1982—2012 年运行 31 a，第一年作为模式初始化阶段，取后 30 a 的结果作为控制试验；

RCM-CLM-CNDV 试验使用 RCM-CLM 试验得到的大气状态作为强迫场，驱动 CLM-CN-DV 模式进行 200～300 a 的线下 spin-up，直至 CN 与 DV 在模拟区域的气候与结构均达到平衡态，再将所得结果插值到 RCM 格点上，并以此作为初始条件驱动 RCM-CLM-CNDV 完成模拟，此处为了消除初始条件不确定性带来的可能扰动，RCM-CLM-CNDV 试验使用 1983—2012 年的大气边界场循环两次一共 60 a，取后 30 a 的输出文件作为试验结果。

下文为表述方便，称 RCM-CLM 试验为原试验，RCM-CLM-CNDV 为 CNDV 试验。

4.3.2 RegCM-CLM-CNDV 动态植被模型对华北干旱个例的模拟与反馈

4.3.2.1 RegCM-CLM 与 RegCM-CLM-CNDV 试验对华北地区干旱事件的模拟性能对比

图 4.17 为西北地区东部与华北平原地区多年区域平均标准化降水指数(SPI)的时间序列模拟结果，其中所有图中的黑色细线均代表原 CLM 试验结果，而 CNDV 试验结果均由彩色曲线表示，金色曲线为 CRU 观测资料计算所得。图中左侧为西北东部及黄土高原地区的模拟结果，右侧为华北平原的模拟结果，从上至下追溯跨度分别为 12 个月、6 个月、3 个月以及 1 个月的 SPI 值。为了利于辨认，12 个月与 6 个月的标准化降水指数选取整个 30 a，而 1 个月与 3 个月的标准化降水指数选取干旱事件较多的 1995—2000 年。

1983—2012 年，即两组试验作为积分对象的 30 a 间，研究目标区域的几次典型干旱事件均可显著在图中 6 个月以上的 SPI 时间序列中观察到。北方地区 1986—1987 年、1994—1995 年、2004—2005 年以及 2006—2007 年的数次有记载的典型干旱事件均在图中有所体现（黄会平，2010）；另外北方地区典型的湿润年如 1990 年、1998 年、2003 年与 2012 年也都可以在图上

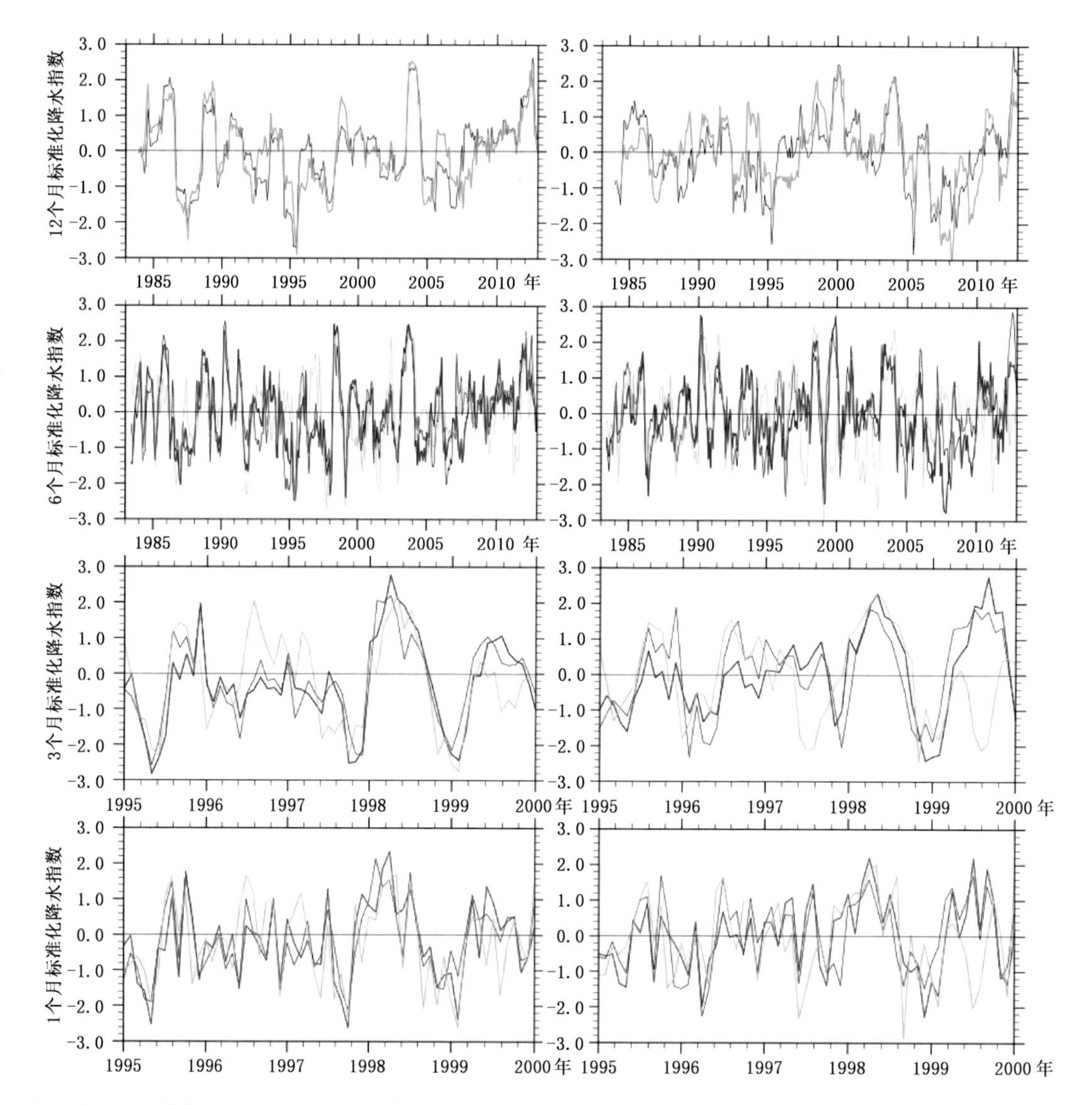

图 4.17　CRU 资料(黄)、原 CLM 试验(黑)与 CLM-CNDV 试验(其他颜色)结果中我国西北地区东部(左)与华北地区(右)的多年标准化降水指数(SPI)时间序列，从上至下分别为 1983—2013 年间 12 个月、6 个月以及 1995—2000 年间 3 个月、1 个月的结果

观察到(王芝兰 等，2015)。这表明两组试验均对研究目标区域的干旱与湿润过程具有相当强的模拟能力。值得注意的是，SPI 的统计结果来自于当月或之前数月的数据与本组试验自身其他年份同时期数据的统计对比，故其最大程度避免了因两组试验之间的陆面状态差异而导致的针对天气过程的差别判断。

两片区域内降水强度的季节与年际变化与 CRU 观测资料在 1 个月的 SPI 演变上吻合得非常好，基本再现了逐月局地降水量相对于多年气候平均的真实涨落情况。这说明模式在参考大范围背景场的同时，对短期区域内天气尺度的降水过程有着准确的模拟能力。

从多月 SPI 的模拟结果看，两组试验的降水时间序列均相当成功地再现了这 30 a 间的历次主要干旱与湿润过程，这意味着模式可在季节以上时间尺度准确复原天气系统的演变规律，且严格服从并依赖于背景气候场即边界条件的演变。例如图 4.17 中 1997 年、1998 年与 1999

年这三年的SPI值，在1个月至6个月的统计跨度内均有明显的正负极值振荡，而在12个月的统计跨度内其起伏就不再明显；众所周知，1998年前后是近30 a以来北半球厄尔尼诺与拉尼娜效应最为活跃的时期，而这类效应的时间尺度一般在1～2 a左右(郑益群 等，2004)，故6个月以下的SPI统计值对其信号的变化十分敏感，而12个月及以上的SPI统计值会将其过程前后的降水情况考虑进来，最终使得这类效应对降水的影响在时间序列上体现得更为平滑。这对于本研究来说是十分有利的，因为就地表植被来说，一旦发生变化，例如某次严重的干旱过程使某地区的植被出现大面积萎缩或枯死，那么由于植被的生长周期必须服从季节循环，所以即使立刻人为施加中短期降水，也并不意味着这些枯萎的植物会立刻恢复。事实上模式对在干旱解除阶段的植被变化的判断是比较保守的(吕建华 等，2002)，即一次强干旱事件造成的植被萎缩，若非紧接强湿润年，则通常需要若干年的季节生长周期循环才能使植被重新达到强干旱事件之前的水平。这才使得本节通过12个月以上的SPI变化来考察植被变化对降水系统的反馈成为可能。

图4.17中展现出的极有研究价值的一点是：比较两组试验12个月统计跨度的SPI时间序列，可以发现在历次干旱时间过程中，CNDV试验的SPI恢复周期都要长于原CLM试验。即两者在干旱事件开始阶段经历的降水减少剧烈程度相当，但在干旱解除阶段，CNDV试验降水量的恢复速率与程度均要落后于原CLM试验。这种现象在1994—1996年的干旱事件中体现得尤为明显，1986—1988年、2006—2008年的情况也与此类似。6个月的SPI值分布也均在这些年呈现出相同的特征，只是由于序列线较为稠密，不太容易第一时间分离出来。此特征在3个月的SPI时间序列上表现得最为明显，可见在两片地区，1995年与1996年的上半年、1997年与1998年末均发生了不同程度的干旱事件，各干旱过程中CNDV试验与原CLM试验结果的干旱程度虽各有高低，但进入干旱解除阶段后(即SPI回升部分)，CNDV试验的降水指数均要明显低于同期原CLM试验的结果，除前文所述1998年上半年之外，图中1995年、1996年下半年以及1999年上半年的结果均较好地显示出此种特征。1个月的SPI值虽也一定程度上体现出此特征，但其与多年际时间序列图上的振荡过于频繁，不易辨认，后文将在讨论干旱个例时予以具体分析。

值得注意的是，1995年上半年的这次干旱过程持续时间适中，干旱程度较深，在两个地区均有体现。且紧随其后的降水过程十分显著，其中动态植被试验降水落后于原试验结果的特征也较为明显。故下文将1995年内3—5月的干旱过程与之后的降水恢复过程作为典型，初步探讨年内尺度干旱及降水演变与植被反馈的潜在联系。

4.3.2.2 1995年北方地区干旱个例演变对植被变化的影响

(1)1995年春季北方地区极端干旱事件成因分析

图4.18为两次试验模拟的1995年春季东亚地区亚洲中高纬的月平均500 hPa位势高度场及其距平，左侧为原CLM试验，右侧为CNDV试验结果。容易发现，1995年春季亚洲地区中高纬为“西高东低”型高度分布(距平场为“西正东负”)，乌拉尔山及其以南地区为强高压脊控制，而东亚太平洋沿岸为东亚大槽控制。

两次试验结果几乎一致，即在此时间段内我国西北地区大部均处于乌拉尔山高压脊前部的西北气流影响下，这股气流的途经区域以辐散下沉气流为主。这一典型高压系统的变化特征为，自3月起高压脊向北发展，使区域内位势高度场的距平值达到约5～7 dagpm；另外亚洲东部距平值为负，中心最低距平值约－5 dagpm。自4月起，乌拉尔山高压脊向北发展增强，

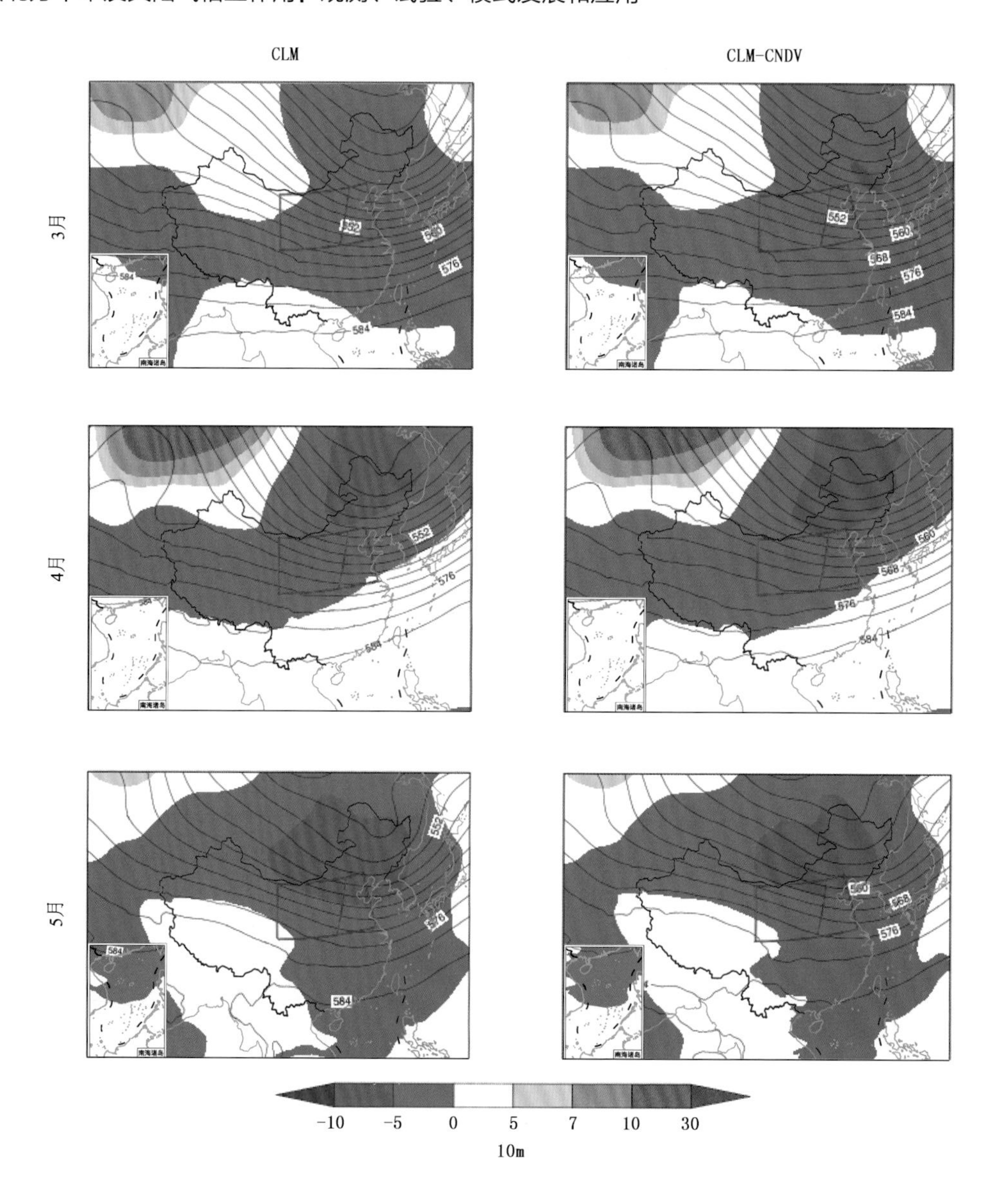

图 4.18 原 CLM 试验与 CLM-CNDV 试验结果中 1995 年春季 3—5 月东亚地区 500 hPa 高度场(等值线)与距平(色块)分布

高度场距平值增至 10 dagpm 以上；而另一侧东亚大槽加深，且局地出现了分离出的小的闭合低压中心，其中心位置负距平显著增强，达到了 −5 dagpm 以上，且南侧太平洋副热带高压位置有少许西伸。至 5 月时，乌拉尔山高压脊逐渐减弱，而国境内新疆地区的高压脊略有增强，使得西北地区大部仍处于脊前辐散下沉气流的控制之中。

两次试验对引发 1995 年春季干旱事件的大尺度环流影响系统及其变化过程模拟得较为准确，即上游历次高压脊的发展与东亚沿海地区持续存在的高度场负距平互相作用，使得研究区域在春季一直受到西北辐散下沉气流的控制。可见两组试验在 500 hPa 高度场的同期模拟结果相当接近，这表明在同一地区，对流层中层及以上的环流活动在模式中更多服从于背景气候场与模式侧边界条件变化的控制，从而受陆面条件差异影响较小。

图4.19中两组试验在1995年春季的月平均500 hPa风场与纬向风速的分布同样可以展现干旱过程的起因并佐证以上观点。与图4.18中的乌拉尔山高压脊相对应，自3月起我国西北地区有支西北偏西气流开始发展增强，整个西北地区及以东的华北大部地区，均存在着纬向风的极大值(≥12 m·s^{-1})，3—4月西北地区东部的500 hPa风速已超过16 m·s^{-1}，至5月风速持续增强，在蒙古出现风速极值中心，其中CNDV试验结果的闭合风速极值中心更为明显，并且随着南方副热带高压的西伸，北方地区的高空风速并没有放缓的迹象；将以上结果与模拟的500 hPa高度场变化相比较发现，此次干旱事件发生与西北辐散下沉气流有密切关系，且由于上游高压脊与东亚大槽的气压高低分布稳定维持，使得研究区域受南方环流系统的影响较小。

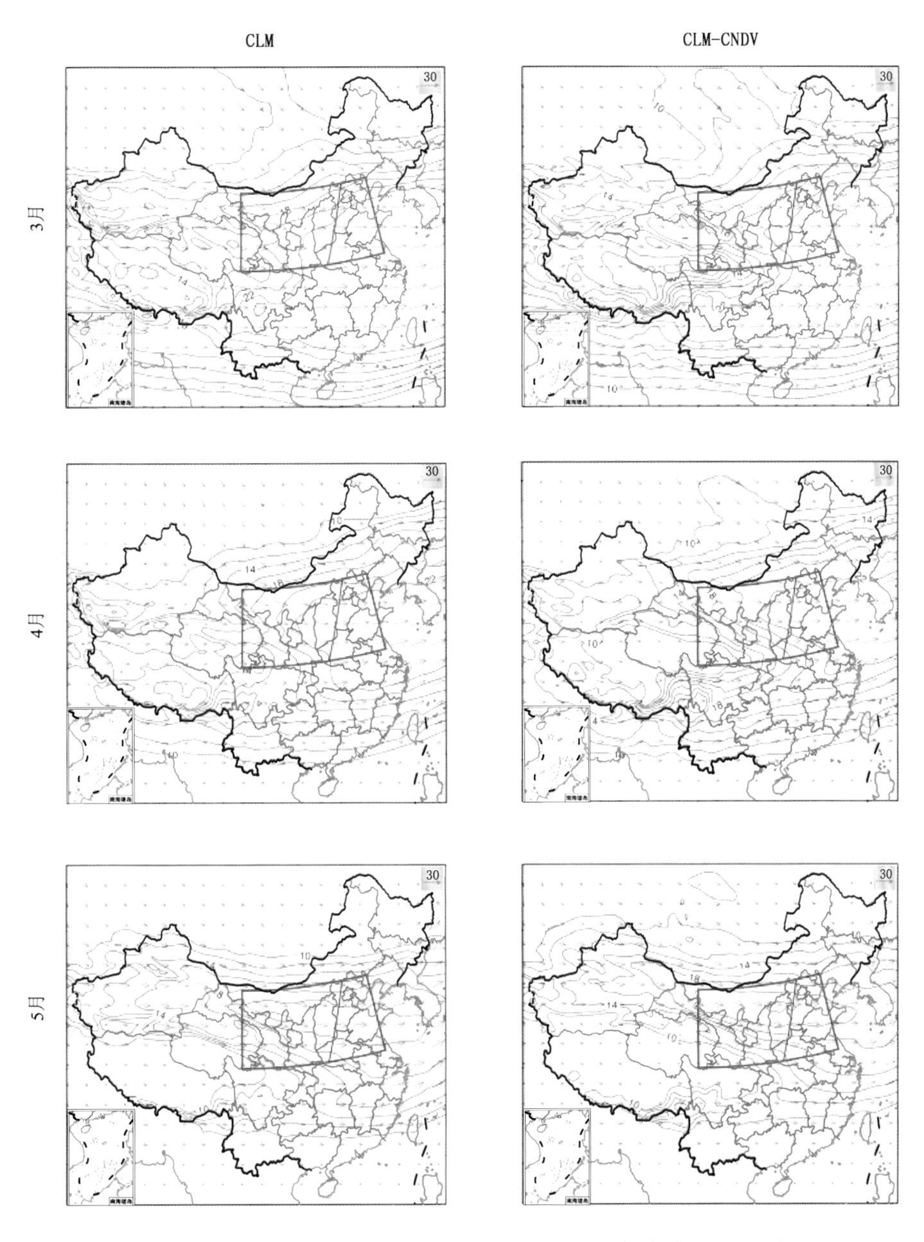

图4.19 原CLM试验与CLM-CNDV试验结果中1995年春季3—5月东亚地区500 hPa风场(箭头)与纬向风速(等值线)分布

(2)北方地区地表植被特征对1995年春季干旱过程的响应

图4.20为两组试验1995年全年标准化降水指数(SPI)与总叶面积指数(LAI)距平的时间序列;左侧为西北地区东部及黄土高原的模拟结果,右侧为华北平原模拟结果;所有黑色曲线均为原CLM试验结果,彩色曲线为动态植被CNDV试验结果。

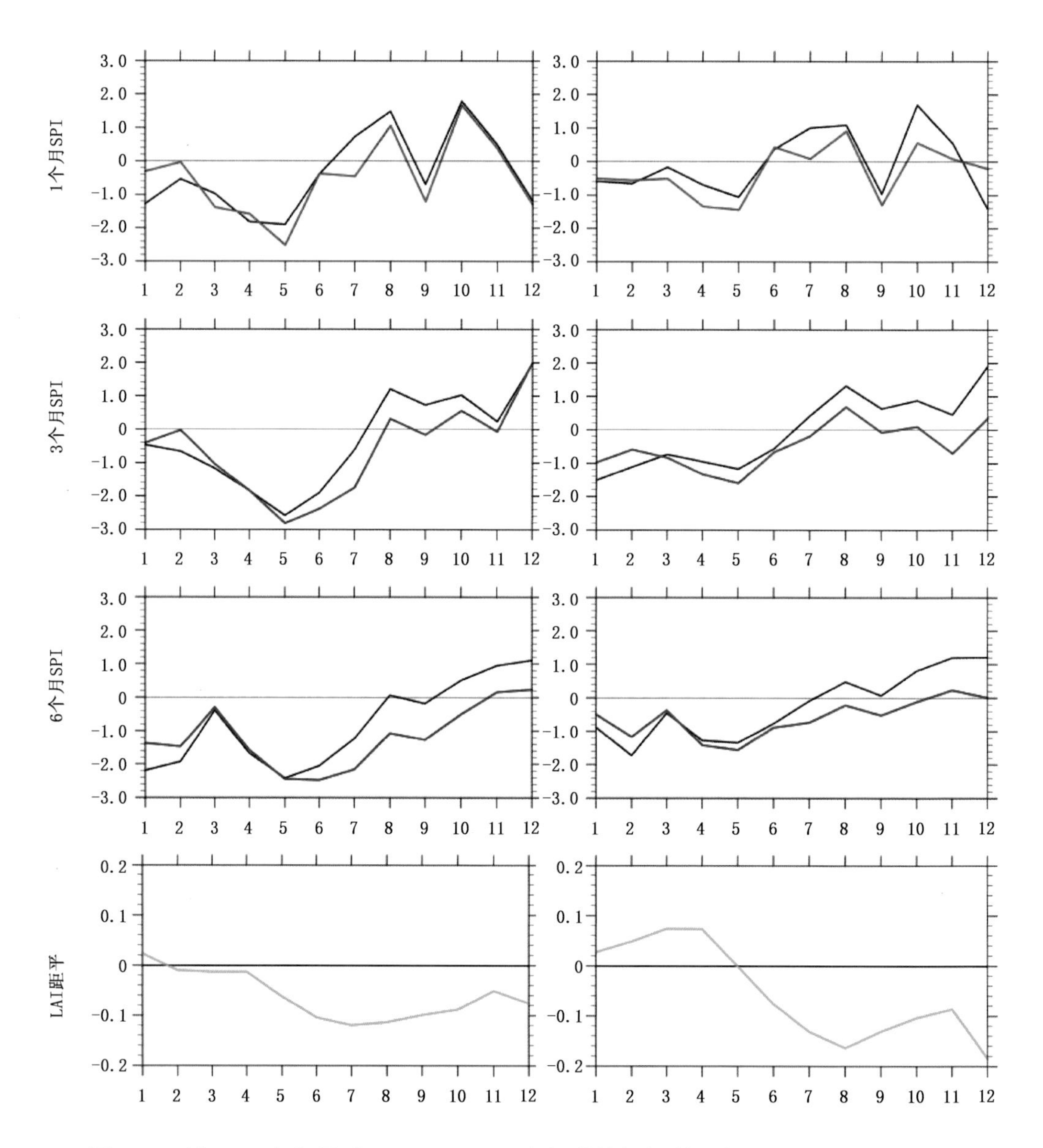

图4.20 原CLM试验(黑)与CLM－CNDV试验(其他颜色)结果中我国西北地区东部(左)与华北地区(右)的多年标准化降水指数(SPI)与叶面积指数(LAI)距平在1995年内的时间序列分布,从上至下分别为1个月、3个月、6个月的SPI值,以及LAI距平

从1个月的SPI时间序列可以看出,两片地区均于当年2—5月间经历了一次较严重的干旱过程,最低SPI值接近－3.0,此为本次干旱活动的主要发展阶段;6月干旱情况有所改善,降水情况与多年平均相仿,至7月、8月两月两片区域均迎来了较强的降水过程,SPI达＋1.0

以上；9月两区域的平均降水又略微低于往年同期，至10月之后又经历了一次降水过程。综合来看，3月、4月、5月为本年度干旱的主要发展阶段，6月、7月、8月为此次干旱过程的主要解除阶段。区域上，北方地区东部及黄土高原的干旱过程在强度上略高于华北平原，但干旱解除阶段中，两区域的标准化降水大小相当。

原CLM试验与动态植被CNDV试验结果在3个月与6个月的SPI时间序列图上差异最为明显。在两片地区，干旱发展阶段的两组试验标准化降水量基本相当，但随着干旱过程结束与降水过程的来临，CNDV试验在6—12月的总3个月与6个月SPI值均显著小于原CLM试验，且差异随着降水的发展而逐渐增大。这一特征在1个月的SPI时间序列上亦有体现，不难发现在7月与8月这两个降水过程集中的月份里，CNDV试验的降水在两片区域均明显小于原CLM试验，另外华北地区10月的降水也表现出了此特点。

鉴于驱动两组试验的侧边界条件与大气强迫场相同，采用的大气物理参数化方案也相同，唯一的不同仅来自地表植被动态变化与否，故此处应重点关注植被在此次干旱过程中的变化情况。叶面积指数(LAI)是反映植物群体生长状况的一个重要指标，其距平的时间序列已于图中最后一行给出。原CLM试验采取预设的下垫面植被，其叶面积指数仅是年内时间的函数，造成其各月距平值均为0，仅有的绿色曲线即为CNDV试验的年内LAI距平时间序列。可见两片区域的LAI距平值均于干旱发生后显著减少，说明模式中植被系统的生长情况对降水的响应十分显著，干旱过程所导致的植被枯萎会立刻体现在LAI值的减少上。而两片区域的LAI在9月后的小幅回升也能较好地与前文提到的7—8月降水过程相对应。只是虽有小幅回升，其距平仍位于0线以下，这从侧面说明了仅凭短期内的数次降水过程并无法弥补强干旱过程对地表植被系统造成的损害。由于普通植被的生长周期通常在半年以上，与月尺度的干旱灾害相比，植被系统的生长恢复往往是一个较为长期的过程，这一点在模式中的表现十分接近真实情况。

时间特征上，对比LAI距平时间序列与SPI时间序列可以发现：一方面，LAI的显著减少在时间上落后SPI值的极小值约2～3个月，这说明植被生长对降水变化的响应并不是即时的，而是有接近3个月的滞后，这是由于在干旱过程初始阶段，降水量显著减少的效应并不会立刻体现在植被的变化上，而近地面土壤—植被—大气系统的水分收支失衡需要一段时间的积累才能使原本系统中的水含量下降到可使植被枯萎甚至死亡的程度。即模式中植被变化对干旱过程发展的响应存在一定的时间滞后性(Kucharski et al.，2013)，干旱过程须持续一段时间后才能使得降水的负异常体现在植被变化上；另一方面，CNDV试验与原CLM试验的降水差异与LAI的负距平存在着较好的正相关，即LAI距平的低值区往往对应着当地CNDV试验降水结果较原CLM试验偏少，这表明植被减少会立刻对当地短期降水产生反作用，且这种作用与干旱影响植被不同，是一种较快的月际尺度的过程，主要影响具体的天气尺度系统。

对比西北地区东部与华北平原的情况可以发现，西北地区植被减少对干旱过程的响应略快于华北地区，考虑到两片区域的植被差异，可以推知区域植被系统越丰富，其对干旱的抵抗能力越强，前文所述的时间滞后就越长。

另外由于原CLM试验使用预设的植被年循环，使得其LAI无法随着个别年内的短期气候影响而改变。由此而产生的问题是：CNDV试验的LAI负距平没有合适的参考控制组试验，来使其LAI的减少从其背景场LAI变化中分离出来，即仅凭目前的工作无法量化干旱过程对LAI减少的影响程度。但有一点可以肯定的是，1995年春季的北方干旱事件确实是使研究区域 LAI 出现负距平的最主要原因，且干旱过程对局地植被的破坏并未随着干旱过程的缓慢解除而得到完全复原。

图 4.21 为 1995 年春季 3—5 月以及夏季 6—8 月的季节平均 SPI 与 LAI 距平的空间分布，均为 CNDV 试验的模拟结果。关注研究目标区域内的情况可以发现，两组试验至夏季时，强干旱过程已基本结束，西北与华北大部地区夏季平均降水均略高于往年同期水平。从表面上看，区域内 LAI 距平变化却与 SPI 变化相反，在春季干旱发展阶段，LAI 距平始终为 0 值上下，至夏季降水增多时反而出现明显的 LAI 负距平。然而仔细观察不难发现，LAI 出现负距平的区域与春季降水低值区基本吻合，这种相反的变化恰恰印证了植被变化对于干旱过程响应的滞后性，实际上，此后秋季与冬季数月的 LAI 距平空间分布与夏季基本相似（图略），从空间上佐证了上文中降水作用于叶面积指数的讨论。

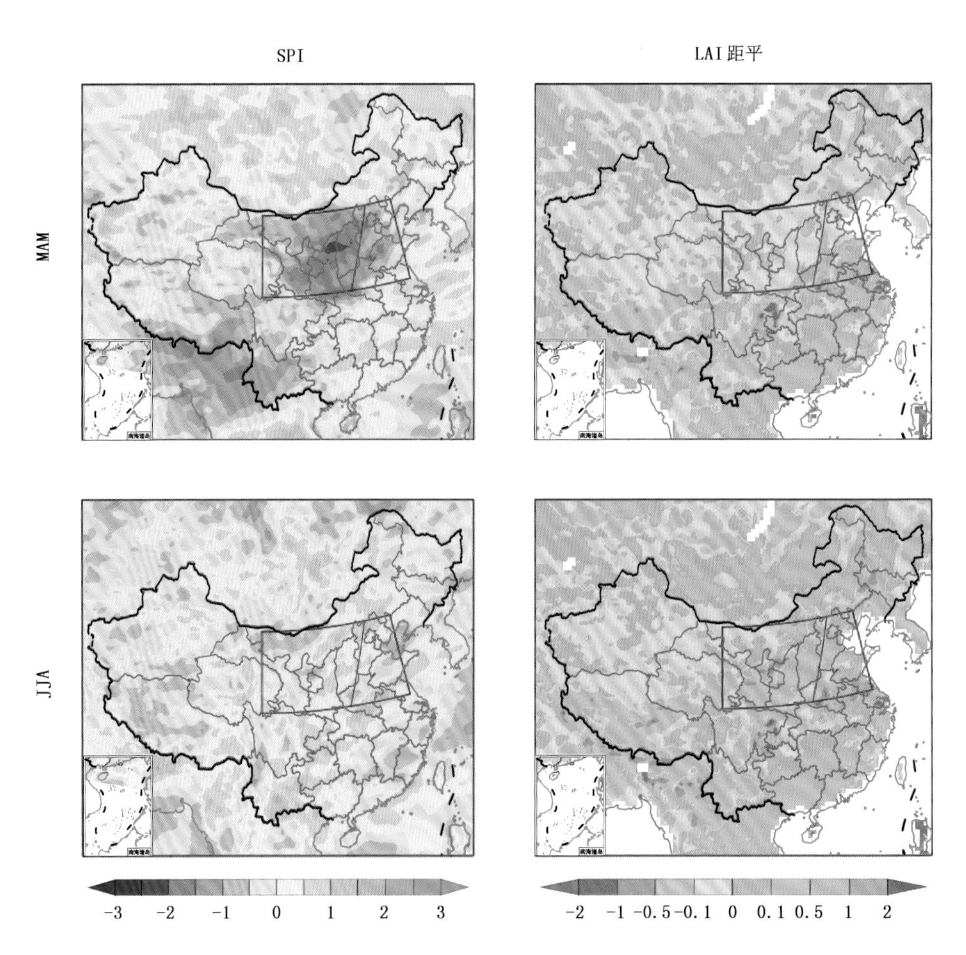

图 4.21 CLM-CNDV 试验结果中 1995 年春季与夏季我国季节标准化降水指数(SPI)与叶面积指数(LAI)距平的空间分布

综上所述，在 CNDV 试验中，干旱过程会导致局地植被出现相当程度的枯萎，而这种植被退化又会对干旱解除阶段的本地降水起到消极影响。至于这种消极影响的物理来源究竟为何，下一节将从能量收支与局地水汽来源这两个角度予以讨论。

4.3.2.3 动态植被模型中植被变化对局地环流系统的反馈

(1)动态植被变化对地气能量交换的影响

图 4.22 为 1995 年两组试验结果在研究区域内若干变量的月均值距平时间序列，从上至下分别为地表反照率、大气净辐射、地表感热通量以及 700 hPa 垂直速度的月距平值；所有黑色曲线均为原 CLM 试验结果，彩色曲线为 CNDV 试验结果，灰色曲线为两组试验月距平结果之差；各变量左侧代表西北地区东部与黄土高原区域，右侧代表华北平原区域。

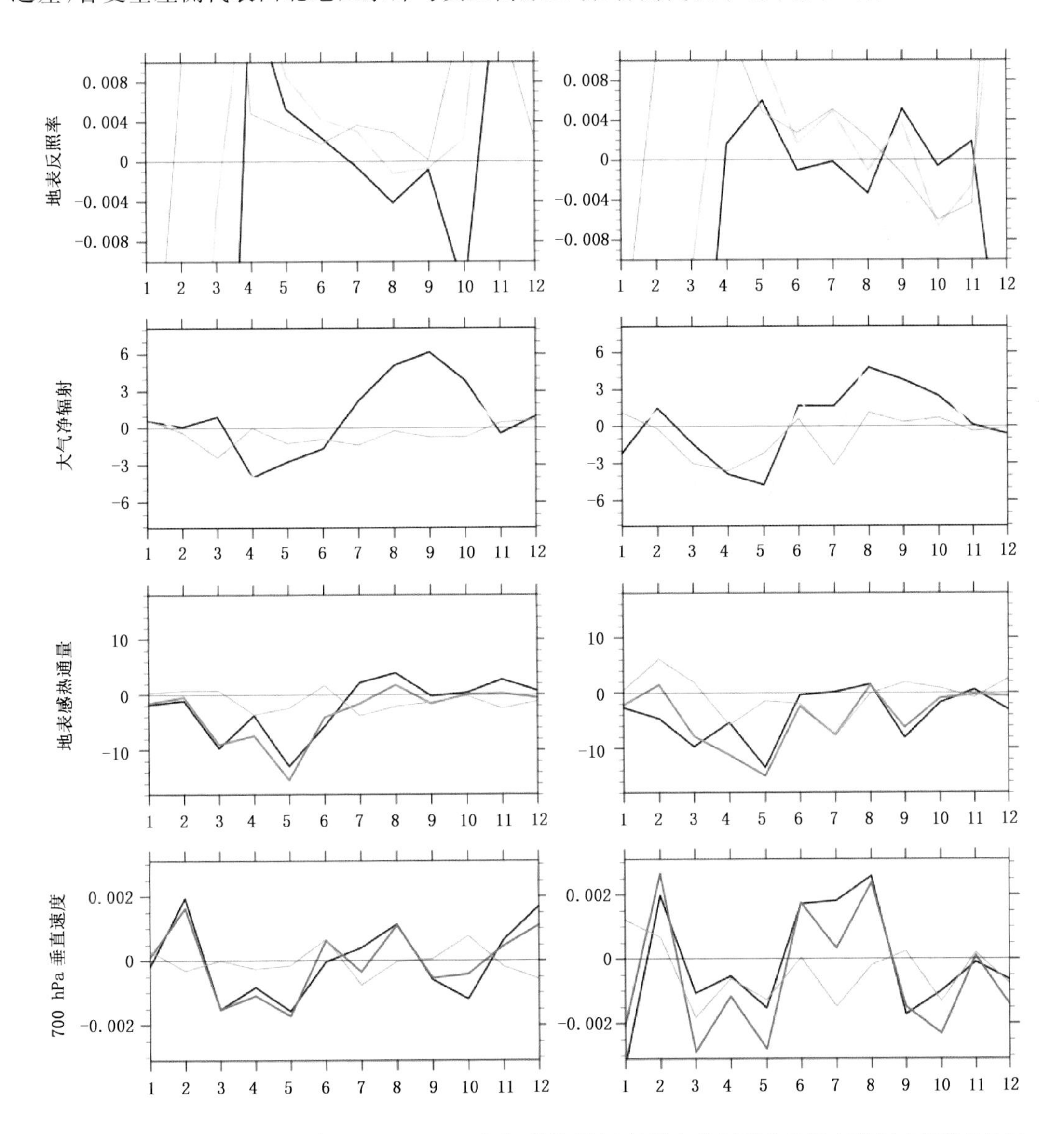

图 4.22　原 CLM 试验(黑)与 CLM-CNDV 试验(其他颜色)结果中我国西北地区东部(左)与华北地区(右)的各陆面变量的距平在 1995 年内的时间序列分布

因植被变化而导致的地表反照率改变是植被影响大气辐射平衡的主要方式(Kucharski et al.,2013)，而原 CLM 试验并不具备地表植被动态变化的能力，故其地表反照率的月距平可作为背景场来考察 CNDV 模型中植被变化对局地地表反照率的影响。此处有关反照率须指出的一点是，冬半年两组试验的反照率改变都十分剧烈，这是由于模式内霜冻与降雪模块使地表反照率产生了颠覆性的改变，其信息掺杂进历年冬季反照率的月平均值中，从而让地表反照率这一变量在进行距平分析时几乎丧失了参考性，故此处仅考虑1995年夏半年即4—9月间的反照率距平差异。

观察地表反照率距平的时间序列，可以看到两片目标区域的地表反照率在5—9月的两组试验中均呈现下降趋势，若将原CLM试验结果（黑）作为背景场参考，则可发现CNDV试验结果（暗黄）的反照率距平始终高于原CLM试验（灰＞0）。这与前文所述的植被退化以及LAI负距平有很好的对应关系，说明干旱过程所导致的植被枯萎将使局地地表反照率升高。

联系图4.22第二行大气净辐射的距平差异，不难发现同期地表反照率（暗黄）的差异亦可反映在大气净辐射（黄）的差异上。大气净辐射为负值，意味着当前区域大气为辐射源，即向外的长短波辐射之和大于接收到的太阳辐射。图中CNDV试验与原CLM试验地表反照率距平差（灰）的正值恰好对应两组试验大气净辐射差（灰）的负值，且负相关性较好，这意味着在模拟试验中植被变化所导致的偏高的反照率会直接导致局地大气的辐射接收减少。一种理论认为，植被退化导致的地表反照率升高，会使近地面系统吸收到的太阳短波辐射总量减少，从而在局地产生有冷却下沉辐散趋势的次级环流叠加到接连而来的环流系统上（Charney，1975）。

考察两次试验在两片区域的垂直速度距平，可以发现700 hPa垂直速度距平（紫）的变化与大气净辐射（黄）变化对应较好。两片区域的两组试验中，3—6月均为大气净辐射负距平，对应700 hPa垂直速度负距平；6—8月为大气净辐射正距平，对应垂直速度正距平；9月之后分歧逐渐加大，这也许与进入冬半年后大气净辐射的影响因子改变有关（周锁铨 等，1998）。同样对应显著的还有两次试验的大气净辐射与垂直速度距平差（灰），在两次试验大气净辐射距平差为负值的5—7月，700 hPa垂直速度距平差同样显示为负，且改变幅度相当。这一现象在华北平原地区体现得尤为明显。

通过对比两组试验的距平差异变化，以上分析从侧面印证了局地植被萎缩所导致的反照率增加会强迫区域大气辐射收支发生改变，减少局地大气接收到的辐射能，从而对存在于对流层中下层的上升运动产生抑制效应。

同样是能量交换，与大气净辐射（黄）的变化相比，两次试验中地表感热通量（粉红）距平的变化与700 hPa垂直速度距平（紫）的变化相关性更好。3—5月里，两区域的地表感热通量均呈现明显负距平，与700 hPa垂直速度负距平对应；至6—8月感热通量回升至多年平均水平，对应垂直速度距平值上升；9—10月地表感热通量距平再次下降，再次对应垂直速度负距平。这说明短期尺度内的地表感热通量改变在相当程度上决定着局地大气中低层垂直运动的变化（陈军明 等，2010），二者距平曲线相关性极好。

两组试验对比，从4月开始CNDV试验的感热通量距平无论在干旱发生阶段还是解除阶段均显著低于原CLM试验（灰），典型如4月与7月，这表明植被的退化会迅速反映到局地地表感热通量的减少上。而感热通量的距平差（灰）又与局地中低层大气的垂直速度距平差（灰）存在着较好的相关性，如两片区域4月与7月的感热通量距平差（灰）极小值均可找到同一时间的垂直速度距平差（灰）与之对应。

综上，两组试验结果显示，西北地区东部、黄土高原与华北平原地区的大气中低层700 hPa垂直运动会受到局地地表反照率与地表感热通量变化的共同影响，而后二者的异常又可来自于地区地表植被生长情况的改变。一方面，干旱过程所导致的植被退化会增加局地的地表反照率，进而减少局地的大气净辐射接收；另一方面，植被系统的萎缩还会使得局地地表感热通量显著下降；此二者共同作用，导致干旱发展期与解除阶段的对流层中低层上升运动被抑制，对比同期 SPI 值可以发现，这种抑制对降水过程造成了不利影响，最终使得干旱期间干旱程度加深，干旱解除期降水减弱。两片研究区域结果基本一致，只是华北平原地区各组变量间的变化更为剧烈，相关性也较西北地区东部与黄土高原更为明显。

(2)动态植被变化对局地大气水汽条件的影响

图 4.23 为 1995 年两组试验结果在研究区域内各变量的月均值距平时间序列，从上至下分别为局地蒸散发、700 hPa 经向风、850 hPa 经向风以及 850 hPa 水汽通量散度的月距平值；黑色曲线为原 CLM 试验结果，彩色曲线为 CNDV 试验结果，灰色曲线为两组试验月距平结果之差；各变量左侧代表西北地区东部与黄土高原区域，右侧代表华北平原区域。

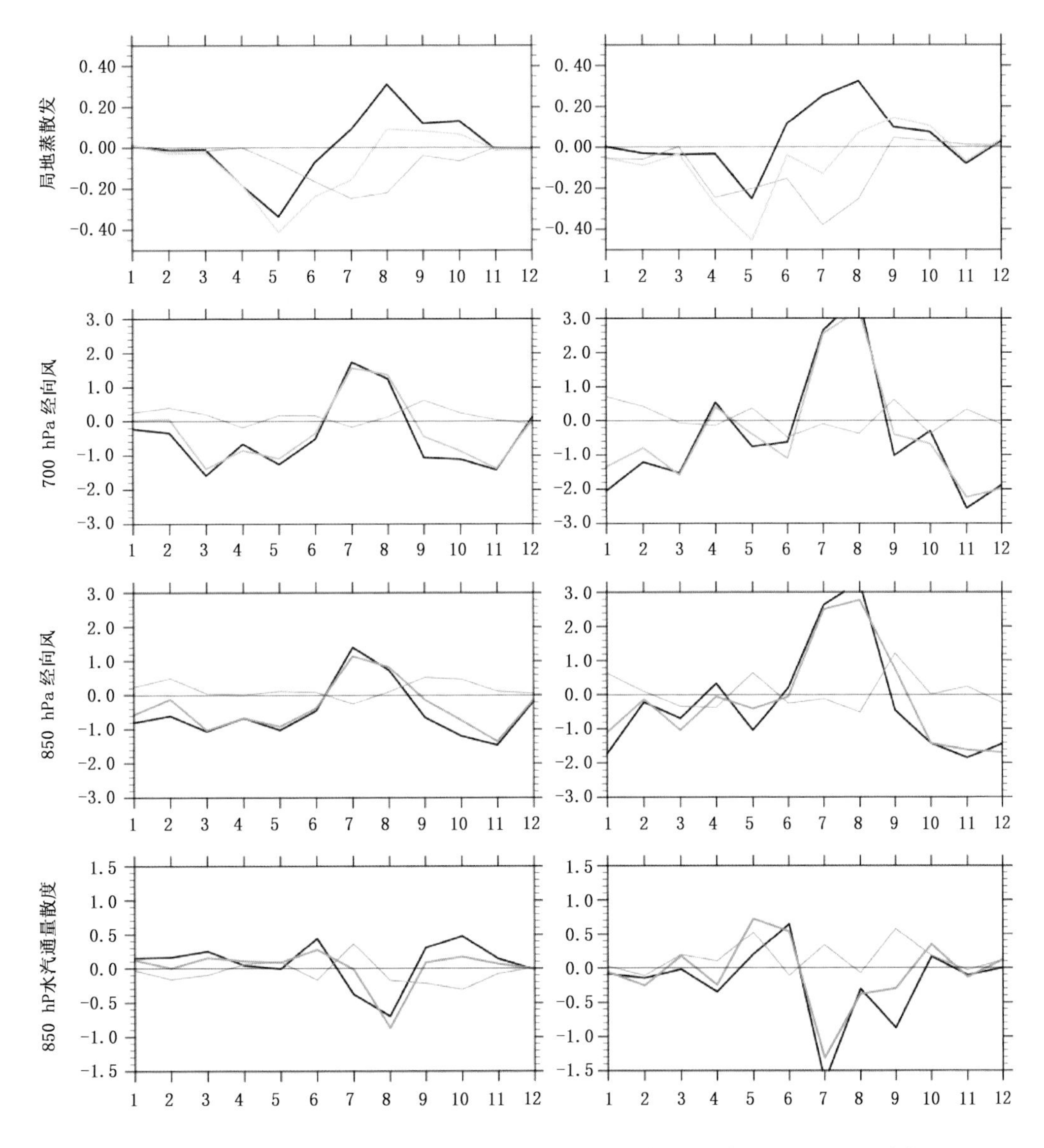

图 4.23　原 CLM 试验(黑)与 CLM-CNDV 试验(其他颜色)结果中我国西北地区东部(左)与华北地区(右)的各水汽相关变量距平在 1995 年内的时间序列

从蒸散发距平(浅绿)时间序列来看,两片地区于干旱发生阶段的3—6月均低于历年平均水平,而降水较集中的7—9月均呈现正距平,这说明在模式中,局地蒸散发的强度与地区地表系统含水量,即土壤湿度与降水强度呈明显正相关,这与实际情况是相符的。值得注意的是,在此行(浅绿)时间序列中,最大的区别来自于两次试验结果间的距平差(灰)。在干旱过程发展后的5月及之后数月里,CNDV试验的蒸散发距平始终小于原CLM试验结果,对比上文不难发现,其距平差的曲线与LAI在同期的衰减曲线高度吻合。6—8月虽为主要降水期,却出现了LAI距平曲线的极小值,而此时恰恰对应着CNDV与原CLM试验蒸散发距平之差(灰)的极小值。此现象表明,局地蒸散发的强弱在相当程度上服从地表植被系统的变化(王丹云等,2017),干旱过程所造成的滞后性的植被退化会即时反应到局地的蒸散强度上,使得局地地表蒸散作用显著减弱。而蒸散发通常与地表潜热通量存在正相关(Ma et al.,2005),不难推测,此种机制导致的潜热通量减少亦会增强前文所述的大气中低层上升运动的抑制作用(图略)。

图4.23的第二、三行分别为两片地区700 hPa与850 hPa的经向风距平时间序列。700 hPa高度上的偏南气流是我国北方地区夏季降水的重要水汽来源(任余龙 等,2013),故其在此个例中的平流强弱直接关系到目标研究区域在当月的降水情况。可以发现,两层的经向风在1995年内的变化基本类似,干旱发展阶段的3—5月较弱,而降水集中的7、8两月较强。其与蒸散强度的相关性也较好,经向水平风速负距平对应蒸散发负距平,风速正距平对应蒸散发正距平。两次试验的结果差异(灰)并不大,在降水期,CNDV试验的经向风距平(蓝)只是略微小于原CLM试验,这其中850 hPa的经向风距平差(灰)要稍大于700 hPa的值。结合上文对两组试验的讨论,这种细小差异极有可能是地气热量交换的差异所引起,使得此处具有下沉辐散趋势的水平次级环流叠加到经过此地的对流层中底层偏南气流上,从而导致这种差异(Sud et al.,1985)。

与此同时,850 hPa高度的水汽通量散度除与前文所示的SPI时间序列存在负相关之外,也与蒸散发(浅绿)及经向风速(蓝)均存在很好的负相关关系,高蒸散(浅绿)与高经向风速距平(蓝)对应着即时的水汽通量散度距平(深绿)极小值,这意味着在模式中,强的蒸散效应与强的经向水汽输送会明显改善区域大气中低层的水汽条件,这与现实情况是相符的(Nicholson et al.,1998)。对比两组试验结果,还可以发现水汽通量散度距平差(灰)与局地蒸散距平差(灰)对应较好,而与经向风距平差(灰)虽有负相关,但仅限于降水较集中的6—8月。这表明在区域模式中,植被改变所导致的局地蒸散变化对地区大气中低层水汽条件的影响领先于水平水汽输送变化的作用,而后者的影响仅在有强降水天气过程时才能显现。

综合以上对水汽条件的讨论可以发现,模式中植被系统的退化将显著减少地区内的蒸散发强度,而这种影响会直接反映到大气中低层水汽通量的改变上,使得干旱解除期的大气层结出现不利的水汽条件;另一方面,植被减少所导致的地气能量交换异常会使干旱解除阶段低层大气的经向风减弱,从而阻碍自南而来的水平水汽输送。此二种效应共同作用,最终使得动态植被试验中大气中低层的水汽条件在干旱解除阶段的降水过程中要明显差于原固定植被试验,导致降水偏少。

4.3.3 小结

本节利用区域气候模式RegCM4.5及其搭载的陆面模式CLM4.5,分别采用预设植被与动态植被设定，对东亚地区的气候系统进行了两组长达30年的数值模拟积分，分析了目标区域内植被退化与干旱过程个例变化特征及联系，探讨了地区降水异常与地表植被动态变化之间的互反馈作用。主要结论如下：

如图4.24，于动态植被试验中对比干旱过程前后的植被情况，可显著定位出强干旱过程对区域植被系统的损害效应，这种损害直接体现在模式内的区域总叶面积指数(LAI)减少上，且时间滞后于干旱事件起始点约2～3个月。此效应在植被系统相对丰富的华北地区体现得较西北东部地区更加明显。另外随着干旱过程的结束，已退化的地表植被并不会立刻恢复，而是随着年尺度以上的相对长期的降水补足过程缓慢回升。

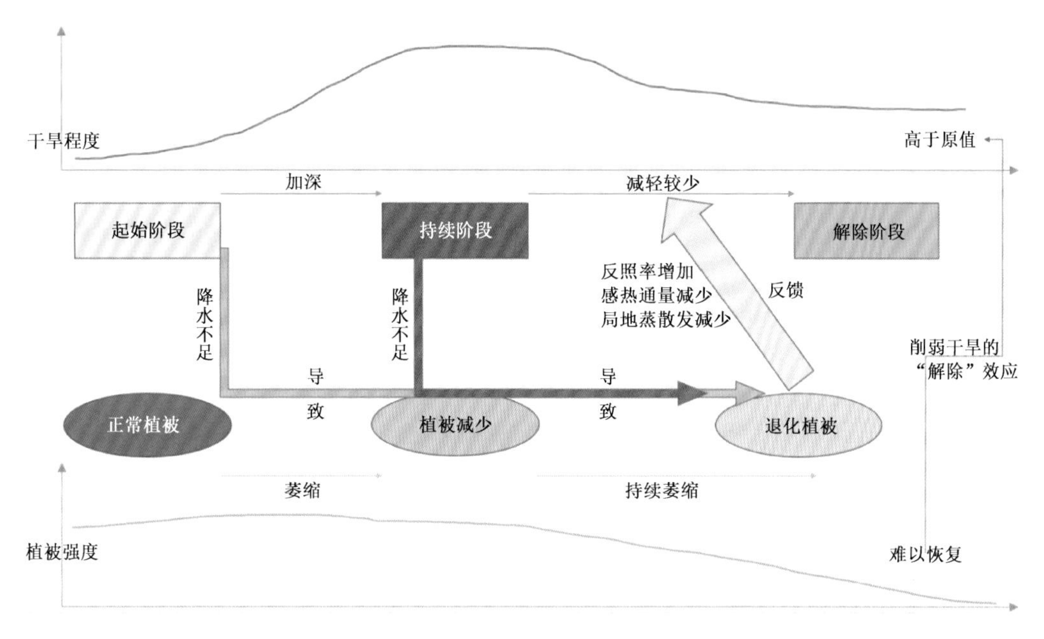

图4.24 干旱演变与植被变化互馈过程示意图

在干旱过程之后的降水恢复阶段以及之后的若干月内，动态植被试验的标准化降水指数均持续低于原预设植被试验，表明干旱过程导致的植被减少会进一步通过陆气耦合而影响到局地的天气系统。

两组试验结果对比表明，植被退化会使区域地表反照率增加，导致区域大气接收到的净辐射减少；植被退化也会使局地地表向上感热通量减少。二者共同作用，将对地区大气中下层的垂直上升运动产生抑制作用，从而产生下沉趋势。这种趋势最终叠加到降水恢复阶段的对流系统中，不利于降水过程的发展。

区域植被减少还会对局地蒸散发强度产生严重影响，使大气低层的本地水汽与潜热来源显著减少，最终产生较原控制试验情形更加不利的水汽条件，妨碍对流性降水系统的发展。

第5章　干旱半干旱区域模式系统发展及应用

5.1　陆面过程模式

通用陆面模式（community land model；CLM）是由美国国家大气研究中心（National Center for Atmosphere Research；NCAR）研发的最完善的陆面模式之一，目前最新的版本为CLM4.5，为通用地球系统模式（community earth system model；CESM）的陆面模块。CLM4.5描述陆面的各个方面，包括地表非均匀性、生物地球物理过程、水文循环、生物地球化学过程、人文影响和生态系统动力过程，各个方面具体包括植被的组成、结构和物候，太阳短波辐射的吸收、反射和透射过程，长波辐射的吸收和发射过程，地表和植被冠层动量通量、感热和潜热通量（蒸发）的计算，土壤和雪中热量的传输过程，植被冠层水文过程，雪的水文过程，土壤的水文过程，植被的呼吸作用和光合作用，湖泊温度和通量的计算，沙尘的沉降和通量的计算，河流径流，城市能量平衡和气候，碳一氮循环，动态土地覆盖的变化过程，动态全球植被过程（Oleson et al.，2013）。

通用陆面模式CLM4.5广泛运用于陆面过程的研究中。相比CLM之前的版本（例如：CLM3.5，CLM4.0），CLM4.5中参数化方案得到一些改进，包括新的冻土水导参数（Swenson et al.，2012）、改进的雪盖参数化（Swenson et al.，2012）等，这些改进使得CLM4.5对土壤的水热传输过程模拟更为准确。本章将基于CLM4.5，进行参数化方案的改进和数值模拟。

为了计算陆面提供给大气的感热、潜热、动量通量和水汽通量，陆面模式需要先计算土壤中的热量和水分传输过程，即进入到土壤中热量和水分在土壤各层的重新分配（土壤各层土壤温度和湿度的变化），因此土壤的水热传输方案是否合理是陆面模式能够准确描述地表能量收支和水文过程的关键。

5.1.1　CLM4.5水热传输方案

目前CLM4.5中的水热传输方案为等温水热传输模型，即假设土壤水分传输过程不受温度的影响，土壤温度的计算只考虑热传导过程。另外，目前的水热传输方案忽略了水汽的影响。

土壤水分的传输受渗透、地表和次地表径流、梯度扩散、重力、冠层植被根部抽吸和地下水

位变化等影响。根据物质守恒定律，在垂直方向上，一维的土壤水分传输过程可描述为

$$\frac{\partial \theta}{\partial t} = -\frac{\partial q}{\partial z} - Q \tag{5.1}$$

式中：θ 代表土壤体积水含量($mm^3 \cdot mm^{-3}$)；t 代表时间(s)；z 代表土壤柱的深度(mm)；q 代表土壤水通量($mm \cdot s^{-1}$)；Q 代表源汇项(由于植被蒸腾作用根系抽吸引起的土壤水分变化；s^{-1})。

根据达西定律及 Zeng 和 Decker(2009)的改进，土壤水通量可表示为

$$q = -k\left(\frac{\partial(\psi - \psi_E)}{\partial z}\right) \tag{5.2}$$

式中：k 为水导系数($mm \cdot s^{-1}$)；Ψ 为土壤基质势(mm)；Ψ_E 为平衡的土壤基质势(mm)。

联立方程(5.1)和(5.2)，得到改进的 Richards 方程(Zeng et al., 2009)

$$\frac{\partial \theta}{\partial t} = \frac{\partial}{\partial z}\left[k\left(\frac{\partial(\psi - \psi_E)}{\partial z}\right)\right] - Q \tag{5.3}$$

方程左边项代表土壤体积水含量随时间的变化，方程右边的第一项代表水通量的垂直散度，水通量的计算只考虑由于土壤水势梯度引起的水分输送。

方程(5.3)的数值求解采用全隐式的差分格式，计算10层的土壤湿度，上边界条件为土壤的渗透率，下边界条件为零通量($q=0$)。土壤液态水和冰含量的变化，在相变过程中进行计算。

在垂直方向上，一维的热传导定律可以表示为

$$F_z = -\lambda \frac{\partial T}{\partial z} \tag{5.4}$$

式中：F_z 代表垂直方向的土壤热通量($W \cdot m^{-2}$)；λ 代表热导系数($W \cdot m^{-1} \cdot K^{-1}$)；$T$ 代表土壤温度(K)；z 代表土壤柱的深度(mm)。

根据能量守恒定律，描述土壤温度变化的方程为

$$c\frac{\partial T}{\partial t} = -\frac{\partial F_z}{\partial z} \tag{5.5}$$

式中：c 代表土壤的体积热容量($J \cdot m^{-3} \cdot K^{-1}$)；$t$ 代表时间(s)。

联立方程(5.4)和(5.5)，可得到土壤的一维热传导方程

$$c\frac{\partial T}{\partial t} = \frac{\partial}{\partial z}\left[\lambda \frac{\partial T}{\partial z}\right] \tag{5.6}$$

方程左边项代表土壤热量的变化，方程右边项代表热通量在垂直方向上的散度，热通量的计算仅考虑热传导过程。

方程(5.6)的数值求解采用半隐式的 Crank-Nicholson 差分格式，土壤分层为15层，上边界条件为由大气进入到土壤的热通量，下边界条件为零通量($F_z=0$)。为了方程求解的方便，土壤温度的计算先不考虑相变过程，根据初步计算出的土壤温度判断相变过程是否发生，再根据相变过程中的能量变化调整土壤温度。

5.1.2 完全耦合的水热传输方案

目前陆面模式中的水热传输方案大多数为简化的等温模型，即除了水分相变过程以外，不

考虑热量传输和水分传输之间的相互影响。耦合的水热传输模型在之前的研究工作中被讨论过。Zhang 等(2007)提出简化的水热耦合传输模型，并用于模拟冻土中的水热传输过程。Hansson 等(2004)提出一种新的数值计算稳定、物质和能量守恒的方法求解完全耦合的水热传输方程，并用于模拟冻融过程。

针对目前 CLM4.5 中的水热传输方案为等温模型，为了进一步深入了解土壤中的水热传输机理，本节将对完全耦合的水热传输方案及其数值求解进行介绍，与 CLM4.5 进行耦合，建立完全耦合的水热传输模式(fully coupled water－heat transport scheme；简写 FCS)，并在 Linux 系统下实现了运行，完全耦合的水热传输方案和 CLM 完全兼容。

Hansson 等(2004)提出了一种适合模拟冻融过程的完全耦合的水热传输计算方案。该方案在有相变和无相变时都考虑了热量传输与水分传输之间的相互作用(图 5.1)。图 5.1 中，F_T(W・m^{-2})代表由于热传导引起的土壤热通量，$F_{q(\mathrm{liq}),\mathrm{SH}}$(W・m^{-2})代表由于液态水输送引起的土壤感热通量(SH)，$F_{q(\mathrm{vap}),\mathrm{SH}}$(W・m^{-2})代表由于水汽输送引起的土壤感热通量，$F_{q(\mathrm{vap}),\mathrm{LH}}$(W・m^{-2})代表由于水汽输送引起的土壤潜热通量(SH)，F(W・m^{-2})代表土壤总的热通量($F=F_T+F_{q(\mathrm{liq}),\mathrm{SH}}+F_{q(\mathrm{vap}),\mathrm{SH}}+F_{q(\mathrm{vap}),\mathrm{LH}}$)；$q_{\mathrm{T},\mathrm{liq}}$(mm・s^{-1})和 $q_{\mathrm{T},\mathrm{vap}}$(mm・s^{-1})分别代表由于土壤水势梯度引起的土壤液态水通量和水汽通量，$q_{\mathrm{T},\mathrm{liq}}$(mm・s^{-1})和 $q_{\mathrm{T},\mathrm{vap}}$(mm・s^{-1})分别代表由于土壤温度梯度引起的土壤液态水通量和水汽通量，q(mm・s^{-1})代表土壤总的水通量($q=q_{\Psi,\mathrm{liq}}+q_{\Psi,\mathrm{vap}}+q_{\mathrm{T},\mathrm{liq}}+q_{\mathrm{T},\mathrm{vap}}$)，$S$(s^{-1})代表源汇项(植被蒸腾抽吸引起的土壤水分变化)；红色下标代表土壤热量输送对土壤水分输送的影响，蓝色下标代表土壤水分输送对土壤热量输送的影响(Wang et al.,2018)。

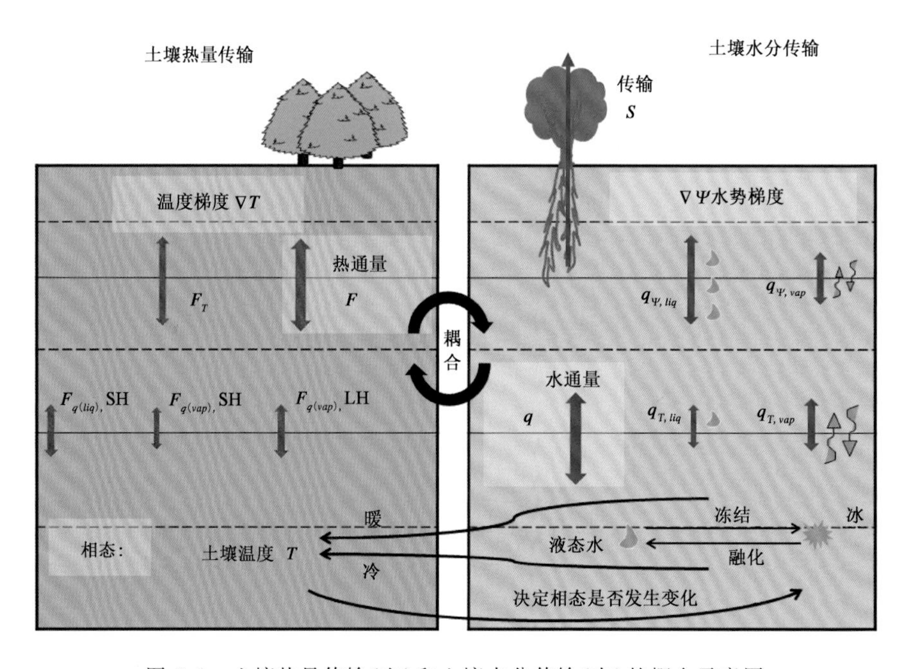

图 5.1 土壤热量传输(左)和土壤水分传输(右)的概念示意图

描述土壤水分传输过程为改进的 Richards 方程(Noborio et al.,1996；Fayer,2000；Hansson et al.,2004)

$$\frac{\partial \theta_{\text{liq}}}{\partial t}+\frac{\rho_{\text{ice}}}{\rho_w}\frac{\partial \theta_{\text{ice}}}{\partial t}=\frac{\partial}{\partial z}\left[K_{\text{L}\psi}\frac{\partial(\psi-\psi_E)}{\partial z}+K_{\text{LT}}\frac{\partial T}{\partial z}+K_{\text{v}\psi}\frac{\partial \psi}{\partial z}+K_{\text{vT}}\frac{\partial T}{\partial z}\right]-S \tag{5.7}$$

式中：θ_{liq}代表土壤液态水含量(%)；θ_{ice}代表土壤冰含量(%)；Ψ代表土壤基质势(m)；Ψ_E代表平衡的土壤基质势(m)；T代表土壤温度(K)；ρ_{w}代表液态水的密度($\text{kg}\cdot\text{m}^{-3}$)；$\rho_{\text{ice}}$代表冰的密度($\text{kg}\cdot\text{m}^{-3}$)；$t$代表时间(s)；$z$代表土壤深度(m)；$K_{\text{L}\Psi}$代表由于土壤水势梯度引起液态水传输的渗透系数($\text{m}\cdot\text{s}^{-1}$)；$K_{\text{LT}}$代表由于土壤温度梯度引起液态水传输的渗透系数($\text{m}^2\cdot\text{K}^{-1}\cdot\text{s}^{-1}$)；$K_{\text{v}\Psi}$代表由于土壤水势梯度引起水汽传输的渗透系数($\text{m}\cdot\text{s}^{-1}$)；$K_{\text{vT}}$代表由于温度梯度引起水汽传输的渗透系数($\text{m}^2\cdot\text{K}^{-1}\cdot\text{s}^{-1}$)；$S$代表源汇项($\text{s}^{-1}$)。

(5.7)式中由土壤水势梯度引起液态水传输的渗透系数$K_{\text{L}\Psi}$的计算按照目前CLM4.5中的公式(Swenson et al.，2012；Oleson et al.，2013)

$$K_{\text{L}\psi}=10^{-\Omega F_{\text{ice}}}K_{\text{sat}}\left(\frac{\theta_{\text{liq}}}{\theta_{\text{sat}}}\right)^{2B+3} \tag{5.8}$$

式中：$F_{\text{ice}}=\frac{\theta_i}{\theta_{\text{sat}}}$；$\Omega=6$；$K_{\text{sat}}$代表饱和渗透系数($\text{m}\cdot\text{s}^{-1}$)；$\theta_{\text{sat}}$代表饱和土壤含水量(%)；$B$是参数(Clapp et al.，1978；Cosby et al.，1984)。

由土壤温度梯度引起液态水传输的渗透系数K_{LT}的计算公式为(Noborioet et al.，1990；Fayer，2000)

$$K_{\text{LT}}=K_{\text{L}\psi}\left(\psi G_{\text{wT}}\frac{1}{\gamma_0}\frac{\text{d}\gamma}{\text{d}T}\right) \tag{5.9}$$

式中：G_{wT}为增益系数；γ代表土壤水表面的张力($\text{g}\cdot\text{s}^{-2}$)；$\gamma=75.6-0.1425T-2.38\times10^{-4}T^2$，$\gamma_0=71.89\ \text{g}\cdot\text{s}^{-2}$。

由土壤水势梯度引起的土壤水汽传输的渗透系数$K_{\text{v}\Psi}$的计算公式为(Fayer，2000)

$$K_{\text{v}\psi}=\frac{D\rho_{\text{vs}}Mg}{\rho_w RT}H_R=\alpha(\theta_{\text{sat}}-\theta)\frac{D_a\rho_{\text{vs}}Mg}{\rho_w RT}H_R \tag{5.10}$$

式中：α为曲折因子；$(\theta_{\text{sat}}-\theta)$代表土壤的空气度；$M$代表水的分子质量($M=0.018\ \text{kg}\cdot\text{mol}^{-1}$)；g代表重力加速度($\text{g}=9.8\ \text{m}\cdot\text{s}^{-2}$)；$R$代表气体常数($R=8.3145\ \text{J}\cdot\text{mol}^{-1}\cdot\text{K}^{-1}$)。

水汽扩散率D_a的计算为

$$D_a=2.3\times10^{-5}\times\left(\frac{T}{273.16}\right)^{1.75} \tag{5.11}$$

饱和水汽密度ρ_{vs}($\text{kg}\cdot\text{m}^{-3}$)的计算为

$$\rho_{\text{vs}}=\exp\left[46.440973-\frac{6790.4985}{T}-6.02808\ln T\right]\times1000 \tag{5.12}$$

相对湿度H_R(%)的计算为(Campbell，1985)

$$H_R=\exp\left[\frac{\psi Mg}{RT}\right] \tag{5.13}$$

由于温度梯度引起的土壤水汽传输的渗透系数K_{vT}的计算公式为(Fayer，2000)

$$K_{\text{vT}}=\frac{D\eta H_R}{\rho_w}\frac{\text{d}\rho_{\text{vs}}}{\text{d}T}=\alpha(\theta_s-\theta)\frac{D_a\eta H_R}{\rho_w}\frac{\text{d}\rho_{vs}}{\text{d}T} \tag{5.14}$$

式中：η为增强因子；ρ_{vs}对土壤温度T的导数为

$$\frac{\text{d}\rho_{\text{vs}}}{\text{d}T}=\rho_{\text{vs}}\left[\frac{6790.4985}{T}\times6.02808\right]\frac{1}{T} \tag{5.15}$$

为了方便求解(5.7)式，等式左边的两项合并为一项，即先不考虑土壤液态水和冰含量的变化，而先考虑土壤总的含水量的变化，土壤液态水和冰含量的变化在相变过程中进行计算。改进的 Richards 方程又可以写成

$$\frac{\partial \theta}{\partial t} = -\frac{\partial q}{\partial z} - S \tag{5.16}$$

式中：θ 代表土壤体积水含量($mm^3 \cdot mm^{-3}$)；q 代表土壤水通量($mm \cdot s^{-1}$)。

$$q = -\Big[\underbrace{K_{L\psi}\frac{\partial(\psi-\psi_E)}{\partial z}}_{W\_1} + \underbrace{K_{LT}\frac{\partial T}{\partial z}}_{W\_2} + \underbrace{K_{v\psi}\frac{\partial \psi}{\partial z}}_{W\_3} + \underbrace{K_{vT}\frac{\partial T}{\partial z}}_{W\_4}\Big] \tag{5.17}$$

式中：W_1 代表由于土壤水势梯度引起的土壤液态水的通量($mm \cdot s^{-1}$)；W_2 代表由于土壤温度梯度引起的土壤液态水的通量($mm \cdot s^{-1}$)；W_3 代表由于土壤水势梯度引起的土壤水汽的通量($mm \cdot s^{-1}$)；W_4 代表由于土壤温度梯度引起的土壤水汽的通量($mm \cdot s^{-1}$)。

为了进一步分析水分传输方程中新加入的几项对土壤水通量的贡献，对水通量各项进行量级分析(表 5.1)，W_1 的量级为 10^{-8} $m \cdot s^{-1}$，W_2 的量级为 $10^{-15} \sim 10^{-11}$ $m \cdot s^{-1}$，W_3 的量级为 $10^{-16} \sim 10^{-9}$ $m \cdot s^{-1}$，W_4 的量级为 $10^{-12} \sim 10^{-9}$ $m \cdot s^{-1}$。可以看出，W_2 相比 W_1 至少差三个量级，说明土壤温度梯度对液态水传输贡献很小，而 W_3 和 W_4 的量级可以达到 10^{-9} $m \cdot s^{-1}$，与 W_1 的量级差不多，说明水汽扩散对土壤水通量有一定的贡献。

表 5.1　水分传输方程中水通量各项的量级分析

	量级	单位
$\partial\Psi/\partial z$	$10^{-1}/10^{1} \sim 10^{3}/10^{-2}$	$m \cdot m^{-1}$
$\partial T/\partial z$	$10^{1}/10^{1} \sim 10^{1}/10^{-2}$	$K \cdot m^{-1}$
$K_{L\Psi}$	$10^{-13} \sim 10^{-6}$	$m \cdot s^{-1}$
K_{LT}	$10^{-18} \sim 10^{-11}$	$m^2 \cdot K^{-1} \cdot s^{-1}$
$K_{v\Psi}$	10^{-14}	$m \cdot s^{-1}$
K_{vT}	10^{-12}	$m^2 \cdot K^{-1} \cdot s^{-1}$
W_1	10^{-8}	$m \cdot s^{-1}$
W_2	$10^{-15} \sim 10^{-11}$	$m \cdot s^{-1}$
W_3	$10^{-16} \sim 10^{-9}$	$m \cdot s^{-1}$
W_3	$10^{-12} \sim 10^{-9}$	$m \cdot s^{-1}$

相比目前 CLM4.5 中的水分传输方案，耦合的水分传输方案考虑了土壤温度梯度对土壤水分传输的影响，也考虑了水汽对土壤水通量的贡献，对物理过程的描述更为完善。

描述土壤热量传输的方程为(Nassar et al.，1989，1992；Hansson et al.，2004)

$$C_p\frac{\partial T}{\partial t} - L_f\rho_{ice}\frac{\partial \theta_{ice}}{\partial t} + L_0\frac{\partial \theta_{vap}}{\partial t} = \frac{\partial}{\partial z}\Big[\lambda\frac{\partial T}{\partial z}\Big] - C_w\frac{\partial q_L T}{\partial z} - C_v\frac{\partial q_v T}{\partial z} - L_0\frac{\partial q_v}{\partial z} - C_w ST \tag{5.18}$$

式中：C_p 代表土壤体积热容量($J \cdot m^{-3} \cdot K^{-1}$)，定义为干土壤、有机质、液态水、水汽和冰的体积百分比的加权平均；L_f 代表冻结相变潜热(大约为 3.34×10^5 $J \cdot kg^{-1}$)；λ 代表土壤的导热系数($W \cdot m^{-1} \cdot K^{-1}$)；$q_L$ 和 q_v 分别代表土壤的液态水通量($m \cdot s^{-1}$)和水汽通量($m \cdot s^{-1}$)，其计算分别为

$$q_L = -\left[K_{L\psi}\frac{\partial(\psi-\psi_E)}{\partial z} + K_{LT}\frac{\partial T}{\partial z}\right] \tag{5.19}$$

$$q_v = -\left[K_{v\psi}\frac{\partial \psi}{\partial z} + K_{vT}\frac{\partial T}{\partial z}\right] \tag{5.20}$$

L_0 代表体积蒸发潜热(J・m^{-3}),其计算为

$$L_0 = [2.501 \times 10^6 - 2369.2(T - T_f)]\rho_w \tag{5.21}$$

为了方便求解(5.18)式,先不考虑相变过程引起的土壤热量变化,根据求解(5.18)式初步得到的土壤温度判断相变过程是否发生,然后根据相变过程中热量的变化重新调整土壤温度。考虑到由于植被蒸腾作用引起土壤水分输送所带走的热量相对较小,因此,这一项在计算中忽略。那么,一维的热传导方程可以写为

$$C_p\frac{\partial T}{\partial t} = -\frac{\partial F}{\partial z} \tag{5.22}$$

式中:F 代表土壤热通量,其计算为

$$F = \underbrace{-\lambda\frac{\partial T}{\partial z}}_{H\_1} + \underbrace{C_w q_L T}_{H\_2} + \underbrace{C_v q_v T}_{H\_3} + \underbrace{L_0 q_v}_{H\_4} \tag{5.23}$$

式中:H_1 代表由于热传导引起的土壤热通量(W・m^{-2}),H_2 代表伴随土壤液态水传输的感热通量(W・m^{-2}),H_3 代表伴随土壤水汽扩散的感热通量(W・m^{-2}),H_4 伴随土壤水汽扩散的潜热通量(W・m^{-2})。

为了进一步分析热量传输方程中新加入的几项对土壤热通量的贡献,对热通量各项进行量级分析(表 5.2),由于热传导引起的土壤热通量 H_1 的量级为 100~10^3 W・m^{-2},H_2 的量级为 10^{-3}~100 W・m^{-2},最大量级与 H_1 差不多,说明由于土壤液态水传输引起的感热通量对土壤热量传输有一定的贡献,H_3 量级为 10^{-7}~10^{-4} W・m^{-2},比 H_1 的量级小很多,说明水汽扩散引起的土壤感热通量的贡献很小,H_4 的量级为 10^{-3}~100 W・m^{-2},水汽扩散引起的潜热通量对土壤热量传输有一定的贡献。

表 5.2　热量传输方程中热通量各项的量级分析

	量级	单位
λ	10^0	W・m^{-1}K^{-1}
$\partial T/\partial z$	$10^1/10^1 \sim 10^1/10^{-2}$	K・m^{-1}
T	10^2	K
q_l	10^{-8}	m・s^{-1}
q_v	$10^{-12} \sim 10^{-9}$	m・s^{-1}
L_0	10^9	J・s^{-1}
H_1	$10^0 \sim 10^3$	W・m^{-2}
H_2	$10^{-3} \sim 10^0$	W・m^{-2}
H_3	$10^{-7} \sim 10^{-4}$	W・m^{-2}
H_4	$10^{-3} \sim 10^0$	W・m^{-2}

对比(5.6)式和(5.18)式,可以看出,目前 CLM4.5 中的热量传输方案中对土壤热通量的计算仅考虑热传导的作用,而完全耦合的热量传输方案不仅考虑了热传导过程,还考虑了土壤水分传输引起的感热通量和潜热通量,在水热传输物理过程中,对土壤水热传输和热量传输的相互影响进行了描述,即土壤热量传输不仅与土壤温度梯度有关,还与土壤的水含量梯度有

关，并且考虑了水汽的贡献，对土壤热量传输物理过程的描述更为完善。

对比目前 CLM4.5 中的水热传输方案（5.1.2 节）和完全耦合的水热传输方案 FCS，可以看出，无论在方程形式，还是在对物理过程的描述上，完全耦合的水热传输方案都较完整，其特点主要体现在以下方面：

（1）对于土壤水分传输过程，在完全耦合的水热传输方案中，除了考虑由于水势梯度引起的土壤液态水通量，还考虑温度梯度引起的土壤液态水的水汽通量，以及水势梯度引起的水汽通量。

（2）对于土壤热量传输过程，在完全耦合的水热传输方案中，除了考虑由于热传导引起的土壤热通量，还计算了由于土壤液态水的水汽通量传输引起的土壤感热通量的传输，以及水汽扩散引起的土壤潜热通量的传输。

（3）完全耦合的水热传输方案考虑了水汽对土壤热量传输和水分传输的贡献。

（4）完全耦合的水热传输方案在物理过程上，除相变以外，考虑了热量传输和水分传输之间的相互影响，实现了完全的水热耦合。

5.1.3 FC-CLM 在干旱区的初步试验

干旱区陆面过程具有特殊性，例如：土壤表层附近的温度梯度和含水量梯度很大；接近地表的土壤水分主要以水汽扩散的形式传输，土壤表层蒸发速率主要由水汽扩散控制；蒸散发迅速，土壤的水保持能力差，地表能量平衡中以感热为主，潜热通量相对较小。水汽扩散对土壤水分和热量传输有一定的贡献，对地表非绝热加热有一定的影响。但是，到目前为止，大多数陆面模式（例如：CLM、Noah）都不考虑有关水汽的过程描述。

完全耦合的水热传输方案 FCS 中考虑了水汽，是否能够再现出上述特征，改进干旱区陆面水热传输过程的模拟能力。利用位于华北干旱半干旱区的奈曼站的实际观测资料，对 FCS 在干旱区进行初步模拟试验，评估 FCS 对干旱区土壤水热传输过程的模拟能力，分析其对水热传输的影响及其机理。

为了评估完全耦合的水热方案对旱区水热传输的影响，将 CLM4.5 和 FCS 模拟的土壤温度和湿度与观测进行对比。图 5.2 和图 5.3 给出了 CLM4.5 和 FCS 模拟的浅层土壤温度和湿度与观测的对比，可以看出，二者对土壤温度和湿度的季节性变化都模拟较好，FCS 对土壤湿度的模拟有一定改进，但在某些时段仍存在一定的误差。

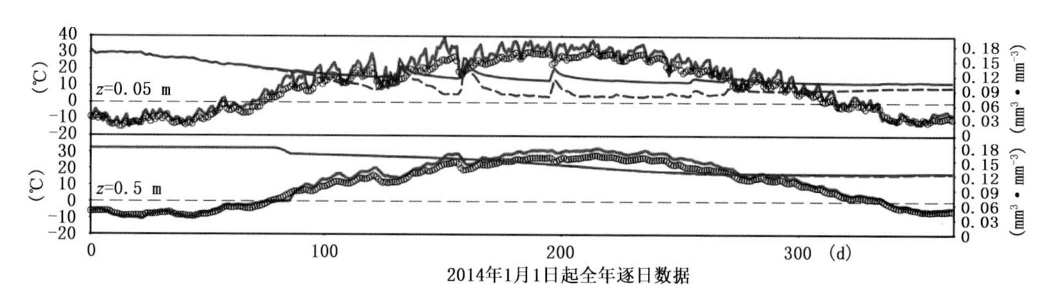

图 5.2 奈曼站 CLM4.5 和 FCS 模拟的土壤温度和土壤体积水含量与观测对比（Wang et al.，2018）

红色线条：土壤温度（℃）；蓝色线条：土壤体积含水量（$mm^3 \cdot mm^{-3}$）；实线：CLM4.5 模拟数据；虚线：FCS 模拟数据；黑色圆圈：土壤温度观测数据（℃）

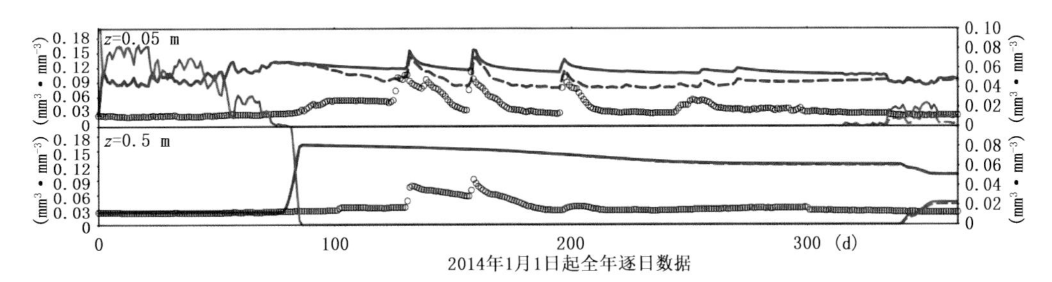

图 5.3 奈曼站 CLM4.5 和 FCS 模拟的土壤湿度(液态水;单位:℃)和土壤冰含量(单位:$mm^3 \cdot mm^{-3}$)与观测对比(Wang et al.,2018)

红色线条:土壤温度(℃);蓝色线条:土壤体积含水量($mm^3 \cdot mm^{-3}$);实线:CLM4.5 模拟数据;虚线:FCS 模拟数据;黑色圆圈:土壤温度观测数据(℃)

从奈曼站的模拟结果可以看出,相比 CLM4.5,FCS 对土壤温度模拟的差异主要表现为,在土壤的浅、中层,模拟的土壤温度偏低,尤其在土壤融化刚结束阶段,偏冷异常最为明显。对于土壤湿度的模拟,FCS 均能模拟出干旱区土壤湿度的变化特征,即土壤含水量较少,随着一次降水过程,土壤湿度迅速增大,在秋、冬季,土壤含水量浅层相对大,而深层土壤较干,而在春、夏季,由于土壤融化和降水较为频繁,整层土壤含水量较大,干旱区土壤湿度的变化特征与寒区的不同;整体而言,FCS 模拟的土壤含水量偏少;在冻结期,表层土壤含水量偏少,中层土壤含水量偏多,深层土壤含水量偏少;在非冻结期,FCS 模拟的整层土壤含水量都偏少。

对比土壤温度与土壤湿度的垂直分布变化,可以看出,土壤温度变化与土壤湿度变化之间的相互影响。对于奈曼站,在融化阶段,随着冰含量减少转化液态水,土壤的渗透性也增加,土壤水分向下传输,由于 FCS 模拟的土壤含水量偏多,土壤温度也偏低。

由于 FCS 模拟的土壤总含水量相对偏少,模拟的土壤液态水含量也相对偏少,深层的液态水含量偏少最明显,模拟的冰含量在表层相对偏少,而中层的土壤冰含量相对偏多。这更符合半干旱区土壤水分变化的实际特征。

综合上述分析,相比 CLM4.5,完全耦合的水热传输方案 FCS 对土壤水分和热量的传输有一定的影响,FCS 模拟的土壤湿度变化特征与观测更为接近;完全耦合的水热传输方案对土壤水热传输的影响主要表现为,FCS 模拟的表层土壤湿度偏少,表层土壤温度偏低,在冻结期期间,中层的土壤湿度含水量偏多,冰含量增加,液态水含量减少,而在非冻结期,整层土壤含水量减少;土壤湿度的变化会进一步影响土壤温度的模拟。

5.2 区域气候模式

5.2.1 黄土高原地表反照率对降水的影响研究

地表反照率和表征植被生长状况的叶面积指数 LAI 是陆面过程模式及气候模拟研究中

的重要参数，地表反照率的变化会改变整个地气系统的能量收支平衡，并引起局地以至全球的气候变化，LAI通过影响植被的蒸发蒸腾，从而影响地表能量分配进一步影响区域气候变化。目前WRF模式中采用AVHRR 1985—1991年地表反照率气候态作为月输入值，但该产品仅能代表20世纪90年代前后的时空分布状况，不能代表当今的真实情况。WRF中的LAI则采用MODIS 2000—2010年气候态均值，但不能反映其年际变化。而MODIS时间序列产品以其较高的时间和空间分辨率，能够较好地反映全球地表反照率及LAI随时空变化情况，尤其在我国黄土高原地区，近年来由于退耕还林引起的植被恢复及地表反照率对区域气候的真实响应。因此，将MODIS时空序列的地表反照率及LAI数据引入到WRF模式中，建立三个模拟试验，研究其对我国西北干旱半干旱区区域气候变化的影响。其中试验1为控制试验(CTL)；试验2将时空序列的MODIS地表反照率产品引入WRF中(ALB)；试验3将MODIS地表反照率和LAI同时引入WRF模式中(ALBLAI)。对比表明，MODIS地表反照率总体大于模式自带的AVHRR地表反照率气候态值，同时MODIS地表反照率能够很好地呈现其对区域降水变化的响应(图5.4和图5.5)。图5.6和图5.7显示MODIS和控制试验LAI时间序列及季节变化差异，表明MODIS LAI产品更能反映该区域植被变化状况，特别是近年来退耕还林后LAI的增加。数值模拟结果表明，WRF模式可以较好地模拟黄土高原气温和降水空间分布特征和时间变化(图5.8～5.11)，但对夏季气温和降水的模拟偏差相对较大。与观测对比显示，WRF模式中的积雪反照率的参数化方案高估了我国北方地区积雪地表反照率(包括黄土高原东北部，见图5.4和图5.5)，引入MODIS地表反照率后，总体改进了对冬、春季节气温冷偏差的模拟，对夏季气温的模拟也略有改进。引入LAI的试验则在ALB试验的基础上，对气温的模拟进一步有所改进(图5.9)。由于该研究区MODIS地表反照率总体比模式自带的地表反照率小，因此地表反照率引起的地表能量分配最终导致模拟的降水总体比CTL偏多，因此引入地表反照率后模拟的降水误差在夏季增大。但春、秋季节ALB试验模拟的降水较CTL有所改进。ALBLAI试验则在ALB试验的基础上，在各个季节改进对降水的模拟。时间序列图表明地表反照率对降水模拟的影响相对复杂，在部分年份模拟比控制试验更接近观测，但其他年份模拟结果精度则较低。但是ALBLAI试验显示，LAI的引入使降水的模拟有一定的改进，表明在模拟试验中引入LAI可以同时改进该区域气温和降水的模拟。

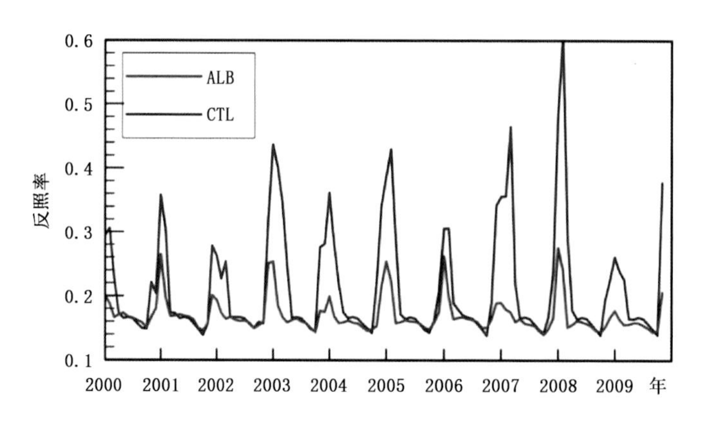

图5.4　MODIS和控制试验地表反照率时间序列图

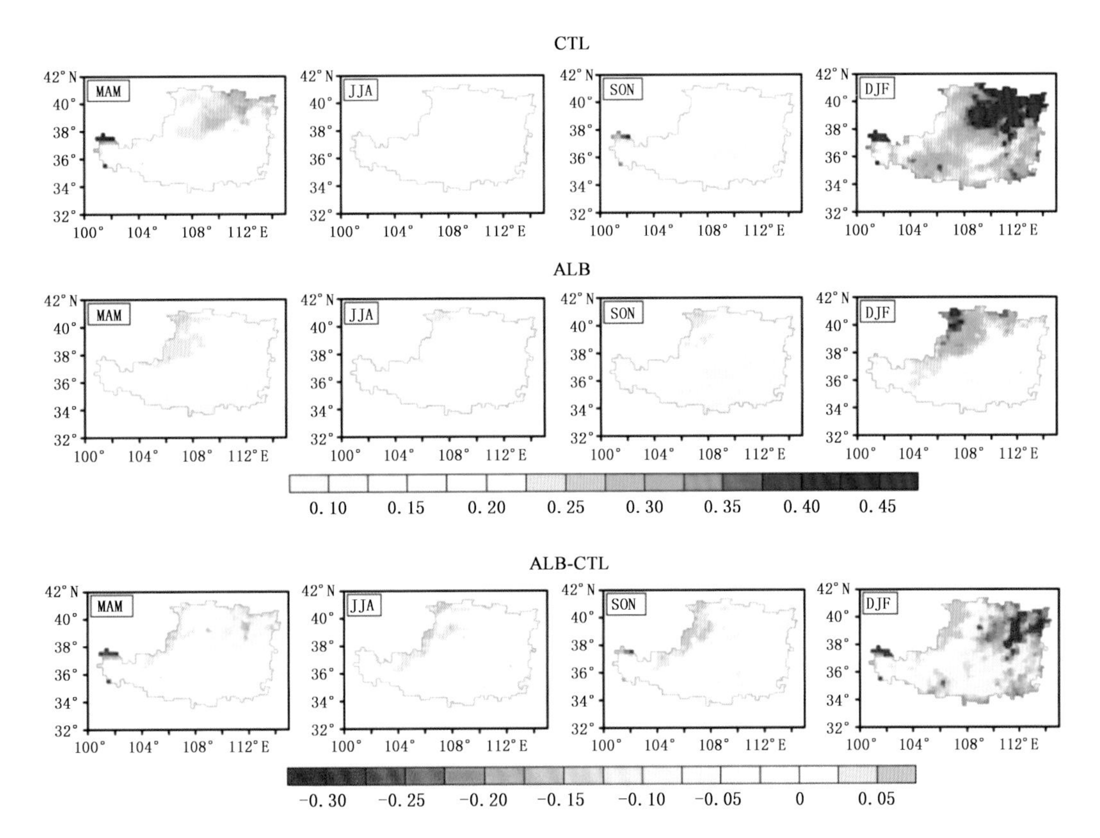

图 5.5 MODIS(ALB)和控制试验(CTL)地表反照率及其差异(ALB-CTL)季节区域分布图

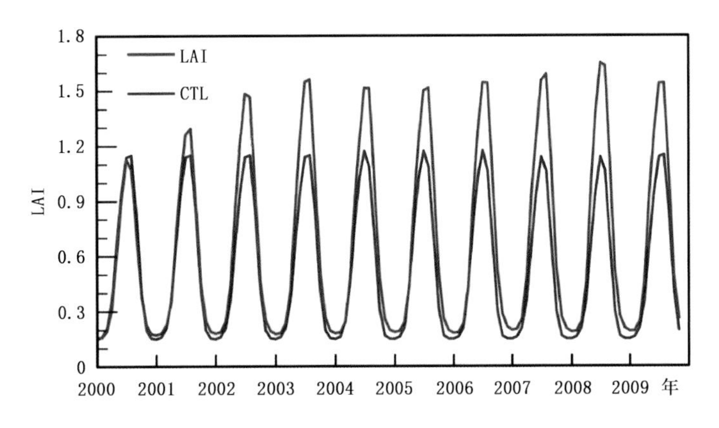

图 5.6 MODIS 和控制试验 LAI 时间序列图

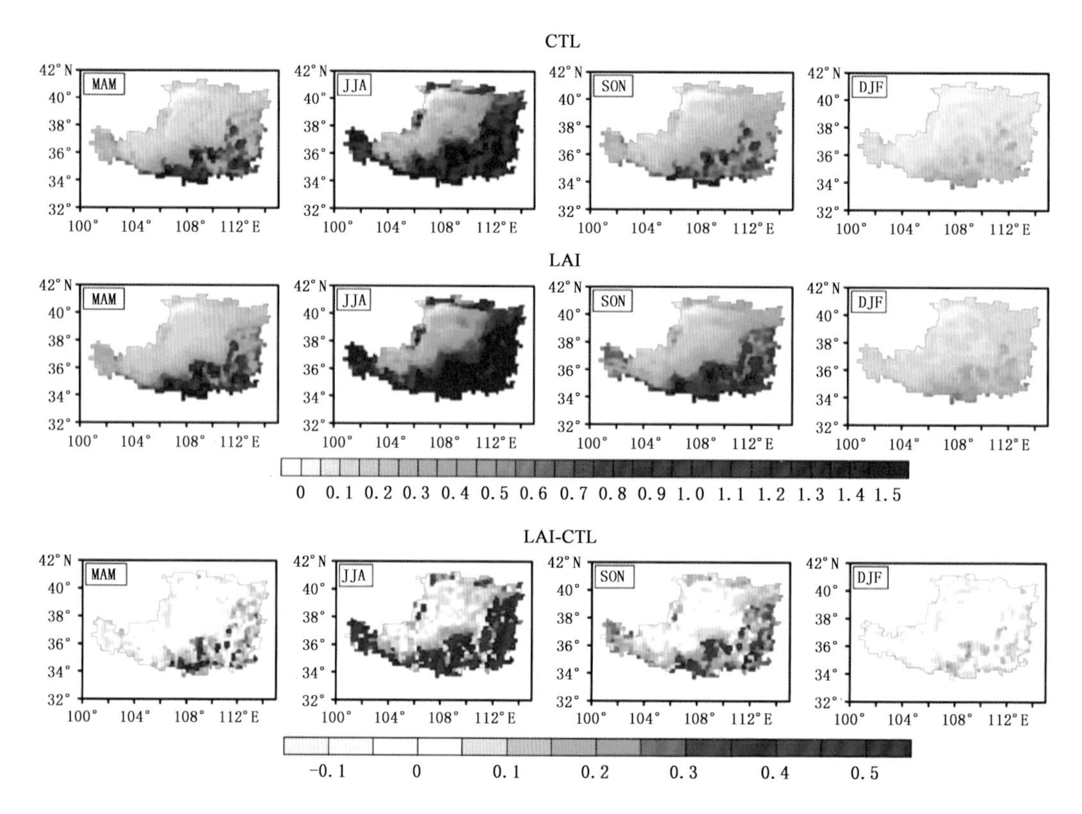

图 5.7 MODIS(LAI)和控制试验(CTL)LAI 及其差异(LAI-CTL)季节区域分布图

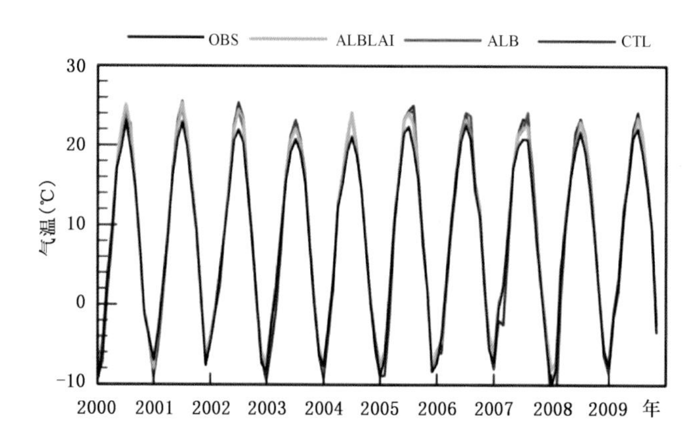

图 5.8 各试验模拟及观测的气温时间序列图

(CTL:控制试验;ALB:地表反照率真值试验;OBS:地表反照率;ALBLAI:LAI 真值试验,下同)

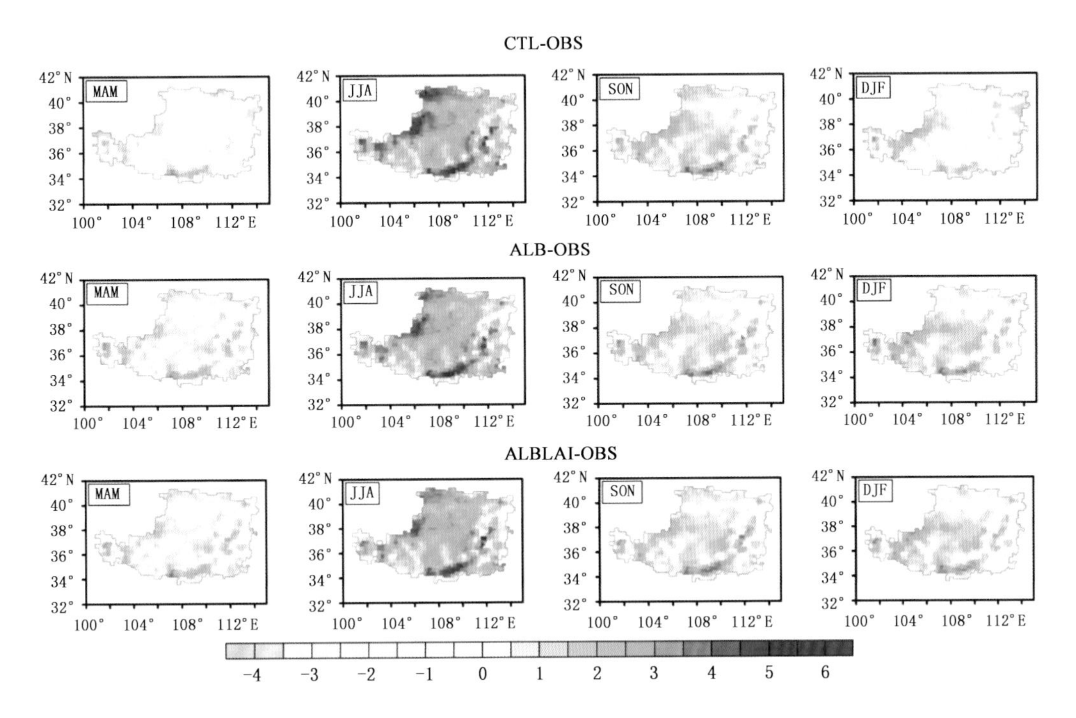

图 5.9　各试验模拟与观测的气温差值季节区域分布图

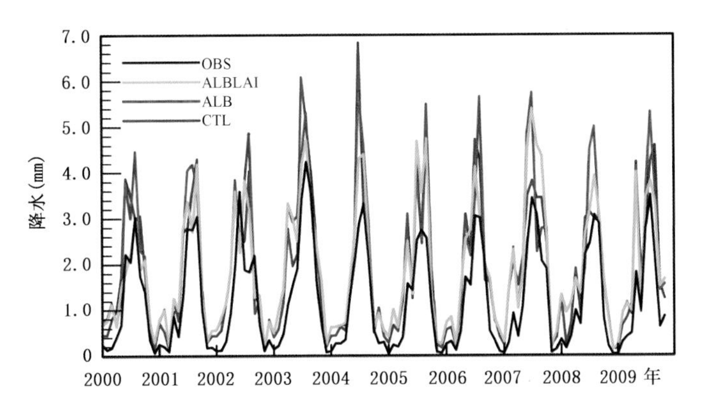

图 5.10　各试验模拟及观测的降水时间序列图(mm · d^{-1})

进一步研究地表反照率对午后对流降水和干旱的影响。图 5.12 是 ALB 和 CTL 试验模拟的夏季各月午后对流降水差值(ALB−CTL)。图 5.13 是 ALB 和 CTL 试验模拟的由于频率变化引起夏季各月午后对流降水差值(ALB−CTL)。可见,午后对流降水主要受降水频率变化影响,也就是说除了 CTL 试验中引起午后对流降水量发生变化之外,地表反照率变化后更多的是引起午后对流降水的触发,几乎整个黄土高原由于地表反照率的减小从而触发了午后对流降水频次的增加。对上述 Albedo 触发午后对流降水进行统计发现由于反照率变化触发的午后对流降水的降水量贡献与总降水量的变化相当,6、7 月甚至超过总降水量的变化。统计其对总降水的影响表明,午后对流触发的降水量对总降水影响约 10%～40%,平均约 20%(图 5.14)。

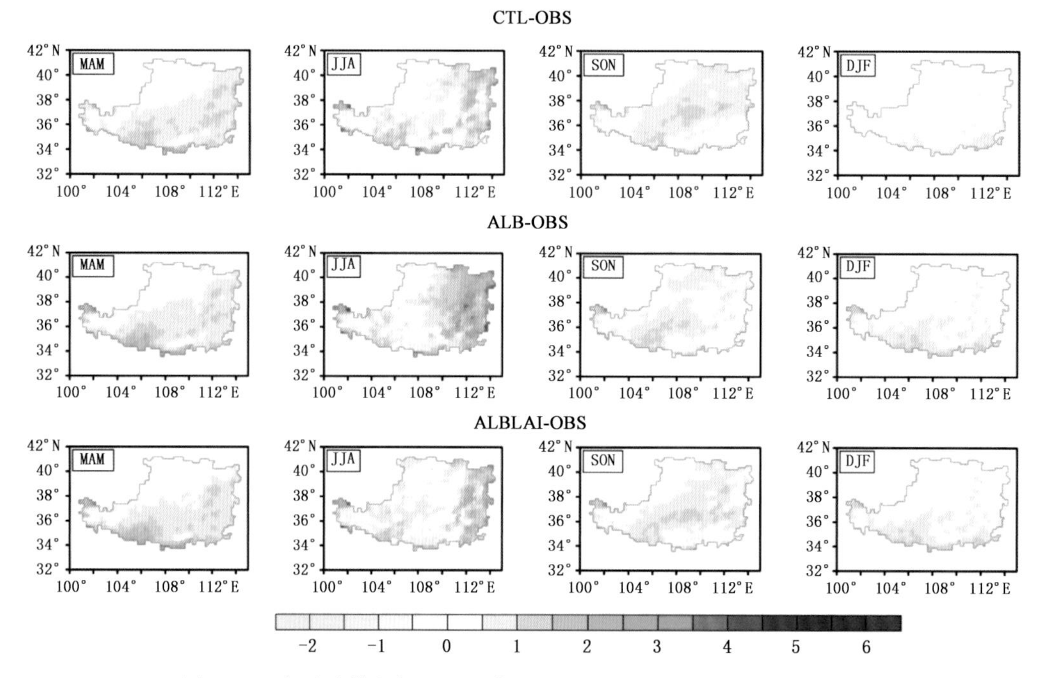

图 5.11　各试验模拟与观测的降水差值季节区域分布图(mm・d⁻¹)

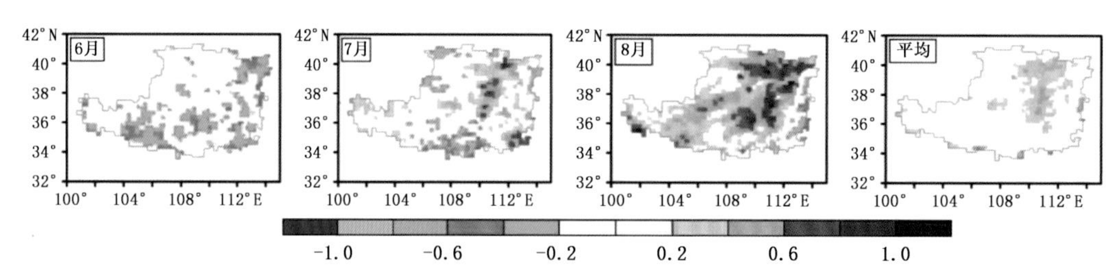

图 5.12　模拟的夏季各月午后对流降水差值(ALB－CTL)

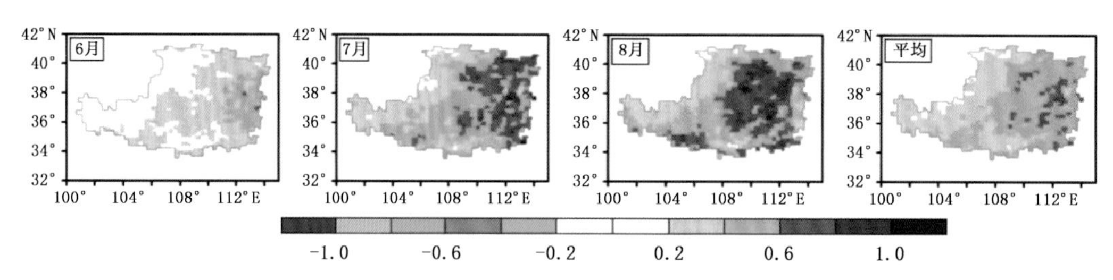

图 5.13　模拟的频率变化引起的夏季各月午后对流降水差值(ALB－CTL)

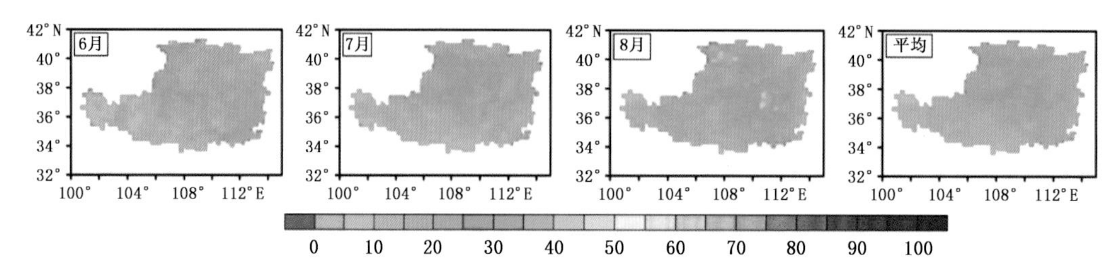

图 5.14　模拟的频率变化引起的夏季各月午后对流降水占该月总降水量的百分比(%)

5.2.2 MODIS 地表反照率在区域气候模拟中的应用

将 MODIS 时空序列的地表反照率数据引入到 WRF 模式中，模拟其对我国西北干旱半干旱区区域气候变化的影响。对比表明，从气候态看，MODIS 地表反照率总体大于模式自带的 AVHRR 地表反照率，同时 MODIS 地表反照率能够很好地呈现其对区域降水变化的响应。数值模式的结果表明，WRF 模式可以较好地模拟我国西北干旱半干旱区气温和降水空间分布特征和时间变化(图 5.15)，表明该区域气候变化主要受大气环流的影响。MODIS 地表反照率的应用总体改进了 WRF 模式对区域气候的模拟。对比发现引入 MODIS 地表反照率后改进了模式对夏季气温的模拟，但对冬季气温模拟偏冷。控制试验(简称 CTL 试验)和引入 MODIS 地表反照率(简称 MOD 试验)对气温模拟偏差分布分别为 0.26 ℃和－0.59 ℃。对降水的模拟结果与观测对比表明，WRF 模式能够模拟我国西北干旱半干旱区降水分布特征。统计结果表明，CTL 和 MOD 试验对研究区日平均降水量模拟与观测偏差分别为 0.52 mm · d^{-1} 和 0.47 mm · d^{-1}。

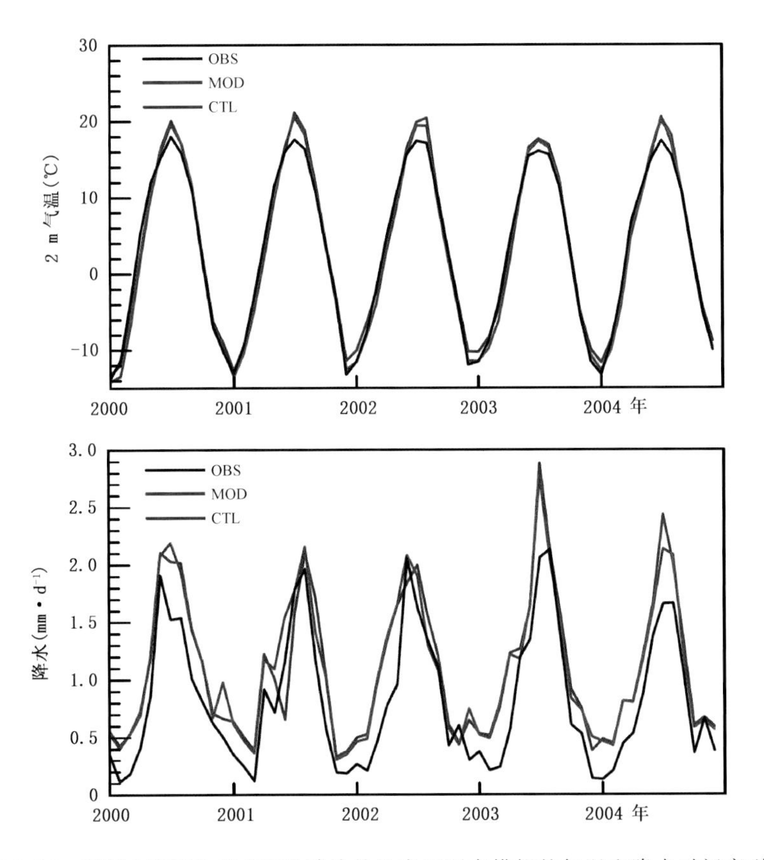

图 5.15 利用 MODIS 和 WRF 默认的地表反照率模拟的气温和降水时间序列
(OBS:观测;MOD:引入 MODIS 地表反照率模拟结果;CTL:控制试验模拟结果)

5.3 水文干旱集合预测模式

随着全球变暖加剧，热浪、干旱等极端事件的发生频率增加，工业化以来温室气体排放上升被认为是全球变暖的主要原因。干旱实质上是一种水文现象，是水循环失衡后产生的极端事件，世界上大多国家将干旱问题纳入到水文领域。所以，从水循环、水文系统角度入手进行干旱预测预警，就具有前置意义。气候变化可以通过改变区域降水量、冰雪融化等进一步影响水文系统。为了更好地适应气候变化并研究其对陆地水循环的影响，我们需要可靠的水文预测来应对及缓解干旱等极端事件的影响。目前年代际水文预测可预报性较低，所以近半个世纪以来大多数研究主要关注季节性水文预测(Pagano et al.，2004）。季节性水文预测基于物理水文模型和气象预测资料得以实现，包括 ESP (ensemble streamflow prediction)、气候一水文预测等方法。统计、动力及二者混合的季节水文预测系统被广泛地应用在世界上多个研究单位，如澳大利亚气象局利用统计预测方法构建径流和预报因子(如 ENSO 指数)联合分布来预测径流，为澳大利亚 160 个站点提供径流和水储量预报信息(Wang et al.，2009)。美国干旱监测和水文预报系统是由普林斯顿大学利用 CFSv2 (climate forecasting System version 2)及分布式水文模型构建的预测系统(Luo et al.，2008；Yuan et al.，2013），可为美国提供土壤湿度预测及干旱预测。英国发展了基于统计、集合径流预测(ESP)和水文模式等多种方法的预测系统。还有一些研究比较了卫星资料及气候模式预测资料对预测效果的影响。黄河流域是我国第二大流域，主要位于西北、华北地区干旱半干旱区域。近几十年来，随着气候变化和人类活动加剧，黄河流域呈现出干旱化趋势。水文干旱一旦发生，表明可直接利用的水资源发生了亏缺，影响到水资源安全问题。因此，黄河流域季节水文预报系统的研究对干旱等灾害应对及水资源管理具有重要意义。

5.3.1 黄河流域水文季节预测系统构建及评估

集合径流预测(ESP，ensemble streamflow prediction)是传统的水文预测方法，主要基于气象历史资料和物理水文模型。图 5.16 是基于北美多模式集合气候预测模式 NMME(North American multi-model ensemble)和 VIC(variable infiltration capacity)水文模型的季节水文预测系统示意图。水文季节预测与气候预测类似，初始条件也是季节水文预测可预报性的重要来源，积雪、土壤湿度及地下水的初始状态能够在不同时期对水文径流预报产生影响。Koster 等(2010)发现在融雪产流时期积雪的初始状态能够解释随后 5 个月的水文径流 50%的变率。而在非融雪径流的季节，土壤湿度能够显著地影响径流预报(Mahanama et al.，2012)。旱季枯水期径流主要源于地下径流，这时地下水初始状态对径流预测有显著影响(Paiva et al.，2012)。大部分研究采用真实初始状态和历史气象资料的 ESP 以及不同初始状态和真实气象资料的 reverse-ESP 两种方法来探究前期陆面水文状况对季节水文可预报性的影响时效。图 5.17 是初始状态对水文预报起主导作用时能够影响到的最长预见期,表明黄河流域陆面初始状态在旱季对径流预测的影响时效为 2～5 个月,而在雨季的影响时效为 1 个月左右(Yuan et al.,2016)。初始状态对丰水及枯水径流预测的影响时效较所有样本的径流预测增加 1 个月,表明了 ESP 方法在水文极端事件预测中的有效性。

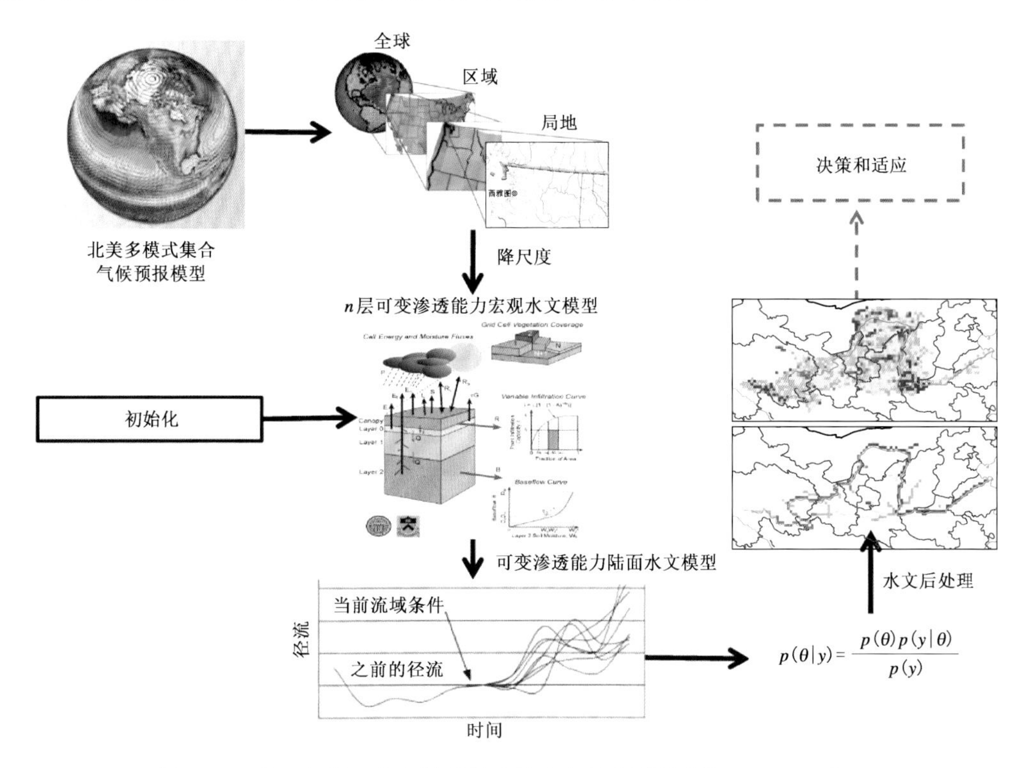

图 5.16 基于气候—水文模型构建的水文季节预报系统(Yuan et al., 2016)

多模式集合的天气预报已被广泛应用在短期水文预测,预见期为一周左右,然而基于气候模式预测结果来进行季节水文预报的研究仍较少。美国国家海洋和大气管理局的模拟、分析、预测及预估计划(MAPP)从气候及气候预测等方面对 NMME 季节预报系统(Kirtman et al.,2015)进行了应用和评估。为此,基于 8 个 NMME 气候预测模型的 99 组降水和气温回报数据的集合,降尺度后驱动 VIC 模型开展 1982—2010 年的季节水文回报试验,并与 ESP/VIC 预测结果进行对比。发现黄河流域降水及气温的预报技巧未随预见期的增长而减小,这是由于气候的季节性变化引起的。由于气候预测的不确定性,温度较降水在不同实验中的模拟差异更大,且温度预见期为 6 个月和降水预见期为 2 个月的多模式集合预报较单个最优模型的表现更好(Yuan et al.,2016)。图 5.18 是土壤湿度和径流在不同月份及预见期的异常相关系数,在较长预见期和雨季,基于气候模式的季节水文预测(NMME/VIC)较基于气候态的水文预测(ESP/VIC)对径流及土壤湿度的预报技巧更高(图 5.18)。ESP 的径流预测效果较差,而基于气候模式的水文预测(NMME/VIC)能够显著改善径流预测,使异常相关系数增加 0.08～0.20。为了将预测径流与实测径流进行对比,考虑到水文模型忽略了灌溉及跨流域调水等人类活动,这里通过线性回归的方法对预测径流进行后处理,仍发现 NMME/VIC 较 ESP/VIC 预测效果更好。同时发现水文模型的不确定性显著降低了季节水文预测效果,因此水文模型的改进对季节水文预报也十分关键。

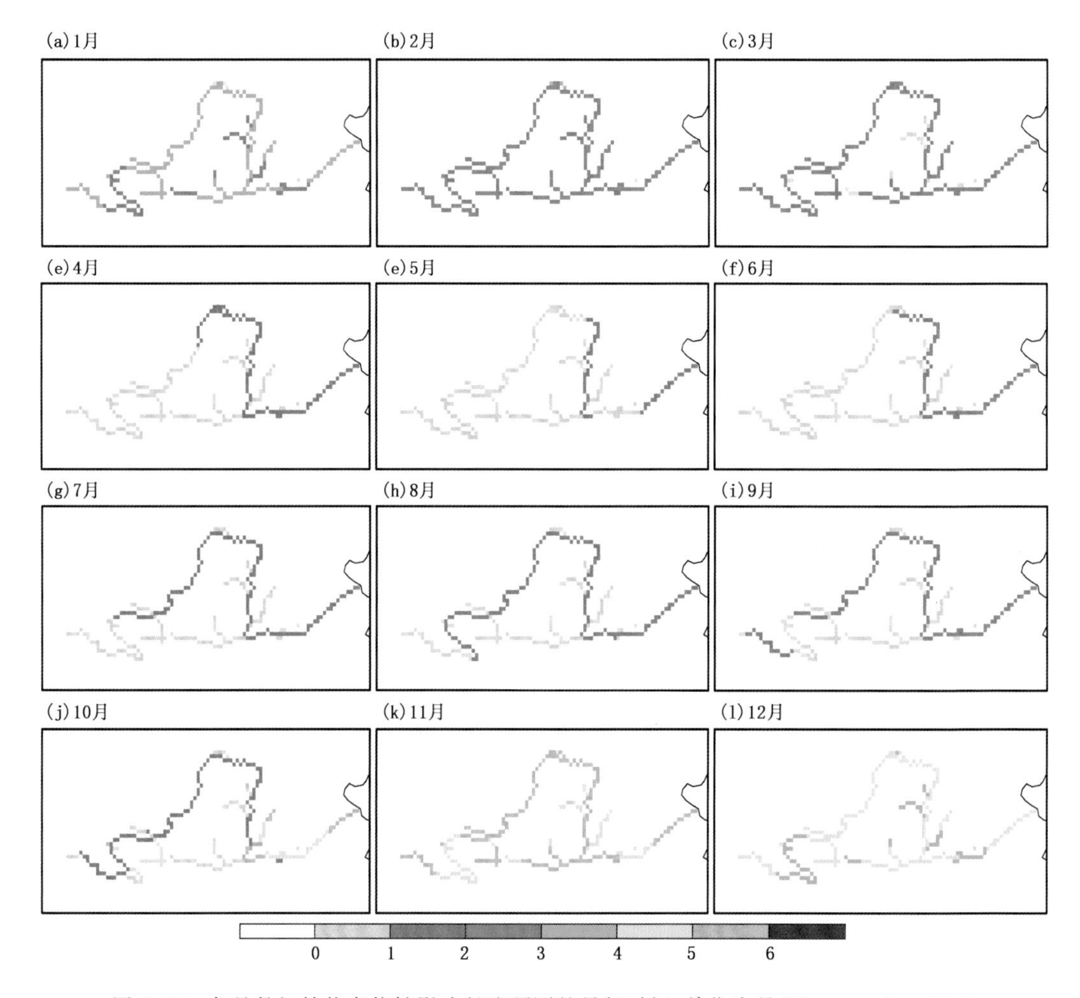

图 5.17 各月份初始状态能够影响径流预测的最长时间，单位为月(Yuan et al.，2016)

5.3.2 考虑人为干扰情形下黄河流域水文干旱预测

黄河流域是我国重要的粮食基地，并主要依靠灌溉农业，由于黄河流域水资源匮乏，水库及地下水的开采为人民提供了大量的生产和生活用水。黄河流域径流过程受到人为活动的干扰，包括水库调节、跨流域调水等活动。通过对比实测径流(有人类活动干扰)与天然径流(无人类活动干扰)资料，发现黄河流域人类活动显著加剧了水文干旱，人为引起干旱频率增加 118%～262%，干旱历时增加 21%～99%，干旱强度增加高达 8 倍(图 5.19)(Yuan et al.，2016)。

选取 2001 年黄河流域典型水文干旱来定量探讨人类活动对于干旱事件的影响程度。试验表明，NMME/VIC 较 ESP/VIC 能够更好捕捉 2001 年水文干旱事件。图 5.20 为基于 ESP/VIC 和 NMME/VIC 的有无人为干扰的水文干旱预测布莱尔评分，数值越小，预测越精确。此外，1982—2010 年(目标年份除外)，逐月进行时效为 6 个月的预报实验，ESP/VIC 基于 28 套气象历史资料，基于气候模式的径流预测(NMME/VIC)利用了 99 套气候模式预报资料。当忽略人为活动的影响时，NMME/VIC 比基于气候态的径流预测(ESP/VIC)预测效果

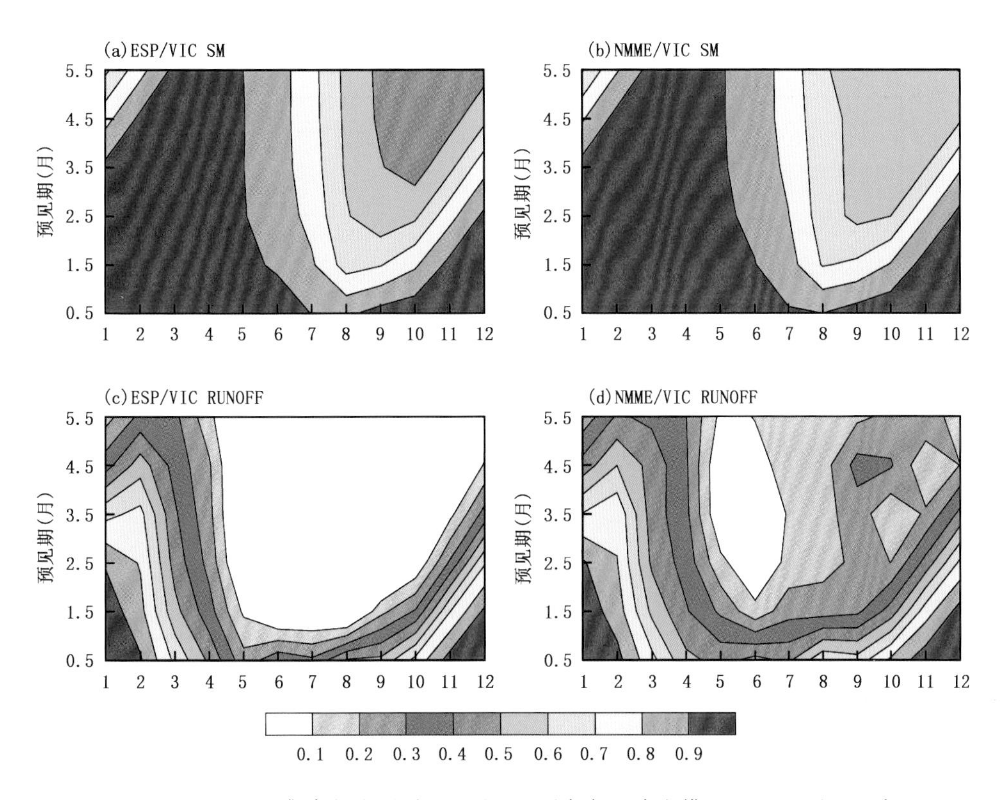

图 5.18 基于集合径流预测(ESP/VIC)及气候—水文模型(NMME/VIC)在各月份不同预见期土壤湿度及径流的异常相关系数(Yuan et al.,2016)

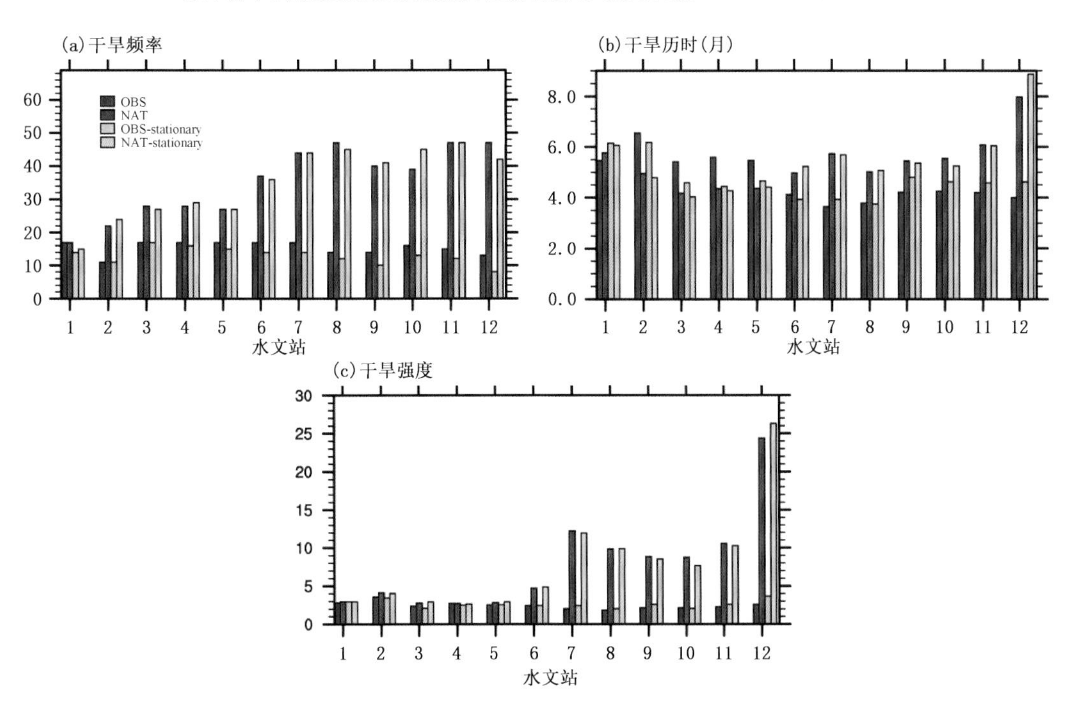

图 5.19 黄河各水文站人为干扰下及天然情景下水文干旱特征
横轴数字1～12为黄河自上至下各水文站(Yuan et al.,2016)

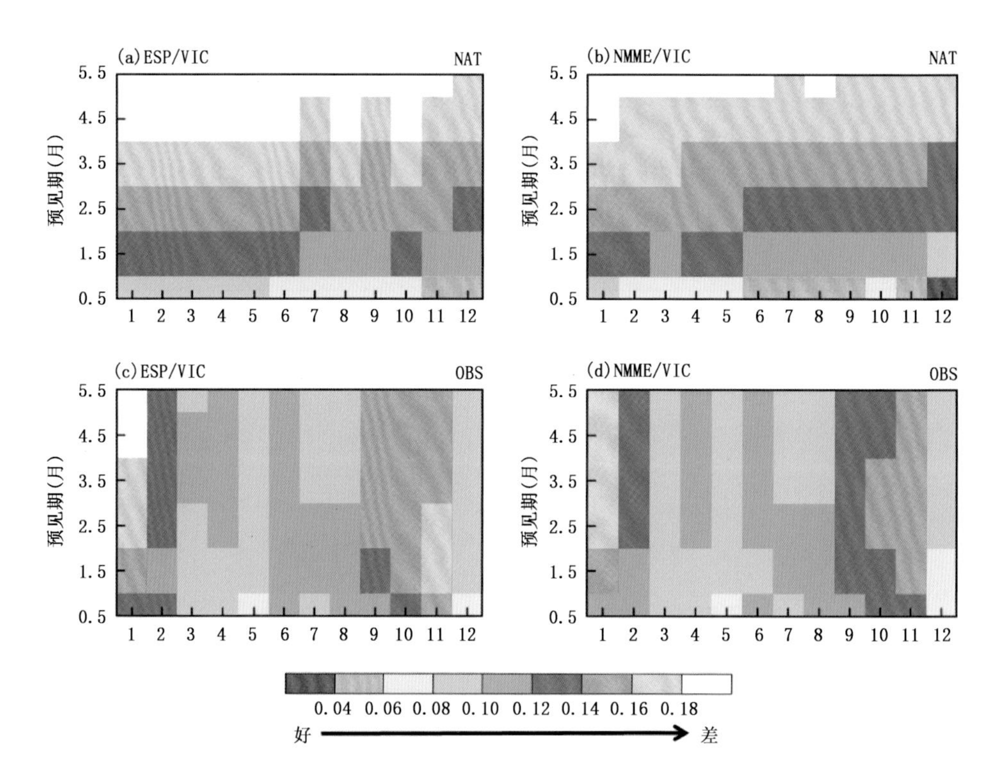

图 5.20 黄河流域水文干旱预测布莱尔评分，横轴数字 1～12 为黄河自上至下各水文站，纵轴为预见期(单位为月)。NAT 为还原径流，忽略人为活动对径流的影响；OBS 为预测径流经过后处理，粗略考虑人为取用水对径流的影响(Yuan et al.，2016)

更好，且由于流域的记忆性，径流预报在下游的预测效果较上游更好。通过预测径流与实测径流间的线性关系对预测径流进行水文后处理后，以此可以粗略考虑人类活动对径流的影响。发现经过水文后处理的径流较天然情景径流预测更准确，且预报技巧并未随预见期的增加而减少，表明人类活动显著加剧了水文干旱，且较气象变率对水文干旱预测的影响更大。但气候一水文径流预测(NMME/VIC)较基于统计的径流预测(ESP/VIC)的优势减小，表明在水文模型中考虑人类活动影响是预报误差进一步减少的重要原因。即对黄河流域的季节水文干旱预测来说，人类活动甚至比气候变率更重要。

5.3.3 土壤湿度的潜在可预报性及其超级集合季节预测

目前，土壤湿度的集合预测方法主要分为两种，其一，给定合理的初值，利用一组气候态强迫集合驱动陆面水文模型对土壤湿度进行预测，这种方法即为上节中的径流集合预测(ESP)(DAY，1985；Shukla et al.，2013；Yuan et al.，2016)，但其预报时效有限。其二，利用单个或多个海陆气耦合模式(CGCMs)对土壤湿度进行集合预测。第二种方法利用海洋和陆面的记忆性，比第一种方法具有更高的预报技巧，尤其是在较长的预见期内。上节讲到，袁星(2013b)将多气候预测模式校准后结合陆面水文模型预测黄河流域的土壤湿度，与基于 ESP 的预测结果进行对比，发现前者的距平相关性提高了约 0.08 至 0.20。然而由于受海洋影响较小，以及多变的大气动力作用减少了陆面在较长预见期的记忆，致使中纬度地区土壤湿度的季节预报技巧仍然有限。因此，进一步了解土壤湿度的潜在可预报性，有助于提高预报技巧，为气候和农业服务提供更好的预测产品。

事实上，潜在可预报性是基于"完美模型"假设，即模式预测其本身的能力。通过计算气候预测模型中被视为"观测"的一个集合成员与被用于预测的剩余集合成员之间的相关性来进行定义(Beckeret al.，2014)，即假设模型本身不存在误差，其误差主要来自于初始条件的不确定性。Ma 等(2015)对区域季节干旱的潜在可预报性和预报技巧进行了研究，发现季节性气象干旱的可预报性与预测技巧呈正相关，说明潜在可预报性也可以作为预报技巧和模型选择的一个指标。此外，对海表温度(sea surface temperature，SST)和降水来说，潜在可预报性和预报技巧之间也是正相关关系(Kumar et al.，2014)。目前对土壤湿度潜在可预报性的关注较少，其潜在可预报性与预报技巧之间的关系尚不清楚，有待进一步研究。

集合方法被广泛用来提高预报技巧，随着计算性能的提高及国际合作的加强，集合预报由初值集合逐渐扩展到了多模式集合(Palmer et al.，2004；Chaves et al.，2005；Weisheimer et al.，2009；Kirtman et al.，2015；王辉 等，2014)。多模式集合同时考虑了初始条件误差和模型物理过程不确定性的影响(Krishnamurti et al.，1999)。Krishnamurti(1999)等基于多元线性回归方法首次提出了多模式超级集合预测的概念。Kantha 等(2008)将多模式超级集合方法用于区域预测，发现可以大幅提高预报技巧。在天气、季节气候和台风预测中，多模式超级集合优于成员模型和简单算数集合平均(Krishnamurti et al.，2016)。因此，也采用超级集合预测方法对土壤湿度进行预测，来提高预报技巧。

5.3.3.1 土壤湿度回报数据及观测数据简介

前文提到的北美多模式集合(North American multi-model ensemble，NMME)是由多个海陆气耦合模式组成的季节预测系统(Kirtman et al.，2015)，在加拿大和美国众多部门的支持下，于 2011 年 8 月启动并不断发展。NMME 为季节干旱预测模式之间的比较、组合、性能评估以及机理研究提供了一个更广阔的平台。本小节中，选取了含有月平均土壤湿度回报数据的 6 个 NMME 模式(表 5.3)，分别为：CanCM3、CanCM4、CCSM3、CM2.2、CFSv2、CESM1，评估了各模式土壤湿度的潜在可预报性及预报技巧，并进行了多模式超级集合预测试验。关注区域为中国地区(15°～55°N，70°～140°E)，研究时间长度为 29 年(1982—2010年)，预见期为 6 个月(从当前月份开始往后预报 6 个月)。为了方便对应中国区域边界分辨率(分辨率为 0.25°)，将所有模式的土壤湿度回报数据由 1°×1°双线性插值为 0.25°×0.25°。由于各模式的土壤湿度单位不一致，为了方便各模式之间进行比较，对所有插值后的模式数据进行了标准化处理，进一步作季节平均。本节中，"lead0-season"指从当前季节开始，往后三个月的预测，"lead1-season"指从当前季节前一个月开始，往后三个月的预测，以此类推。

选用 ERA Interim reanalysis(ERAI)再分析资料(Dee et al.，2011) 作为"观测资料"，对北美多模式集合(NMME)中 6 个模型 29 年(1982—2010 年)的土壤湿度回报数据进行验证。ERAI 是欧洲中心继 ERA40 之后推出的一套再分析资料，它同化了更多的地面和卫星观测资料，同时为了避免 ERAI 土壤湿度偏差过大，采用了相对湿度和温度去校正土壤湿度(Douville et al.，2010)。已有研究验证 ERAI 数据是中国区域目前最好的再分析资料集(土壤湿度)之一(Yuan et al.，2015b)。此外，也有学者评估了 ERAI 再分析资料，发现 ERAI 能较好地揭示

表 5.3 用于本小节的 6 个 NMME 模式(Yao et al. ,2018)

模式名称	单位机构	空间分辨率	集合成员	预见期(月)
第三代加拿大全球耦合气候模型（CanCM3）	加拿大气象中心	1°	10	6
第四代加拿大全球耦合气候模型(CanCM4)	加拿大气象中心	1°	10	6
气候共同体系统模型版本 3（CCSM3）	美国国家大气研究中心	1°	6	6
地球物理流体动力学实验室(GFDL)气候模型版本 2.2（CM2.2）	美国国家海洋与大气局/地球物理流体动力学实验室	1°	10	6
气候预测系统版本 2（CFSv2）	美国国家海洋与大气局/美国国家环境预报中心	1°	24(28)	6
地球共同体系统模型（CESM1）	美国国家大气研究中心	1°	10	6

中国区域土壤湿度的空间分布，与观测最为接近，尤其在中国东北地区表现良好(张晓影，2009)。为了与 NMME 模式的时间及空间分辨率相对应，选取了 30 年(1982—2011 年；模式的预见期为 6 个月，故观测多一年)的月平均土壤湿度数据，并作标准化和季节平均处理。经过季节平均后，本研究中一共有 12 个目标季节，即一季为一、二、三月的平均，二季为二、三、四月的平均……以此类推。

5.3.3.2 潜在可预报性及实际预报技巧定义简介

潜在可预报性是基于“完美模型”假设，模式预报模式本身的能力，下面具体加以解释说明。距平相关系数(anomaly correlation, AC)是两组数据之间空间相位差的量度，已被广泛用于计算预报技巧和潜在可预报性(Becker et al. ,2014；Ma et al. ,2015)。在本小节中，利用 AC 度量土壤湿度的潜在可预报性和实际预报能力。AC 的计算公式如下：

$$\mathrm{AC}(m,l)=\frac{\sum_{s}\sum_{j}X(s,j,m,l)Y(s,j,m,l)}{\left[\sum_{s}\sum_{j}X(s,j,m,l)\times\sum_{s}\sum_{j}Y(s,j,m,l)^{2}\right]^{1/2}} \tag{5.24}$$

式中：$\mathrm{AC}(m,l)$为距平相关系数；$X(s,j,m,l)$表示模式的土壤湿度预测值；$Y(s,j,m,l)$为观测的土壤湿度；s 表示格点数；j 是时间维；m 表示预测的目标季节；l 表示预见期，即预报时长。计算预报技巧时，式中 X 为单个模式的预测值或者其成员模型的集合平均值；Y 为对应的观测值。计算潜在可预报性时，X 为来自同一个模式的所有成员模型的集合平均，Y 是来自相同模式的每一个成员模型，分别与 X 计算 AC，对所有的集合成员重复该计算过程，最终将得到的所有 AC 求平均即为潜在可预报性，例如 CanCM3，该模式一共有 10 个成员模型，此处预测值 X 为 CanCM3 所有成员模型的简单集合平均(CanCM3Ens)，验证值 Y 为 CanCM3 的每个成员分别与 CanCM3Ens 计算一个 AC 值，一共计算 10 个 AC，再对 10 个 AC 求平均，所计算的值即是 CanCM3 的潜在可预报性。对于一个模型预测另一个模型，式中 X 取同一个模式所有成员的集合平均，Y 取另一个模式的每一个成员模型，同样，对每个成员模型重复执行类似的过程并最终取平均值。

AC的范围在－1到1之间，当AC>0，则表示X和Y呈正相关关系；当AC=0，则表示随机预测，X和Y彼此独立(Becker et al.，2014)。采用t检验对AC进行显著性检验，提出原假设H0：$\rho=0$，计算统计量，公式如下：

$$t=\frac{(r-\rho)\sqrt{n-2}}{\sqrt{1-r^2}} \tag{5.25}$$

式中：r即代表AC，n表示样本量，确定显著性水平为$\alpha=0.05$，计算出AC的阈值，当AC大于阈值，则通过显著性检验，表明相关显著。除AC外，相关系数和均方根误差(RMSE)也可用于模式预报技巧的评估。

5.3.3.3 多模式超级集合预测方法简介

多模式超级集合预测方法基于最小二乘法，其主要思想是在集合的时候考虑不同模式的表现能力，再对权重进行优化。选取的时间序列可分为训练期和验证期两部分(Krishnamurti et al.，2016)，在训练期，基于多元线性回归方法计算出参与超级集合的各模式的回归(权重)系数，其中各模式的权重只随空间变化，不随时间变化，然后将训练期计算相应的权重系数用于验证期，从而得出超级集合预测值。这样，就可以根据各模式在训练期的不同表现，利用统计权重来量化单个模式对集合预测的贡献，来有效地降低各模式的误差，从而提高预报技巧。

本小节中采用优化模型权重的方法构建超级集合预测值。定义如下：

$$F_j=\sum_{i=1}^{n}w_{i,j}f_{i,j} \tag{5.26}$$

式中：F为超级集合预测值；f为第i个模式在训练期的预测值，i代表第i个集合模式；n代表参与超级集合的模式个数；j表示训练期的第j年；$w_{i,j}$表示在训练期第j年第i个模式的权重。权重w越大，说明该模式的预报效果越好，对超级集合的贡献越大，如果式中$w_{i,j}=1/n$，则变为简单的算术平均，即传统的多模式集合平均。

已有学者解决了权重优化问题，权重系数w计算如下：

$$G=\sum_{j=1}^{t}(F_j-O_j)^2,\begin{cases}\sum\limits_{i=1}^{n}w_{i,j}=1\\ w_{i,j}\geqslant 0\end{cases} \tag{5.27}$$

式中：G表示误差项；j表示训练期第j年；t表示训练期的时间长度；F_j表示在训练期t时间内的超级集合预测值；O_j表示在t时间段内相应的观测值；i表示第i个模式。所有参与超级集合的模型权重之和为1，且每个分量权重的值均大于或等于1。在此基础上，为了保证超级集合预测模型的稳定性，在优化过程中，所有的计算均使用交叉验证，其优点是能充分利用所有的观测数据。将一年视为验证期，则剩余年全部用于训练期，依次重复该过程，直到全部样本都作为独立的预报检验完毕，多模式简单集合平均即指将多个模式的预测结果进行算术平均，是最简单的集合方法。具体计算公式如下：

$$\mathrm{NMME}=\frac{1}{n}\sum\nolimits_{i=1}^{n}F_i \tag{5.28}$$

式中：F_i为第i个模式的预测值；n为参与集合的模式总数。

5.3.3.4 土壤湿度可预报性和预报技巧评估结果

表5.4为NMME各模型预见期为0的12个季节平均的土壤湿度在中国区域的可预报性和预报技巧。表中的AC值为12个季节平均的AC值再次求平均所得，可以看出各模式简

单集合平均的预报技巧范围在0.03～0.29之间，CFSv2的预报技巧最高。由于样本量巨大（共1299200个样本），所有的AC值均通过显著性检验，包括CCSM3(0.03)。此外，表中AC值均偏小，这一方面是由于不同气候模式土壤湿度的参数化不同，从而限制了土壤湿度的可预报性，另一方面可能是数据的标准化消除了空间差异性，从而相关系数较低，同样计算了标准化之前的土壤湿度预报技巧，其范围在0.15～0.83之间（表略），表明中国区域土壤湿度的空间变异性很大。单个集合成员的预报技巧范围在0.02～0.22（表5.4底部一行），低于集合平均（表5.4最右列）。CanCM3、CanCM4、CFSv2这三个模式具有较高的预报技巧，同时也具有较高的潜在可预报性。多模式简单集合平均与最优模式CFSv2相比，预报技巧仅提高了7%，表明与最佳单一模型相比，简单多模式集合对土壤湿度预测并没有多大改进。

表5.4　1982—2010年中国区域预见期为0（从当前月开始预测）的季节平均土壤湿度的潜在可预报性和预报技巧（Yao et al.，2018b）

标准化	CanCM3	CanCM4	CM2.2	CESM1	CCSM3	CFSv2	ERAI
CanCM3 Ens	**0.75**	0.45	0.18	0.03	0.005	0.15	**0.23**
CanCM4 Ens	0.44	**0.77**	0.18	0.02	0.002	0.19	**0.27**
CM2.2 Ens	0.19	0.19	**0.69**	0.02	0.01	0.13	**0.14**
CESM1 Ens	0.03	0.02	0.01	**0.92**	0.01	0.02	**0.04**
CCSM3 Ens	0.004	0.002	0.02	0.10	**0.46**	0.01	**0.03**
CFSv2 Ens	0.19	0.24	0.15	0.03	0.01	**0.61**	**0.29**
Sinmem AC	0.18	0.22	0.10	0.04	0.02	0.18	**NMME＝0.31**

＊表中黑色粗体对角线显示的是由单个模式本身验证的土壤湿度潜在可预报性，黑色非对角元素显示由其他模式验证的可预报性。标记“Ens”的最左列是每个模式的集合平均，作为预测，第一行各模式的单个成员分别作为验证。最右列一栏显示由ERAI再分析资料验证的各模式集合平均的土壤湿度预报技巧，“NMME＝0.31”表示六个模式的算术平均。最后一行为每个模式的单个成员模型(Sinmem)由ERAI验证的平均预报技巧。

表5.5是1982—2010年中国区域预见期为1（1个月）的季节平均土壤湿度潜在可预报性和预报技巧。潜在可预报性范围在0.46～0.92之间（表5.4粗体对角线值），高于所有单个模式的技巧，表明土壤湿度的可预报性仍有很大的改进空间。大部分具有较高可预报性的模式也具有较高的预报技巧。但是，CESM1虽然具有最高的可预报性(0.92)，但是预报技巧却很

表5.5　1982—2010年中国区域预见期为1（提前1个月开始预测）的季节平均土壤湿度的潜在可预报性及预报技巧（Yao et al.，2018b）

标准化	CanCM3	CanCM4	CM2.2	CESM1	CCSM3	CFSv2	ERAI
CanCM3Ens	**0.62**	0.32	0.13	0.03	0.01	0.09	**0.13**
CanCM4Ens	0.31	**0.65**	0.12	0.02	0.01	0.12	**0.18**
CM2.2 Ens	0.14	0.14	**0.57**	0.02	0.02	0.08	**0.10**
CESM1 Ens	0.03	0.02	0.01	**0.83**	0.01	0.01	**0.04**
CCSM3 Ens	0.005	0.01	0.03	0.01	**0.47**	0.004	**0.04**
CFSv2 Ens	0.12	0.15	0.10	0.01	0.004	**0.51**	**0.17**
SinmemAC	0.10	0.13	0.07	0.03	0.02	0.10	**NMME＝0.21**

低，可能与CESM1土壤湿度未初始化，气候态土壤湿度被直接用于预测有关。与表5.4相比，随着预见期的增加，预报技巧和可预报性均有所下降，但是多模式简单集合平均与最佳单一模式相比，预报技巧增加了17%。这比预见期为0(表5.4)的可预报性及预报技巧要好，表明简单的集合平均对更长预见期的土壤湿度预测更准确。

为了进一步研究气候模型的可预报性与预报技巧之间的关系，分别对各模式在不同季节及不同预见期的结果进行了探讨。图5.21显示了每个模式在12个季节不同预见期的潜在可预报性及预报技巧的关系，预见期为0的季节平均土壤湿度预测结果显示(图5.21a)，基于72个样本(6个模式×12个季节)，计算了两者之间的相关系数，仅为0.19，并没有通过0.01的显著性检验，因此潜在可预报性和预报技巧之间不是简单的线性关系。与表5.4结果类似，CESM1模式仍然具有较高的可预测性，但是预报技巧偏低，异于其他模式。因此，剔除CESM1后重新计算剩余五个模式的可预报性和预报技巧的相关性，发现相关系数得到了明显的提高，当预见期为0时，回归系数为0.64，通过了0.01的显著性检验，表明气候模式中的陆面过程被适当初始化后，土壤湿度的可预报性和预报技巧之间存在线性关系，即具有较高可预报性的模式其预报技巧也高。随着预见期的增加(图5.21b～d)，去掉CESM1后的其他五个模式，预见期为1、2、3的季节平均土壤湿度的可预报性和预报技巧的相关系数分别是0.67、

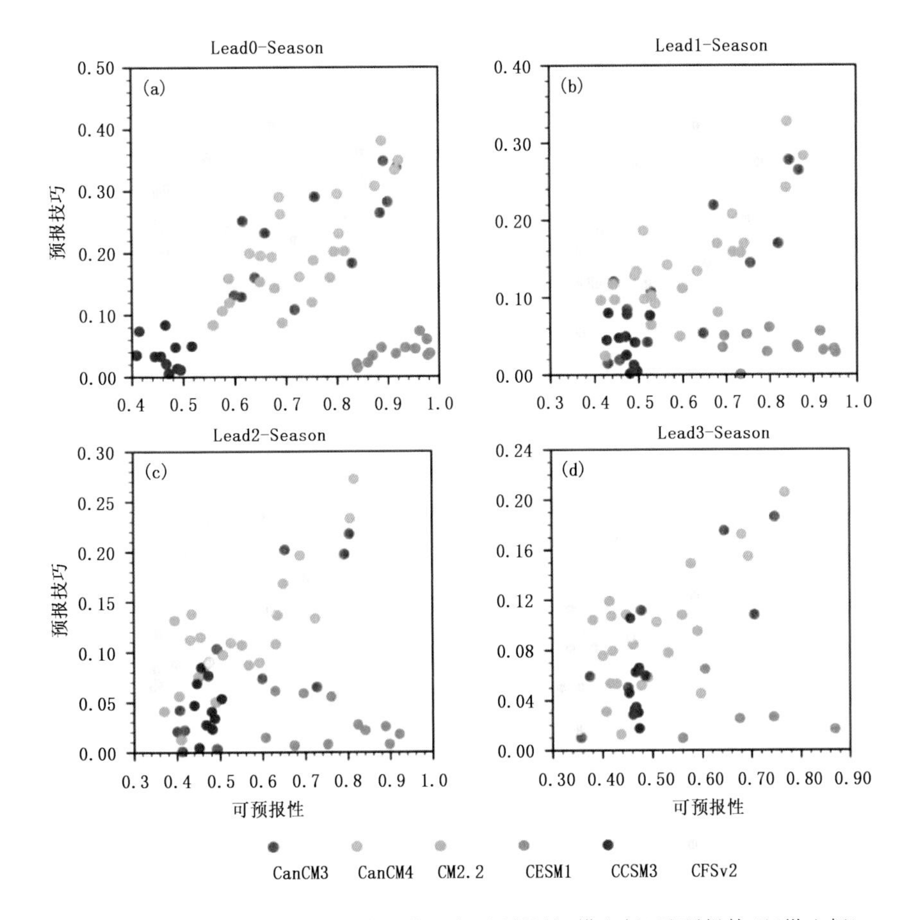

图5.21　不同预见期的季节平均土壤湿度可预报性(横坐标)及预报技巧(纵坐标)，不同颜色代表不同的模式(Yao et al.，2018)

0.66、0.57，均通过了0.01的显著性检验，这说明，虽然可预报性和预报技巧之间的正相关关系随着预见期的增加而减少，但二者的线性关系仍具统计意义。

将中国划分为17个水文气候流域后（Yuan et al.，2015b；Ma et al.，2015），探究各区域土壤湿度的可预报性与预报技巧之间的关系，从冬季（DJF）和夏季（JJA）预见期为0的季节平均土壤湿度的距平相关系数（AC）可以看出（图5.22）。在冬季，CanCM3、CanCM4和CFSv2在中国的东北和西南地区具有较高的可预报性和预报技巧，这与29年全国平均的结果一致（表5.4）。此外，CESM1在整个中国可预报性很高但是预报技巧很低。夏季（JJA）的可预报性和预报技巧均低于冬季。

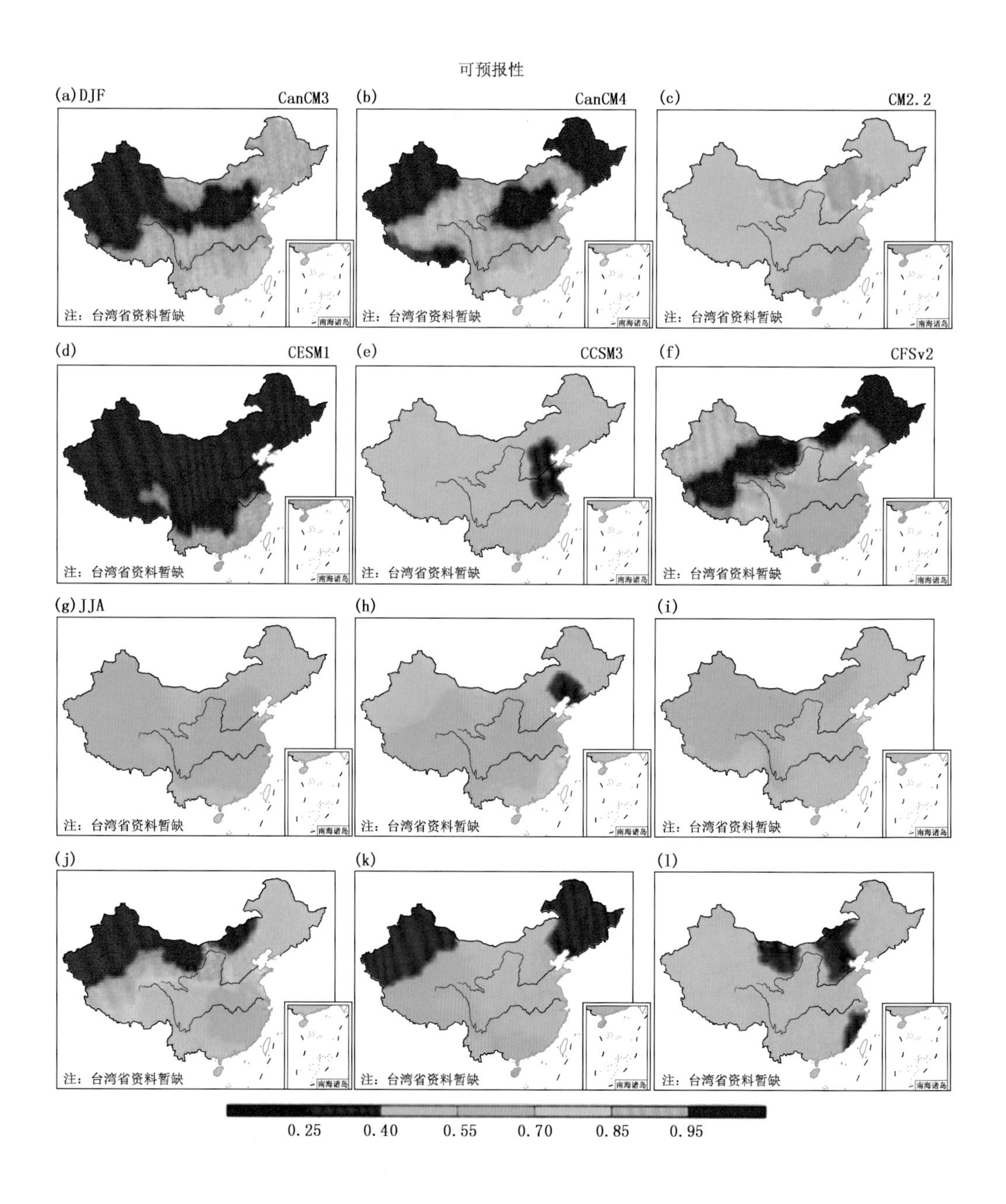

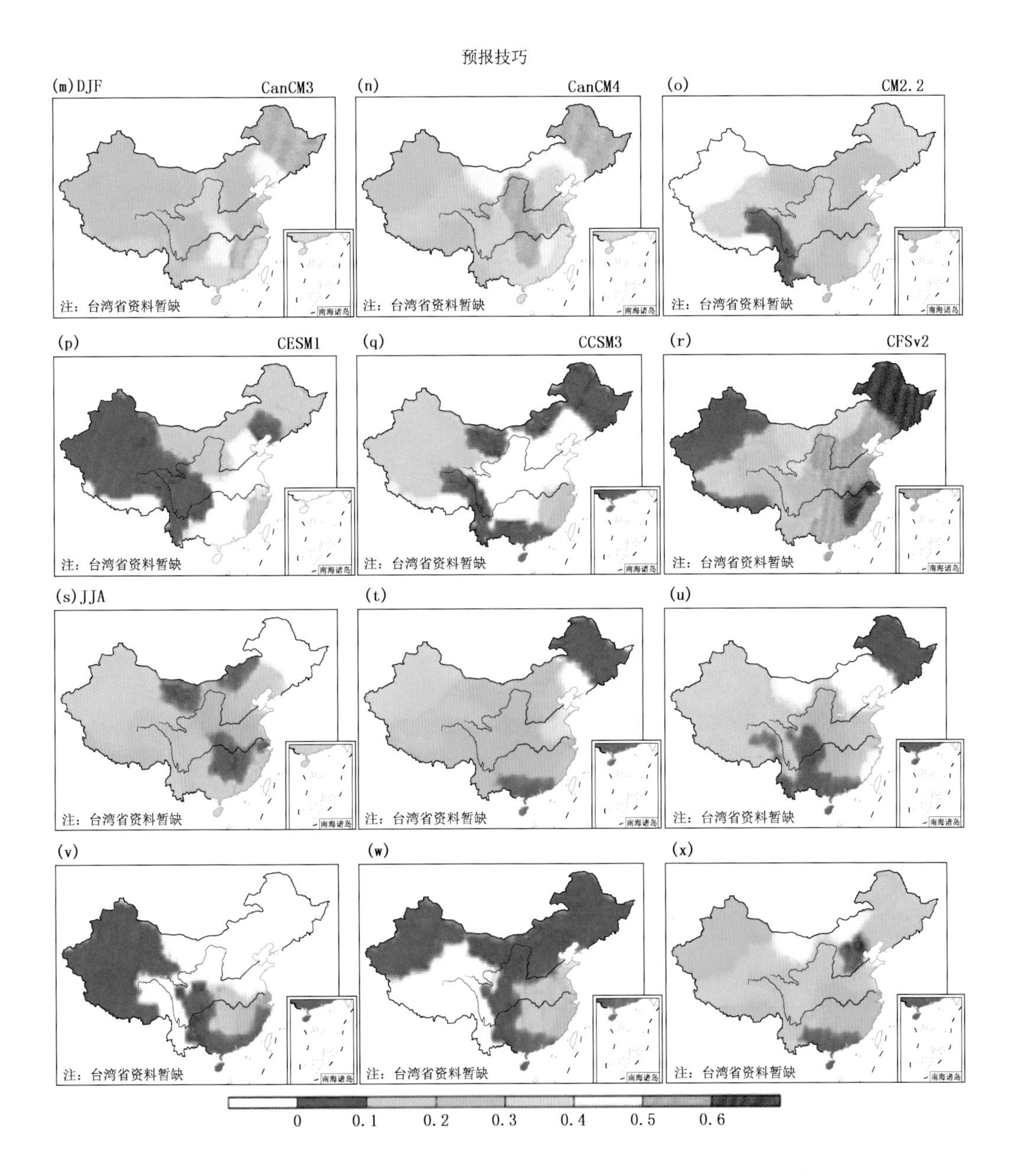

图 5.22 基于 NMME 模式中国区域 17 个水文区域 1982—2010 年冬季(DJF)及夏季(JJA)预见期为 0 的季节平均土壤湿度的可预报性(a～l)和预报技巧(m～x)。ERAI 土壤湿度再分析资料作为验证(Yao et al.,2018)

5.3.3.5 土壤湿度多模式超级集合预测结果

一般将除算术平均之外的多模式集合都称为超级集合，超级集合可以减小模式的不确定性，本节将使用多模式超级集合预测方法来进一步提高土壤湿度的预报技巧。图 5.23 显示的是中国区域冬季预见期为 0 的季节平均土壤湿度的相关系数。NMME2(图 5.23h)代表在超级集合在优化权重的过程，使用了交叉验证计算。NMME2.1(图 5.23i)代表在优化权重过程中，没有使用交叉验证，它代表了多模式超级集合预报技巧的理论上限。在冬季，CESM1 和

CCSM3 在整个中国区域均具有较低的预报技巧，其他四个模型在中国东北和西南地区具有较高的预报技巧。简单多模式集合平均(NMME1)的预报技巧处于最优与最差模型之间。经过优化组合之后，发现多模式超级集合预测值(NMME2)相对于简单集合平均(NMME1)有了明显的改进。特别是中国的东北和西南地区(图 5.23h)，区域平均后，超级集合预测值(NMME2)比简单多模式集合平均(NMME1)相关性增加了 10%，超级集合预测的理论上限(NMME2.1)具有更高的预报技巧，其区域平均相关性相对于超级集合预测值(NMME2)进一步增加了 33%。

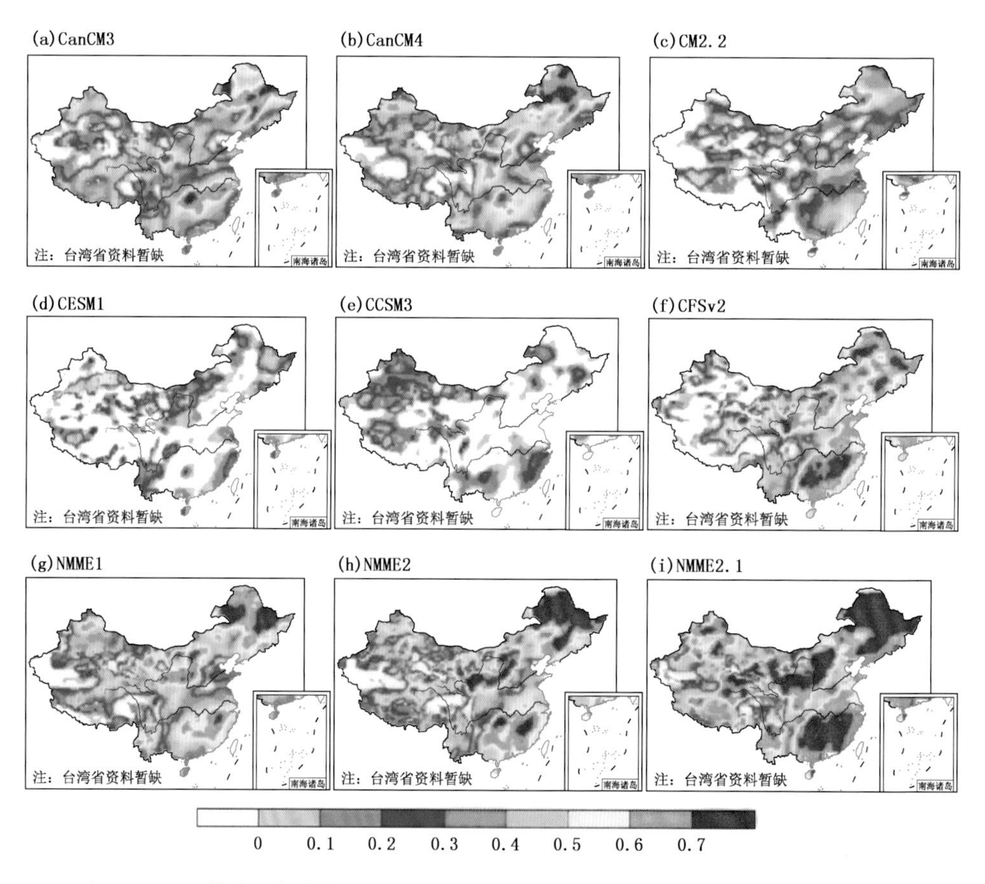

图 5.23 基于 NMME 模式回报数据 1982—2010 年中国区域冬季预见期为 0 的季节平均土壤湿度的预报技巧(与 ERAI 再分析的相关系数)，(g)，(h)，(l)分别是简单集合平均(NMME1)、NMME2 是经过优化权重的超级集合预测(优化权重的过程中，进行了交叉验证)、NMME2.1 是超级集合在优化权重的过程中，没有进行交叉验证，其代表了超级集合预测的理论上限(Yao et al.,2018)

在夏季(图 5.24)，与冬季结果类似，但全国范围的相关性始终低于冬季。CanCM4 和 CFSv2 表现性能依旧最好，CESM1 和 CCSM3 性能依旧最差。在中国西部、西南部地区和中国东部的长江流域都具有较高的预报技巧，不管是单个模式，还是两种多模式集合都具有进一步的改善(图 5.24g～h)。NMME2 相对于 NMME1，相关性增加约 10%，NMME2.1 相对于 NMME2 的相关性则进一步增加了约 78%。

图 5.25 与图 5.26 分别展示了冬季和夏季预见期为 0 的季节平均土壤湿度的均方根误差。单个模式均方根误差的空间差异性比相关性小很多，这还是因为标准化以后，使得每个模

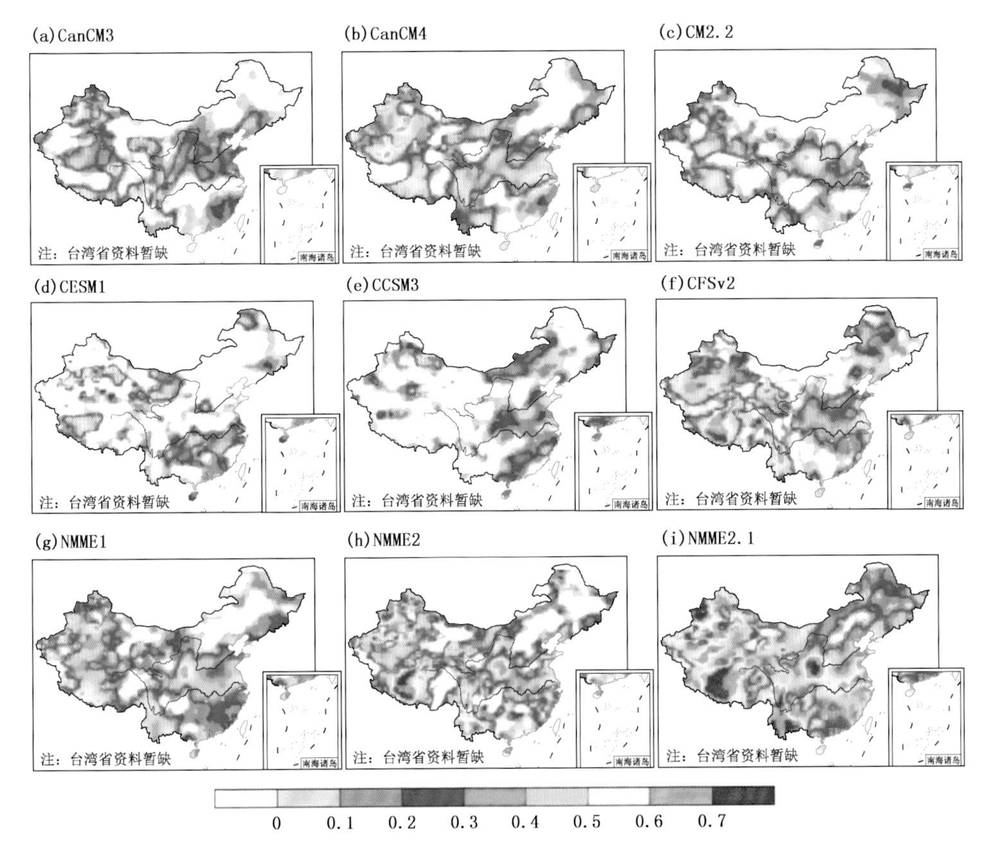

图 5.24 基于 NMME 模式回报数据 1982—2010 年中国区域夏季预见期为 0 的季节平均土壤湿度与 ERAI 再分析的相关系数(Yao et al.,2018)

型具有相同的平均值(为 0)和标准差(为 1)。CESM1 和 CCSM3 不是最差的模型,CanCM4 和 CFSv2 也不是最好的模型。但在全国范围内多模式简单集合平均(图 5.25g)的均方根误差始终低于最优单个模式,其中一个原因可能是不同模式的 RMSE 可以进行互补,为模式组合提供了一种减少随机误差的可能性。超级集合预测进一步降低了预测误差,尤其是中国的东南地区和东北地区(图 5.25h),这与相关性的结果一致。就区域平均而言,NMME2 的均方根误差相对于 NMME1 进一步降低约 19%,NMME2.1 则进一步降低约 13%。夏季各模式的均方根误差也有类似的结果(图 5.26),其中,多模式简单集合平均(图 5.26g)仍然优于单个模式。虽然超级集合理论上限(图 5.26i)有进一步减少中国西部和中国东部的长江流域误差的潜能,但超级集合(图 5.26h)与简单集合平均相比,均方根误差仅减少 7%。

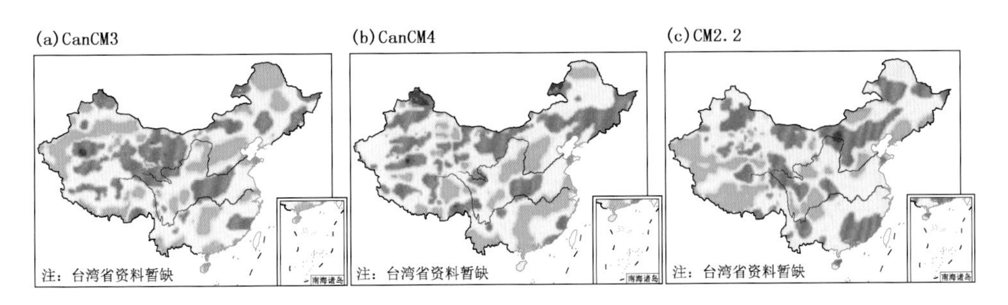

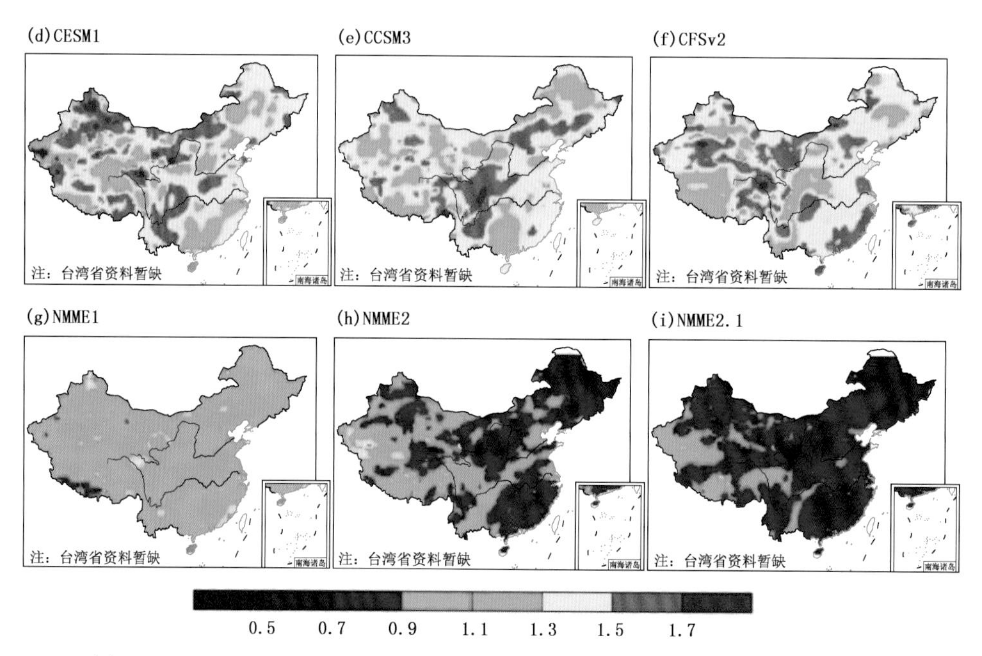

图 5.25 基于 NMME 模式回报数据 1982—2010 年中国区域冬季预见期为 0 的季节平均土壤湿度的预报技巧(与 ERAI 再分析的均方根误差)(Yao et al.,2018)

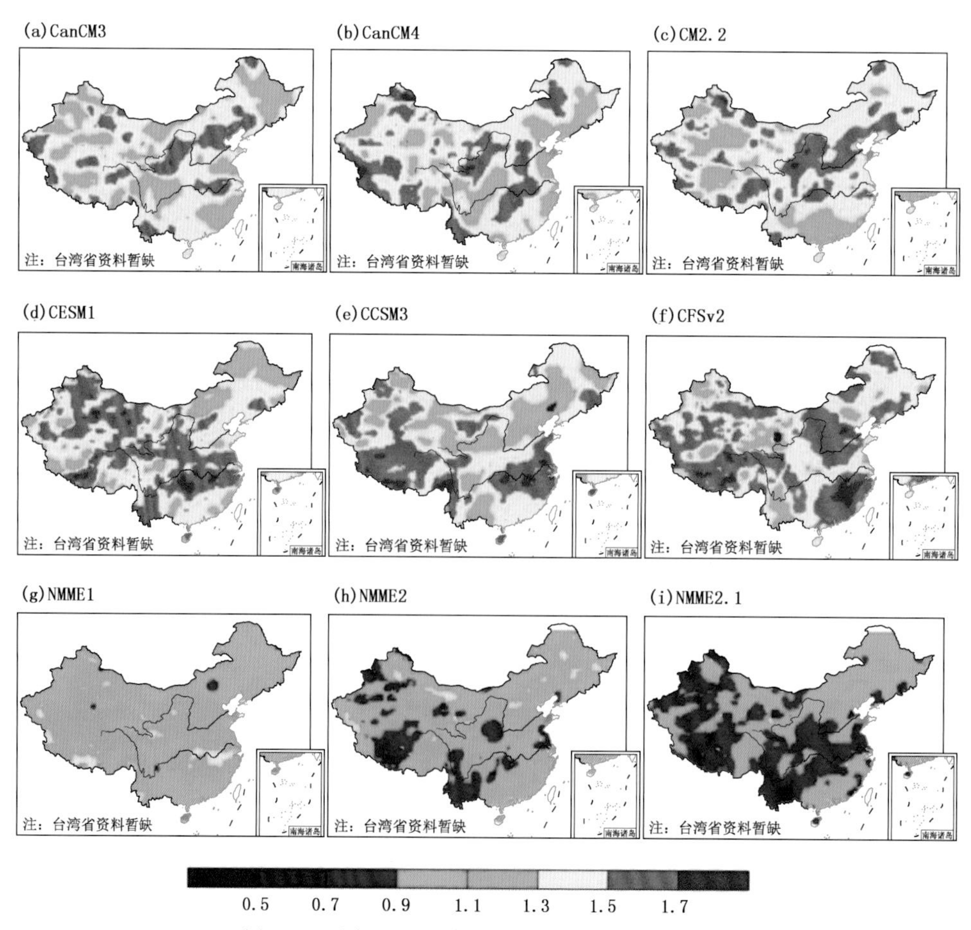

图 5.26 同图 5.25,但为夏季(Yao et al.,2018)

为了进一步评估各模式及集合在不同预见期的预测性能，图 5.27 和图 5.28 分别显示了中国区域冬季和夏季均方根误差在不同预见期的概率密度函数分布图。如果函数的峰值越偏向左侧，则表明预报技巧越高（均方根误差越小），越偏向右侧则预报技巧越低。在冬季，NMME2.1（优化过程中未使用交叉验证计算）在四个不同的预见期内的预报技巧都是最好的，并且均方根误差的概率峰值分别出现在 0.7、0.75、0.8 和 0.8（图 5.27）。与 NMME1 相比，NMME2 在预见期为 0 时的土壤湿度预报技巧要好得多。随着预见期的增长，这种优势逐渐减弱，但是 NMME2 仍然优于 NMME1 和单个模式。夏季（图 5.28）与冬季结果类似，在四个预见期内，NMME2.1 均优于 NMME2 和 NMME1，NMME2 始终优于 NMME1。单个模式之间均方根误差的概率峰值相差不大。不同预见期相关性的概率密度函数分布图与均方根误差相反：即概率密度函数峰值若越往右偏，则说明模式的预报技巧越高（相关系数越大），该结果与均方根误差的结果一致。

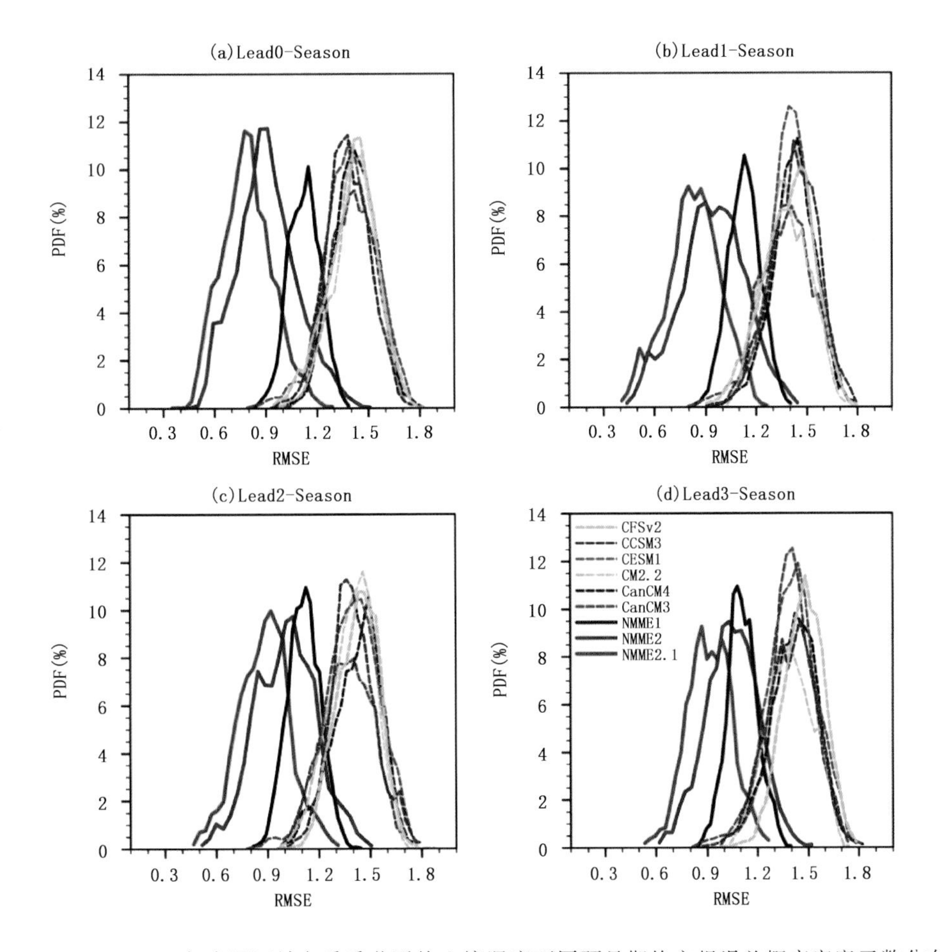

图 5.27　1982—2010 年中国区域冬季季节平均土壤湿度不同预见期均方根误差概率密度函数分布图，不同的虚线表示不同的模式（Yao et al.，2018）

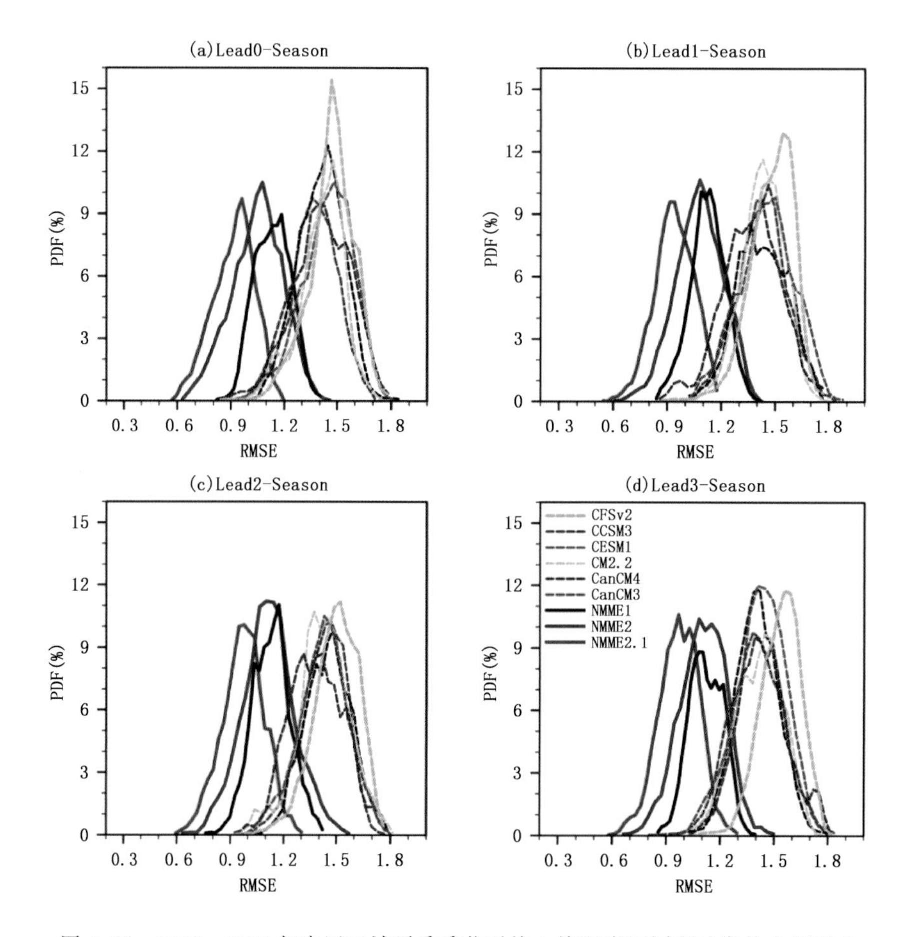

图 5.28　1982—2010 年中国区域夏季季节平均土壤湿度不同预见期均方根误差概率密度函数分布图(Yao et al.,2018)

5.3.4　黄河流域夏季土壤干旱集合预测评估

干旱是对经济、农业和人类生活影响最严重的自然灾害之一(Dai et al.,2004;Burke et al.,2010)。黄河流域面积约 7.52×10^5 km^2,东西长 1900 km,南北宽 1100 km,干流全长 5464 km,地处干旱和半干旱气候区,全球变暖的大背景下,极端干旱事件发生的可能性增大(Ma et al.,2005;Wang et al.,2010;Wang et al.,2015),对社会生活、农业生产造成严重的影响。因此,准确预测黄河流域的土壤湿度和土壤干旱的未来变化及其强度,对防灾减灾具有重要的价值。

近年来,基于大气—海洋—陆地耦合环流模型(coupled atmosphere-ocean-land general circulation models, CGCMs)的动力季节预报系统已经被广泛用于早期干旱预警(Luo et al.,2007;Dutra et al.,2012;Yuan et al.,2013b),包括东亚地区的研究(Tang et al.,2013)。然而只有不到 30%的干旱可以被气候模式检测到,尤其是在中纬度地区(Yuan et al.,2013a)。此外,由于陆面模式受到大气预报不确定性的限制,土壤干旱预测仍面临挑战。

使用集合预测方法可有效地提高预测能力,集合既可以来自单个模型,也可以是多个气候预测模型(Weisheimer et al.,2009;Becker et al.,2014)。袁星(Yuan,2016b)利用多气候预测模式校准后结合陆面水文模型预测黄河流域的土壤湿度,与基于ESP的预测结果进行对比分析,发现前者的距平相关性提高了约0.08～0.20。上一节中对北美多模式集合(NMME)气候模型输出的土壤湿度预报结果进行分析,发现多模式超级集合方法有利于提高土壤湿度的预报技巧,在我国东南和东北地区改进尤为明显。然而在干旱频发的黄河流域,预报技巧却明显偏低,该区域受东亚夏季风年际变率以及不同纬度多尺度相互作用的影响,夏季干旱的预报水平非常有限,需要结合气候和水文预测方法展开进一步研究,通过多模式集合来减少预报的不确定性,从而提高预报技巧。

本节将利用偏差校正后的NMME气候预测资料,驱动可变下渗能力水文模型(Variable Infiltration Capacity, VIC),得到预见期为6个月的土壤湿度。此外,用观测的气象资料驱动VIC模型,离线模拟的土壤湿度数据作为观测,评估上述用气候—水文建模方法得到的土壤湿度预测值,同时也评估NMME多模式集和单个NMME模型在黄河流域土壤干旱的确定性和概率预报技巧。

5.3.4.1 数据和方法

用到的NMME中8个模式分别为:CanCM3、CanCM4、CM2.2、CFSv2、CM2.2、CFSv2、CCSM4、CM2p5-A06、CM2p5-B01、GMAO,对这8个模式输出的气象资料进行偏差订正,然后用该资料驱动VIC,最后得到夏季的土壤湿度数据,时间长度为1982—2010年。对所有模式的土壤湿度均进行标准化和季节平均处理。与上一节一致,“lead0-season”指从当前季节开始,往后三个月的预测,“lead1-season”指从当前季节前一个月开始,往后三个月的预测,以此类推。

采用分位数映射法对NMME降水和温度回报数据进行降尺度和偏差订正,步骤如下:

(1) 首先,将1982—2010年的NMME全球气象回报数据从1°×1°双线性插值为0.25°×0.25°。

(2)对每个NMME模型的每个日历月份,基于所有集合成员目标季节的气象回报数据(包括目标年份)构建预测的累积分布函数(CDFs)。气象观测数据的累积分布函数构造与之类似(不包括目标年份),通过预测和观测资料的CDFs等级相匹配来调整目标年的预测结果。

(3)对月平均气象数据通过统计降尺度方法进行偏差订正。

用偏差订正后的气象数据驱动陆面水文模型VIC,对1982—2010年黄河流域土壤湿度进行预报时长为6个月的回报试验。当土壤湿度标准化值小于−0.8时,认为发生了土壤干旱。该阈值(−0.8)相当于中度干旱,发生干旱的概率约为0.2(Yuan,2016b)。由于没有大范围土壤湿度的直接观测数据,用观测的气象强迫资料来驱动VIC,将离线模拟后输出的土壤湿度作为观测,并引入观测径流对VIC模拟的土壤湿度进行校准,这样做的另一个原因是本节研究的基本目的是关注季节气候预报的效果,利用离线模拟的土壤湿度可以消除水文模型的误差。选取时间段为1982—2011年的夏季。分别计算相关系数、均方根误差(RMSE)和布莱尔技巧评分(Wilks,2011)来进行概率预报验证。

Brier评分(BS)可用于概率预报验证,与RMSE类似,是一种均方概率误差,可分为三项:可靠性,分辨性和不确定性。计算公式如下(Wilks,2011):

$$\mathrm{BS}=\frac{1}{n}\sum_{k=1}^{n}(y_k-o_k)^2 \tag{5.29}$$

式中：y_k 表示预报中第k个事件发生干旱事件的预报概率；o_k 表示与模式相对应的观测中发生干旱事件的概率，即实际发生情况，当发生干旱事件时，o_k 为1，不发生时 o_k 为0；n 为事件总个数；BS 的值越小，预报越准确，BS 值的范围是在0到1之间，当BS为0时，表示预报全完准确，当BS为1时，表示评分最差，预报失效。

BS 还可以分解成如下形式（Wilks，2011）：

$$\mathrm{BS}=\frac{I}{n}\sum_{i=1}^{I}N_i(y_i-\bar{o}_i)^2-\frac{1}{n}\sum_{i=1}^{I}N_i(\bar{o}_i-\bar{o})^2+\bar{o}(1-\bar{o})^2=\mathrm{Rel}-\mathrm{Res}+\bar{o}(1-\bar{o}) \tag{5.30}$$

I 表示集合成员的个数加1，N_i 为每个预报值 y_i 在回报中出现的次数，y_i 的取值范围在0.0到0.1之间。Rel 为可靠性，表示当预报的概率高、且观测的概率也高时，这样的预报越可靠。Res 为分辨性，即不同预测值与观测值的条件分布差异。当 Rel 越小，Res 越大时，表示预测效果越好。$\bar{o}(1-\bar{o})$ 为不确定项。$\bar{o}_i$ 为观测的条件分布，定义为：

$$\bar{o}-i.=p,o-I.-,y-i..=,1-N.,k\in,N-i.——,o-k.. \tag{5.31}$$

基于BS的布莱尔技巧评分（BSS）表示预报值相对于气候态预测值的改进程度，定义为：

$$\mathrm{BSS}=1-\mathrm{BS}/\mathrm{BS}_{\mathrm{clim}} \tag{5.32}$$

式中：$\mathrm{BS}_{\mathrm{clim}}$ 表示气候态的BS评分，若某事件概率预报BSS为0，则表示BS评分为气候值，BSS 大于0时该预报才有效，小于0说明该事件的概率预报低于气候态预报水平，即无预报技巧。因此，与BS相反，BSS越大预报效果越好。

5.3.4.2 黄河流域夏季土壤湿度预测结果

图5.29显示了黄河流域1982—2010年夏季预见期为1的季节平均土壤湿度相关系数空间分布。所有模式在黄河流域中游地区具有较高的预报技巧，但是在上游和下游地区的预报技巧很低。图5.29(a～d)为NMME气候模型直接预测的土壤湿度，与CanCM3、CanC4和CM2.2(图5.29 a～c)相比，CFSv2(图5.29 d)的预报技巧最高，特别是黄河流域南部地区。本章采用已有的偏差校正后的NMME数据来驱动陆面水文模型VIC，得到了图5.29 e～l所示的结果。以CanCM4为例，CanCM4/VIC的区域平均相关系数为0.57(图5.29 f)，而CanCM4的区域平均相关系数仅为0.11(图5.29 b)，预报技巧有很大的提高。经过偏差订正后驱动VIC的各模式之间空间差异并不是很大，一个可能原因是与偏差校正方法有关，另一个主要的原因可能是各模式使用了同样的初始条件，土壤湿度的记忆性较强。其中表现性能最优的是CanCM4/VIC，最差的是CM2p5-A06/VIC，从空间分布看，黄河中游地区预报技巧最好，上游地区最差。NMME/VIC是8个模式(图5.29 e～l)99个成员模型的简单集合平均。简单集合平均的区域相关系数为0.6，优于所有的单个模式，但相比于最优模型CanCM4/VIC，预报技巧改进了约2%，说明简单集合平均对概率预报并没有很大改进。

为了进一步研究夏季不同预见期各模式对黄河流域土壤湿度的预测性能，图5.30显示了夏季四个不同预见期土壤湿度预测的均方根误差概率密度(PDF)分布。概率密度的峰值越偏左，则模式误差越小，预报技巧越高，反之越差。与图5.29类似，NMME四个模型原始预测的土壤湿度(彩色虚线)比气候－水文模型方法预测的土壤湿度(彩色实线)误差更大。其原因可能如下：

(1)陆面模型(包括NMME模型)在再现黄河流域等半干旱区土壤湿度动态方面通常不太可靠，而VIC模型通过径流率定提高了其性能。

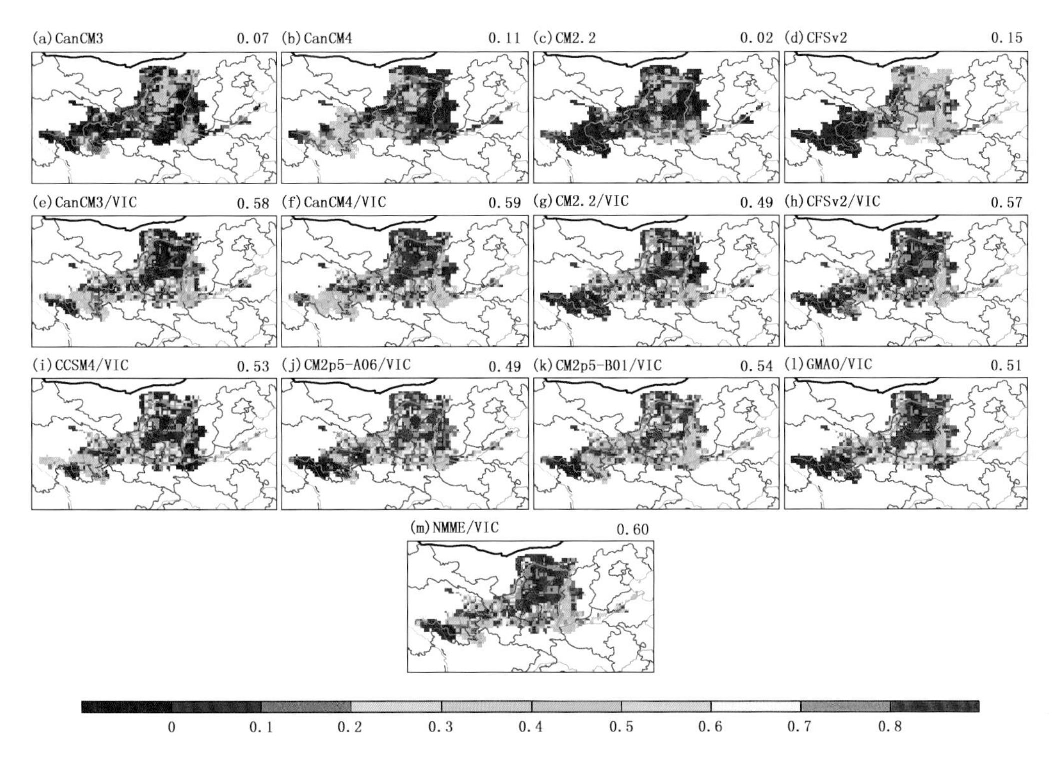

图 5.29　黄河流域 29 年(1982—2010)夏季预见期为 1 的季节平均土壤湿度的相关系数空间分布,右上角数值表示相关系数的区域平均

(2)部分 NMME 模型在土壤湿度季节预测时没有初始化,而 NMME/VIC 在预报起报日就采用了离线模拟的真实初始条件。

(3)NMME 中气象资料的偏差会转移到其陆面模型中,NMME/VIC 在进行土壤湿度预测前消除了这些气象偏差。

CCSM4(紫色虚线)是四个 NMME 模型中表现最好的模式。经过偏差订正后驱动 VIC 的 8 个模式,各自之间的差别不大,黑色实线为 8 个模式 99 个成员的简单集合平均,在夏季初开始预测中,集合平均在整个阶段与各模型之间差别不大,说明在整个黄河流域,集合平均并没有很明显的改进,随着预见期的增加,集合平均在前半段仍然与单个模型没有太大差异,但是后半段逐渐优于单个模型,这种优势也逐渐变得明显,说明随着预见期的增加,简单集合平均在黄河流域的下游地区有明显的改进,但在上游和中游仍然没什么贡献。

5.3.4.3　黄河流域夏季土壤干旱预测结果

图 5.31 显示了各个模式在黄河流域 29 年(1982—2010)里夏季预见期为 1 的季节平均土壤干旱的均方根误差(RMSE),右上角数值表示 RMSE 的区域平均值。与图 5.30 相关系数结果类似,在四个 NMME 原始模型预测中,CFSv2(图 5.31 d)的区域平均误差最小,为 1.34,性能最差的是 CM2.2,均方根误差为 1.58,这也是所有 12 个模型中最差的。CFSv2 中均方根误差较大的地区主要集中在黄河流域上游,下游一些径流区域误差也较大,中游地区误差相对较小,其他三个气候模型在整个黄河流域误差都比较大,这可能是气候模式本身存在的系统偏差且气候模型中的陆面过程比较简单导致的。对 8 个气候—水文模型来说,均方根误差比 NMME 模型均有了显著的改进,所有模式在黄河流域的中游地区预报技巧较高,大部分模式

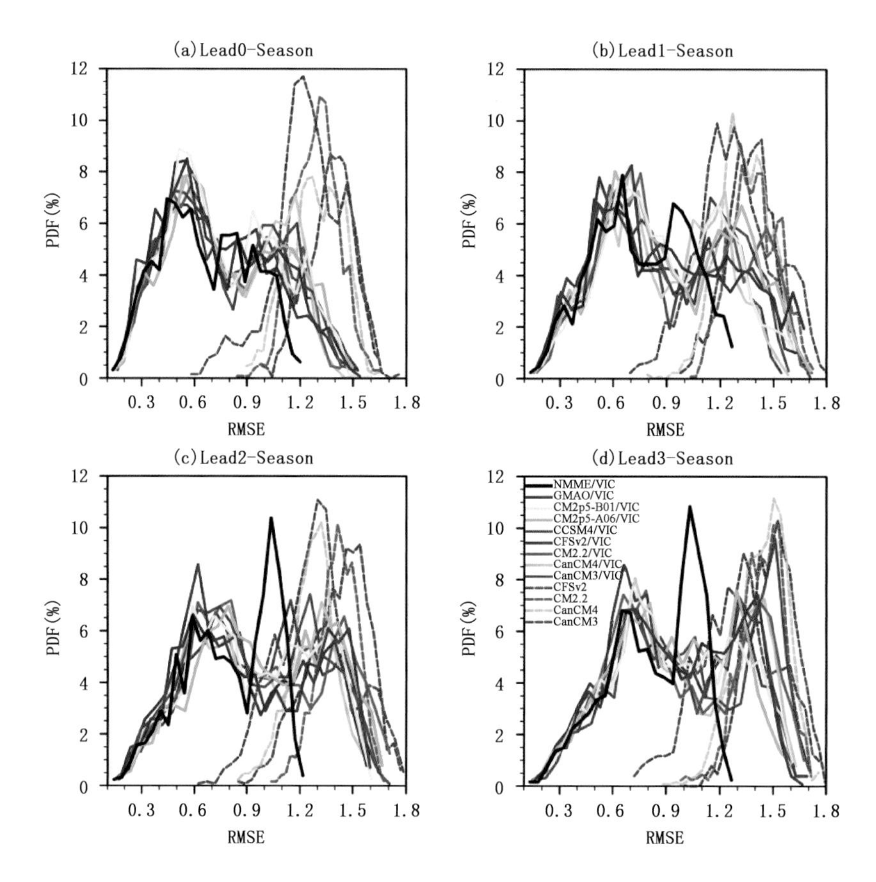

图 5.30　黄河流域 29 年(1982—2010)夏季不同预见期季节平均土壤湿度预测的均方根误差的概率密度分布。横坐标表示均方根误差(RMSE),纵坐标表示概率密度函数(Yao et al.,2018)

在上游部分地区误差很大,下游也有误差,整体来说,上游误差大于下游,但 CCSM4/VIC 除外,在黄河下游的误差比上游大。均方根误差区域平均值最小的是 CFSv2/VIC(0.7),CM2p5－A06/VIC 的误差达到了 0.84,是 8 个气候—水文预测模型中最差的,这与图 5.30 土壤湿度预测的相关性结果一致,说明对土壤湿度预测较好的模型,对土壤干旱的预测也较好。NMME/VIC 是 8 个气候—水文预测模型的简单集合平均,其均方根误差的区域平均值为 0.66,比所有单个模型要好,相对于最优模型 CFSv2/VIC 误差减小了 6%,尤其在中游地区表现出了较高的干旱预测技能,简单集合平均在黄河流域上游地区的误差较大,但相比单个模式,也改进了很多。总体而言,简单集合平均对干旱的预测效果在黄河流域中游地区最好,下游地区次之,上游最差。这个结果与图 5.30 中对黄河流域土壤湿度的预测结果一致。

为了评估各模式及其集合对土壤干旱预测的概率预报技巧,这里计算了布莱尔技巧评分(BSS)。图 5.32 为 1982—2010 夏季预见期为 0 的季节平均土壤干旱的 BSS 空间分布。BSS 越大,表示概率预报越准确。与确定性预报类似,气候—水文结合的方法对土壤干旱的概率预报比 NMME 原始预报具有更高的预报技能,并仍然表现为黄河流域中游地区具有较高的概率预报技巧,而上游和下游的概率预报技巧偏低。GMAO/VIC 具有最高的 BSS 值,为 0.43,值得注意的是该模式的 BSS 区域平均值高于简单集合平均(NMME/VIC,BSS＝0.39),可能原因之一是不同的单个模式的空间差异较小,空间分布过于相似,导致各模式简单集合的互补

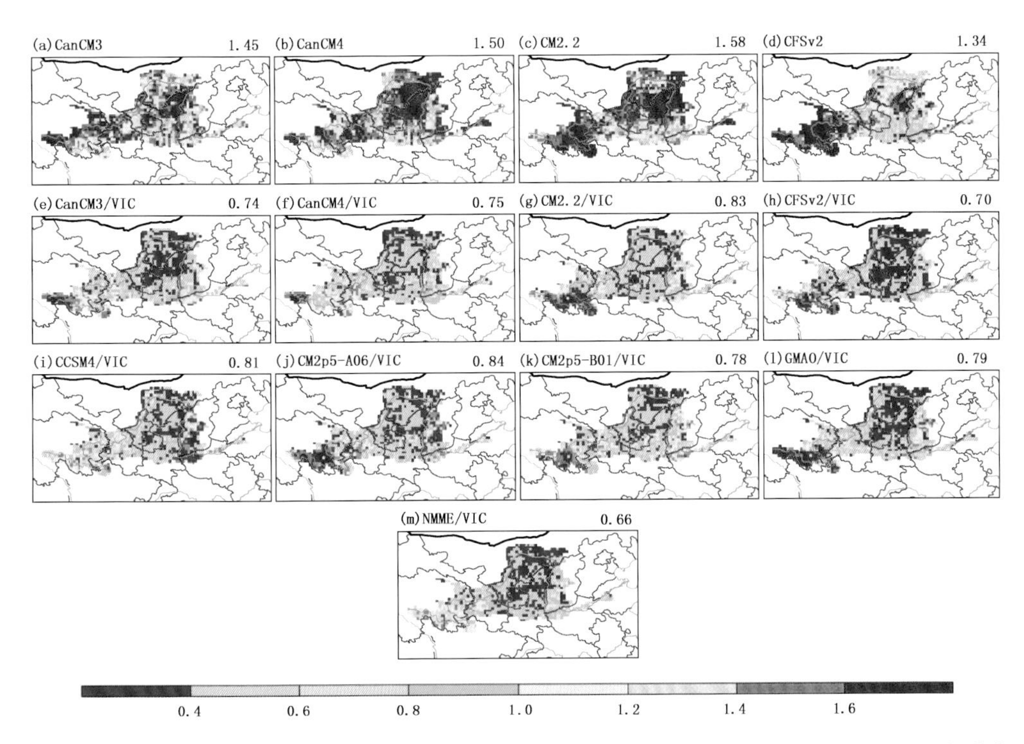

图 5.31 黄河流域 29 年(1982—2010)夏季预见期为 1 的季节平均土壤干旱的均方根误差空间分布，右上角数值表示 RMSE 的区域平均值（Yao et al.,2018)

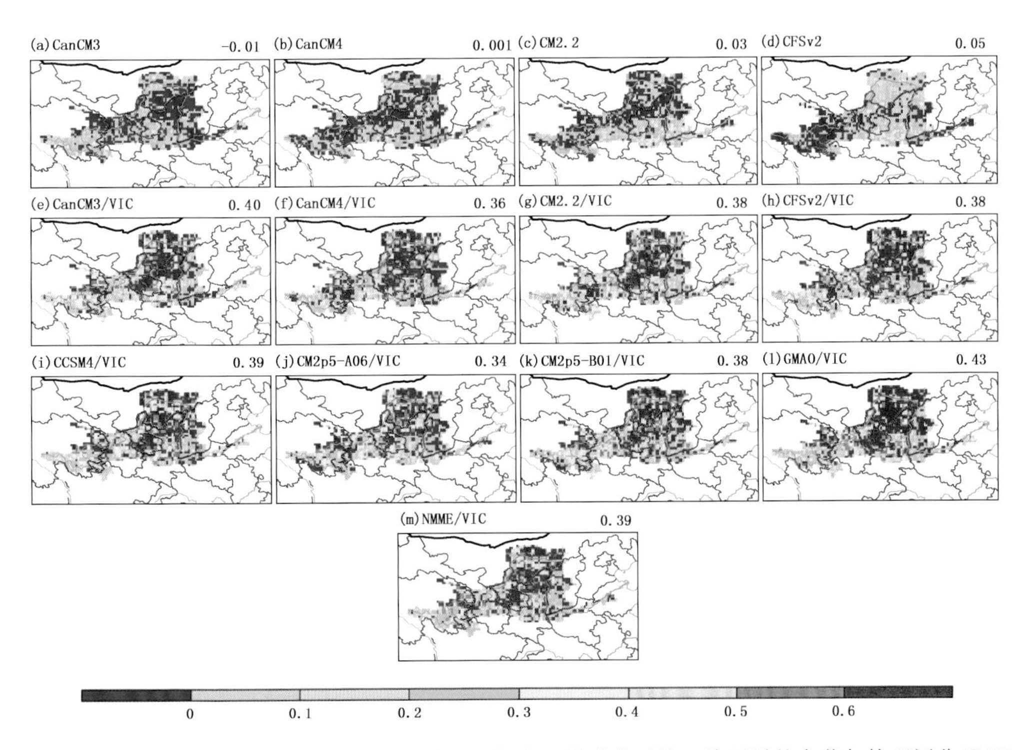

图 5.32 黄河流域 29 年(1982—2010)夏季预见期为 0 的季节平均土壤干旱的布莱尔技巧评分(BSS)，右上角数值表示 BSS 的区域平均值（Yao et al.,2018)

效应在空间上表现不明显；另一个原因可能和NMME气象数据的偏差订正方法有关。

图5.33为预见期为0的夏季季节平均土壤干旱预测的布莱尔技巧评分(BSS)、可靠性(Rel)和分辨性(Res)的概率密度函数分布图。发现NMME气候模型直接预测的BSS及其组成部分Rel和Res均是最差的。气候—水文模型的结果中，多模式简单集合平均效果与单个模式相差不大，对土壤干旱的概率预报技巧处于最优模型与最差模型之间，与图5.31a相比，多模式简单集合平均NMME/VIC只对土壤湿度的误差有较大改进。图5.33也表明一个简单的多模式集合平均方法并不能提高对极端事件(干旱)的概率预报技巧，因此需要寻求更优的多模式组合方法。

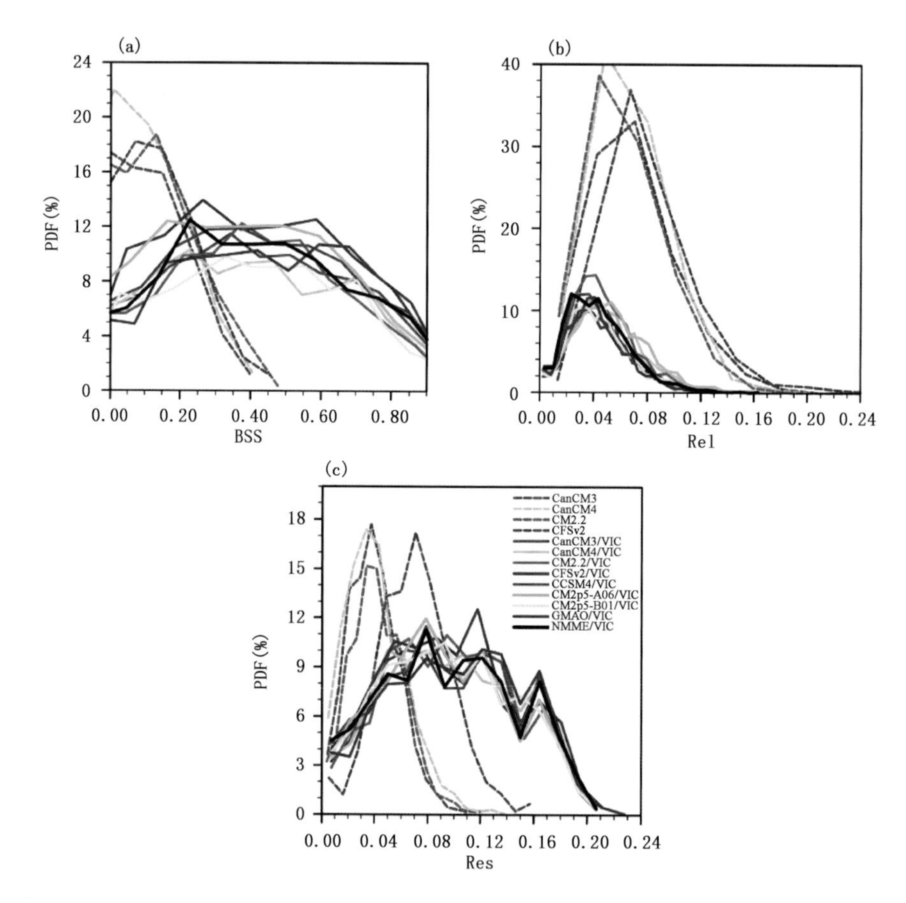

图5.33 黄河流域29年(1982—2010)夏季预见期为0的季节平均土壤干旱预测的布莱尔技巧评分(BSS)，可靠性(Rel)和分辨性(Res)概率密度分布（Yao et al.,2018)

5.3.5 总结

基于多个海—陆—气耦合的全球气候模式、参数自动率定的陆面水文模型VIC与全球汇流模型以及贝叶斯集合后处理方法，针对黄河流域建立了一个能够初步考虑人类活动影响的试验性季节水文预测系统。通过一系列历史回报试验，发现陆面初始记忆在旱季对径流预测的影响时效为2～5个月，而在雨季约为1个月。相比于土壤水，地表水初始记忆的影响基本在30天以内。与传统的集合径流预测(ESP)方法对比,基于气候模式的季节水文预测方法可以提高黄河干流的径流预测,距平相关系数可提高0.1～0.2,水文干旱概率预报技巧提高11%～26%。进一步研究发现,人类用水活动使黄河水文干旱增加118%～262%、历时增加21%～99%、强度增加高达8倍。处于“人类世”的黄河流域,相较于气候变率,人类活动对水文干旱预测似乎更为重要。

土壤湿度是可以影响天气、气候预测的重要地表水文要素,所以也研究了预测模式中土壤湿度的可预报性及预测能力。评估了由多个气候模式(北美多模式集合,简称NMME)的土壤湿度季节预测技巧及潜在可预报性,并针对中国区域对不同气候预测模式进行了优化组合,进一步利用气候预测—水文模型结合的方法对黄河流域土壤干旱的季节预测进行了改进。

结果表明,在土壤湿度季节预测的可预报性及预报技巧方面,NMME气候模式中具有较高可预报性的模式同样具有较高的预报技巧。多模式集合平均的预报技巧高于单个模式,利用超级集合预测方法优化模式权重可进一步提高预报技巧,与简单集合平均相比,超级集合对冬季和夏季土壤湿度预测的均方根误差分别减少了19%和7%,相关系数提高了约10%。在改进土壤湿度季节预测模型方面,以观测气象资料驱动VIC模型离线模拟的土壤湿度作为观测资料,评估了(1)经过偏差校正的NMME气候预测数据驱动陆面水文模型VIC的土壤干旱季节预测的结果,和(2)北美多模式集合(NMME)对土壤干旱的季节预测结果。发现,在确定性预报方面,偏差订正后的气候预测资料驱动VIC的预测结果的土壤干旱均方根误差比NMME中最优模型降低了48%,预报技巧显著提高。在概率预报方面,与NMME原始土壤干旱预测相比,NMME/VIC具有更高的干旱概率预报技巧。

第6章　未来中国北方干旱半干旱地区气候变化预估

6.1　概述

气候变化对环境、生态和社会经济系统已产生和具有深远的影响，是21世纪各国可持续发展中面临的重大问题，得到了当前各国政府和科学界的特别关注。IPCC第五次评估报告(AR5)指出，气候系统的变暖毋庸置疑。自20世纪50年代以来，观测到的许多变化在过去几十年乃至上千年时间里都是前所未有的，包括大气和海洋的变暖、积雪和海冰的减少、海平面的上升等等：1901—2012年，全球地表平均气温约升高0.89 ℃(0.68～1.08 ℃)，自1901年以来，北半球中纬度陆地区域平均降水增加(IPCC，2013)。全球性的气候变暖能够改变地表的辐射传输平衡、大气环流系统、水循环等，在对气候平均态改变的同时也会对一些极端事件产生重要影响，如干旱、强降水、热浪等事件的发生频率与强度均增加，严重影响了经济社会的可持续发展。

本书的研究范围主要为中国北方干旱半干旱地区，作为全球陆地的重要组成部分，在全球气候变化过程中发挥着不可忽视的作用。由于增温显著、降水稀少，这些地区的生态十分脆弱、环境不断恶化，相对于其他地区而言，干旱半干旱区对全球气候变化的响应更为敏感。研究表明，在全球变暖的影响下，降水事件趋短趋少且覆盖范围缩小，同时干旱期大幅增加将成为主要趋势(Giorgi et al.，2014)，这些均可能引发干旱半干旱区扩张，从而进一步导致水资源短缺和土地退化(Nicholson，2011)。

过去百年，我国气候在波动中趋向变干，大部分区域呈现干旱加剧趋势(Chen et al.，2015a；Zhang et al.，2018；郑景云 等，2018)。近半个世纪，我国干旱发生频次增加、强度增强、干旱范围扩大，干旱面积整体呈增加趋势，每10年增加约3.72%，尤其是严重和极端干旱，增加趋势更为明显；跨季节持续干旱事件也明显增多(Yuan et al.，2015b；Chen et al.，2015b；Shao et al.，2018；韩兰英 等，2019)。1961—2018年，我国共发生了178次区域性气象干旱事件，其中极端干旱事件16次、严重干旱事件37次、中度干旱事件73次、轻度干旱事件52次。1961年以来，区域性干旱事件频次呈微弱上升趋势，并且具有明显的年代际变化特征：20世纪70年代后期—80年代区域性气象干旱事件偏多，90年代偏少，2003—2008年阶段性偏多，2009年以来总体偏少。进入21世纪以来，干旱与高温并发事件明显增多，这种并发事件往往会对农作物造成严重的影响(Wang et al.,2018)。因此,预估中国北方干旱半干旱区对未来全球增温的气候响应对适应策略的提出以及维持干旱半干旱区的可持续发展具有重要参考意义。

既然气候系统变暖毋庸置疑,那么,在这一背景下,作为全球气候变化响应最为敏感的区域之一,北方干旱半干旱地区将会展现什么样的气候特征?干旱等灾害的未来变化趋势如何?怎样应对?本章将基于区域气候模式来分析、讨论未来北方干旱半干旱区域的气候变化预估结果及其对策,重点关注干旱问题。

6.2 数据和方法

全球和区域尺度的气候模式,是进行气候变化模拟和预估研究的首要工具,我国具有许多独特的地理特征,地形、地表状况复杂,同时又地处东亚季风区,气候的季节变化和年际变化都非常显著。研究表明,相比全球模式,区域气候模式由于其更高的分辨率,可以在很大程度上提高对中国和东亚地区气候的模拟能力。随着气候模式本身和计算机技术的快速发展,高分辨率区域气候模式在国内外得到越来越广泛的应用。

对于中国北方干旱半干旱区进行未来气候要素变化预估选用的区域降尺度气候变化预估数据,是由意大利理论与物理国际研究中心(ICTP)所发展的 RegCM 系列模式,在5个CMIP5 全球气候模式(澳大利亚的 CSIRO-Mk3-6-0、英国欧洲中期天气预报中心(ECMWF)的 EC-EARTH、英国哈德莱中心的 HadGEM2-ES、德国马普研究所的 MPI-ESM-MR 和挪威的 NorESM1-M)驱动下进行的高分辨率区域气候模拟结果。模拟采用国际联合区域气候降尺度试验(Giorgi et al.,2009)第二阶段所推荐的东亚区域,覆盖中国大陆、蒙古、韩国和日本及其周边,水平分辨率为 25 km。模拟试验中对于未来气候变化预估使用了 RCP4.5 和 RCP8.5 两种温室气体排放情景。模式配置遵循 Gao 等(2017)的方法,Han 等(2015)将中国土地利用数据更新为真实的植被覆盖数据。童尧等(2017)和韩振宇等(2018)使用 RQANT 方法对区域模式结果进行订正。

用于模式结果对比的温度和降水观测资料,来自中国区域格点化观测数据集 CN05.1,其水平分辨率为 0.25°×0.25°,该数据集是基于 2416 个中国地面气象台站观测,通过"距平逼近"方法插值建立的(吴佳 等,2013)。该数据集及其早期版本 CN05(Xu et al.,2009)在气候模式的检验和当代气候变化分析等多个方面有广泛的应用。

分析时选取了与干旱相关的极端指数(小雨日数 R1mm、湿日总降水量 PRCPTOT、高温日数 SU 和持续无降雨日数 CDD)对中国北方历史和未来的干旱情况进行了评估和预估,指数的详细定义请见表 6.1。对未来进行预估时,选取 1986—2005 年为基准期,未来预估时段为 21 世纪的中期(2046—2065 年)和末期(2080—2099 年),文中的变化均指 21 世纪中期和末期相对于基准期的差值。

表 6.1　干旱相关极端指数定义

名称	英文缩写	定义	单位
小雨日数	R1mm	每年日降水量大于 1 mm 的天数	d
湿日总降水量	PRCPTOT	每年大于等于 1 mm 的日降水量的总和	mm
持续无降雨日数	CDD	每年最长连续无降水日数(Rd≤1 mm)	d
高温日数	SU	每年日最高气温大于 25 ℃的全部天数	d

6.3　区域气候模式对中国北方地区当代气候模拟能力评估

6.3.1　对平均气候态的模拟

童尧等(2017)的研究表明区域气候模式的结果能够很好地再现我国冬、夏降水的主要观测特征：东南多、西北少，降水量由东南向西北递减，大部分地区的相对误差在－25%～25%之间，但华北至河套和青藏高原西北部存在小范围偏多的现象，冬、夏降水模拟与观测的空间系数分别为 0.98 和 0.97。

韩振宇等(2018)的研究发现区域气候模式能很好地再现中国地区冬、夏季的温度分布，冬季中国大部分地区偏差集中在±0.5 ℃以内，较为显著的偏差是准噶尔盆地北侧和大兴安岭西侧的小范围暖偏差和青藏高原东北侧的冷偏差，但误差值也在±2.5 ℃以内；夏季的偏差都在±0.5 ℃以内。订正后四个季节中模拟与观测的相关系数都接近 1，均方根误差也在 1 ℃以内。

因此，区域气候模式能够再现中国地区观测到的平均温度和降水的分布，具有较好的模拟能力，在此基础上进行未来气候变化预估具有一定的可靠性。

6.3.2　对干旱相关极端指数的模拟

图 6.1 给出观测和模拟的中国北方地区 1986—2005 小雨日数(R1mm)的分布。从图中可以看出，观测中小雨日数总体呈现南多北少、东多西少的分布特征，偏少地区主要集中在新疆南部、青海北部、甘肃和内蒙古西部，以上地区多为干旱地区。对比观测结果，可看出模式能够很好地再现观测到的小雨日数分布，大部分地区偏差集中在－4～6 d，较为显著偏差位于新疆西部和北部、青藏高原，这些地区模式结果中，小于日数偏少，而在河套及其以南地区则偏多。总体模式能够模拟出观测结果的空间分布特征，相关系数为 0.996，但在一些地区模拟的数值偏多或者偏少(图 6.1c)。

图 6.2 给出观测和模拟的中国北方地区 1986—2005 年湿日总降水量(PRCPTOT)的空

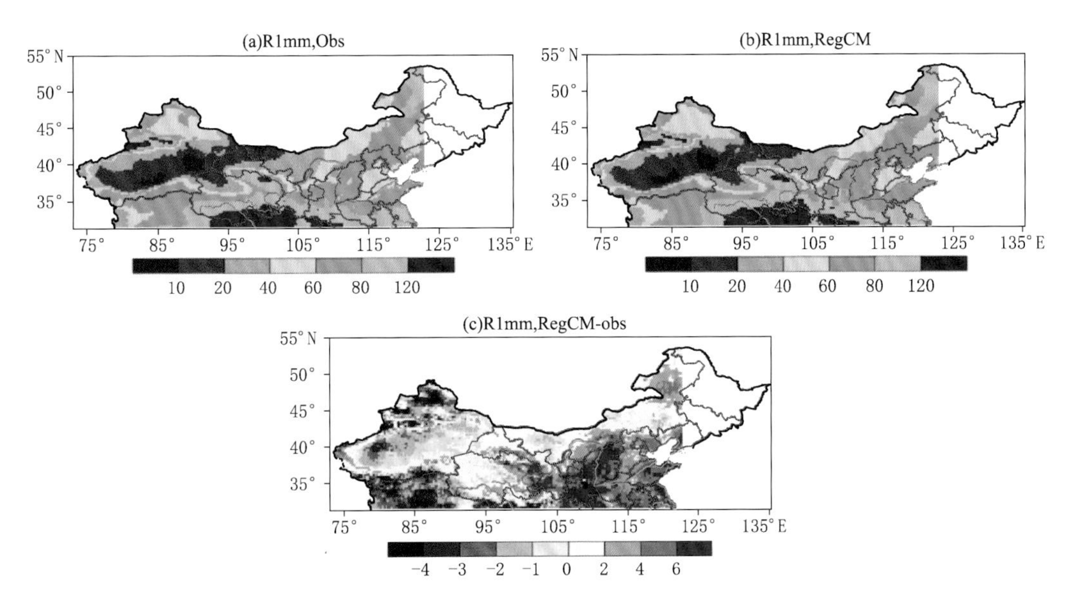

图 6.1 观测(a)和模式模拟(b)的 1986—2005 年中国北方地区大于或等于 1 mm 日数分布以及观测和模拟的差值(c)(单位：d)

间分布。从图中可以看出，观测中湿日总降水量总体呈现降雨量东南多、西北少的分布特征，偏少地区主要集中在新疆南部、青海北部、甘肃和内蒙古西部等干旱地区。模式能够很好地再现观测的湿日总降水量空间分布特征，相关系数为 0.998，大部分地区偏差集中在±30 mm，较为显著的偏差是在京津冀和内蒙古东部模拟值偏少，而在青海、甘肃、陕西南部则模拟偏多。

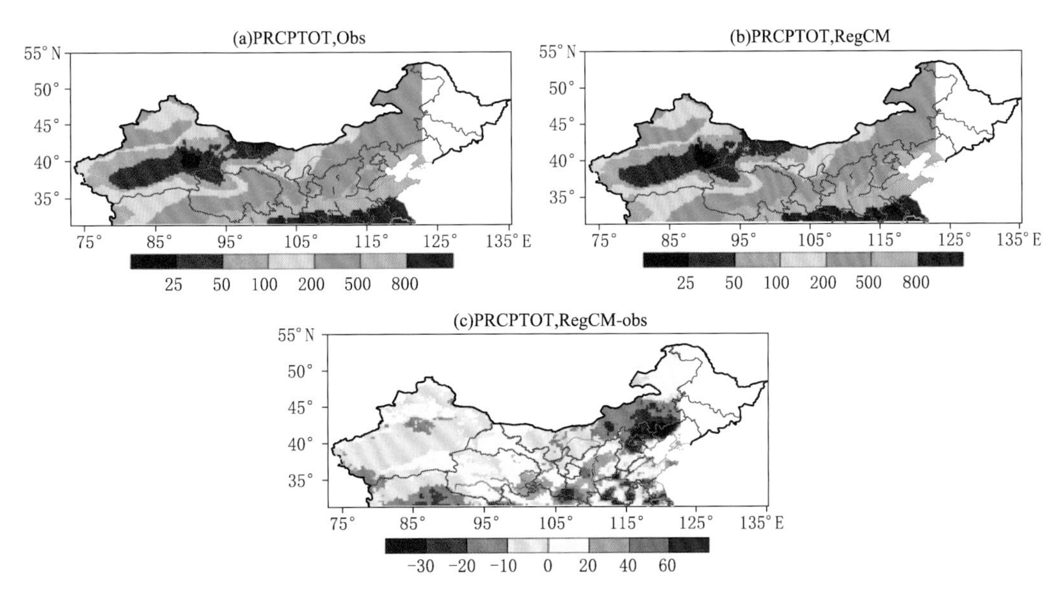

图 6.2 观测(a)和模式模拟(b)的 1986—2005 年中国北方地区每年大于或等于 1 mm 日的日降水量总和分布以及观测和模拟的差值(c)(单位：mm)

图 6.3 为观测和模拟的中国北方地区 1986—2005 年持续无降雨日数(CDD)的分布。从图中可以看出，观测中持续无降雨日数总体呈现西多东少(除新疆北部外)的空间分布特征，持

续无降雨日数偏多的地区主要集中在新疆中部和南部、西藏北部、青海北部、甘肃和内蒙古西部等干旱地区。模式能够很好地再现观测中持续无降雨日数的分布，相关系数为0.97，大部分地区偏差集中在−6～20 d，较为显著的偏差表现在青藏高原的整体偏差和新疆西部、东部偏少。

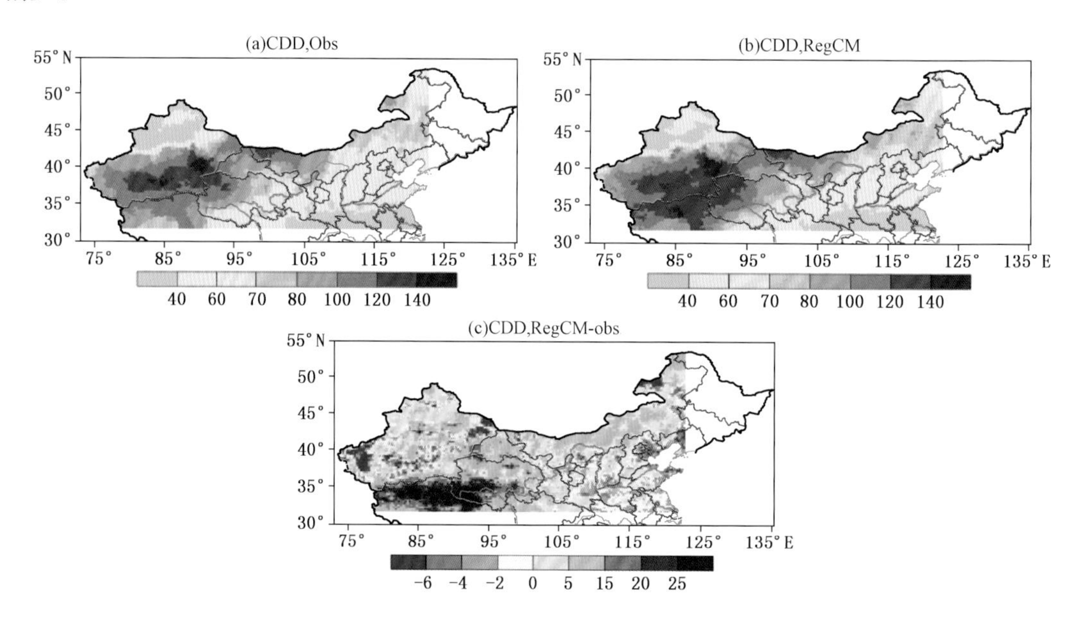

图 6.3　观测(a)和模式模拟(b)的1986—2005年中国北方地区连续干旱日数分布以及观测和模拟的差值(c)(单位：d)

图6.4给出观测和模拟的中国北方地区1986—2005年高温日数(SU)的分布。从图中可以看出，观测中高温日数(SU)总体呈现东高西低的分布形态，但在新疆中部的塔里木盆地也

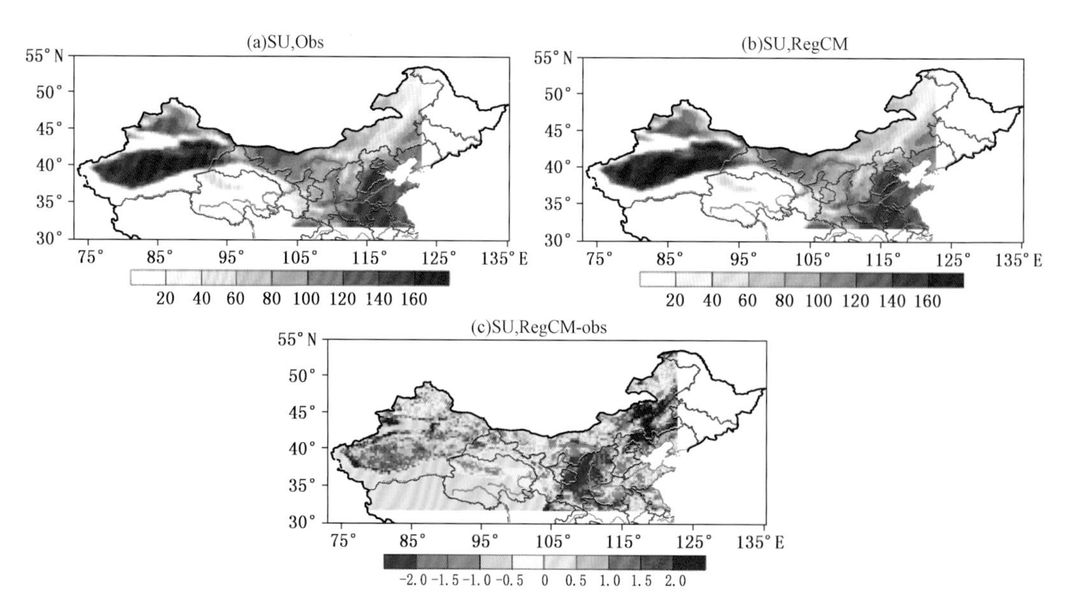

图 6.4　观测(a)和模式模拟(b)的1986—2005年中国北方地区高温日数分布以及观测和模拟的差值(c)(单位：d)

为高值区，其他偏高地区主要集中在河套地区以东。模式能够很好地再现观测中高温日数的分布，观测和模拟的相关系数为0.99。大部分地区偏差集中在±2 d，较为显著的偏差位于新疆中部、内蒙古东部、河北北部和东北南部地区，以上区域模拟值偏高，而在河套地区模拟值偏低。

综上所述，区域模式的模拟结果基本可以很好地再现我国北方区域观测到的温度、降水和极端指数的分布，模拟和观测的空间相关系数均在0.9以上，偏差较大的地区主要集中在西北地区，模拟偏干、温度偏高，河套地区模拟偏湿、温度偏低。因此，在对区域气候模式的模拟能力进行评估的基础上，下一节进一步给出区域模式对中国北方未来干旱变化趋势的预估。

6.4 区域气候模式对中国北方地区未来气候变化预估

6.4.1 对平均温度和降水的未来预估

图6.5为两种温室气体排放情景下21世纪中期和末期中国北方地区平均温度的空间分布。可看出，在RCP4.5情景下，21世纪中期，平均温度在华北地区都表现为增加的趋势。值得注意的是，增幅较大的地区是在青藏高原一带，这与青藏高原特殊的环境和气候条件有关。21世纪末期，平均温度增幅进一步加大，西北为大的增值区，尤其是西藏和青海，达3 ℃以上。RCP8.5情景下平均温度的增幅较RCP4.5情景大，21世纪中期，北方地区平均温度表现为西高东低的变化趋势，大值区同样位于青藏高原东部和青海南部；21世纪末期，增加区域进一步扩大，且增幅也增加，西北地区均为大值区，增幅中心位于青海南部，可达6 ℃以上。

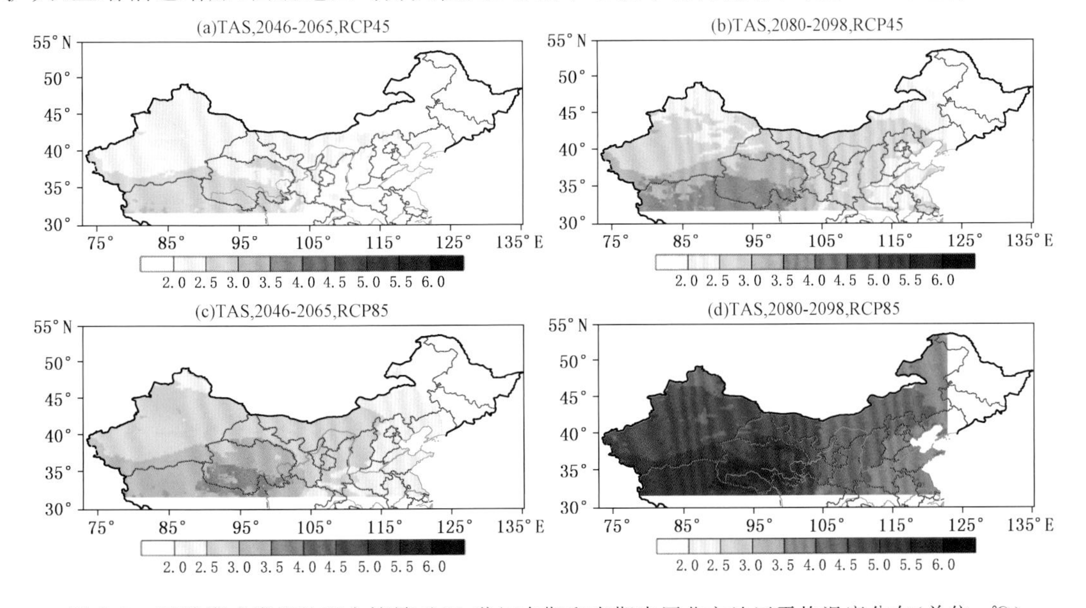

图6.5 区域模式模拟的两个情景下21世纪中期和末期中国北方地区平均温度分布(单位：℃)

图 6.6 给出两种温室气体排放情景下 21 世纪中期和末期中国北方地区年降水量(Pre)的分布。可看出，RCP4.5 情景下 21 世纪中期，年降水量在大部分区域表现为增多趋势，增幅较大的地区集中在河套南部地区和江苏，达 60 mm 以上，河北南部、山东中部、河南东北部个别地区表现为减少趋势，减少幅度在 7.5 mm 以上；21 世纪末期，中国北方地区南部的降水增幅扩大，东南部为大的增加区，可达 80 mm 以上，东北部内蒙古东部、京津冀东部、山西东部部分地区转变为下降趋势，降幅中心在河北北部和东南部，约在 10 mm 以上。RCP8.5 情景下 21 世纪中期，年降水量在大部分地区表现为增加趋势，增加中心位于山东南部、河南、安徽和江苏一带，达 60 mm 以上，年降水量在青海东北部、甘肃西南部和京津冀东南部部分地区表现为减少趋势，减少幅度在 7.5 mm 以上；21 世纪末期，中国北方地区的年降水量基本都表现为增多趋势，增幅较大的区域包括新疆东部部分地区、青海大部、河套地区南部和东北部、内蒙古东北部，以及河南、安徽和江苏大部分地区，可达 80 mm 以上。

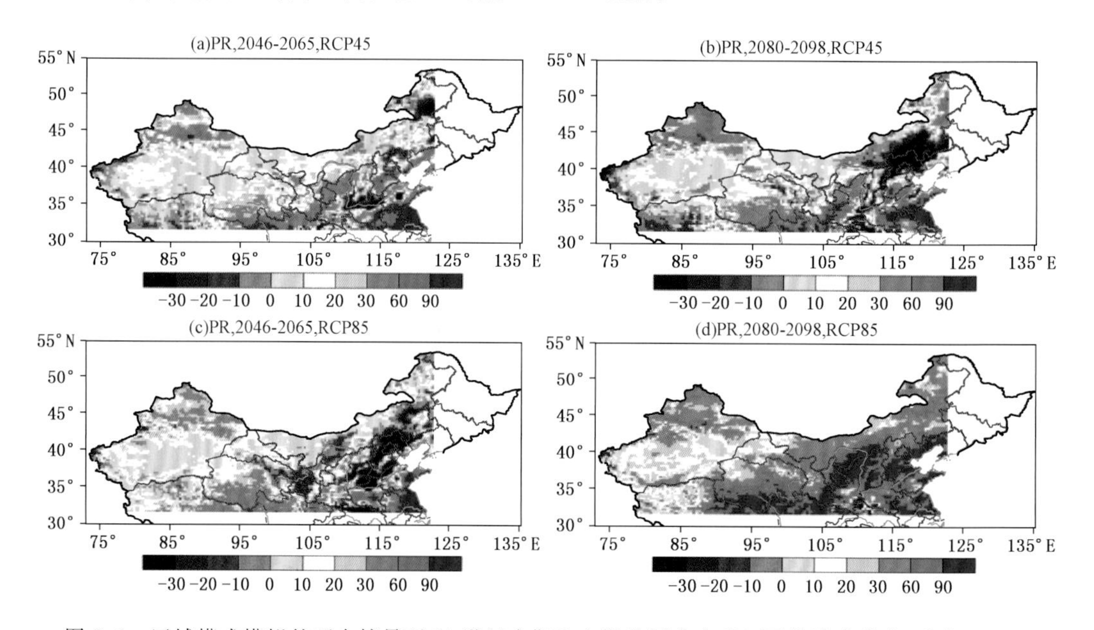

图 6.6　区域模式模拟的两个情景下 21 世纪中期和末期我国北方地区平均降水分布(单位：mm)

总之，RCP4.5 和 RCP8.5 两种温室气体排放情景下的区域气候模式模拟结果均显示未来中国北方地区平均温度将增加，尤其是在西藏和青海地区；大部分地区年降水量也将增加，南部地区的增幅高于北部，两种情景下 21 世纪中期河北东南部和山东北部部分地区可能出现干旱，RCP4.5 情景下 21 世纪后期内蒙古东南部和京津冀的部分地区出现干旱的可能性较大。

6.4.2　区域气候模式对干旱相关极端指数的未来预估

图 6.7 给出两种温室气体排放情景下 21 世纪中期和末期中国北方地区小雨日数(R1mm)的分布。RCP4.5 情景下 21 世纪中期，小雨日数在西北和内蒙古表现为增加的趋势，增幅较大的地区集中在新疆南部、青海和甘肃北部，达 4～6 d 以上，在河套南部地区表现为下降趋势；21 世纪末期，西北和内蒙古的增幅进一步增大，其他区域转变为减少的趋势，河套南

部地区减少最为显著，达 4 d 以上。在 RCP8.5 情景下 21 世纪中期，小雨日数在西北地区表现为增加的趋势，增幅最大的地区同样集中在新疆中西部和南部、青海北部和甘肃北部以及内蒙古的东北部地区，增幅超过 6 d，在其他东南部地区表现为减少的趋势，河套以南地区减少显著，达 4 d 以上；21 世纪末期，增加区域进一步扩大，且增幅也相对增加，减少区域则减小。

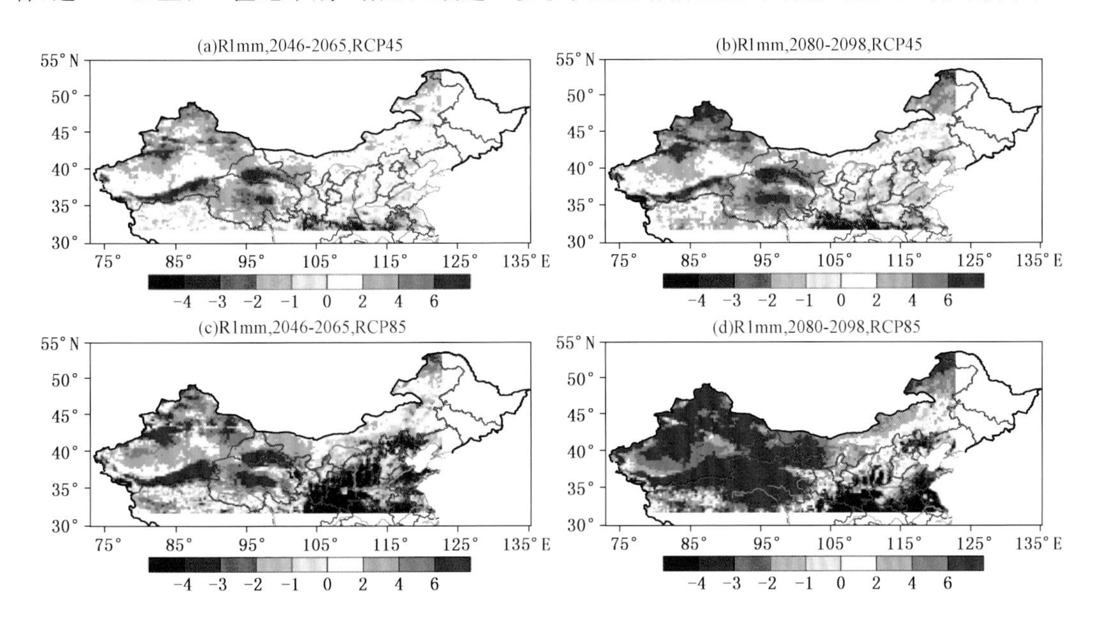

图 6.7 区域模式模拟的两个情景下 21 世纪中期和末期我国北方地区大于 1 mm 降水天数的分布(单位：d)

图 6.8 给出两种温室气体排放情景下 21 世纪中期和末期中国北方地区湿日总降水量(PRCPTOT)的分布。可看出，RCP4.5 情景下 21 世纪中期，湿日总降水量在北方多数区域表现为增加趋势，增幅较大的区域集中在河套南部和江苏一带，个别地区如新疆东南部、山东中

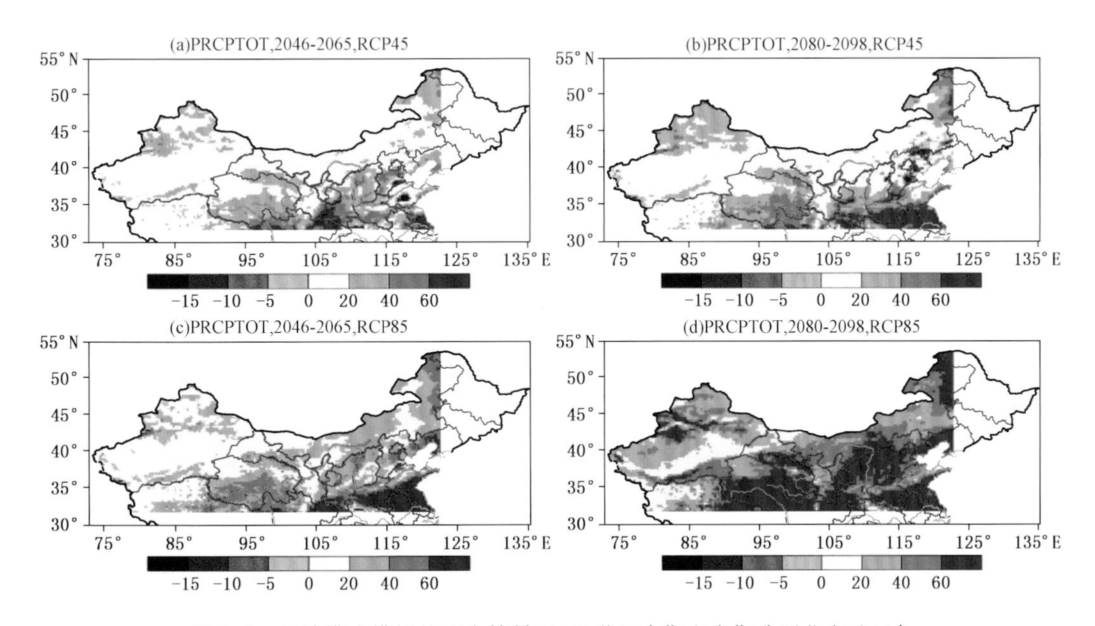

图 6.8 区域模式模拟的两个情景下 21 世纪中期和末期我国北方地区年大于 1 mm 降水日的总降水量的分布(单位：mm)

部和河北南部表现为减少趋势，减少幅度大于 10 mm；21 世纪末期，河套南部到江苏一带湿日总降水量增加幅度加大，内蒙古东南部和京津冀的部分地区为减少趋势，减少幅度较大，超过 10 mm。RCP8.5 情景下 21 世纪中期，湿日总降水量在多数区域表现为增多趋势，中国北方地区的东南区域增幅较大，超过 60 mm，新疆南部和西北部、河北北部和南部小部分地区表现为减少趋势，减少幅度在 10 mm 以内，到 21 世纪末期，中国北方地区都表现为增加趋势，增幅较大区域主要在新疆西部、青海、河套地区及其以东以南区域、内蒙古东北部和东北南部，均超过 60 mm。

两种温室气体排放情景下 21 世纪中期和末期中国北方地区持续干旱日数(CDD)的分布由图 6.9 给出。结果表明，RCP4.5 情景下 21 世纪中期，持续干旱日数在多数区域表现为减少趋势，减幅较大的区域集中在新疆东部地区，个别地区如内蒙古西部和东部表现为增加趋势，增幅较小，在 3 d 以内；21 世纪末期，西北和内蒙古基本都表现为减少趋势，降幅较大区域仍集中在新疆东部和内蒙古西部，达 15 d 以上，河套以南地区略有增加，增幅 3 d 以内。RCP8.5 情景下 21 世纪中期，持续干旱日数在西北地区和内蒙古表现出减少趋势，降幅较大区域集中在西藏西部、新疆中部、青海中部，可达 15 d 以上，内蒙古东部和河套以南、以东地区多表现为增加趋势，增幅在 2 d 以内；21 世纪末期，西北和内蒙古都表现为减少趋势，降幅增大，大部分地区降幅在 15 d 以上，河套以南地区仍为增加趋势，增幅在 3 d 以内。

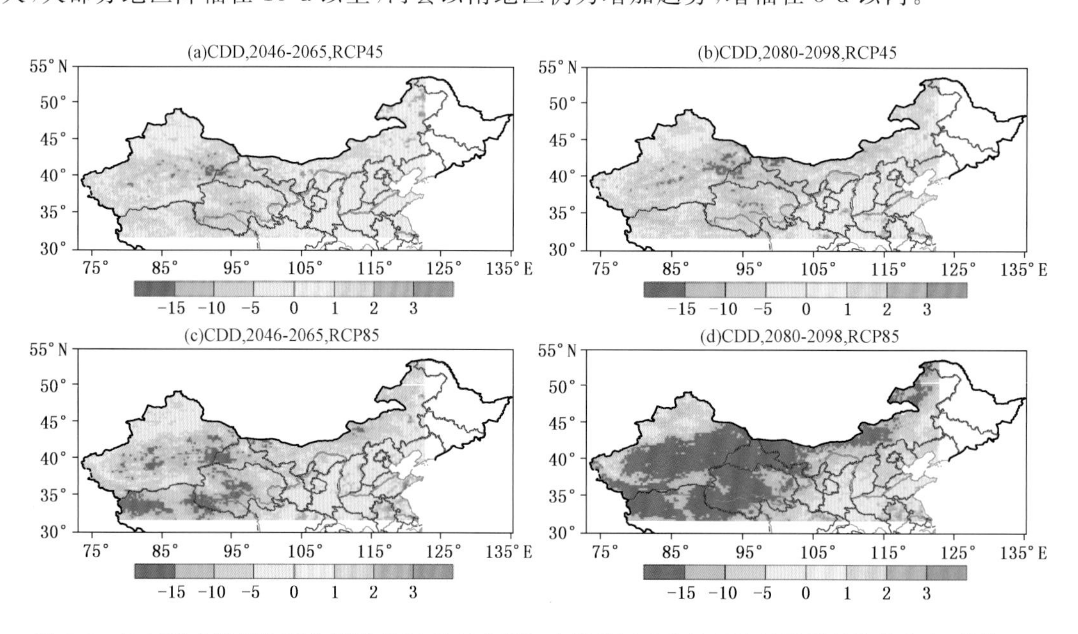

图 6.9 区域模式模拟的两个情景下 21 世纪中期和末期我国北方地区连续干旱日数的分布(单位：d)

图 6.10 给出两种温室气体排放情景下 21 世纪中期和末期中国北方地区高温日数(SU)的分布。结果表明，RCP4.5 情景下 21 世纪中期，高温日数在中国北方地区均表现为增多的趋势，增幅较大的区域集中在青海北部和河套地区东部，约在 20 d 以上，21 世纪末期，增幅进一步加大，青海中部、甘肃南部和河套地区东部达 30 d 以上；在 RCP8.5 情景下 21 世纪中期，与 RCP4.5 情景下的结果类似，高温日数在中国北方地区也表现为增多趋势，但幅度更大，青海中部、甘肃、河套地区南部和东部增幅最大，达 20 d 以上，21 世纪末期，中国北方地区高温日数的增幅进一步加大，大部分地区都达到 30 d 以上，新疆中部、青海中部、河套地区以南和以

东区域达50 d以上。

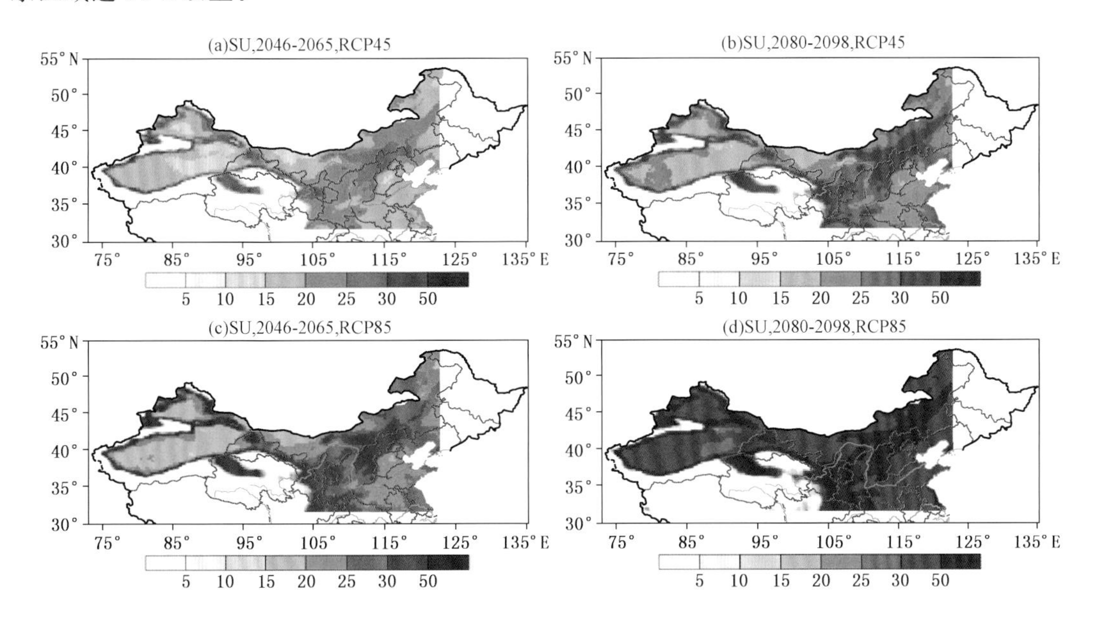

图6.10　区域模式模拟的两个情景下21世纪中期和末期我国北方地区高温日数的分布(单位：d)

6.5　小结

综上所述，高分辨率区域气候模式的预估结果显示，在未来以气候系统变暖为特征的气候变化背景下，中国北方地区的气候特征表现为：西北地区和内蒙古的小雨日数增加，湿日总降水量也在增加(虽然增幅不大)，同时持续干旱日数减少，高温日数增加但增幅不显著，说明未来西北和内蒙古地区降雨日数和降水量均有增加趋势，发生干旱的可能性会减弱，干旱趋缓。内蒙古以南、青海以东地区的小雨日数减少，但湿日总降水量增加，即降水日数减少但总降水量增加，同时以上地区持续干旱日略有增加，可能意味着未来降水将更加集中，出现“夏季暴雨增多、冬季干旱”的季节分化的可能性更高，这与前人研究中该区域“中低纬地区小雨日数减少、局地强降水和干旱事件却呈增加趋势”的结论一致。

未来预估的结果还表明，未来中国北方地区相对较湿润的区域如华北东部将有变干的趋势，相对干燥的干旱半干旱地区如西北将有变湿的趋势，中国干旱、半干旱地区的差异将减弱，干旱的总体面积将扩张，这也与全球变化相一致(Sanderson et al.，2017；Wei et al.，2019)。

但一些研究结果表明，和观测资料相比，各气候模式对极端降水和干旱半干旱区的增温存在显著的低估，且多模式间存在较大的不确定性(Min et al.，2011；Zhou et al.，2014)。因此在未来的预估中这种低估很可能依然存在。Huang等(2017)用CMIP5多模式集合平均进行订正，结果表明，当未来全球平均升温达2℃时，湿润区升温仅为2.4～2.6℃，而干旱半干旱区或达3.2～4℃，比湿润区多约44%。由于干旱地区的降水较少以及与较低的植被覆盖相关的蒸发和蒸腾有限，导致与湿润的地区相比，平均潜热通量较低。整体来说，越干的干旱半干旱地区增暖越显著，而气温增加所导致的粮食减产、地表径流减少、干旱加剧和疟疾传播等气候灾害在干旱半干旱区会更加严重。

6.6 应对措施

中国是一个干旱灾害频繁发生的国家，受特定的自然地理和气候背景的制约，北方春旱，长江流域、江南和江淮之间伏旱频繁。在五类主要天气气候灾种(洪涝、干旱、台风、干热风、冷冻害)中，干旱发生频次约占总灾害频次的三分之一，为各类灾害之首。西北、华北、东北和内蒙古是中国干旱灾害最主要的影响区。进入21世纪，中国干旱灾害持续爆发，每年因旱灾损失粮食300多亿千克，造成的工农业直接经济损失近千亿元(中国气象局，2012)。同时，干旱灾害在空间范围上也呈现扩大的趋势，以往旱灾多以华北、西北等半干旱半湿润地区为主，而近年来江南、华南和西南等湿润地区也面临着严重季节性干旱的威胁，情势令人担忧。剖析我国近些年灾害频发且损失严重的事实，不难发现，灾害的形成不仅与我国抗旱保障基础条件差的现状有关；同时，干旱成因及发展规律认识不足、干旱预报、预警方法和决策体系的薄弱，也是导致旱灾损失严重的重要因素(张强 等，2014)。干旱事件的发生往往不以人的意志为转移，但干旱灾害的影响和损失并不是不可避免的，很大程度上要取决于采取的干旱防御措施和风险管理策略是否得力。因此，进一步完善我国干旱灾害管理体系，提高抗旱减灾能力具有重要意义。

目前，中国已经实行的干旱防灾措施主要有：发展干旱预测和评估方法，预测干旱发生的时间和地点，客观评估干旱的影响程度，提前采取恰当的预防措施；建立科学有效的干旱指数，定量监测干旱灾害的范围和程度，及时开展针对性的应对行动；实施干旱灾害风险管理，在干旱发生前开展预测、早期警报、准备、预防等工作，降低干旱事件的影响；构建国家统一的干旱灾害综合信息系统，提高对干旱灾害的反应速度和统一行动能力；制定以客观评估干旱灾损为依据的干旱灾害救援制度等(张强 等，2012，2014)。此外，还进行科学有效的水资源管理，提高水资源利用效率：加强水利工程建设、发展新型灌溉技术、推进工业节水工程、研发抗旱农作物等(方红远 等，2005)。

但中国当前的应急抗旱模式过分依赖和开发现有自然资源，缺少早期预警系统，导致社会在旱灾面前的脆弱性增加(翁白莎 等，2010)。未来应基于风险分析的干旱政策以及与其相应的干旱预案和预防性建在策略，实施早期预警系统，从而增强社会抵御干旱的能力，具体如下：

(1)注重风险管理，加强基于信息化的基础工程建设

建立干旱灾害风险分析与评估系统，提高对干旱灾害风险的早期预警水平，为采取针对性的防御措施提供科学依据；加快全国抗旱信息系统建设步伐，建立和完善监测和预报系统，利用先进的科学技术和手段提高预测干旱灾害的能力，及时掌握旱情、预报旱情的发展趋势；建立有效的防旱抗旱指挥系统，加强组织和应变能力；重视媒体的宣传工作，从防旱抗旱工作的

重要性、紧迫性、艰巨性等方面，强调我国旱灾的普遍性、频发性、持续性和严重性，以引起全社会人员的普遍关注、支持和参与，在全社会树立起长期抗旱、科学抗旱的思想。

(2)加快生态文明建设步伐，优化水资源调配体系

为缓解干旱，应加快水资源优化配置，做好区域水资源综合规划工作，从水资源保护、评价、供需预测和平衡分析、合理配置等方面研究区域性水资源开发利用战略。改进水文条件，制定应急方案，增强水资源综合保障能力。推进节水工业、农业，提高水资源利用效率。实现农业、工业全面节水，坚持走工程措施、管理措施和应对技术有机结合的道路，运用法律、行政、经济、科技综合的手段推动节水事业的发展。制定完善城市水资源规划，根据城市产业结构和经济发展布局确定合理的水源工程。不断深化城市节水工作，统筹考虑生活、生产和生态用水需求，通过加强节水宣传教育、调整产业结构、实行行业用水定额管理、推广先进节水设备、理顺水资源管理体系、加强水资源优化配置等措施，保证城市用水和抗旱服务体系。

(3)优化农业、产业结构和种植结构

因地制宜调整区域农业产业结构和种植结构坚持“宜农则农、宜牧则牧、宜林则林、宜草则草”的原则，建立和发展与区域自然环境相协调的农业产业结构，降低因人为因素造成的旱灾损失。如：通过开发抗旱植物品种，提高对干旱的适应性；通过实施产业多样化战略，减少社会经济对干旱的脆弱性；通过退耕或移民工程等措施减少干旱承灾体的暴露度；通过改变作物生长期缩短干旱承灾体的暴露时间；通过改善生态环境，降低无效蒸散量，提高水分涵养能力；通过改进土壤条件，提高土壤保墒能力等。

(4)推进政策法律框架体系建设

调整水资源开发利用思路，强化相关法律法规，全面加强抗旱减灾工作体系建设和政策法规体系建设，确立基于预防和减灾的国家干旱管理政策，推动抗旱工作的规范化、正规化。推进设立干旱管理责任机构，建立相关激励机制，全面保障相关政策法规和行动规划实施的优先性、一致性和公平性；协调农业、环境、气象、地质、资源、水文、医疗、工业、贸易等部门；加强与地方政府及非政府组织、科研机构的合作等。

(5)充分发挥市场调控作用

在水资源配置和管理方面，充分发挥市场的基础作用，确保水价对节约用水的杠杆调节作用，激励用户自觉采用各种节约用水的技术和措施。建立干旱灾害风险共担和转移制度，降低个体的干旱灾害风险性和短期的干旱灾害风险性，从而提高全社会整体对干旱灾害风险的承担能力。

6.7 科学展望

目前，对干旱的研究已经经过长足发展，但在气候变化的背景下，仍存在一些问题：

(1)干旱事件的概念和系统理论尚不完善。干旱灾害的发展具有渐变性，持续时间长，影响范围逐渐扩大，且影响具有累积性和滞后性，会随着干热风和高温的出现而变得更加严重，

其结束又有突然性，很难判断其准确的开始时间和结束时间。如何精确的界定干旱事件的起止时间，缺乏动态致灾影响阈值的技术方法，建立不同尺度的预阈值数据库，更精确的统计、评估和预估干旱事件及其影响是目前研究面临的较大挑战。

(2)干旱灾害与地震、泥石流、台风等突发性自然灾害不同，不会直接造成人员伤亡和基础设施的损毁，但由于影响范围广，涉及行业多，给社会经济带来巨大影响和损失。此外，干旱一般是气候变化和不可持续资源管理，尤其是人口压力和其他社会经济因素共同作用的结果。人口和水资源的分布将是干旱影响人类健康的重要方面。目前对干旱的进展研究进度不一，在水资源、粮食生产和生态系统等领域研究成果较多，但在能源、交通和人类健康等领域相对不足。若能在以上不足领域进行进一步的研究可为防灾减灾和适应气候变化提供重要参考。

(3)中国北方地域辽阔、地理环境复杂多样、气候差异大，干旱灾害造成的损失大小往往与经济密度和人口密度密切相关，灾损较大的地区往往是城镇较为集中，农业、社会经济较为发达的地区。目前对干旱的研究多是以大尺度气候事件为研究对象，随着社会经济的发展，从多维、整体的角度，对不同尺度的干旱灾害进行包含致灾因子、暴露度、脆弱性及其所造成的农业、水文、生态、经济、人体健康、交通、能源等方面的损失和优劣进行综合评估是迫切需要研究的重点问题，是目前亟需采取的迫切行动。

参考文献

柏晶瑜,徐祥德,周玉淑,等,2003.春季青藏高原感热异常对长江中下游夏季降水影响的初步研究[J].应用气象学报,14(3):363-368.

伯玥,李小兰,王澄海,2014.青藏高原地区积雪年际变化异常中心的季节变化特征[J].冰川冻土,36(6):1353-1362.

蔡英,宋敏红,钱正安,等,2015.西北干旱区夏季强干、湿事件降水环流及水汽输送的再分析[J].高原气象,34(3):597-610.

陈渤黎,2013.青藏高原土壤冻融过程陆面能水特征及区域气候效应研究[D].兰州:中国科学院寒区旱区环境与工程研究所,15-24.

陈发虎,陈建徽,黄伟,2009.中纬度亚洲现代间冰期气候变化的"西风模式"讨论[J].地学前缘,16(6):23-32.

陈海存,李晓东,李凤霞,等,2013.黄河源玛多县退化草地土壤温湿度变化特征[J].干旱区研究,30(1):35-40.

陈家宜,王介民,光田宁,1993.一种确定地表粗糙度的独立方法[J].大气科学,17(1):21-26.

陈军明,赵平,郭晓寅,2010.中国西部植被覆盖变化对北方夏季气候影响的数值模拟[J].气象学报,68(2):173-181.

陈权亮,华维,熊光明,等,2010.2008—2009年冬季我国北方特大干旱成因分析[J].干旱区研究,27(2):182-187.

董安祥,王劲松,李忆平,2014.1928年黄河流域特大旱灾的灾情和成因研究[J].干旱区资源与环境,28(05):151-157.

范广洲,吕世华,罗四维,1998.西北地区绿化对该区及东亚、南亚区域气候影响的数值模拟[J].高原气象,17(3):300-309.

方红远,甘升伟,余莹莹,2005.我国区域干旱特征及干旱灾害应对措施分析[J].水利水电科技进展,25(5):16-19.

符淙斌,袁慧玲,2001.恢复自然植被对东亚夏季气候和环境影响的一个虚拟试验[J].科学通报,46(8):691-695.

符淙斌,温刚,2002.中国北方干旱化的几个问题[J].气候与环境研究,7(1):22-29.

符淙斌,马柱国,2008.全球变化与区域干旱化[J].大气科学,32(4):752-760.

高黎明,张耀南,沈永平,等,2016.基于能量平衡对额尔齐斯河流域融雪过程的研究[J].冰川冻土,38(2):323-334.

高荣,韦志刚,董文杰,2004.青藏高原冬春积雪和季节冻土年际变化差异的成因分析[J].冰川冻土,26(2):154-158.

葛骏,余晔,李振朝,等,2016.青藏高原多年冻土区土壤冻融过程对地表能量通量的影响研究[J].高原气象,35(3):608-620.

巩崇水,段海霞,李耀辉,等,2015.RegCM4模式对中国过去30a气温和降水的模拟[J].干旱气象,33(3):379-385.

国家气候中心,2002.全国气候影响评价[M].北京:气象出版社.

韩兰英,张强,贾建英,等,2019.气候变暖背景下中国干旱强度、频次和持续时间及其南北差异性[J].中国沙漠,39(5):1-10.

韩振宇,童尧,高学杰,等,2018.分位数映射法在RegCM4中国气温模拟订正中的应用[J].气候变化研究进展,14(4):331-340.

何清,魏文寿,李祥余,等,2008.塔克拉玛干沙漠腹地沙尘暴过境时近地层风速、温度和湿度廓线特征[J].沙漠与绿洲气象,2(6):6-11.

何清,金莉莉,杨兴华,等,2010.秋季南疆沙漠塔中边界层 O_3 浓度及影响因子分析[J].高原气象,29(1):214-221.

黄会平,2010.1949-2007年我国干旱灾害特征及成因分析[J].冰川冻土,32(4):659-665.

黄建平,季明霞,刘玉芝,等,2013.干旱半干旱区气候变化研究综述[J].气候变化研究进展,9(1):9-14.

黄荣辉,陈际龙,周连童,等,2003.关于中国重大气候灾害与东亚气候系统之间关系的研究[J].大气科学,27(4):341-358.

黄荣辉,蔡榕硕,陈际龙,等,2006.我国旱涝气候灾害的年代际变化及其与东亚气候系统变化的关系[J].大气科学,30(5):730-743.

黄荣辉,周德刚,陈文,等,2013.关于中国西北干旱区陆—气相互作用及其对气候影响研究的最近进展[J].大气科学,37(2):189-210.

霍飞,江志红,刘征宇,2014.春夏季青藏高原积雪对中国夏末秋初降水的影响及其可能机制[J].大气科学,38(2):352-362.

季国良,邹基玲,1994.干旱地区绿洲和沙漠辐射收支的季节变化[J].高原气象,13(3):323-329.

姜海梅,刘树华,张磊,等,2013.EBEX-2000湍流热通量订正和地表能量平衡闭合问题研究[J].北京大学学报(自然科学版),49(3):443-451.

蒋熹,王宁练,杨胜鹏,2007.青藏高原唐古拉山多年冻土区夏、秋季节总辐射和地表反照率特征分析[J].冰川冻土,29(6):889-899.

李春香,赵天保,马柱国,2014.基于CMIP5多模式结果评估人类活动对全球典型干旱半干旱区气候变化的影响[J].科学通报,59(30):2972-2988.

李丹华,文莉娟,隆霄,等,2017.积雪对玛曲局地微气象特征影响的观测研究[J].高原气象,36(2):330-339.

李德帅,王金艳,王式功,等,2014.陇中黄土高原半干旱草地地表反照率的变化特征[J].高原气象,33(1):89-96.

李栋梁,王春学,2011.积雪分布及其对中国气候影响的研究进展[J].大气科学学报,34(5):628-636.

李斐,邹捍,周立波,等,2017.WRF模式中边界层参数化方案在藏东南复杂下垫面适用性研究[J].高原气象,36(2):340-357.

李国平,肖杰,2007.青藏高原西部地区地面反射率的日变化以及与若干气象因子的关系[J].地理科学,27(1):63-67.

李洁,2003.国际能量平衡实验中近地面层湍流结构和通量研究[D].北京:北京大学.

李娟,李跃清,蒋兴文,等,2016.青藏高原东南部复杂地形区不同天气状况下陆气能量交换特征分析[J].大气科学,40(4):777-791.

李述训,南卓铜,赵林,2002.冻融作用对地气系统能量交换的影响分析[J].冰川冻土,24(5):506-511.

李万年,吕世华,董治宝,等,2015.巴丹吉林沙漠周边地区降水量的时空变化特征[J].中国沙漠,35(1):95-103.

李维京,赵振国,李想,等,2003.中国北方干旱的气候特征及其成因的初步研究[J].干旱气象,21(4):1-5.

李新周,马柱国,刘晓东,2006.中国北方干旱化年代际特征与大气环流的关系[J].大气科学,30(2):277-284.

廖小荷,何清,金莉莉,2018.塔克拉玛干沙漠腹地冬季积雪下垫面地表反照率及土壤温湿度变化特征[J].中国沙漠,38(2):393-400.

刘宏谊,杨兴国,张强,等,2009.敦煌戈壁冬夏季地表辐射与能量平衡特征对比研究[J].中国沙漠,29(3):

558-565.

刘鸿波，何明洋，王斌，等，2014. 低空急流的研究进展与展望[J]. 气象学报，72(2)：191-206.

刘辉志，洪钟祥，张宏升，等，2003. 内蒙古奈曼流动沙丘下垫面湍流输送特征初步研究[J]. 大气科学，27(3)：389-398.

刘辉志，涂钢，董文杰，2008. 半干旱区不同下垫面地表反照率变化特征[J]. 科学通报，53(10)：1220-1227.

刘火霖，胡泽勇，杨耀先，等，2015. 青藏高原那曲地区冻融过程的数值模拟研究. 高原气象，34(3)：676-683.

刘强，何清，杨兴华，等，2009. 塔克拉玛干沙漠腹地冬季大气稳定度垂直分布特征分析[J]. 干旱气象，27(4)：308-313.

刘树华，黄子琛，刘立超，1995. 土壤-大气界面热通量和水汽通量的数值模拟[J]. 沙漠生态系统研究，中国科学院沙坡头沙漠试验研究站编，甘肃科学技术出版社，1：32-39.

刘永强，何清，张宏升，等，2011. 塔克拉玛干沙漠腹地地气相互作用参数研究[J]. 高原气象，30(5)：1294-1299.

卢楚翰，管兆勇，李震坤，等，2014. 春季欧亚大陆积雪对春夏季南北半球大气质量交换的可能影响[J]. 大气科学，38(6)：1186-1197.

陆恒，魏文寿，刘明哲，2015. 融雪期天山西部森林积雪表面能量平衡特征[J]. 山地学报，33(2)：173-182.

陆晓波，徐海明，孙丞虎，等，2006. 中国近 50a 地温的变化特征[J]. 南京气象学院学报，29(5)：706-713.

罗斯琼，吕世华，张宇，等，2009. 青藏高原中部土壤热传导率参数化方案的确立及在数值模式中的应用[J]. 地球物理学报，52(4)：919-928.

吕建华，季劲钧，2002. 青藏高原大气-植被相互作用的模拟试验Ⅱ. 植被叶面积指数和净初级生产力[J]. 大气科学，26(2)：255-262.

吕世华，陈玉春，1999. 西北植被覆盖对我国区域气候变化影响的数值模拟[J]. 高原气象，18(3)：416-424.

马虹，胡汝骥，1995. 积雪对冻土热状况的影响[J]. 干旱区地理，18(4)：23-27.

马宁，王乃昂，朱金峰，等，2011. 巴丹吉林沙漠周边地区近 50a 来气候变化特征[J]. 中国沙漠，31(6)：1541-1547.

马宁，王乃昂，董春雨，等，2014. 巴丹吉林沙漠腹地降水事件后的沙山蒸发观测[J]. 科学通报，59(7)：615-622.

马耀明，姚檀栋，王介民，2006. 青藏高原能量和水循环试验研究：GAME/Tibet 与 CAMP/Tibet 研究进展[J]. 高原气象，25(2)：344-351.

苗蕾，廖晓农，王迎春，2016. 基于长时间序列的北京 $PM_{2.5}$ 浓度日变化及气象条件影响分析[J]. 环境科学，37(8)：2836-2846.

钱正安，吴统文，梁潇云，2001. 青藏高原及周围地区的平均垂直环流特征[J]. 大气科学，25(4)：444-454.

乔娟，张强，张杰，等，2010. 西北干旱区冬、夏季大气边界层结构对比研究[J]. 中国沙漠，30(2)：422-431.

冉津江，2014. 我国干旱半干旱区温度和降水的时空分布特征[D]. 兰州：兰州大学.

冉津江，季明霞，黄建平，等，2014. 中国北方干旱区和半干旱区近 60 年气候变化特征及成因分析[J]. 兰州大学学报：自然科学版，50(1)：46-53.

任余龙，石彦军，王劲松，等，2013. 1961—2009 年西北地区基于 SPI 指数的干旱时空变化特征[J]. 冰川冻土，35(4)：938-948.

赛瀚，苗峻峰，2012. 中国地区低空急流研究进展[J]. 气象科技，40(5)：766-771.

尚大成，王澄海，2006. 高原地表过程中冻融过程在东亚夏季风中的作用[J]. 干旱气象，24(3)：19-22.

尚伦宇，吕世华，张宇，等，2010. 青藏高原东部土壤冻融过程中地表粗糙度的确定[J]. 高原气象，29(1)：17-22.

邵小路，姚凤梅，张佳华，等，2014. 华北地区夏季旱涝的大气环流特征诊断[J]. 干旱区研究，31(1)：131-137.

沈晓琳，祝从文，李明，2012. 2010 年秋、冬季节华北持续性干旱的气候成因分析[J]. 大气科学，36(6)：

1123-1134.

沈志宝，左洪超，1993. 青藏高原地面反射率变化的研究[J]. 高原气象，12(3)：294-301.

孙东霞，杨建成，2010. 古尔班通古特沙漠腹地与周边的降水特征分析[J]. 干旱区地理，33(5)：770-774.

孙琳婵，赵林，李韧，等，2010. 西大滩地区积雪对地表反照率及浅层地温的影响[J]. 山地学报，28(3)：266-273.

孙菽芬，2005. 陆面过程的物理、生化机理和参数化模型[M]. 北京：气象出版社，85-110.

唐恬，王磊，文小航，2013. 黄河源鄂陵湖地区辐射收支和地表能量平衡特征研究[J]. 冰川冻土，35(6)：1462-1473.

童尧，高学杰，韩振宇，等，2017. 基于 RegCM4 模式的中国区域日尺度降水模拟误差订正[J]. 大气科学，41(6)：1156-1166.

王澄海，师锐，左洪超，2008. 青藏高原西部冻融期陆面过程的模拟分析[J]. 高原气象，27(2)：239-248.

王丹云，吕世华，韩博，等，2017. 近 30 年黄土高原春季降水特征与春旱变化的关系[J]. 高原气象，36(2)：395-406.

王鸽，韩琳，2010. 地表反照率研究进展[J]. 高原山地气象研究，30(2)：79-83.

王国亚，毛炜峄，贺斌，等，2012. 新疆阿勒泰地区积雪变化特征及其对冻土的影响[J]. 冰川冻土，34(6)：1293-1300.

王辉，刘娜，李本霞，等，2014. 海洋可预报性和集合预报研究综述[J]. 地球科学进展，29(11)：1212-1225.

王慧，胡泽勇，李栋梁，等，2009. 黑河地区鼎新戈壁与绿洲和沙漠下垫面地表辐射平衡气候学特征的对比分析[J]. 冰川冻土，31(3)：465-473.

王慧，李栋梁，2010. 卫星遥感结合地面观测资料对中国西北干旱区地表热力输送系数的估算[J]. 大气科学，34(5)：1026-1034.

王敏仲，魏文寿，魏刚，等，2014. 风廓线雷达对塔克拉玛干沙漠沙尘及晴空湍流的探测研究[J]. 遥感技术与应用，29(4)：581-586.

王乃昂，马宁，陈红宝，等，2013. 巴丹吉林沙漠腹地降水特征的初步分析[J]. 水科学进展，24(2)：154-160.

王少影，张宇，吕世华，等，2012. 玛曲高寒草甸地表辐射与能量收支的季节变化[J]. 高原气象，31(3)：605-614.

王一博，吴青柏，牛富俊，2011. 长江源北麓河流域多年冻土区热融湖塘形成对高寒草甸土壤环境的影响[J]. 冰川冻土，33(3)：659-667.

王咏梅，任福民，赵一磊，等，2015. 两个干旱指数在中国区域性气象干旱事件研究中的应用对比[C]. 天津：第 32 届中国气象学会年会.

王芝兰，李耀辉，王素萍，等，2015. 1901—2012 年中国西北地区东部多时间尺度干旱特征[J]. 中国沙漠，35(6)：1666-1673.

文晶，王一博，高泽永，等，2013. 北麓河流域多年冻土区退化草甸的土壤水文特征分析[J]. 冰川冻土，35(4)：929-937.

翁白莎，严登华，2010. 变化环境下中国干旱综合应对措施探讨[J]. 资源科学，32(2)：309-316.

吴灏，叶柏生，吴锦奎，等，2013. 疏勒河上游高寒草甸下垫面湍流特征分析[J]. 高原气象，32(2)：368-376.

吴佳，高学杰，2013. 一套格点化的中国区域逐日观测资料及与其它资料的对比[J]. 地球物理学报，56(4). 1102-1111.

吴统文，钱正安，宋敏红，2004a. CCM3 模式中 LSM 积雪方案的改进研究(Ⅰ)：修改方案介绍及其单点试验[J]. 高原气象，23(4)：444-452.

吴统文，钱正安，蔡英，2004b. CCM3 模式中 LSM 积雪方案的改进研究(Ⅱ)：全球模拟试验分析[J]. 高原气象，23(5)：569-579.

夏明方，2000. 抗战时期中国的灾荒与人口迁移[J]. 抗日战争研究，(02)：59-78.

肖开提·多莱特，2005.新疆降水量级标准的划分[J].新疆气象，28(3)：7-8.

徐国昌，张志银，1983.青藏高原对西北干旱气候形成的作用[J].高原气象，2(2)：9-16.

徐立岗，周宏飞，李彦，等，2008.中国北方荒漠区降水稳定性与趋势分析新疆气候变化及短期气候预测[J].水科学进展，19(6)：792-799.

徐祥德，周明煜，陈家宜，等，2001.青藏高原地气过程动力、热力结构综合物理图象[J].中国科学(D辑)，31(5)：428-440.

杨帆，王顺胜，何清，等，2016.塔克拉玛干沙漠腹地地表辐射与能量平衡[J].中国沙漠，36(5)：1408-1418.

杨健，马耀明，2012.青藏高原典型下垫面的土壤温湿特征[J].冰川冻土，34(4)：813-820.

杨莲梅，2003.塔克拉玛干地区气候变化对全球变暖的响应[J].中国沙漠，23(5)：497-502.

杨梅学，姚檀栋，勾晓华，2000.青藏公路沿线土壤的冻融过程及水热分布特征[J].自然科学进展，10(5)：443-450.

杨梅学，姚檀栋，何元庆，等，2002.藏北高原地气之间的水分循环[J].地理科学，22(1)：29-33.

杨兴华，何清，霍文，等，2011.塔克拉玛干沙漠腹地沙尘暴过程的大气边界层特征分析[J].沙漠与绿洲气象，5(6)：11-15.

叶笃正，高由禧，1979.青藏高原气象学[M].北京：气象出版社，279.

雍万里，1985.中国自然地理[M].上海：上海教育出版社，17-55，171-173.

翟俊，刘纪远，刘荣高，等，2013.2000—2011年中国地表比辐射率时空格局及影响因素分析[J].资源科学，35(10)：2094-2103.

张家诚，林之光，1985.中国气候[M].上海：上海科学技术出版社：9-11.

张建涛，何清，王敏仲，等，2018.塔克拉玛干沙漠腹地夜间稳定边界层观测个例分析[J].高原气象，37(3)：826-836.

张乐乐，赵林，李韧，等，2016.青藏高原唐古拉地区暖季土壤水分对地表反照率及其土壤热参数的影响[J].冰川冻土，38(2)：351-358.

张强，2012.中国西北干旱气候变化对农业与生态影响及对策[M].北京：气象出版社.

张强，王胜，2008.西北干旱区夏季大气边界层结构及其陆面过程特征[J].气象学报，66(4)：599-608.

张强，潘学标，马柱国，2009.干旱(气象灾害丛书)[M].北京：气象出版社.

张强，李宏宇，2010.黄土高原地表能量不闭合度与垂直感热平流的关系[J].物理学报，59(8)：5889-5896.

张强，孙昭萱，王胜，2011.黄土高原定西地区陆面物理量变化规律研究[J].地球物理学报，54(7)：89-96.

张强，韩兰英，张立阳，等，2014.论气候变暖背景下干旱和干旱灾害风险特征与管理策略[J].地球科学进展，29(1)：80-91.

张强，王蓉，岳平，等，2017.复杂条件陆气相互作用研究领域有关科学问题探讨[J].气象学报，75(1)：39-56.

张庆云，陶诗言，陈烈庭，2003a.东亚夏季风指数的年际变化与东亚大气环流[J].气象学报，61(5)：559-568.

张庆云，卫捷，陶诗言，2003b.近50年华北干旱的年代际和年际变化及大气环流特征[J].气候与环境研究，8(3)：307-318.

张人禾，徐祥德，2008.中国气候观测系统[M].北京：气象出版社.

张仁健，韩志伟，王明星，等，2002.中国沙尘暴天气的新特征及成因分析[J].第四纪研究，22(4)：374-380.

张述文，邱崇践，张卫东，2007.估算地表热通量和近地层土壤含水量的变分方法[J].气象学报，65(3)：440-449.

张伟，沈永平，贺建桥，2014.额尔齐斯河源区森林对春季融雪过程的影响评估[J].冰川冻土，36(5)：1260-1270.

张晓影，2009.中国区域土壤湿度特征分析及评估[D].北京：中国地质大学(北京)

张学文，张家宝，2006.新疆气象气象手册[M].北京：气象出版社：139-140.

赵林，程国栋，李述训，等，2000.青藏高原五道梁附近多年冻土活动层冻结和融化过程[J].科学通报，45(11)：

1205-1211.

赵天保，陈亮，马柱国，2014. CMIP5 多模式对全球典型干旱半干旱区气候变化的模拟与预估[J]. 科学通报，59(12)：1148-1163.

赵兴炳，李跃清，2011. 青藏高原东坡高原草甸近地层气象要素与能量输送季节变化分析[J]. 高原山地气象研究，31(2)：12-17.

郑景云，方修琦，吴绍洪，2018. 中国自然地理学中的气候变化研究前沿进展[J]. 地理科学进展，37(1)：16-27.

郑益群，于革，薛滨，等，2004. 6kaB. P. 东亚区域气候模拟及其变化机制探讨[J]. 第四纪研究，24(1)：28-38.

中国气象局，2012. 中国气象灾害年鉴(2012)[M]. 北京：气象出版社.

周利敏，陈海山，彭丽霞，等，2016. 青藏高原冬春雪深年代际变化与南亚高压可能联系[J]. 高原气象，5(1)：13-23.

周连童，2009. 比较 NCEP/NCAR 和 ERA-40 再分析资料与观测资料计算得到的感热资料的差异[J]. 气候与环境研究，14(1)：9-20.

周连童，2010. 欧亚大陆干旱半干旱区感热通量的时空变化特征[J]. 大气科学学报，33(3)：299-306.

周明煜，2000. 青藏高原大气边界层观测分析与动力学研究[M]. 北京：气象出版社.

周锁铨，陈万隆，徐海明，等，1998. 青藏高原及其周围植被对夏季气候影响的套网格数值试验比较[J]. 大气科学学报，21(1)：85-94.

周扬，徐维新，白爱娟，2017. 青藏高原沱沱河地区动态融雪过程及其与气温关系分析[J]. 高原气象，36(1)：24-32.

朱伟军，王燕娜，周兵，等，2016. 西北东部夏季极端干旱事件机理分析[J]. 大气科学学报，39(4)：468-479.

AMS，1997. Meteorological drought policy statement[J]. Bulletin of the American Meteorological Society，78，847-849.

ANDREAS E L，CLAFFY K J，MAKSHTAS A P，2000. Low-level atmospheric jets and inversions over the western weddell sea[J]. Boundary-Layer Meteorology，97(3)：459-486.

BANTA R M，NEWSOM R K，LUNDQUIST J K，et al，2002. Nocturnal low-level jet characteristics over kansas during cases-99[J]. Boundary Layer Meteorology，105(2)：221-252.

BECKER E，DOOL HVD，ZHANG Q，2014. Predictability and forecast skill in NMME[J]. Journal of Climate，27(15)：5891-5906.

BIAN，LINGEN，ZHANG，et al，2016. The climatology of planetary boundary layer height in China derived from radiosonde and reanalysis data[J]. Atmospheric Chemistry & Physics，16(20)：13309-13319.

BLACKADAR A K，1957. Boundary layer wind maxima and their significance for the growth of nocturnal inversions[J]. Bulletin of the American Meteorological Society. 38(5)：283-290.

BONNER W D，ESBENSEN S，GREENBERG R，1968. Kinematics of the low-level jet[J]. Journal of Applied Meterology，7(3)：339-347.

BORGAONKAR H P，SIKDER A B，RAM S，et al，2010. El Niño and related monsoon drought signals in 523-year-long ring width records of teak (Tectona grandis L. F.) trees from south India[J]. Palaeogeography，524- Palaeoclimatology，Palaeoecology. 285(1-2)：74-84.

BURKE E J，PERRY R H J，BROWN S J，2010. An extreme value analysis of UK drought and projections of change in the future[J]. Journal of Hydrology，388(1)：131-143.

CAMPBELL G S，1985. A krypton hygrometer for measurement of atmospheric water vapor concentration [C]. Washington D. C.：International Symposium Moisture and Humidity.

CAVA D，GIOSTRA U，TAGLIAZUCCA M，2001. Spectral maxima in a perturbed stable boundary layer [J]. Boundary-Layer Meteorology，100(3)：421-437.

CHARNEY J G，1975. Dynamics of deserts and drought in the Sahel[J]. Quarterly Journal of the Royal Meteorological Society,101(428):193-202.

CHARNEY J, STONE P H, QUIRK W J,1975. Drought in Sahara: A biogeophysical feedback mechanism [J]. Science, 187, 434-435.

CHAVES R R, ROSS R S, KRISHNAMURTI T N,2005. Weather and seasonal climate prediction for South Americausing a multimodel superensemble[J]. International Journal of Climatology,25(14):1881-1914.

CHEN H, SUN J,2015a. Drought response to air temperature change over China on the centennial Scale[J]. Atmospheric Oceanic Science Letters, 8(3): 113-119.

CHEN H, SUN J,2015b. Changes in drought characteristics over China using the standardized precipitation e-vapotranspiration index[J]. Journal of Climate, 28(13): 5430-5447.

CHEN TSING-CHANG,2005. Maintenance of the midtropospheric north African summer circulation: Saharan high and African easterly jet[J]. Journal of Climate,18(15):2943-2962.

CLAPP R B, HORNBERGER G M,1978. Empirical equations for some soil hydraulic properties[J]. Water Resources Research, 14(4):601-604.

COSBY B J, HORNBERGER G M, CLAPP R B, et al,1984. A statistical exploration of the relationships of soil moisture characteristics to the physical properties of soils[J]. Water Resources Research, 20(6):682-690.

DAI A, TRENBERTH K E, QIAN T,2004. A global dataset of palmer drought severity index for 1870-2002: relationship with soil moisture and effects of surface warming[J]. Journal of Hydrometeorology, 5(6): 1117-1130.

DAY G N,1985. Extended streamflow forecasting using NWSRFS[J]. Journal of Water Resources Planning and Management, 111:157-170.

DEARDORFF J W ,1970. A numerical study of three-dimensional turbulent channel flow at large Reynolds numbers[J]. J. Fluid Mech, 41(2):453-480.

DEE D P, UPPALA S M, SIMMONS A J, et al,2011. The ERA-Interim reanalysis: configuration and performance of the data assimilation system[J]. Quarterly Journal of the Royal Meteorological Society, 137(656):553-597.

DIRMEYER P A,2011. The terrestrial segment of soil moisture-climate coupling[J]. Geophysical Research Letters,38(16):136-136.

DIRMEYER P A, SCHLOSSER C A, BRUBAKER K L,2009. Precipitation, recycling, and land memory: an integrated analysis[J]. 10:278-288.

DOUVILLE H, VITERBO P, MAHFOUF J F, et al,2010. Evaluation of the optimum interpolation and nudging techniques for soil moisture analysis using fife data[J]. Monthly Weather Review, 128(6): 5424-5432.

DUTRA E, MAGNUSSON L, WETTERHALL F, et al,2012. The 2010-2011 drought in the horn of Africain ECMWF reanalysis and seasonal forecast products[J]. International Journal of Climatology, 33: 1720-1729.

FAYER M J,2000. Unsat-H version 3.0:Unsaturated soil water and heat flow model: theory, user manual, and examples[J]. Office of Scientific & Technical Information Technical Reports,1-184.

FISCHER E M, SENEVIRATNE S I, VIDALE P L, et al,2007. Soil moisture-atmosphere interactions during the 2003 European summer heat wave[J]. Journal of Climate,20(20):5081-5099.

FU C,2003. Potential impacts of human-induced land cover change on East Asia monsoon[J]. Global and Planetary Change, Elsevier,37(3-4):219-229.

GAO X J, SHI Y, HAN Z Y, et al, 2017. Performance of RegCM4 over major river basins in China[J]. Advances in Atmospheric Sciences,(4):441-455.

GILLETTE D A, PASSI R,1988. Modeling dust emission caused by wind erosion[J]. Journal of Geophysical Research Atmospheres,93(D11):14233-14242.

GIORGI F, COPPOLA E, RAAELE F,2014. A consistent picture of the hydroclimatic response to global warming from multiple indices: models and observations[J]. J Geophys Res,119: 11695-11708.

GIORGI F, JONES C, ASRAR G R, 2009. Addressing climate information needs at the regional level: the CORDEX framework[J]. Bulletin - World Meteorological Organization, 2009(3):175-183.

GU L L, YAO J M, HU Z Y, et al,2015. Comparison of the surface energy budget between regions of seasonally frozen ground and permafrost on the Tibetan Plateau[J]. Atmos Res, 153: 553-564.

GUO D L, YANG M X, WANG H J,2011. Sensible and latent heat flux response to diurnal variation in soil surface temperature and moisture under different freeze/thaw soil conditions in the seasonal frozen s oil region of the central Tibetan Plateau[J]. Environ Earth Sci, 63(1): 97-107.

GUTIERREZ W, ARAYA G, KILIYANPILAKKIL P, et al,2014. Thermal transport processes in stable boundary layers[C]. Colorado:APS Meeting.

HANSSON K, IMNEK J, MIZOGUCHI M, et al,2004. Water flow and heat transport in frozen soil: numerical solution and freeze-thaw applications[J]. Vadose Zone Journal, 3(2):693-704.

HE J F, LIU W Q,ZHANG Y J,et al,2010. Atomosphere boundary layer height determination and observation from ceilometer measurements over Hefei during the total solar on July 22,2009 eclipse[J]. Chinese Optics Letters,8(5):439-442.

HUANG J, GUAN X, JI F,2012. Enhanced cold-season warming in semi-arid regions[J]. Atmospheric Chemistry and Physics,12(2):5391-5398.

HUANG J P, YU H P, DAI A G, et al,2017. Drylands face potential threat under 2 ℃ global warming target [J]. Nature Climate Change,7: 417-422.

HUANG W,CHEN F H,FENG S, et al,2013. Interannual precipitation variations in the mid-latitude Asia and their association with large scale atmospheric circulation[J]. Chinese Science Bulletin, 58(32): 3962-3968.

HURK V D, BART J J M, MEIJGAARD E V,2010. Diagnosing land-atmosphere interaction from a regional climate model simulation over west Africa[J]. Hydrometeor,11(2):467-48.

IPCC,2013. Climate Change 2013:The Physical Science Basis. Contribution of Working Group I to the Fifth Assessment Report of the Intergovernmental Panel on Climate Change[M]. Cambridge and New York: Cambridge University Press.

JOFFRE S M, KANGAS M,HEIKINHEIMO M,et al,2001. Variability of the stable and unstableatmospheric boundary-layer height and its scales over a boreal forest[J]. Boundary-Layer Meteorology,99:429-450.

KAIMAL J C,1973. Turbulenece spectra, length scales and structure parameters in the stable surface layIMALer[J]. Boundary Layer Meteorology,4(1):289-309.

KAIMAL J C, WYNGAARD J C, IZUMI Y, et al,1972. Spectral Characteristics of Surface-Layer Turbulence[M]. John Wiley & Sons.

KAIMAL J C , FINNIGAN J J ,1994. Atmospheric boundary layer flows[M]. Oxford University Press.

KANTHA L, CARNIEL S, SCLAVO M A,2008. Note on the multimodel superensemble technique for reducing forecast errors[J]. IL Nuovo Cimento C, 31(2):199-214.

KIRTMAN B P, D MIN, INFANTI J M, et al,2015. The North American multimodel ensemble: phase-1 seasonal-to-interannual prediction; phase-2 toward developing intraseasonal prediction[J]. Bulletin of the American Meteorological Society, 95(4):585-601.

KOSTER R D, DIRMEYER P A, GUO Z C, et al,2004. Regions of strong coupling between soil moisture and precipitation[J]. Science,305(5687):1138-1140.

KOSTER R D, MAHANAMA S, LIVNEH B, et al,2010. Skill in streamflow forecasts derived from large-scale estimates of soil moisture and snow[J]. Nature Geoscience, 3(9):613-616.

KRISHNAMURTI T N, KISHTAWAL C M, LAROW T E, et al,1999. Improved weather and seasonal climate forecasts from multimodel superensemble[J]. Science, 285(5433):1548-1550.

KRISHNAMURTI T N, KUMAR V, SIMON A, et al,2016. A review of multimodel superensemble forecasting for weather, seasonal climate, and hurricanes[J]. Reviews of Geophysics, 54(2):336-377.

KUCHARSKI F, ZENG N, KALNAY E,2013. A further assessment of vegetation feedback on decadal Sahel rainfall variability[J]. Climate Dynamics,40(5-6):1453-1466.

KUMAR A, PENG P,CHEN M,2014. Is there a relationship between potential and actual skill? [J]. Monthly Weather Review, 142:2220-2227.

LI Y H, YUAN X, ZHANG H S, et al,2018. Mechanisms and early warning of drought disasters: an experimental drought meteorology research over China (droughtex_China)[J]. Bulletin of the American Meteorological Society, 100(4):673-687.

LIU Y Z,LI Y H,HUANG J P,et al,2020. Attribution of the Tibetan Plateau to northern drought[J]. National Science Review, 7(3):489-492.

LUMLEY J L,PANOFSKY H A,1964. The Structure of Atmospheric Turbulence[M]. London and New York:John Wiley & sons.

LUO L, WOOD E F,2007. Monitoring and predicting the 2007 U. S. drought[J]. Geophysical Research Letters, 34(22):315-324.

LUO L, WOOD E F,2008. Use of Bayesian merging techniques in a multimodel seasonal hydrologic ensemble prediction system for the eastern United States[J]. Journal of Hydrometeorology, 9(5):866-884.

MA F, YUAN X, YE A Z,2015. Seasonal drought predictability and forecast skill over China[J]. Journal of Geophysical Research Atmospheres, 120(16): 8264-8275.

MA Z, FU C, DAN L,2005. Decadal variations of arid and semi-arid boundary in China[J]. Chinese Journal of Geophysics, Wiley Online Library,48(3):574-581.

MA Z G, FU C B,2006. The basic fact of drying tendency in North China from 1951 to 2004[J]. Chinese Science Bulletin, 51(20): 2429-2439.

MA Z Q, XU H H, MENG W, et al,2013. Vertical ozone characteristics in urban boundary layer in Beijing [J]. Environmental monitoring and assessment,185(7):5449-5460.

MAHANAMA S, LIVNEH B, KOSTER R, et al,2012. Soil moisture, snow, and seasonal streamflow forecasts in the United States[J]. Journal of Hydrometeorology, 13(1):189-203.

MARSHAM J H, PARKER D J, GRAMS C M, et al,2008. Observations of mesoscale and boundary-layer scale circulations affecting dust transport and uplift over the Sahara[J]. 8(23):8817-8846.

MENG X H, EVANS J P, MCCABE M F,2014. The influence of inter-annually varying albedo on regional climate and drought[J]. Climate Dynamics, 42(3-4):787-803.

MIN S K, ZHANG X, ZWIERS F W, et al,2011. Human contribution to more-intense precipitation extremes [J]. Nature, 470(7334): 378-381.

NARISMA G T, FOLEY J A, LICKER R, et al,2007. Abrupt changes in rainfall during the twentieth century[J]. Geophysical Research Letters, Wiley Online Library,34(6),L06710.

NASSAR I N, HORTON R,1989. Water transport in unsaturated nonisothermal salty soil: I. experimental results[J]. Soil Sicence Society of America Journal, 53(5):1323-1329.

NASSAR I N, GLOBUS A M, HORTON R,1992. Simultaneous soil heat and water transfer[J]. Soil Science, 154(6):465-472.

NICHOLSON S E,2011. Dryland Climatology[M]. Cambridge:Cambridge University Press.

NICHOLSON S E, TUCKER C J, BA M B,1998. Desertification, drought, and surface vegetation: an example from the West African Sahel[J]. Bulletin of the American Meteorological Society, American Meteorological Society,79(5):815-830.

NOBORIO, K, MCINNES K J,HEILMAN J L,1996. Two-dimensional model for water, heat, and solute transport in furrow-irrigated soil: I. theory. [J]. Soil Science Society of America Journal, 60(4): 1001-1009.

OLESON K W, LAWRENCE D M , BONAN G B, et al,2013. Technical Description of Version 4.5 of the Community Land Model (CLM)[M].

PAGANO T, GAREN D,2004. Evaluation of official western U. S. seasonal water supply outlooks, 1922-2002[J]. J Hydrometeor,5(5):896-909.

PAIVA R, COLLISCHONN W, BONNET M P, et al, 2012. On the sources of hydrological prediction uncertainty in the Amazon[J]. Hydrology and Earth System Sciences, 16(9):3127-3137.

PALMER T N, ALESSANDRI A, ANDERSEN U, et al,2004. Development of a European multi-model ensemble system for seasonal to inter-annual prediction (demeter)[J]. Bulletin of the American Meteorological Society, 85(6): 853-872.

PANOFSKY H A,1977. The characteristics of turbulent velocity components in the surface layer under convective conditions[J]. Boundary-Layer Meteorology,11:355-361.

PEE M C, FINLAYSON B L, MCMAHON T A,2007. Updated world map of the Koppen-Geiger climate-classification[J]. Hydrology and Earth System Sciences, 11(5):1633-1644.

PRIGENT C, TEGEN I, AIRES F, et al,2005. Estimation of the aerodynamic roughness length in arid and semi-arid regions over the globe with the ERS scatterometer[J]. Journal of Geophysical Research: Atmospheres,110:D09205.

ROTH M,1993. Turbulent transfer relationships over an urban surface. II: integral statistics[J]. Quarterly Journal of the Royal Meteorological Society, 119(513):1105-1120.

SANDERSON B M, YU Y, TEBALDI C, et al,2017. Community climate simulations to assess avoided impacts in 1.5℃ and 2℃ futures[J]. Earth System Dyn. 8(3):827-847.

SHAO D, CHEN S, TAN X,et al,2018. Drought characteristics over China during 1980—2015[J]. International Journal of Climatology, 38(9): 3532-3545.

SHIN C S ,HUANG B H,2016. Slow and fast annual cycles of the Asian summer monsoon in the NCEP CFSv2[J]. Climate Dynamics. ,47(1-2),529-553.

SHUKLA S, SHEFFIELD J, WOOD E F, et al,2013. On the sources of global land surface hydrologic predictability[J]. Hydrology and Earth System Sciences Discussions, 17(7): 2781-2796.

STULL R B,1988. An Introduction to Boundary Layer Meteorology[M]. Netherlands: Springer.

SUD Y C, FENNESSY M,1982. A study of the influence of surface albedo on July circulation in semi-arid regions using the GLAS GCM[J]. Journal of Climatology, Wiley Online Library,2(2):105-125.

SUD Y C, SMITH W E,1985. Influence of local land-surface processes on the Indian monsoon: a numerical study[J]. Journal of Climate and Applied Meteorology,24(10):1015-1036.

SWENSON S C, LAWRENCE D M,2012. A new fractional snow-covered area parameterization for the community land model and its effect on the surface energy balance[J]. Journal of Geophysical Research Atmospheres, 117(D21).

TANG W,LIN Z H,LUO L F,2013. Assessing the seasonal predictability of summer precipitation over the

Huaihe river basin with multiple APCC models[J]. Atmospheric and Oceanic Science Letters, 6(4): 185-190.

TRENBERTH K E, BRANSTATOR G W, ARKIN P A, 1988. Origins of the 1988 North American drought [J]. Science, 242(4886):1640-1645.

VAN D E G A A, OWE M, GROEN M, et al, 1991. Measurement and spatial variation of thermal infrared surface emissivity in a savanna environment[J]. Water Resources Research, 27 (3): 371-379.

VITART F, ARDILOUZE C, BONET A, et al, 2017. The subseasonal to seasonal (S2S) prediction project database[J]. Bull Amer Meteor Soc, 98(1):163-173.

WANG C, YANG K, 2018. A new scheme for considering soil water-heat transport coupling based on community land model: model description and preliminary validation[J]. Journal of Advances in Modeling Earth Systems, 10(4):927-950.

WANG H J, FAN K, SUN J Q, et al, 2015. A review of seasonal climate prediction research in China[J]. Advances in Atmospheric Sciences, 32(2):149-168.

WANG J S, CHEN F, JIN L, et al, 2010. Characteristics of the dry/wet trend over arid central Asia over the past 100 years[J]. Climate Research, 41(1):51-59.

WANG L J, LIAO S H, HUANG S B, et al, 2018. Increasing concurrent drought and heat during the summer maize season in Huang-Huai-Hai Plain, China [J]. International Journal of Climatology, 38 (7): 3177-3190.

WANG Q J, ROBERTSON D E, CHIEW F, 2009. A Bayesian joint probability modeling approach for seasonal forecasting of streamflows at multiple sites[J]. Water Resources Research, 45(5):641-648.

WANG Z, ZENG X B, 2008. Snow albedo's dependence on solar zenith angle from in situ and MODIS Data[J]. Atmos Ocean Sci Lett, 1(1): 45-50.

WEBB E K, PEARMAN G I, LEUNING R, 1980. Correction of flux measurements for density effects due to heat and water vapour transfer[J]. Quart J Roy Meteor Soc, 106(447): 85-100

WEI J, DIRMEYER P A, 2012. Dissecting soil moisture-precipitation coupling[J]. Geophysical Research Letters, 39:L19711.

WEI Y, YU H, HUANG J, et al, 2019. Drylands climate response to transient and stabilized 2℃ and 1.5℃ global warming targets[J]. Climate Dynamics, 53(3-4): 2375-2389.

WEISHEIMER A, DOBLASREYES F J, PALMER T N, et al, 2009. ENSEMBLES: A new multi-model ensemble for seasonal-to-annual predictions—skill and progress beyond DEMETER in forecasting tropical Pacific SSTs[J]. Geophysical Research Letters, 36(21):147-148.

WILCZAK J M, ONCLEY S P, STAGE S A. 2001. Sonic anemometer tilt correction algorithms[J]. Boundy-Layer Meteor, 99(1): 127-150.

WILKS D S, 2006. Statistical methods in the atmospheric sciences[J]. Technometrics, 102(477):380-380.

WILKS D S, 2011. Statistical Methods in the Atmospheric Sciences, 100[M]. Press. Elsevier.

WMO, 1992. International Meteorological Vocabulary[M]. 2ded. WMO No. 182, WMO, P784.

WU G X, DUAN A M, LIU Y M, et al, 2015. Tibetan Plateau climate dynamics: recent research progressand outlook[J]. National Science Review, 2(1): 100-116.

XU Y, GAO X J, SHEN Y, et al, 2009. A daily temperature dataset over china and its application in validating a RCM simulation[J]. Adv Atmos Sci, 26(4): 763-772.

XUE Y, SHUKLA J, 1993. The influence of land surface properties on Sahel climate. Part 1: desertification [J]. Journal of climate, 6(12):2232-2245.

YANG K, GUO X F, HE J, et al, 2011. On the climatology and trend of the atmospheric heat source over the

Tibetan Plateau: an experiments supported revisit[J]. Journal of Climate,24(5):1525-1541.

YANG T, WANG X Y, ZHAO C Y, et al,2011. Changes of climate extremes in a typical arid zone: Observations and multimodel ensemble projections[J]. Journal of Geophysical Research-Atmospheres, 116 (D19): 106-124.

YANG X P, WANG X L, LIU Z T, et al,2013. Initiation and variation of the dune fields in semi-arid China with a special reference to the Hunshandake Sandy Land, Inner Mongolia[J]. Quaternary Science Reviews,78:369-380.

YAO J M, ZHAO L, DING Y J, et al,2008. The surface energy budget and evapotranspiration in the Tanggula region on the Tibetan Plateau[J]. Cold Reg Sci Technol, 52(3): 326-340.

YAO J M, ZHAO L, GU L L, et al,2011. The surface energy budget in the permafrost region of the Tibetan Plateau[J]. Atmos Res, 102(4): 394-407.

YAO M, YUAN X,2018a. Evaluation of summer drought ensemble prediction over Yellow River basin[J]. Atmospheric and Oceanic Science Letters,11(4):314-320.

YAO M, YUAN X,2018b. Superensemble seasonal forecasting of soil moisture by NMME[J]. International Journal of Climatology38(5):2565-2574.

YUAN X, WOOD E F,2013. Multimodel seasonal forecasting of global drought onset[J]. Geophysical Research Letters, 40(18): 4900-4905.

YUAN X, MA Z, PAN M, et al,2015. Microwave remote sensing of short-term droughts during crop growing seasons[J]. Geophysical Research Letters, 42(11):4394-4401.

YUAN X, MA F, WANG L, et al,2016. An experimental seasonal hydrological forecasting system over the Yellow River basin-Part1: understanding the role of initial hydrological conditions[J]. Hydrology and Earth System Sciences,20(6):2437-2451.

ZENG D, YUAN X,2018. Multiscale land-atmosphere coupling and its application in assessing subseasonal forecasts over East Asia[J]. Journal of Hydrometeorology,19(5):745-760.

ZENG J, SHEN J, ZHANG Q,2010. An overview of the spatial patterns of land surface processes over arid and semiarid regions[J]. Sciences in Cold and Arid Regions,2(4):288-297.

ZENG X, DECKER M,2009. Improving the numerical solution of soil moisture-based Richards Equation for land models with a deep or shallow water table[J]. Journal of Hydrometeorology, 10(1):308-319.

ZHANG L, WU P, ZHOU T, et al,2018. ENSO transition from La Niña to El Niño drives prolongedSpring-Summer drought over North China[J]. Journal of Climate, 31(9): 3509-3523.

ZHANG T J,2005. Influence of the seasonal snow cover on the ground thermal regime: an overview [J]. Reviews of Geophysics,43(4):RG 4022.

ZHANG X, SUN S F, XUE Y,2007. Development and testing of a frozen soil parameterization for cold region studies[J]. Journal of Hydrometeorology, 8(4):852-861.

ZHOU B, WEN H Q, XU Y, et al,2014. Projected changes in temperature and precipitation extremes in China by the CMIP5 multimodel ensembles[J]. Journal of Climate, 27(17): 6591-6611.

ZHOU L T, HUANG R H,2010. Interdecadal variability of summer rainfall in Northwest China and its possible causes[J]. International Journal of Climatology, 30(4):549-557.